思科网络技术学院教程（第7版）
网络简介

CCNAv7: Introduction to Networks (ITN)
Companion Guide

[美]　里克·格拉齐亚尼（Rick Graziani）
　　　艾伦·约翰逊（Allan Johnson）　著

　　　思科系统公司　译

U0233638

人民邮电出版社
北　京

图书在版编目（CIP）数据

思科网络技术学院教程：第7版. 网络简介 /（美）
里克·格拉齐亚尼（Rick Graziani），（美）艾伦·约翰
逊（Allan Johnson）著；思科系统公司译. -- 北京：
人民邮电出版社，2022.6（2024.7重印）
ISBN 978-7-115-59052-7

Ⅰ. ①思… Ⅱ. ①里… ②艾… ③思… Ⅲ. ①计算机
网络－教材 Ⅳ. ①TP393

中国版本图书馆CIP数据核字(2022)第051928号

版 权 声 明

◆ 著　　　[美] 里克·格拉齐亚尼（Rick Graziani）
　　　　　[美] 艾伦·约翰逊（Allan Johnson）
　　译　　　思科系统公司
　　责任编辑　傅道坤
　　责任印制　王 郁　焦志炜
◆ 人民邮电出版社出版发行　　北京市丰台区成寿寺路 11 号
　　邮编　100164　电子邮件　315@ptpress.com.cn
　　网址　https://www.ptpress.com.cn
　　北京市艺辉印刷有限公司印刷
◆ 开本：787×1092　1/16
　　印张：25.75　　　　　　　2022 年 6 月第 1 版
　　字数：688 千字　　　　　2024 年 7 月北京第 8 次印刷
　　著作权合同登记号　图字：01-2021-0087 号
定价：85.00 元
读者服务热线：(010)81055410　印装质量热线：(010)81055316
反盗版热线：(010)81055315
广告经营许可证：京东市监广登字 20170147 号

内容提要

  思科网络技术学院项目是思科公司在全球范围内推出的一个主要面向初级网络工程技术人员的培训项目，旨在让更多的年轻人学习先进的网络技术知识，为互联网时代做好准备。

  本书是思科网络技术学院全新版本的配套书面教材，主要内容包括：当今网络的现状、交换机和终端设备的基本配置、协议和模型、物理层、数制系统、数据链路层、以太网交换、网络层、地址解析、基本路由器配置、IPv4 编址、IPv6 编址、ICMP、传输层、应用层、网络安全基础、构建小型网络。本书每章末尾还提供了复习题，并在附录中给出了答案和注释，以检验读者对每章知识的掌握情况。

  本书适合准备参加 CCNA 认证考试的读者以及各类网络技术初学人员参考阅读。

推荐序

思科网络技术学院（Cisco Networking Academy）项目是思科公司规模最大和持续时间最长的企业社会责任项目，自 1997 年成立以来一直致力于帮助人们提高职业技能，获得更多职业发展机会。迄今，全球已有超过 1000 万学生学习过思科网络技术学院系列课程。

本系列教材是思科网络技术学院核心课程 CCNA 的指定教材，从 1.0 版本发布以来，一直是计算机网络入门的经典教材，受到广大师生的推崇和喜爱。

同时，计算机网络技术作为数字经济"新基建"的一项基础技术，在当今显得越来越重要。由于云计算、虚拟化、5G、边缘计算等技术的出现，计算机网络技术也处于有史以来最大的变革和转型之中。计算机网络从传统的中心化、固定位置接入、固定安全策略的模式，向去中心化、随时随地移动接入、自动安全策略的模式转化。以思科为代表的计算机网络企业也推出了面向未来的基于人工智能和机器学习的智能化网络：Intent-Based SDN（基于意图的软件定义网络）。这些变革对计算机网络互连技术的人才培养提出了新的要求。

本次出版的 7.0 版本教材是一次重大的更新，顺应了技术的变革，在 6.0 版本的基础上，增加了无线、安全、云和虚拟化、自动化、网络可编程方面的基础知识，可谓一部集大成之作。学生通过本版教材的学习，可以为理论学习和职业发展打下坚实的基础。

在本次中文版教材顺利出版之时，我谨代表思科网络技术学院，对负责本次教材本土化工作的田果、刘丹宁、王修元三位老师，负责审校工作的长沙民政职业技术学院的邓文达老师和烟台职业技术学院的刘彩凤老师表示衷心的感谢！

预祝本书的每一位读者开卷有益，预祝更多的学生能够通过本教材的学习，投身到数字化变革的浪潮之中！

思科网络技术学院

熊露颖

关于特约作者

Rick Graziani（里克·格拉齐亚尼）在加利福尼亚州圣克鲁斯的卡布利洛学院和加州大学教授计算机科学与计算机网络课程。Rick 在任教之前，曾在信息技术领域为 Santa Cruz Operation 公司、天腾电脑公司、洛克希德导弹和太空公司工作，并曾在美国海岸警卫队服役。他拥有加利福尼亚州立大学蒙特里湾分校的计算机科学与系统理论学士学位。Rick 还担任思科网络学院课程工程小组的课程开发人员。当 Rick 休息的时候，他最喜欢在圣克鲁斯冲浪。

Allan Johnson（艾伦·约翰逊）于 1999 年进入学术界，将所有的精力投入教学中。在此之前，他做了 10 年的企业主和运营人。他拥有 MBA 和职业培训与发展专业的教育硕士学位。他曾在高中教授过 7 年的 CCNA 课程，并且已经在得克萨斯州科帕斯市的 Del Mar 学院教授 CCNA 和 CCNP 课程。2003 年，Allan 开始将大部分时间和精力投入 CCNA 教学支持小组，为全球各地的网络学院的教师提供服务以及开发培训材料。当前，他在思科网络学院担任全职的课程负责人。

前言

本书是思科网络学院 CCNA Introduction to Networks v7（CCNA 网络简介第 7 版）课程的官方补充教材。思科网络技术学院是在全球范围内面向学生传授信息技术技能的综合性项目。本课程强调现实世界的实践性应用，同时为您在中小型企业、大型集团公司以及服务提供商环境中设计、安装、运行和维护网络提供所需技能和实践经验的机会。

作为教材，本书为解释与在线课程完全相同的网络概念、技术、协议，以及设备提供了现成的参考资料。本书强调关键主题、术语和练习，与在线课程相比，本书还提供了一些可选的解释和示例。您可以在老师的指导下使用在线课程，然后使用本书来巩固对所有主题的理解。

本书的读者

本书与在线课程一样，均是对数据网络技术的介绍，主要面向旨在成为网络专家的人，以及为职业提升而需要了解网络技术的人。本书简明地呈现主题，从最基本的概念开始，逐步进入对网络通信的全面介绍。本书的内容是其他思科网络技术学院课程的基础，还可以作为备考 CCENT 和 CCNA 路由与交换认证的资料。

本书的特点

本书的教学特色是将重点放在支持主题范围、可读性和课程材料实践几个方面，以便读者充分理解课程材料。

主题范围

以下特点通过全面概述每章所介绍的主题，帮助读者科学分配学习时间。

- **目标**：在每章的开头列出，指明本章所包含的核心概念。该目标与在线课程中相应章节的目标相匹配。然而，本书中的问题形式是为了鼓励读者在阅读本章时勤于思考，发现答案。
- **注意**：这些简短的补充内容指出了有趣的事实、节约时间的方法以及重要的安全问题。
- **本章总结**：每章最后是对本章关键概念的总结，它提供了本章的摘要，以帮助学习。

实践

实践铸就完美。本书为您提供了充足的机会将所学知识应用于实践。您将发现下面这些有价值且有效的方法，可以用来帮助您有效巩固所掌握的内容。

- **复习题**：每章末尾都有复习题，可作为自我评估的工具。这些问题的风格与在线课程中看到的问题相同。附录提供了所有问题的答案及其解释。

本书组织结构

本书分为 17 章和 1 个附录。

- **第 1 章，"当今网络"**：介绍网络的概念，并概述所遇到的不同类型的网络。本章介绍了网络如何影响我们工作、学习和娱乐的方式，还介绍了最近的网络趋势，如视频、云计算和 BYOD，以及如何通过确保网络的健壮性、可靠性和安全性，以支持这些趋势。
- **第 2 章，"交换机和终端设备的基本配置"**：介绍了大多数思科设备使用的操作系统——思科

IOS。本章介绍了 IOS 的基本用途和功能，以及访问 IOS 的方法，还介绍了如何通过 IOS 命令行界面以及基本的 IOS 设备配置来操作设备。

- **第 3 章，"协议和模型"**：探讨了网络通信规则或协议的重要性。本章介绍了 OSI 参考模型和 TCP/IP 通信套件，并介绍了这些模型如何通过提供必要的协议，以在现代的融合网络中进行通信。
- **第 4 章，"物理层"**：介绍了 OSI 模型的最底层：物理层。本章介绍了数据比特（位）在物理介质上的传输。
- **第 5 章，"数制系统"**：介绍了如何在十进制、二进制和十六进制的数制系统之间进行转换。理解这些数制系统对于理解 IPv4、IPv6 和以太网 MAC 编址至关重要。
- **第 6 章，"数据链路层"**：讨论了数据链路层如何准备用于传输的网络层数据包，如何控制对物理介质的访问，以及如何在不同的物理介质上传输数据。本章介绍了数据在 LAN 和 WAN 中传输时，涉及的封装协议和过程。
- **第 7 章，"以太网交换"**：介绍了以太网 LAN 协议的功能。本章介绍了以太网的功能，包括设备如何使用以太网 MAC 地址在多路访问网络中进行通信，还介绍了以太网交换机如何建立 MAC 地址表，以及如何转发以太网帧。
- **第 8 章，"网络层"**：介绍了网络层的功能（即路由），以及执行这一功能的基本设备——路由器。本章介绍了与 IPv4/IPv6 的编址、路径确定和数据包相关的重要路由概念，还介绍了路由器如何执行数据包转发、静态路由和动态路由，以及如何建立 IP 路由表。
- **第 9 章，"地址解析"**：介绍了主机和其他终端设备如何确定已知 IPv4 或 IPv6 地址的以太网 MAC 地址。本章主要介绍了用于解析 IPv4 地址的 ARP 协议和用于解析 IPv6 地址的邻居发现协议。
- **第 10 章，"基本路由器配置"**：介绍了如何配置思科路由器，包括在接口上配置 IPv4 和 IPv6 地址。
- **第 11 章，"IPv4 编址"**：主要介绍 IPv4 网络编址，包括地址的类型和地址分配。本章描述了如何使用子网掩码来确定一个网络中子网和主机的数量，还介绍了如何以网络需求为基础，通过最优化地划分 IPv4 地址空间来提升网络性能。本章介绍了用来计算有效主机地址，以及确定子网和广播地址的方法。
- **第 12 章，"IPv6 编址"**：重点关注 IPv6 网络编址，包括 IPv6 地址表示、地址类型和不同类型的 IPv6 地址的结构。本章介绍了终端设备自动接收 IPv6 地址的不同方法。
- **第 13 章，"ICMP"**：介绍了 ICMP（互联网控制消息协议）工具，如 **ping** 和 **trace**。
- **第 14 章，"传输层"**：介绍了 TCP（传输控制协议）和 UDP（用户数据报协议），并分析了这两种协议在网络上传输信息的方式。本章介绍了 TCP 如何使用分段、三次握手和期望确认来确保数据的可靠交付，还介绍了 UDP 提供的"尽力而为"的交付机制，并描述了在什么情况下应该使用 UDP 而不是 TCP。
- **第 15 章，"应用层"**：介绍了 TCP/IP 应用层的一些协议，其中会涉及 OSI 模型的前三层。本章重点介绍了应用层的角色，以及应用层中的应用程序、服务和协议如何实现跨数据网络的健壮通信。这将通过介绍一些关键协议和服务来进行演示，这些协议和服务包括 HTTP、HTTPS、DNS、DHCP、SMTP/POP 和 FTP。
- **第 16 章，"网络安全基础"**：介绍了网络安全威胁和漏洞，并讨论了各种网络攻击和缓解技术，以及如何保护网络设备。
- **第 17 章，"构建小型网络"**：重新审视了小型网络中的各种组件，并描述了它们如何协同工作以促进网络的增长。本章介绍了网络配置和故障排除问题，以及不同的故障排除方法。
- **附录，"复习题答案"**：列出了每章末尾出现的复习题的答案。

资源与支持

本书由异步社区出品，社区（https://www.epubit.com/）为您提供相关资源和后续服务。

提交勘误

作者和编辑尽最大努力来确保书中内容的准确性，但难免会存在疏漏。欢迎您将发现的问题反馈给我们，帮助我们提升图书的质量。

当您发现错误时，请登录异步社区，按书名搜索，进入本书页面，单击"提交勘误"，输入勘误信息，单击"提交"按钮即可。本书的作者和编辑会对您提交的勘误进行审核，确认并接受后，您将获赠异步社区的 100 积分。积分可用于在异步社区兑换优惠券、样书或奖品。

扫码关注本书

扫描下方二维码，您将会在异步社区微信服务号中看到本书信息及相关的服务提示。

与我们联系

我们的联系邮箱是 contact@epubit.com.cn。

如果您对本书有任何疑问或建议，请您发邮件给我们，并请在邮件标题中注明本书书名，以便我们更高效地做出反馈。

如果您有兴趣出版图书、录制教学视频，或者参与图书技术审校等工作，可以发邮件给本书的责任编辑（fudaokun@ptpress.com.cn）。

如果您来自学校、培训机构或企业，想批量购买本书或异步社区出版的其他图书，也可以发邮件给我们。

如果您在网上发现有针对异步社区出品图书的各种形式的盗版行为，包括对图书全部或部分内容的非授权传播，请您将怀疑有侵权行为的链接通过邮件发给我们。您的这一举动是对作者权益的保护，也是我们持续为您提供有价值的内容的动力之源。

关于异步社区和异步图书

"异步社区"是人民邮电出版社旗下 IT 专业图书社区，致力于出版精品 IT 技术图书和相关学习产品，为作译者提供优质出版服务。异步社区创办于 2015 年 8 月，提供大量精品 IT 技术图书和电子书，以及高品质技术文章和视频课程。更多详情请访问异步社区官网 https://www.epubit.com。

"异步图书"是由异步社区编辑团队策划出版的精品 IT 专业图书的品牌，依托于人民邮电出版社的计算机图书出版积累和专业编辑团队，相关图书在封面上印有异步图书的 LOGO。异步图书的出版领域包括软件开发、大数据、AI、测试、前端、网络技术等。

异步社区

微信服务号

目　　录

第 1 章

当今网络

学习目标

通过完成本章的学习，您将能够回答下列问题：

- 网络如何影响我们的日常生活；
- 如何使用主机和网络设备；
- 什么是网络表示法，如何在网络拓扑中使用它们；
- 常见网络类型的特点是什么；
- LAN 和 WAN 如何互连到互联网；

- 可靠网络的 4 个基本要求是什么；
- BYOD、在线协作、视频和云计算等趋势如何改变我们的互动方式；
- 所有网络都有哪些基本安全威胁和解决方案；
- 在网络领域有哪些就业机会。

本章将通过对网络的创建、操作和维护的基本讲解，为您在信息技术领域开启成功的职业之路。

1.1 网络影响我们的生活

网络无处不在。它为我们提供了一种与同一地点或世界各地的个体进行交流和共享信息与资源的方式。网络需要大量的技术和程序（procedure），可以很容易地适应各种条件和要求。

1.1.1 网络连接我们

在人类生存的所有要素中，与他人交流的需求仅次于维持生命的需求。对于我们来说，通信几乎就像空气、水、食物和住所一样重要。

当今世界有了网络，人与人的联系达到空前状态。当人们想到某个创意时，可以即时与其他人沟通，使创意变为现实。新闻事件和新的发现在几秒钟内就能举世皆知。人们甚至可以和大洋彼岸的朋友联系并一起玩游戏。

1.1.2 潜力无限

网络技术的进步或许是当今世界最重要的变革。在这些网络技术所创造的世界里，国界、地理距离和物理局限越来越无关紧要，障碍越来越小。

互联网改变了社会、商业、政治和人际交往的方式。互联网通信的即时性促成了全球社区的形成。全球社区又进一步推动了不同地域或时区的人们之间的社会互动。

用来交流思想和信息的网上社区的形成可能会提高全球的生产力。

云的创建让我们可以存储文档和图片，并随时随地访问它们。因此无论我们是在火车上、公园里，还是站在山顶上，都可以在任何设备上无缝访问云存储的数据和应用程序。

1.2   网络组件

为了使网络能够提供服务和资源，需要用到许多不同的组件。这些不同的组件一起工作，以确保资源以有效的方式交付给那些需要服务的人。

1.2.1   主机角色

如果您想成为全球在线社区的一员，您的计算机、平板电脑或智能手机必须先连接到一个网络。而这个网络必须连接到互联网。本节讨论网络的各个部分。看看您在自己的家或学校网络中是否认识这些组件！

连接到网络并直接参与网络通信的所有计算机都属于主机。主机可以被称为终端设备。某些主机也称为客户端。然而，术语"主机"特指网络上为通信目的而分配了一个数字的设备。这个数字用来标识特定网络中的主机，称之为互联网协议（IP）地址。IP 地址标识主机和主机所连接的网络。

服务器是装有特殊软件，可以为网络上其他终端设备提供信息（例如电子邮件或网页）的计算机。每项服务都需要单独的服务器软件。例如，服务器必须安装 Web 服务器软件才能为网络提供 Web 服务。安装有服务器软件的计算机可以同时向多个不同的客户端提供服务。

如前所述，客户端是主机的一种类型。客户端软件用于请求和显示从服务器获取的信息，如图 1-1 所示。

图 1-1   客户端和服务器

Web 浏览器（例如 Chrome 或 Firefox）是典型的客户端软件。一台计算机也可以运行多种类型的客户端软件。例如，用户在收发即时消息和收听音频流的同时，可以查收邮件和浏览网页。表 1-1 列出了 3 种常见的服务器软件类型。

表 1-1   常见的服务器软件

软件类型	说明
邮件服务器	邮件服务器运行邮件服务器软件。客户端使用邮件客户端软件（比如 Microsoft Outlook）访问服务器上的邮件
Web 服务器	Web 服务器运行 Web 服务器软件。客户端使用浏览器软件（比如 Windows Internet Explorer）访问服务器上的网页
文件服务器	文件服务器在一个中心位置保存企业和用户文件。客户端设备使用客户端软件（比如 Windows 资源管理器）访问这些文件

1.2.2   点对点

客户端和服务器软件通常运行在单独的服务器上，但一台计算机也可以同时兼任两个角色。在小企业和家庭中，许多计算机在网络中既是服务器又是客户端。这种网络称为点对点网络（又称为对等网络，后文会见到），如图 1-2 所示。

图 1-2　点对点网络

表 1-2 概述了点对点网络的优点和缺点。

表 1-2　　　　　　　　　　　　点对点网络的优缺点

优点	缺点
易于安装	无集中管理
复杂性低	不是很安全
成本低，因为可能不需要网络设备和专用服务器	不可扩展
可以用于简单的任务，如传输文件和共享打印机	所有设备皆可作为客户端和服务器的角色，这会降低其性能

1.2.3　终端设备

人们最熟悉的网络设备是终端设备。为了区分不同的终端设备，网络中的每台终端设备都有一个地址。当一台终端设备发起通信时，会使用目的终端设备的地址来指定应该将消息发送到哪里。

如图 1-3 所示，终端设备是指通过网络传输的消息的源设备或目的设备。

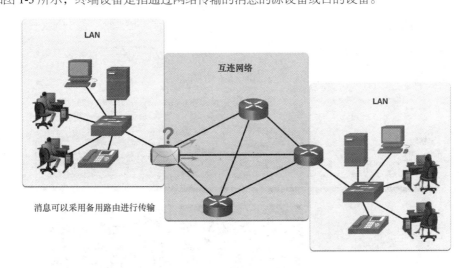

数据由一台终端设备发起，沿着网络流动，最终到达另一台终端设备

图 1-3　网络中的数据流

1.2.4　中间设备

中间设备可以将单个终端连接到网络中。它们可以将多个独立的网络连接起来，形成互连网络。这些中间设备提供连接并确保数据在网络中传输。

中间设备使用目的终端设备地址以及有关网络互连的信息来决定消息在网络中应该采用的路径。图 1-4 所示为最常见的中间设备的示例。

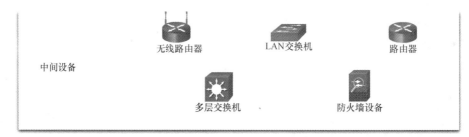

图 1-4 中间设备

中间网络设备执行以下部分或全部功能：

- 重新生成并重新传输通信信号；
- 维护有关网络和互连网络中存在的路径信息；
- 将错误和通信故障通知其他设备；
- 发生链路故障时沿着备用路径转发数据；
- 根据优先级别分类和转发消息；
- 根据安全设置允许或拒绝数据的通行。

注　意　图 1-4 没有显示任何传统的以太网集线器。以太网集线器也被称为多端口中继器。中继器重新生成并重新传输通信信号。注意，每个中间设备都执行中继器的功能。

1.2.5 网络介质

通信通过介质在网络上传输。介质为消息从源设备传送到目的设备提供了通道。

现代网络主要使用 3 种介质来连接设备，如图 1-5 所示。

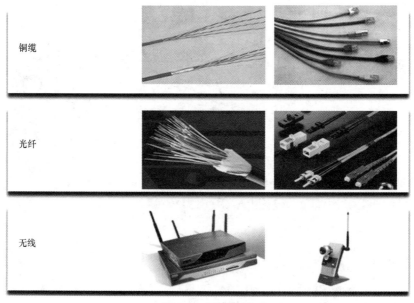

图 1-5 网络介质

- **金属线电缆**：数据被编码为电脉冲。
- **玻璃或塑料光纤（光缆）**：数据被编码为光脉冲。
- **无线传输**：数据通过调制特定频率的电磁波进行编码。

不同类型的网络介质有不同的特性和优点。并不是所有的网络介质都具有相同的特点，它们也不具有相同的用途。

1.3 网络表示方式和网络拓扑

一个网络的基础设施使用常用的符号来表示设备，用不同类型的图来表示网络中这些设备的互连。理解这些符号和图表是理解网络通信的一个重要方面。

1.3.1 网络表示方式

网络架构师和管理员必须能够展示他们的网络将是什么样子。他们需要能够轻松地看到哪些组件连接到其他组件、它们将位于何处，以及它们将如何连接。网络图通常使用图标（见图 1-6）来表示构成网络的不同设备和连接。

图 1-6　拓扑图中的网络符号

图可以让人们轻松了解大型网络中设备的连接方式。这种网络"图"称为"拓扑图"。能够识别物理网络组件的逻辑表示对于能够可视化网络的组织和操作至关重要。

除了这些表示之外，还使用专门的术语来描述这些设备和介质是如何相互连接的。

- **网卡（NIC）**：网卡将终端设备物理连接到网络。
- **物理端口**：端口是网络设备上的连接器或插口，介质通过它连接到终端设备或其他网络设备。
- **接口**：网络设备上连接到独立网络的专用端口。由于路由器连接了不同的网络，路由器上的端口称为网络接口。

注　意　"端口"和"接口"这两个术语往往可以互换使用。

1.3.2　拓扑图

拓扑图对研究网络的人来说必不可少。它们可以提供直观的网络连接图。有两种类型的拓扑图：物理拓扑图和逻辑拓扑图。

物理拓扑图

物理拓扑图说明了中间设备和电缆安装的物理位置，如图 1-7 所示。可以看到，这些设备所在的房间已在此物理拓扑中定位标记。

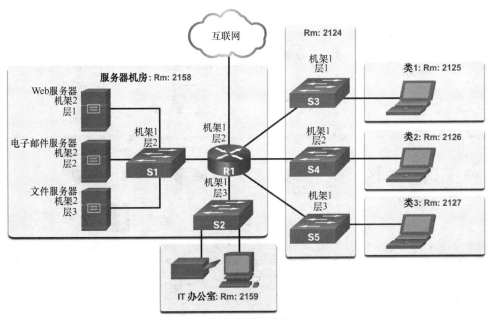

图 1-7　物理拓扑示例

逻辑拓扑图

逻辑拓扑图说明了设备、端口和网络的编址方案，如图 1-8 所示。可以查看哪些终端设备连接到哪些中间设备以及正在使用哪些介质。

物理和逻辑图中所示的拓扑符合我们当前的理解水平。在互联网上搜索"网络拓扑图"，可查看一些更为复杂的网络示例。如果将"思科"添加到搜索词中，将会找到许多这样的拓扑，即这些拓扑使用的图标与您在这些图中所见的类似。

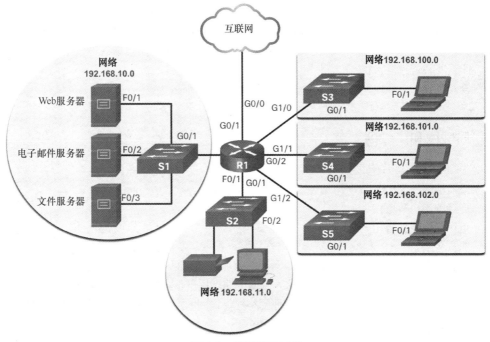

图 1-8 逻辑拓扑示例

1.4 常见网络类型

网络可以按照各种方式分类，包括按照规模、位置或功能进行分类。无论讨论的是哪种类型的网络，其基本原则都适用于所有类型的网络。

1.4.1 多种规模的网络

在熟悉了组成网络的组件以及它们在物理和逻辑拓扑中的表示形式后，可以学习许多不同类型的网络了。

网络有各种规模。它们的范围可以是小到两台计算机组成的简易网络，也可以是大到连接数百万台设备的超级网络。

简单的家庭网络允许您在一些本地终端设备之间共享资源，如打印机、文档、图片和音乐。

小型办公室和家庭办公室（SOHO）网络允许人们在家里或远程办公室工作。许多个体经营者使用这种类型的网络来宣传和销售产品、订购货物以及联系客户。

企业和大型组织通过网络对网络服务器上的信息进行整合、存储和访问。网络提供了电子邮件、即时消息和员工之间的协作等功能。许多组织使用自己的网络通过互联网向客户提供产品和服务。

互联网是现存最大的网络。事实上，术语"互联网"是指"众多网络所组成的网络"。它实际上是一个专用网络和公共网络互连的集合。

在小企业和家庭中，许多计算机在网络中既是服务器又是客户端。这种网络称为点对点网络。网络的规模各不相同，可以用不同的方式进行分类，包括以下几种。

■ **小型家庭网络**：小型家庭网络将少量的几台计算机互连并将它们连接到互联网。

- **小型办公室和家庭办公室网络**：小型办公室和家庭办公室（SOHO）网络可让一个家庭办公室或远程办公室内的计算机连接到企业网络或访问集中的共享资源。
- **大中型网络**：大中型网络（例如大型企业和学校使用的网络）可能有许多站点，包含成百上千台相互连接的主机。
- **全球网络**：互联网是一个连接全球亿万台计算机的网络。

1.4.2 局域网和广域网

网络基础设施在以下方面存在巨大差异：

- 覆盖的区域大小；
- 连接的用户数量；
- 可用的服务数量和类型；
- 职责范围。

两种最常见的网络基础设施类型是局域网（LAN）和广域网（WAN）。局域网是在较小地理区域内提供用户和终端设备访问的网络基础设施。局域网通常用于企业内的部门、家庭或小型企业网络。广域网（WAN）是针对广泛地理区域内的其他网络提供访问的网络基础设施，通常由通信服务提供商拥有并管理。图 1-9 所示为连接到广域网的局域网。

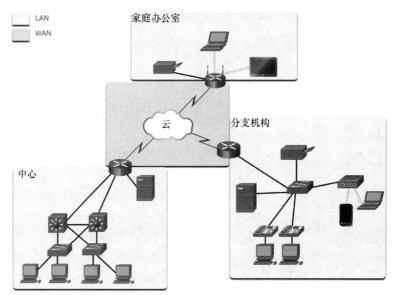

图 1-9　局域网和广域网连接示例

局域网（LAN）

局域网（LAN）是覆盖较小地理区域的网络基础设施。局域网具有如下特点：

- LAN 在有限区域（如家庭、学校、办公大楼或园区）内互连终端设备；
- LAN 通常由一个组织或个人管理，且管理控制在网络级执行，并规范安全和访问控制策略；
- LAN 为内部终端设备和中间设备提供高速带宽，如图 1-10 所示。

广域网（WAN）

图 1-11 所示为连接两个局域网的 WAN。WAN 是覆盖广泛地理区域的网络基础设施。WAN 通常

由服务提供商（SP）或互联网服务提供商（ISP）管理。

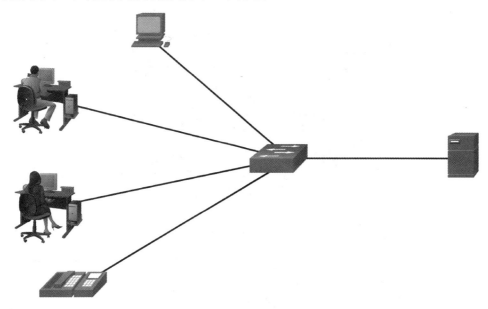

服务于家庭、小型建筑和小型园区的网络被认为是LAN

图 1-10　局域网示例

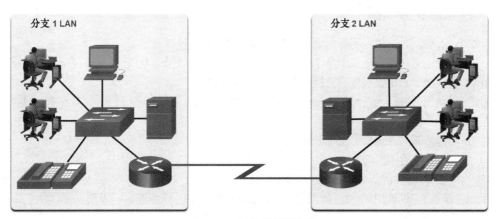

图 1-11　广域网链路举例

WAN 具有如下特点：

■　WAN 互连广泛地理区域（例如各大城市、州、省、国家/地区或大陆之间）内的 LAN；

■　WAN 通常由多个服务提供商管理；

■　WAN 通常提供 LAN 之间的较慢链路。

1.4.3　互联网

　　互联网是一个遍及全球的互相连接的网络的集合。图 1-12 所示为将互联网看作互连的 LAN 和 WAN 集合的一种方法。

　　图 1-12 中的一些 LAN 示例通过 WAN 连接相互连接，然后 WAN 彼此连接。WAN 连接线路（看起来像闪电）表示了我们连接网络的各种方式。WAN 可通过铜缆、光缆和无线传输（未显示）连接。

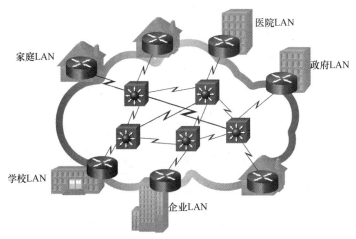

图 1-12 互联网视图示例

互联网不属于任何个人或团体。要确保通过这种多元化基础设施有效通信,需要采用统一的公认技术和标准,也需要众多网络管理机构相互协作。为了维护互联网协议和进程的结构与标准化,人们建立了许多组织。这些组织包括互联网工程任务组(IETF)、互联网名称与数字地址分配机构(ICANN)和互联网架构委员会(IAB),以及许多其他组织。

1.4.4 内联网和外联网

与术语"互联网"类似的另外两个术语是"内联网"和"外联网"。

内联网这个术语用于表示属于某个组织的私有局域网和广域网的专用连接。内联网的设计旨在仅允许该组织的成员、员工或其他获得授权的人员进行访问。

组织可以使用外联网为这样的人提供安全访问,即这些人在其他组织工作,但需要本组织的数据。以下是外联网的一些例子。

- 公司为外部供应商和承包商提供访问。
- 医院为医生提供预约系统,以便医生为患者安排预约。
- 当地教育局为其管辖区的学校提供预算和人员信息。

图 1-13 显示了不同的用户组对公司内联网、公司外联网和互联网的访问级别。

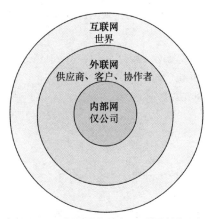

图 1-13 内网用户访问互联网的级别

1.5　互联网连接

终端设备（如电脑和智能手机）以多种方式连接到网络，包括有线和无线方式。这些相同类型的连接用于连接中间设备。

1.5.1　互联网访问技术

现在您对网络的组成和不同类型的网络有了基本的了解。但是，如何将用户和组织实际连接到互联网呢？您可能已经猜到，有许多不同的方法可以做到这一点。

家庭用户、远程工作人员和小型办公室通常需要连接到互联网服务提供商（ISP）才能访问互联网。ISP 不同，地理位置不同，则连接选项各不相同。但是，常见的选择包括宽带电缆、宽带数字用户线路（DSL）、无线 WAN 和移动服务。

组织通常需要访问其他企业站点和互联网。为了支持 IP 电话、视频会议和数据中心存储等企业业务服务，也需要快速连接。ISP 可以提供企业级的互连。最常见的企业级服务包括业务 DSL、租用线路和城域以太网。

1.5.2　家庭和小型办公室的互联网连接

图 1-14 所示为小型办公室和家庭办公用户常见的连接选项。

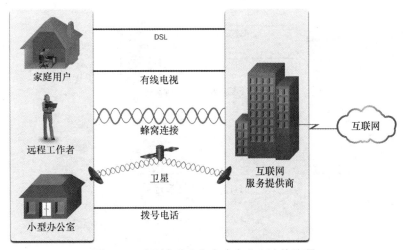

图 1-14　小型办公室和家庭办公室连接选项

- **有线电视**：通常由有线电视服务提供商提供，互联网数据信号在输送有线电视信号的同一电缆上进行传输。它提供了高带宽、高可用性和始终在线的互联网连接。
- **数字用户线路（DSL）**：数字用户线路也可提供高带宽、高可用性和始终在线的互联网连接。DSL 通过电话线路运行。通常小型办公室和家庭办公室用户会选择使用非对称 DSL（ADSL），这种方式的特点是下载速度高于上传速度。
- **蜂窝连接**：蜂窝互联网接入使用手机网络进行连接。只要您能收到手机信号，就能获得蜂窝互联网接入，不过其性能会受手机功能和手机基站的限制。

- **卫星**：对于根本没有互联网连接的地方来说，获得卫星互联网访问非常有用。卫星天线要求有到卫星的清晰视线。
- **拨号电话**：使用电话线和调制解调器，费用相对较低。拨号调制解调器连接提供的低带宽不足以用于大型数据传输，但对旅行过程中的移动访问非常有用。

连接选项取决于地理位置和服务提供商的可用性。

1.5.3　企业的互联网连接

企业连接选项与家庭用户选项有所不同。企业可能需要更高带宽、专用带宽和托管服务。可用连接选项取决于附近的服务提供商类型。

图 1-15 所示为企业的常见连接选项。

- **专用租用线路**：租用线路是服务提供商网络内连接地理位置分散的办公室的保留电路，提供个人语音和/或数据网络。电路按月或按年租用。
- **城域以太网**：有时被称为以太网 WAN。本章把它称为城域以太网。城域以太网将 LAN 访问技术扩展到 WAN 中。以太网是一种 LAN 技术，您将会在后面的章节中学习。
- **企业 DSL**：企业 DSL 提供各种格式。一种常见的选择是对称数字用户线路（SDSL），它类似于 DSL 的普通用户版本，但是提供相同的上传和下载速度。
- **卫星**：当有线解决方案不可用时，卫星服务可以提供连接。

连接选项取决于地理位置和运营商的可用性。

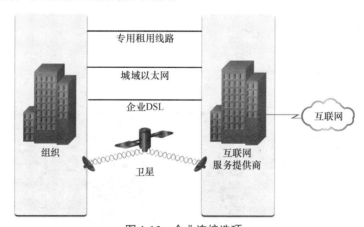

图 1-15　企业连接选项

1.5.4　融合网络

试想有一座 30 年前建立的学校。那时候，一些教室进行了布线，分别用于数据网络、电话网络和用来看电视的视频网络。这些独立网络无法相互通信。每个网络使用不同的技术传送通信信号。每个网络都有自己的一套规则和标准来确保成功通信。多个服务在多个网络上运行，如图 1-16 所示。

如今，独立的数据、电话和视频网络融合在了一起。与专用网络不同，融合网络能够通过相同的网络基础设施，在许多不同类型的设备之间传输数据、语音和视频。该网络基础设施采用一组相同的规则、协议和实施标准。融合数据网络在一个网络中传送多种服务，如图 1-17 所示。

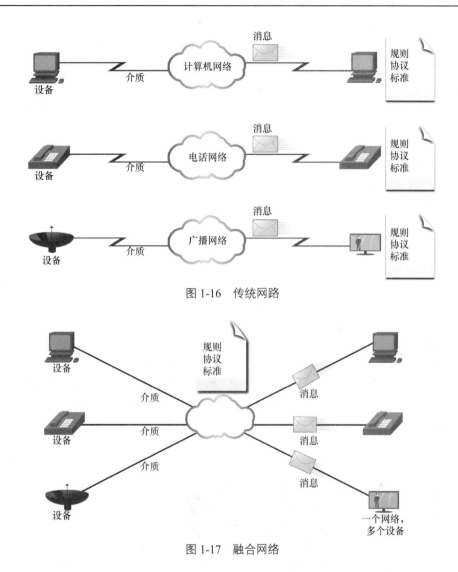

图 1-16 传统网路

图 1-17 融合网络

1.6 可靠网络

网络是将多种业务以可靠、高效、安全的方式分发给最终用户的平台。

1.6.1 网络架构

您是否曾经忙着在网上工作,结果却发现"网络崩溃了"。现在您已经知道,互联网并没有崩溃,您只是失去了与它的连接。这确实令人非常沮丧。世界上有如此多的人依赖网络来工作和学习,因此网络的可靠性至关重要。在这种情况下,可靠性不仅仅意味着您与互联网的连接。本节侧重于网络可靠性的 4 个方面。

网络的角色已经从纯数据网络转变为使人、设备和信息处于具有丰富媒体的融合网络环境的一个系统。为使网络在这种环境中高效运行并不断发展，网络必须建立在标准网络架构之上。

网络还支持许多不同的应用程序和服务。它们必须在构成物理基础设施的许多不同类型的电缆和设备上运行。在本文中，术语"网络架构"是指支持基础设施的技术以及通过该网络传输数据的编程服务及规则（或协议）。

随着网络的发展变化，我们已经了解到网络架构必须提供以下 4 个基本特性才能满足用户的期望：

- 容错能力；
- 可扩展性；
- 服务质量（QoS）；
- 安全性。

1.6.2 容错能力

容错网络是在发生故障时对受影响设备的数量进行限制的网络。这种网络能够在发生故障时快速恢复。容错网络依赖于消息的源与目的地之间的多条路径。如果一条路径失败，消息将立即通过不同的链路发送。有多条路径到达目的地被称为冗余。

实施分组交换网络是可靠网络提供冗余的一种方法。分组交换将流量分割成通过共享网络发送的数据包。单个消息，例如一份电子邮件或一段视频流，会分割成多个消息块，称为数据包。每个数据包拥有所需的消息源和目的地的编址信息。网络内的路由器基于当时的网络状况交换数据包。这意味着，单个消息中的所有数据包可能会采用完全不同的路径到达目的地。在图 1-18 中，当一条链路发生故障，路由器动态改变路由时，用户并没有发觉而且没有受到影响。

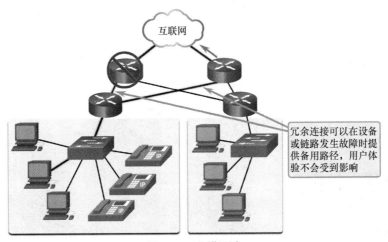

图 1-18 容错设计

1.6.3 可扩展性

可扩展的网络可以快速扩展，以支持新用户和应用程序。它这样做不会降低现有用户正在访问的服务的性能。图 1-19 所示为如何将一个新网络轻松添加到现有网络中。网络具有扩展能力，因为设计人员可以遵循广为接受的标准和协议来设计网络。这使得软件和硬件供应商可以集中精力改进产品和服务，而无须设计一套新的网络运行规则。

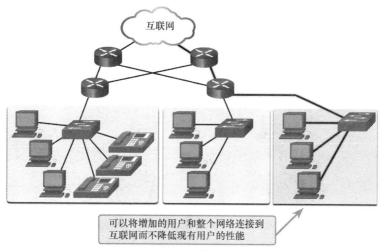

图 1-19 可扩展设计

1.6.4 服务质量

当今网络对服务质量（QoS）的要求不断提高。网络为用户提供的新应用，例如语音和实时视频传输，对交付的服务质量提出了更高的期望。您是否曾在观看视频时总是出现中断和暂停？随着数据、语音和视频内容不断融合到同一网络上，QoS 成为用于管理拥塞和确保向所有用户可靠传输内容的主要机制。

当带宽需求超过可用量时，就会造成拥塞。网络带宽用一秒内传输的位数进行衡量，或表示为比特/秒（bit/s）。在尝试通过网络实现并发通信时，网络带宽需求可能超过可用范围，从而造成网络拥塞。

如果流量规模大于可通过网络传输的量，设备会将数据包保存在内存中，直至有资源可以传输它们。在图 1-20 中，一位用户正在请求一个网页，另一位用户在打电话。由于部署了 QoS 策略，路由器会管理数据和语音流量的传输，当网络出现拥塞时，将优先处理语音通信。

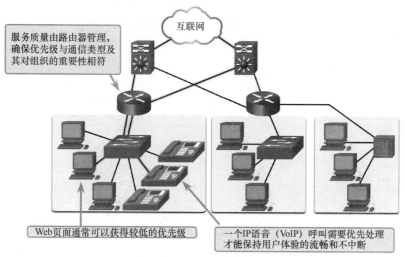

图 1-20 QoS 设计

1.6.5 网络安全

网络基础设施、服务以及连网设备上的数据是极为重要的个人和企业资产。网络管理员必须解决两种网络安全问题：网络基础设施安全和信息安全。

保护网络基础设施涉及以物理的方式保护提供网络连接的设备的安全，并防止在未经授权的情况下访问驻留网络上的管理软件，如图 1-21 所示。

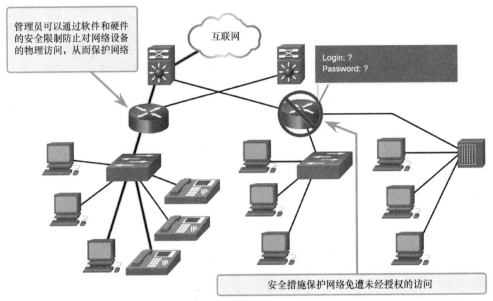

图 1-21   安全设计

网络管理员还必须对通过网络传输的数据包中包含的信息和连网设备中存储的信息进行保护。为了实现网络安全性目标，需要满足下面 3 个主要要求。

- **机密性**：数据机密性意味着只有预期的和授权的收件人可以访问并读取数据。
- **完整性**：数据完整性表示保证信息在从源到目的地的传输过程中不会被更改。
- **可用性**：数据可用性表示保证授权用户及时可靠地访问数据服务。

1.7   网络趋势

网络环境不断发展，为终端用户提供新的体验和机会。网络现在能够以一种曾经只是梦想的方式交付服务和应用程序。

1.7.1   近期趋势

您现在已经知道了关于网络的很多知识，包括它们是由什么构成的，它们如何与我们相连，以及如何才能保持它们的可靠性。但是网络也像其他一切事物一样，不停发生变化，您还应该了解一些网络趋势。

随着新的技术和终端用户设备进入市场，企业和消费者必须不断做出调整才能适应这种日新月异的环境。下面这些新的网络趋势将对企业和消费者造成影响：

- 自带设备（BYOD）；
- 在线协作；

- 视频通信；
- 云计算。

1.7.2　自带设备（BYOD）

任何设备以任何方式连接到任何内容的概念是一种全球趋势，这需要彻底改变使用设备的方式，并安全地将它们连接到网络。这一趋势称为"自带设备"（BYOD）。

BYOD 使终端用户能够自由地使用个人工具通过企业或园区网络访问信息和相互通信。随着消费类设备的增加以及相关成本的下降，员工和学生可以使用先进的计算和网络工具满足个人需要。这些包括笔记本电脑、上网本、平板电脑、智能手机和电子阅读器。这些设备可以是公司或学校购买的，也可以是个人购买的。

BYOD 意味着设备可由任何使用者在任意地点使用。

1.7.3　在线协作

人们连接网络的目的并不只是访问数据应用程序，还需要与他人进行协作。协作的定义是"与联合项目中的其他人合作的行为"。协作工具（如图 1-22 中所示的思科 Webex）为员工、学生、教师、客户和合作伙伴的即时连接、交互与实现其目标提供了一种方法。

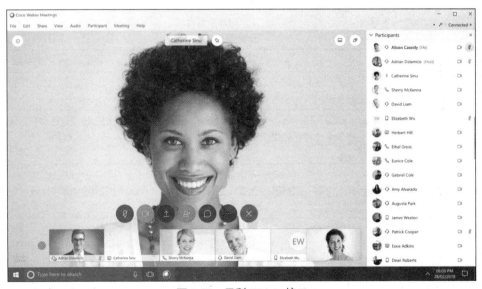

图 1-22　思科 Webex 接口

协作是组织用于保持竞争力的一个至关重要的战略重点。协作也是教育行业的重点。学生需要通过协作来互相帮助，培养工作所需的团队协作能力，并协作完成团队项目。

思科 Webex Teams 是一个多功能协作工具，它允许您向一个或多个用户发送即时消息，发布图像、视频和链接。每个团队的"空间"保存了发布在那里的所有内容的历史记录。

1.7.4　视频通信

网络中对沟通和协作工作至关重要的另一个方面是视频。视频可用于通信、协作和娱乐。无论身处何地,只要能上网,任何人都可以接打视频电话。

不论是当地还是全球,视频会议对与他人进行远距离通信都非常有用。随着组织跨越地理和文化界限,视频成为高效协作的关键需求。

1.7.5 云计算

云计算是我们访问和存储数据的方式之一。云计算使我们可以在互联网上存储个人文件,甚至可以在服务器上备份整个硬盘。可以使用云访问文字处理和图片编辑等应用程序。

对企业而言,云计算扩大了 IT 部门的功能,且无须投资新基础设施、培训新员工或获取新软件许可。这些服务按需提供,并以经济的方式提供给世界任何地方的所有设备,而且不会影响安全性或功能。

没有数据中心,就无法实现云计算。数据中心是用于容纳计算机系统和相关组件的设施。数据中心可能会占用大楼的一个房间、一个或多个楼层,甚至整个大楼。数据中心的构建和维护成本通常很高。因此,只有大型企业会使用专门构建的数据中心来容纳数据并为用户提供服务。对于没有能力维护自己的专用数据中心的小型企业,可以租用大型数据中心企业的云服务器和存储服务来降低总拥有成本。

为了安全性、可靠性和容错能力,云提供商通常将数据存储在分布式数据中心中。它不是将个人或组织的所有数据存储在某一个数据中心中,而是存储在不同位置的多个数据中心中。

云类型主要有 4 种:公有云、私有云、混合云和社区云,如表 1-3 所示。

表 1-3	云类型
云类型	**说明**
公有云	在公有云中提供的云应用和云服务,可供大众使用。服务可能免费,也可能按"即用即付"模式提供,比如按在线存储付费。公有云利用互联网提供服务
私有云	私有云提供的基于云的应用和服务专供特定组织或实体(例如政府)使用。私有云可以使用组织的私有网络来搭建,不过构建和维护私有云的成本很高。私有云也可以由具有严格访问安全控制的外部组织管理
混合云	混合云由两个或多个云组成(例如,部分私有云和部分公共云),其中每个部分仍然是一个不同的对象,但两者都使用单一架构进行连接。混合云中的个人将能够根据用户访问权限对各种服务进行不同程度的访问
社区云	社区云是专为特定实体或组织的使用而创建的。公有云和社区云之间的区别在于为团体定制的功能需求。例如,医疗机构必须遵从要求特殊身份验证和保密性的政策与法律(比如 HIPAA)。社区云由具有类似需求和顾虑的多个组织使用。社区云类似于公有云环境,但是具有一定级别的安全性、隐私性,甚至具有私有云的法规合规性

1.7.6 家庭中的技术趋势

网络趋势不仅影响我们在工作中和学校中的通信方式,而且改变着家庭生活的方方面面。最新的家庭趋势包括智能家居技术。

智能家居技术集成在日常设备中,允许它们与其他设备互连,从而使日常设备更加"智能"或自动化。例如,可以在离开家之前,准备好食物并把它放在烤箱里烹饪。可以为想要烹饪的食物设置智能烤箱。它还会连接到您的"活动日程表",这样它就可以确定您何时可以用餐,并相应地调整开始时间和烹饪时长。它甚至可以根据日程表的变化调整烹饪时间和温度。此外,智能手机或平板电脑可以让您直接连接到烤箱，以便进行必要的调整。当食物准备就绪时，烤箱会向您（或您指定的人）发送通知，说明食物已经做好并正在保温。

智能家居技术是为一所房子里的所有房间开发的。随着家庭网络和高速互联网技术的发展，智能家居技术将变得更加普遍。

1.7.7 电力线网络

家庭网络的电力线网络是利用现有的电线连接设备，如图 1-23 所示。

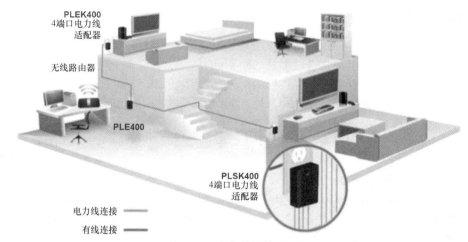

图 1-23 电力线网络适配器

借助于标准电源适配器，只要有电源插座，设备就可以连接到 LAN。无须安装数据线，也几乎不需要额外的电力。通过使用供电的同一线路，电力线网络按一定频率发送数据。

当无线接入点无法到达家里的所有设备时，电力线网络特别有用。电力线网络不会取代数据网络中的专用布线。但是，当有线数据网络或无线通信不可行时，电力线网络可以备用。

1.7.8 无线带宽

在许多没有电缆和 DSL 可用的地区，可以使用无线连接到互联网。

无线互联网服务提供商

无线互联网服务提供商（WISP）是使用类似家庭无线局域网（WLAN）的无线技术，将用户连接到专用的接入点或热点的 ISP。WISP 更多用于 DSL 或电缆服务不太可行的农村环境。

尽管可以为天线安装单独的发射塔，但通常的做法是利用现有的高架结构（例如水塔或无线电塔）进行安装。在 WISP 发射机的覆盖范围内，在屋顶上安装小型卫星天线或天线。用户接入设备连接到家庭内部的有线网络。从家庭用户的角度来看，其设置与 DSL 或有线电视接入服务没有太大区别。主要区别是从家里连接到 ISP 时采用的是无线方式而不是物理电缆。

无线宽带服务

家庭和小型企业的另一个无线解决方案是无线宽带。

这个解决方案与智能手机使用了相同的蜂窝技术。天线安装在室外，为家中的设备提供有线或无线连接。在许多方面，家庭无线宽带与 DSL 和有线电视接入服务展开直接竞争。

1.8 网络安全

网络安全是网络设计、实现和维护的关键组成部分。在部署任何类型的网络服务之前，网络工程师和管理员必须始终考虑安全风险，并采用适当的缓解方法。

1.8.1 安全威胁

毫无疑问，您应该听说过或读到过有关公司网络被攻破的新闻报道，让威胁发起者得以接触到成千上万客户的个人信息。因此，网络安全始终是管理员的首要任务。

不论是小到只有单个互联网连接的家庭网络，还是大到拥有数以千计用户的企业网络，网络安全都是计算机网络中不可或缺的一部分。网络安全必须考虑环境以及网络的工具和需求。它必须能够保护数据安全，同时仍要满足网络的服务质量要求。

在保护网络时，涉及使用各种协议、技术、设备和工具来保护数据与防御威胁。威胁因素可能来自外部，也可能来自内部。当今许多外部网络安全威胁都来自互联网。

网络有几种常见的外部威胁。

- **病毒、蠕虫和特洛伊木马**：这些包括在用户设备上运行的恶意软件或代码。
- **间谍软件和广告软件**：这些是安装在用户设备上的软件类型。这些软件会秘密收集有关用户的信息。
- **零日攻击（也称零小时攻击）**：在出现漏洞的第一天发起的攻击。
- **威胁发起者攻击**：恶意人员攻击用户设备或网络资源。
- **拒绝服务攻击**：使网络设备上的应用和进程减缓或崩溃的攻击。
- **数据拦截和盗窃**：通过公司网络捕获私人信息的攻击。
- **身份盗窃**：窃取用户的登录凭证来访问私人数据的攻击。

同时也要考虑内部威胁，这同样重要。众多研究表明，大多数常见的数据泄露事件归因于网络的内部用户。这可以归因于设备丢失或失窃、员工意外误用，甚至是企业环境中员工的恶意行为。随着 BYOD 策略的不断推进，企业数据更加容易受到攻击。因此，在制定安全策略时，解决外部和内部安全威胁都非常重要，如图 1-24 所示。

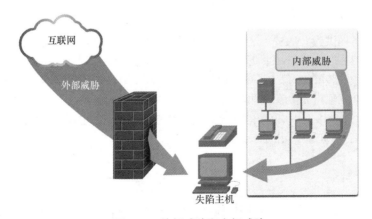

图 1-24 外部威胁和内部威胁

1.8.2 安全解决方案

没有哪个单一的解决方案能保护网络不受到各式各样的现有威胁。因此，应使用多个安全解决方案在多个层上实施安全。当一个安全组件无法识别和保护网络时，其他组件可以保护网络。

家庭网络安全的实施通常是最基本的。家庭网络安全通常在终端设备上，以及与互联网的连接点处实施，甚至可以依赖于 ISP 提供的合同服务。

下面这些是家庭或小型办公室网络的基本安全组件。

- **防病毒和反间谍软件**：这些应用程序有助于保护终端设备免受恶意软件的感染。
- **防火墙过滤**：防火墙过滤阻止未经授权的访问进出网络。这可以是基于主机的防火墙系统，用于阻止对终端设备进行未经授权的访问，也可以是家用路由器上的基本过滤服务，用于阻止外部人员在未经授权的情况下访问网络。

与此相反，企业网络的安全实施通常包含内嵌在网络中的许多组件，以用于监控和过滤流量。理想情况下，所有组件配合工作，从而最大程度地减少维护并提高安全性。大型网络和公司网络使用防病毒、反间谍软件和防火墙过滤，但它们也有其他安全要求，如下所示。

- **专用防火墙系统**：提供更高级的防火墙功能，可以更详细地过滤大量数据流。
- **访问控制列表（ACL）**：基于 IP 地址和应用程序，进一步过滤访问和流量转发。
- **入侵防御系统（IPS）**：这些系统识别快速扩散的威胁，例如零日攻击或零小时攻击。
- **虚拟专用网络（VPN）**：为远程工作人员提供对组织机构的安全访问。

网络环境必须考虑网络安全要求以及各种应用和计算要求。家庭环境和企业必须能够保护它们的数据，同时满足每种技术的预期服务质量。此外，实施的安全解决方案都必须适应不断增长的网络需求和不断发展变化的网络趋势。

要想研究网络安全威胁和缓解技术，首先要清楚地了解用于构成网络服务的交换和路由基础设施。

1.9　总结

网络影响我们的生活

当今世界有了网络，人与人的联系达到空前状态。当人们想到某个创意时，可以即时与其他人沟通，使创意变为现实。用来交流思想和信息的网上社区的形成可能会提高全球的生产力。云的创建让我们可以存储文档和图片，并随时随地访问它们。

网络组件

连接到网络并直接参与网络通信的所有计算机都属于主机。主机可以被称为终端设备。某些主机也称为客户端。许多计算机在网络中既是服务器又是客户端。这种网络称为点对点网络。终端设备是指通过网络传输的消息的源设备或目的设备。中间设备将每台终端设备连接到网络，并且可以将多个独立的网络连接成互连网络。中间设备使用目的终端设备地址以及有关网络互连的信息来决定消息在网络中应该采用的路径。介质为消息从源设备传送到目的设备提供了通道。

网络表示方式和网络拓扑

网络图通常使用符号来表示构成网络的不同设备和连接。拓扑图可以让人们轻松了解大型网络中设备的连接方式。物理拓扑图说明了中间设备和电缆安装的物理位置。逻辑拓扑图说明了设备、端口和网络的编址方案。

常见网络类型

小型家庭网络将少量的几台计算机互连并将它们连接到互联网。小型办公室和家庭办公室（SOHO）网络可让一个家庭办公室或远程办公室内的计算机连接到企业网络或访问集中的共享资源。中大型网络（例如大型企业和学校使用的网络）可能有许多站点，包含成百上千台相互连接的主机。互联网是一个连接全球亿万台计算机的网络。两种最常见的网络基础设施类型是局域网（LAN）和广域网（WAN）。LAN 是覆盖较小地理区域的网络基础设施。WAN 是覆盖广泛地理区域的网络基础设施。内联网表示属于某个组织的私有局域网和广域网的专用连接。一个组织可以使用外联网为这样的人提供安全访问，即这些人在其他组织工作，但需要本组织的数据。

互联网连接

家庭和小型办公室的互联网连接方式包括有线电视、DSL、蜂窝连接、卫星和拨号电话。企业的互联网连接方式包括专用租用线路、城域以太网、企业 DSL 和卫星。选择哪种连接方式取决于地理位置和可供选择的运营商。传统的独立网络使用不同的技术、规则和标准。融合网络通过相同的网络基础设施，在许多不同类型的设备之间传输数据、语音和视频。这个网络基础设施采用一组相同的规则、协议和实施标准。

可靠网络

术语"网络架构"是指支持基础设施的技术以及通过该网络传输数据的编程服务及规则（或协议）。随着网络的发展，我们了解到网络架构师必须提供 4 个基本特性，以满足用户的期望：容错能力、可扩展性、服务质量（QoS）和安全性。容错网络是在发生故障时对受影响设备的数量进行限制的网络。有多条路径到达目的地被称为冗余。可扩展的网络可以快速扩展，以支持新用户和应用程序。网络具有扩展能力，因为设计人员遵循广为接受的标准和协议来设计网络。QoS 是管理拥塞和确保向所有用户可靠传输内容的主要机制。网络管理员必须解决两种网络安全问题：网络基础设施安全和信息安全。为了实现网络安全性目标，有 3 个主要要求：保密性、完整性和可用性。

网络趋势

最近有几种网络趋势影响着组织和消费者：自带设备（BYOD）、在线协作、视频通信和云计算。BYOD 意味着设备可由任何使用者在任意地点使用。协作工具，如思科 Webex，为员工、学生、教师、客户和合作伙伴的即时连接、交互与实现其目标提供了一种方法。视频可用于通信、协作和娱乐。无论身处何地，只要能上网，任何人都可以接打视频电话。云计算使我们可以在互联网上存储个人文件，甚至可以在服务器上备份整个硬盘。可以使用云访问文字处理和图片编辑等应用程序。云类型主要有 4 种：公有云、私有云、混合云和社区云。人们正在开发可用于家里所有房间的智能家居技术。随着家庭网络和高速互联网技术的发展，智能家居技术将变得更加普遍。通过使用供电的同一线路，电力线网络按一定频率发送数据。无线互联网服务提供商（WISP）是使用类似家庭无线局域网（WLAN）的无线技术，将用户连接到专用的接入点或热点的 ISP。

网络安全

网络有下面几种常见的外部威胁：
- 病毒、蠕虫和特洛伊木马；
- 间谍软件和广告软件；

- 零日攻击；
- 威胁发起者攻击；
- 拒绝服务攻击；
- 数据拦截和窃取；
- 身份盗窃。

下面是家庭或小型办公室网络的基本安全组件：

- 防病毒和反间谍软件；
- 防火墙过滤。

大型网络和公司网络使用防病毒、反间谍软件和防火墙过滤，但它们也有其他安全要求：

- 专用防火墙系统；
- 访问控制列表（ACL）；
- 入侵防御系统（IPS）；
- 虚拟专用网络（VPN）。

复习题

完成这里列出的所有复习题，可以测试您对本章内容的理解。附录列出了答案。

1. 在一次例行检查中，一名技术人员发现，安装在计算机上的软件正在秘密收集计算机用户访问的网站的数据。哪种类型的威胁正在影响这台计算机？

    A. DoS 攻击　　　　　　　　　　B. 身份盗窃

    C. 间谍软件　　　　　　　　　　D. 零日攻击

2. 哪个术语是指为供应商、客户和协作者提供安全访问公司办公室的网络？

    A. 互联网　　　　　　　　　　　B. 内联网

    C. 外联网　　　　　　　　　　　D. 扩展网

3. 一家大型公司修改了它的网络，允许用户通过他们的个人笔记本电脑和智能手机访问网络资源。这描述了哪种网络趋势？

    A. 云计算　　　　　　　　　　　B. 在线协作

    C. 自带设备　　　　　　　　　　D. 视频会议

4. 什么是 ISP？

    A. 它是一个为网络开发布线和布线标准的标准组织

    B. 它是一种在本地网络中建立计算机通信方式的协议

    C. 它是一个使个人和企业连接到互联网的组织

    D. 它是一种网络设备，将多个不同的网络设备的功能组合在一起

5. 在哪种情况下建议使用 WISP？

    A. 一个城市里的网吧　　　　　　B. 没有有线宽带接入的农村地区的农场

    C. 有多台无线设备的家庭　　　　D. 有有线接入互联网的楼房公寓

6. 网络的什么特性使它能够快速增长以支持新用户和应用程序，而不会影响向现有用户提供的服务的性能？

    A. 可靠性　　　　　　　　　　　B. 可扩展性

    C. 服务质量　　　　　　　　　　D. 可访问性

7. 一所大学正在校园里建造一座新的宿舍。工人们正在挖土，为宿舍安装一条新的水管。一名工

人不小心损坏了将两个现有宿舍连接到校园数据中心的光纤电缆。虽然电缆被切断了，但住在宿舍的学生只经历了很短的网络服务中断。这里描述了网络的什么特征?

    A. 服务质量   B. 可扩展性

    C. 安全性   D. 容错

    E. 完整性

8. 可扩展网络的两个特征是什么?（选择两项）

    A. 容易因增加的流量而超载

    B. 在不影响现有用户的情况下扩大规模

    C. 不像小型网络那样可靠

    D. 适合允许扩展的模块化设备

    E. 提供有限数量的应用程序

9. 哪个设备负责确定消息在互联网中的传输路径?

    A. 路由器   B. 防火墙

    C. Web 服务器   D. DSL 调制解调器

10. 哪两种网络连接方式不需要将物理电缆连接到建筑物上?（选择两项）

    A. DSL   B. 蜂窝

    C. 卫星   D. 拨号

    E. 专用租用线路

11. 家庭用户必须接入什么样的网络才能进行网上购物?

    A. 内联网   B. 互联网

    C. 外联网   D. 局域网

12. BYOD 如何改变企业实施网络的方式?

    A. BYOD 要求企业购买笔记本电脑而不是台式机

    B. BYOD 用户负责自己的网络安全，减少了对组织安全策略的需求

    C. BYOD 设备比组织购买的设备更昂贵

    D. BYOD 为用户访问网络资源提供了灵活的选择

13. 员工希望以尽可能安全的方式远程访问组织的网络。什么样的网络功能可以让员工获得安全的远程访问公司网络的权限?

    A. ACL   B. IPS

    C. VPN   D. BYOD

14. 什么是互联网?

    A. 基于以太网技术的网络

    B. 它为移动设备提供网络接入

    C. 它通过互连的全球网络提供连接

    D. 它是一个拥有局域网和无线连接的组织的专用网络

15. 网络上终端设备的两种功能是什么?（选择两项）

    A. 它们生成流经网络的数据

    B. 当链路发生故障时，它们将数据引导到备用路径上

    C. 它们对数据流进行过滤，以提高安全性

    D. 它们是人类和通信网络之间的接口

    E. 它们提供了网络信息传播的通道

第 2 章

交换机和终端设备的基本配置

学习目标

通过完成本章的学习，您将能够回答下列问题：

- 如何访问思科 IOS 设备进行配置；
- 如何使用思科 IOS 系统配置网络设备；
- 思科 IOS 软件的命令结构是什么；
- 如何使用 CLI 配置思科 IOS 设备；
- 如何使用 IOS 命令保存正在运行的配置；
- 设备如何跨网络介质通信；
- 如何为主机设备配置 IP 地址；
- 如何验证终端设备之间的连通性。

作为网络生涯的一部分，您可能需要建立一个新的网络，或者维护和升级现有的网络。在这两种情况下，您都需要配置交换机和终端设备以确保它们的安全，并根据您的要求有效地运行。

开箱即用的交换机和终端设备都带有一些常规的配置。但是对于特定的网络，交换机和终端设备需要您提供特定的信息和指令。在本章中，您将学习如何访问思科 IOS 网络设备。您将学习基本的配置命令，并使用它们来配置、验证思科 IOS 设备和具有 IP 地址的终端设备。

当然，网络管理还有很多工作要做，但是如果不先配置交换机和终端设备，这些工作都不可能完成。让我们开始吧！

2.1 思科 IOS 访问

本节介绍大多数思科设备使用的操作系统。

2.1.1 操作系统

所有终端设备和网络设备都需要有一个操作系统（OS）。如图 2-1 所示，操作系统中直接与计算机硬件交互的部分称为内核，与应用程序和用户连接的部分则称为 Shell。用户可以使用命令行界面（CLI）或图形用户界面（GUI）与 Shell 交互。

- **Shell**：Shell 是允许用户向计算机请求特定任务的用户界面。这些请求可以通过 CLI 或 GUI 页面发起。
- **内核**：内核在计算机的硬件和软件之间进行通信，并对如何使用硬件资源来满足软件的需求进行管理。
- **硬件**：硬件是计算机的物组成理部分，包括底层的电子设备。

使用 CLI 时，用户在命令提示符下用键盘输入命令，从而在基于文本的环境中与系统直接交互，如例 2-1 所示。系统则执行命令，通常提供文本输出。CLI 只需极少的开销就能运行。不过，它需要用户了解控制系统所需的底层命令结构。

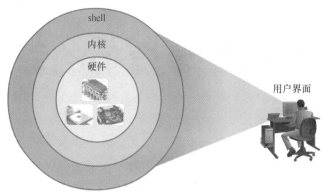

图 2-1　Shell、内核和硬件

例 2-1　CLI 示例

```
analyst@secOps ~]$ ls
Desktop Downloads lab.support.files second_drive
[analyst@secOps ~]$
```

2.1.2　GUI

GUI（比如 Windows、macOS、Linux KDE、Apple iOS 或 Android）允许用户利用图形图标、菜单和窗口环境与系统交互。与 CLI 相比，图 2-2 中的 Windows 10 GUI 示例更易于使用，而且用户只需较少的底层命令结构知识即可控制系统。出于这个原因，许多用户都很依赖 GUI 环境。

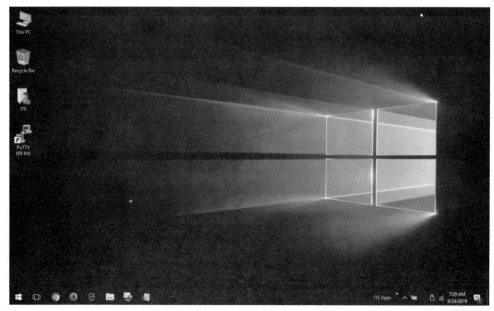

图 2-2　Windows 10 的 GUI

但是，GUI 并不总是能够提供 CLI 上可用的所有功能。GUI 也可能发生故障、崩溃，或者就是无法按照指示运行。因此，通常通过 CLI 访问网络设备。与 GUI 相比，CLI 消耗的资源更少，而且非常稳定。

许多思科设备上使用的网络操作系统称为思科互连网络操作系统（IOS）。许多思科路由器和交换机，无论其大小和种类如何，都离不开思科 IOS。每种路由器或交换机设备类型都使用不同版本的思科 IOS。其他思科操作系统包括 IOS XE、IOS XR 和 NX-OS。

注　意　家用路由器的操作系统通常称为固件。配置家用路由器的常用方法是使用基于 Web 浏览器的 GUI。

2.1.3　操作系统的用途

网络操作系统与 PC 操作系统类似。通过 GUI，PC 操作系统使用户能够做到：

- 使用鼠标做出选择和运行程序；
- 输入文本和基于文本的命令；
- 在显示器上查看输出。

基于 CLI 的网络操作系统（比如交换机或路由器上的思科 IOS），网络技术人员能够做到：

- 使用键盘运行基于 CLI 的网络程序；
- 使用键盘输入文本和基于文本的命令；
- 在显示器上查看输出。

思科网络设备运行特定的思科 IOS 版本。IOS 版本取决于使用的设备类型和所需的功能。当所有设备都有默认的 IOS 和功能集时，可以升级 IOS 版本或功能集，以获得更多的功能。

图 2-3 所示为思科 Catalyst 2960 交换机的 IOS 软件版本。

图 2-3　思科软件下载页面

2.1.4　访问方法

默认情况下，交换机将转发流量，无须配置即可工作。例如，连接到同一台新交换机的两个已配置的主机能够进行通信。

无论新交换机的默认特性如何，都应配置并保护所有的交换机。表 2-1 列出了配置和保护交换机的 3 种接入方式。

表 2-1   Cisco 设备访问方法

方法	描述
控制台（Console）	这是一个物理管理端口，可通过该端口对思科设备进行带外访问。带外访问是指通过仅用于设备维护的专用管理通道进行访问。使用控制台端口的优势在于，即使没有配置任何网络服务，也可以访问设备，例如执行初始配置时。控制台连接需要运行终端仿真软件的计算机和用于连接设备的特殊控制台电缆
安全 Shell（SSH）	SSH 是一种被推荐的带内方法，它使用虚拟接口通过网络远程建立安全的 CLI 连接。不同于控制台连接，SSH 连接需要设备上具有有效的网络服务，包括配置了地址的有效接口。大部分思科 IOS 版本配置了 SSH 服务器和 SSH 客户端，可用于与其他设备建立 SSH 会话
Telnet	Telnet 使用虚拟接口通过网络远程建立 CLI 会话，这种带内方法并不安全。与 SSH 不同，Telnet 不提供安全的加密连接，只能在实验室环境中使用。用户身份验证、密码和命令通过网络以明文形式发送。最好的做法是使用 SSH 而不是 Telnet。思科 IOS 包括 Telnet 服务器和 Telnet 客户端

注　意　某些设备（比如路由器）还可以支持传统的辅助（AUX）端口，这种辅助端口可使用调制解调器通过电话连接远程建立 CLI 会话。类似于控制台连接，AUX 端口也是带外连接，且不需要配置或提供网络服务。

2.1.5 终端仿真程序

有些终端仿真程序可以通过控制台端口的串行连接或 SSH/Telnet 连接进行网络设备连接。这些程序允许您通过调整窗口大小、更改字体大小和更改配色方案来提高工作效率。

PuTTY、Tera Term 和 SecureCRT 这 3 种常用终端仿真程序的图形界面如图 2-4～图 2-6 所示。

图 2-4　PuTTY

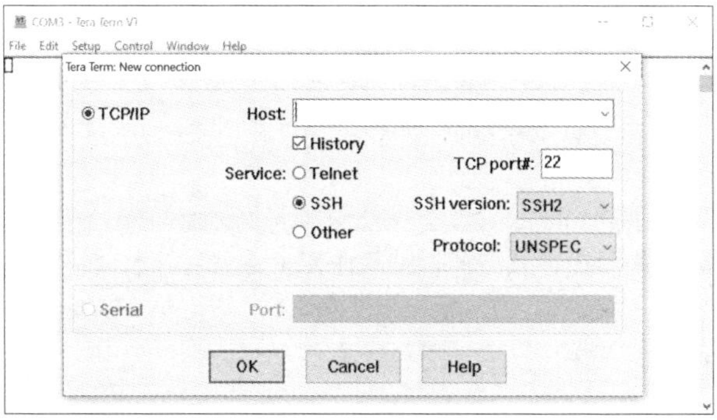

图 2-5 Tera Term

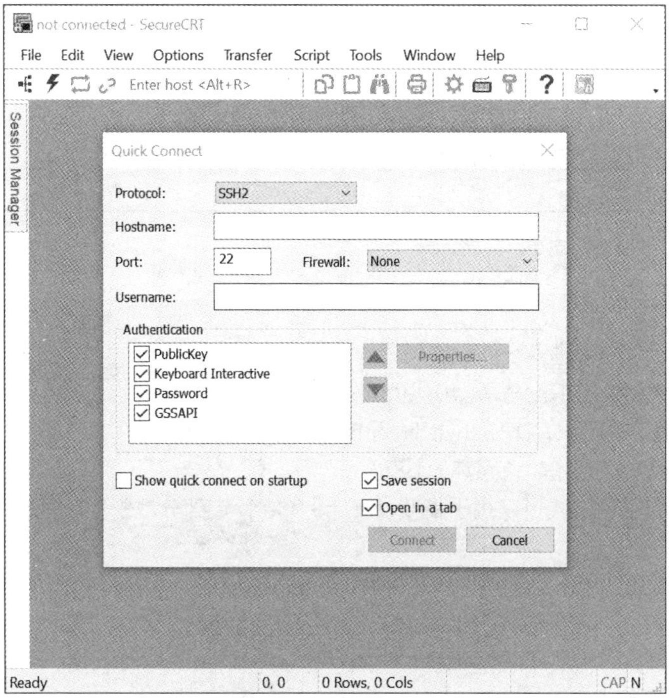

图 2-6 SecureCRT

2.2 IOS 导航

本节介绍思科 IOS 的一些模式的基础知识。

2.2.1 主命令模式

上一节提到，所有网络设备都需要操作系统，并且可以使用 CLI 或 GUI 对它们进行配置。与使用 GUI 相比，使用 CLI 可以为网络管理员提供更精确的控制和灵活性。本节讨论如何使用 CLI 来导航思科 IOS。

作为一项安全功能，思科 IOS 软件将管理访问分为以下两种命令模式。

- **用户 EXEC 模式**：该模式的功能有限，但可用于有效执行基本操作。它只允许有限数量的基本监控命令，不允许执行任何可能改变设备配置的命令。用户 EXEC 模式由采用>符号结尾的 CLI 提示符标识。

- **特权 EXEC 模式**：要执行配置命令，网络管理员必须访问特权 EXEC 模式。较高级别的配置模式，比如全局配置模式，只能通过特权 EXEC 模式访问。特权 EXEC 模式由采用#符号结尾的提示符标识。

表 2-2 总结了这两种模式，并且显示了思科交换机和路由器的默认 CLI 提示符。

表 2-2   IOS 命令模式

命令模式	描述	默认设备提示符
用户 EXEC 模式（用户模式）	该模式仅允许访问数量有限的基本监控命令 它通常被称为"仅查看"模式	Switch> Router>
特权 EXEC 模式（特权模式）	该模式允许访问所有命令和功能 用户可以使用任何监控命令，可以执行配置和管理命令	Switch# Router#

2.2.2　配置模式和子配置模式

要配置设备，用户必须进入全局配置模式。

在全局配置模式下，CLI 配置所做的更改将影响整个设备的运行。全局配置模式由设备名称之后以(config)#结尾的提示符标识，比如 Switch(config)#。

访问全局配置模式之后才能访问其他具体的配置模式。在全局配置模式下，用户可以进入不同的子配置模式。其中的每种模式可以用于配置 IOS 设备的特定部分或特定功能。两个常见的子配置模式如下所示。

- **线路配置模式**：用于配置控制台、SSH、Telnet 或 AUX 访问。
- **接口配置模式**：用于配置交换机端口或路由器网络接口。

当使用 CLI 时，每种模式由该模式独有的命令提示符来标识。默认情况下，每个提示符都以设备名称开头。命令提示符中设备名称后面的部分用于表明模式。例如，线路配置模式的默认提示符是 Switch(config-line)#，而接口配置模式的默认提示符是 Switch(config-if)#。

2.2.3　在 IOS 模式之间导航

有多种命令用于进出命令提示符。要从用户 EXEC 模式切换到特权 EXEC 模式，请使用 **enable** 命令。使用特权 EXEC 模式命令 **disable** 可返回用户 EXEC 模式。

注　意　　特权模式有时称为启用模式。

要进出全局配置模式，请使用特权 EXEC 模式命令 **configure terminal**。要返回特权 EXEC 模式，请输入全局配置模式命令 **exit**。

有许多不同的子配置模式。如例 2-2 所示，输入 **line** 命令，再输入您希望访问的管理线路类型和号码，即可进入线路子配置模式。使用 **exit** 命令可退出子配置模式，返回到全局配置模式。

例 2-2 进入子配置模式

```
Switch(config)# line console 0
Switch(config-line)# exit
Switch(config)#
```

要从任意子配置模式移动到特权 EXEC 模式,可输入 **end** 命令,如例 2-3 所示(或按下 Ctrl+Z 组合键)。

例 2-3 直接返回特权 EXEC 模式

```
Switch(config-line)# end
Switch#
```

也可以直接从一个子配置模式移动到另一个子配置模式。在例 2-4 中,选择接口后,命令提示符从**(config-line)#**变为**(config-if)#**。

例 2-4 在子配置模式之间移动

```
Switch(config-line)# interface FastEthernet 0/1
Switch(config-if)#
```

2.3 命令结构

思科 IOS 和其他操作系统一样,使用具有特定结构的命令。在配置 IOS 设备时,网络技术人员需要了解这个结构。本节介绍 IOS 的命令结构。

2.3.1 基本的 IOS 命令结构

本节介绍思科 IOS 命令的基本结构。网络管理员必须知道基本的 IOS 命令结构才能使用 CLI 配置设备。

思科 IOS 设备支持许多命令。每个 IOS 命令都有特定的格式或语法,并且只能在相应的模式下执行。如图 2-7 所示,常规的命令语法为在命令后接上相应的关键字或参数。

- **关键字**:这些是在操作系统中定义的特定参数(在图 2-7 中为 **ip protocols**)。
- **参数**:没有预先定义,它是由用户来定义的值或变量(在图 2-7 中为 **192.168.10.5**)。

输入包括关键字和参数在内的完整命令后,按 Enter 键将该命令提交给命令解释程序。

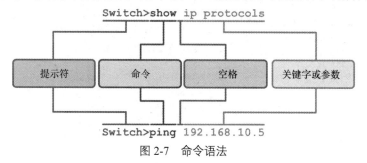

图 2-7 命令语法

2.3.2 IOS 命令语法检查

一条命令可能需要一个或多个参数。要确定命令所需的关键字和参数,请参阅命令语法。语法提供输入命令时必须使用的模式或格式。

如表 2-3 中所标识的那样，粗体文本表示需要原样输入的命令和关键字。斜体文本表示由用户提供值的参数。

表 2-3　　　　　　　　　　　　　　命令语法约定

约定	描述
粗体	表示需要原样输入的命令和关键字
斜体	表示由用户提供值的参数
[x]	表示可选元素（关键字或参数）
{x}	表示必需元素（关键字或参数）
[x{y|z}]	方括号中的大括号和垂直线表示可选元素中的必选项。空格用于清楚地描述命令的各个部分

例如，使用 **description** 命令的语法是 **description** *string*。参数是用户提供的 *string* 的值。**description** 命令通常用于描述接口的用途。例如，命令 **description Connects to the main headquarter office switch** 描述的是另一台设备在连接末端的位置。

以下示例说明了记录和使用 IOS 命令的约定。

- **ping** *ip-address*：其中的命令是 **ping**，用户定义的参数是目的设备的 IP 地址（例如，**ping 10.10.10.5**）。
- **traceroute** *ip-address*：其中的命令是 **traceroute**，用户定义的参数是目的设备的 IP 地址（例如 **traceroute 192.168.254.254**）。

如果一个复杂的命令具有多个参数，您可能会看到它是这样表示的：

```
Switch(config-if)# switchport port-security aging { static|time time|type {absolute|
inactivity}}
```

该命令通常会遵循我们对该命令和每个参数的详细描述。

思科 IOS 命令参考是我们了解具体 IOS 命令信息的主要来源。

2.3.3　IOS 帮助功能

IOS 提供两种形式的帮助：上下文相关的帮助和命令语法检查。

上下文相关的帮助使您能够快速找到以下问题的答案：

- 每个命令模式中有哪些命令可用；
- 哪些命令以特定字符或字符组开头；
- 哪些参数和关键字可用于特定命令。

要访问上下文相关的帮助，请直接在 CLI 中输入一个问号（?）。

命令语法检查用于验证用户输入的命令是否有效。输入命令后，命令行解释程序将从左向右评估命令。如果解释程序可以理解该命令，则用户要求执行的操作将被执行，且 CLI 将返回到相应的提示符。如果解释程序无法理解用户输入的命令，它将提供反馈，以说明该命令存在的问题。

2.3.4　热键和快捷方式

IOS CLI 提供了热键和快捷方式，以使配置、监控和故障排除更加轻松。

命令和关键字可缩写为能唯一确定该命令或关键字的最短字符数。例如，**configure** 命令可缩写为

conf，因为 **configure** 是唯一一个以 **conf** 开头的命令。不能缩写为 **con**，因为以 **con** 开头的命令不止一个。关键字也可缩写。

表 2-4 列出了用于增强命令行编辑的键盘操作。

表 2-4　　　　　　　　　　　　命令行编辑快捷方式

快捷键/组合键	描述
Tab	补全部分输入的命令项
Backspace	删除光标左边的字符
Ctrl+D	删除光标所在的字符
Ctrl+K	删除从光标到命令行尾的所有字符
Esc D	删除从光标到词尾的所有字符
Ctrl+U 或 Ctrl+X	删除从光标到命令行行首的所有字符
Ctrl-W	删除光标左边的单词
Ctrl-A	将光标移至行首
向左箭头或 Ctrl+B	将光标左移一个字符
Esc+B	将光标向后左移一个单词
Esc+F	将光标向前右移一个单词
向右箭头或 Ctrl+F	将光标右移一个字符
Ctrl+E	将光标移至命令行行尾
向上箭头或 Ctrl+P	调出历史记录缓冲区中的命令，从最近输入的命令开始
Ctrl+R 或 Ctrl+I 或 Ctrl+L	收到控制台消息后重新显示系统提示符和命令行

注　意　虽然 Delete 键通常用于删除提示符右侧的字符，但 IOS 命令结构无法识别 Delete 键。

当命令输出的文本超过终端窗可以显示的文本时，IOS 将显示一个"--More--"提示。表 2-5 所示为显示此提示时可以使用的键盘快捷键/组合键。

表 2-5　　　　　　　　　　　"--More--"提示符后的按键

快捷键/组合键	描述
回车键	显示下一行
空格键	显示下一屏
任何其他按键	结束字符串的显示，返回特权 EXEC 模式

表 2-6 列出了用于退出操作的命令。

表 2-6　　　　　　　　　　　　退出操作的按键

快捷键/组合键	描述
Ctrl+C	处于任何配置模式下时，用于结束该配置模式并返回特权 EXEC 模式。处于设置模式下时，用于中止并返回命令提示符
Ctrl+Z	处于任何配置模式下时，用于结束该配置模式并返回特权 EXEC 模式
Ctrl+Shift+6	通用中断序列，用于中止 DNS 查询、traceroute、ping 等

2.4 设备基本配置

在网络中使用设备之前，需要对设备进行配置。本节介绍思科 IOS 设备的基本配置。

2.4.1 设备名称

我们已经学习了很多关于思科 IOS、IOS 导航和命令结构的知识。现在，准备配置设备！任何设备上的第一个配置命令应该是为其提供一个唯一的设备名称或主机名。默认情况下，所有设备都有一个出厂的默认名称。例如，思科 IOS 交换机在出厂后名称是 Switch。

问题是如果所有网络中的交换机都采用其默认名称，则会很难识别特定设备。例如，在使用 SSH 远程访问设备时，您如何知道已连接到了正确的设备？主机名可以帮助我们确认连接到了正确的设备。

默认的主机名应更改为更具描述性的名称。通过审慎地选择名称，就很容易记住、记录和鉴别网络设备。以下是对主机的一些重要命名指南：

- 以字母开头；
- 不包含空格；
- 以字母或数字结尾；
- 仅使用字母、数字和连字符；
- 长度少于 64 个字符。

组织必须选择一个命名约定，以便能够轻松直观地识别特定设备。IOS 设备中所用的主机名会保留字母的大小写状态。例如，在图 2-8 中，3 台交换机跨越 3 个不同的楼层，在网络中互连起来。在使用的命名约定中，合并了每台设备的位置和用途。网络文档中应该说明这些名称是如何选出的，以便其他设备可按相应方法命名。

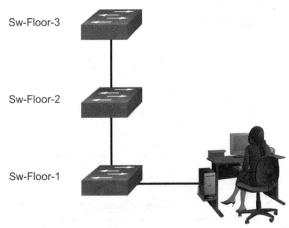

在命名网络设备时，它们应该能很容易识别，以方便配置

图 2-8 多台设备命名示例，便于识别

当确定命名约定后，接下来的步骤就是使用 CLI 将名称应用到设备。如例 2-5 所示，在特权 EXEC 模式下，输入 **configure terminal** 命令访问全局配置模式。注意命令提示符的变化。

例 2-5 配置主机名

```
Switch# configure terminal
Switch(config)# hostname Sw-Floor-1
Sw-Floor-1(config)#
```

在全局配置模式下输入 **hostname** 命令，然后再跟交换机的名称，最后按 Enter 键。注意命令提示符的变化。

注　意　要使交换机返回默认提示符，请使用 **no hostname** 全局配置命令。

每次添加或修改设备时，请始终确保更新相关文档。请在文档中通过地点、用途和地址来标识设备。

2.4.2　密码准则

使用弱密码或容易被猜到的密码仍然是组织中最大的安全问题。网络设备，包括家用无线路由器，应始终配置密码以限制管理访问。

思科 IOS 可配置为使用分层模式密码，以允许对网络设备拥有不同的访问权限。

所有网络设备都应该通过使用密码保护的特权 EXEC、用户 EXEC 和远程 Telnet 访问来限制管理访问。此外，所有密码都应加密，并提供法律通知。

在选择密码时，请使用不容易猜到的强密码。选择密码时请考虑下列关键因素：

- 密码长度应大于 8 个字符；
- 使用大写字母、小写字母、数字、特殊字符和/或数字序列组合；
- 避免为所有设备使用同一个密码；
- 不要使用常用词语，因为这些词语很容易被猜到。

使用互联网搜索来查找密码生成器。许多生成器将允许您设置长度、字符集和其他参数。

注　意　本书中的许多实验使用了诸如 class 或 cisco 这样的密码。这些密码为弱密码而且容易被猜到，在实际生产环境中应避免使用。我们使用这些密码只是为了教学方便或用于说明配置示例。

2.4.3　配置密码

当您最初连接到设备时，您处于用户 EXEC 模式。此模式是使用控制台来保护的。

要保护用户 EXEC 模式访问的安全，请使用全局配置命令 **line console 0** 进入线路控制台配置模式，如例 2-6 所示。0 用于代表第一个（而且在大多数情况下是唯一的一个）控制台接口。接下来，使用 **password** *password* 命令指定用户 EXEC 模式的密码。最后，使用 **login** 命令启用用户 EXEC 访问。

例 2-6 设置控制台密码

```
Sw-Floor-1# configure terminal
Sw-Floor-1(config)# line console 0
Sw-Floor-1(config-line)# password cisco
Sw-Floor-1(config-line)# login
Sw-Floor-1(config-line)# end
Sw-Floor-1#
```

现在控制台访问需要输入密码，然后才能访问用户 EXEC 模式。

要使管理员能够访问所有 IOS 命令（包括配置设备），必须获得特权 EXEC 模式访问权限。这是最重要的访问方法，因为它提供了对设备的完整访问权限。

要保护特权 EXEC 访问，请使用 **enable secret** *password* 全局配置命令，如例 2-7 所示。

例 2-7 设置特权 EXEC 密码

```
Sw-Floor-1# configure terminal
Sw-Floor-1(config)# enable secret class
Sw-Floor-1(config)# exit
Sw-Floor-1#
```

虚拟终端（VTY）线路支持通过 Telnet 或 SSH 对设备进行远程访问。许多思科交换机最多支持 16 条 VTY 线路（编号为 0～15）。

要保护 VTY 线路的安全，请使用 **line vty 0 15** 全局配置命令进入线路 VTY 模式。接下来，使用 **password** *password* 命令指定 VTY 密码。最后，使用 **login** 命令启用 VTY 访问。

例 2-8 所示为一个在交换机上保护 VTY 线路的示例。

例 2-8 设置远程访问密码

```
Sw-Floor-1# configure terminal
Sw-Floor-1(config)# line vty 0 15
Sw-Floor-1(config-line)# password cisco
Sw-Floor-1(config-line)# login
Sw-Floor-1(config-line)# end
Sw-Floor-1#
```

2.4.4 加密密码

启动配置文件和运行配置文件以明文显示大多数密码。这会带来安全威胁，因为任何人如果访问这些文件，就可以发现这些密码。

要加密所有明文密码，请使用全局配置命令 **service password-encryption**，如例 2-9 所示。

例 2-9 密码加密

```
Sw-Floor-1# configure terminal
Sw-Floor-1(config)# service password-encryption
Sw-Floor-1(config)#
```

该命令对所有未加密的密码进行弱加密。这种加密仅适用于配置文件中的密码，而不适用于通过网络发送的密码。此命令的用途在于防止未经授权的人员查看配置文件中的密码。

使用 **show running-config** 命令验证密码现在是否已加密，如例 2-10 所示。

例 2-10 验证密码是否加密

```
Sw-Floor-1(config)# end
Sw-Floor-1# show running-config
!
!
<Output omitted>
!
line con 0
```

```
    password 7 094F471A1A0A
    login
    !
    line vty 0 4
    password 7 03095A0F034F38435B49150A1819
    login
    line vty 5 15
     password 7 094F471A1A0A
     login
    !
    !
    !
    end
```

2.4.5 旗标消息

尽管要求用户输入密码是防止未经授权的人员进入网络的有效方法，但同时必须向试图访问设备的人员声明"仅授权人员才可访问设备"。出于此目的，可向设备输出中加入一条旗标消息。当控告某人侵入设备时，旗标消息可在诉讼程序中起到重要作用。某些法律体系规定，若不事先通知用户，则既不允许起诉该用户，也不允许对该用户进行监控。

要在网络设备上创建当日的旗标消息，请使用 **banner motd** *# the message of the day #*全局配置命令。命令语法中的#称为定界符。它会在消息前后输入。定界符可以是未出现在消息中的任意字符。因此，会经常使用#之类的字符。命令执行完毕后，系统将向之后访问设备的所有用户显示该旗标，直到该旗标消息被删除为止。

例 2-11 所示为在 Sw-Floor-1 上配置旗标消息的步骤。

例 2-11 配置旗标消息

```
Sw-Floor-1# configure terminal
Sw-Floor-1(config)# banner motd #Authorized Access Only#
```

2.5 保存配置

在更改基于思科 IOS 的设备的配置时，是对运行中的配置进行的。应该对该运行配置进行备份，以支持网络恢复。本节介绍一些用于备份和恢复思科 IOS 设备上正在运行的配置的方法。

2.5.1 配置文件

您现在知道了如何在交换机上执行基本配置，包括密码和旗标消息。本节将介绍如何保存您的配置。

有两种系统文件用于存储设备配置。

■ **startup-config（启动配置文件）**：存储在 NVRAM 中的配置文件。它包含在设备启动或重启时用到的所有命令。当设备断电后，其中的内容不会消失。

注　意　路由器将配置文件保存在 NVRAM 中名为 startup-config 的单一位置。许多交换机将配置保存在两个相连的文件中：NVRAM 中的 startup-config 文件和闪存中的 config.txt 文件。

■ **running-config（运行配置文件）**：存储在随机存取存储器（RAM）中。它反映了当前的配置。修改运行配置文件会立即影响思科设备的运行。RAM 是易失性存储器。如果设备断电或重新启动，则会丢失所有内容。

特权 EXEC 模式命令 **show running-config** 用于查看正在运行的配置。如例 2-12 所示，该命令列出了当前存储在 RAM 中的完整配置。

例 2-12　验证存储在 RAM 中的配置

```
Sw-Floor-1# show running-config
Building configuration...
Current configuration : 1351 bytes
!
! Last configuration change at 00:01:20 UTC Mon Mar 1 1993
!
version 15.0
no service pad
service timestamps debug datetime msec
service timestamps log datetime msec
service password-encryption
!
hostname Sw-Floor-1
!
```

要查看启动配置文件，请使用特权 EXEC 命令 **show startup-config**。

如果设备断电或重新启动，所有未保存的配置更改都会丢失。要将对运行配置所做的更改保存到启动配置文件中，请使用特权 EXEC 模式命令 **copy running-config startup-config**。

2.5.2　修改运行配置

如果对运行配置所做的更改未能实现预期的效果，而且运行配置文件尚未保存，则可以将设备恢复到以前的配置。单独删除更改的命令，或使用特权 EXEC 模式命令 **reload** 重新加载设备，都能恢复启动配置。

使用 **reload** 命令删除未保存的运行配置的缺点是，在一段很短的时间内设备将会离线，从而导致网络中断。

当开始重新加载时，IOS 会检测到发生更改的运行配置没有保存到启动配置中。因此，它将显示一则提示消息，询问是否保存更改。要放弃更改，请输入 **n** 或 **no**。

或者，如果将不理想的更改保存到了启动配置文件中，则可能需要清除所有配置。这需要删除启动配置文件并重新启动设备。使用特权 EXEC 模式命令 **erase startup-config** 可删除启动配置。在发出此命令后，交换机将提示您确认。可按 Enter 键接受。

从 NVRAM 中删除启动配置后，请重新加载设备以从内存中清除当前的运行配置文件。重新加载时，交换机将会加载设备出厂时默认的启动配置。

2.5.3　将配置捕获到文本文件中

配置文件也可以保存并存档到文本文件中。下面的一系列步骤可确保获取当前配置文件的一份副本以供稍后编辑或重新使用。

例如，假定交换机已经配置，而且运行配置已经保存到设备上。下面执行如下步骤。

步骤 1. 打开一个与交换机连接的终端仿真软件，比如 PuTTY（见图 2-9）或 Tera Term。

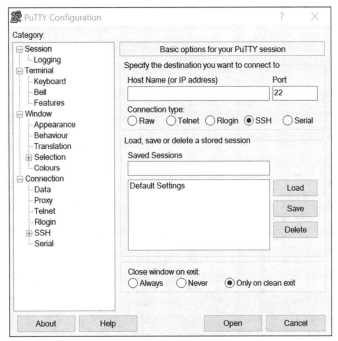

图 2-9　PuTTY 启动界面

步骤 2. 在终端软件中启用日志记录，并指定名称和文件位置以保存日志文件。图 2-10 中显示的 **All session output** 表示将所有会话的输出捕获到指定文件中（即 MySwitchLogs）。

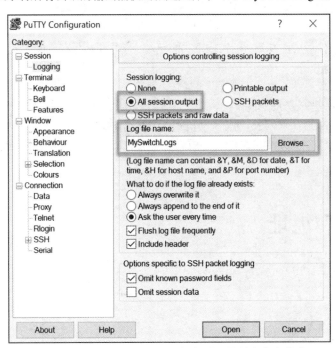

图 2-10　设置 PuTTY 工具，将会话记录到文本文件中

步骤 3. 执行 **show running-config** 命令，如例 2-13 所示，或在特权 **EXEC** 模式下执行 **show startup-config** 命令。终端窗口中显示的文本将保存到所选的文件中。

例 2-13 在文本文件中显示和记录配置

```
Sw-Floor-1# show running-config
Building configuration...
```

步骤 4. 在终端软件中禁用日志记录。图 2-11 所示为如何通过选择 **None** 会话日志记录选项禁用日志记录。

图 2-11 关闭会话日志

所创建的文本文件可用作设备当前实施方式的记录。在用于将保存的配置恢复到设备之前，可能需要对该文件进行编辑。

要将配置文件恢复到设备中，请执行以下操作。

步骤 1. 在设备上进入全局配置模式。

步骤 2. 将文本文件复制并粘贴到与交换机相连的终端窗口中。

文件中的文本将用作 CLI 中的命令，并成为设备上的运行配置。这是手动配置设备的一种便利方法。

2.6 端口和地址

为了在网络上进行通信，每个设备都必须应用了地址信息。本节介绍 IP 地址、接口和端口。

2.6.1 IP 地址

恭喜，您已经执行了基本的设备配置！当然，乐趣还没有结束。如果您希望终端设备相互通信，则必须确保每个设备都具有适当的 IP 地址并正确连接。本节将介绍 IP 地址、设备端口和用于连接设备的介质。

使用 IP 地址，是设备能够相互查找并在互联网上建立端到端通信的主要方式。网络中的每个终端设备都必须配置 IP 地址。以下是终端设备的例子：

- 计算机（工作站、笔记本电脑、文件服务器、Web 服务器）；
- 网络打印机；
- VoIP 电话；
- 安全摄像头；
- 智能手机；
- 移动手持设备（如无线条码扫描仪）。

IPv4 地址的结构称为点分十进制记法，用 0~255 之间的 4 个十进制数字表示。IPv4 地址会分配给连接到网络的各个设备。

注 意 本书中的 IP 同时包括 IPv4 和 IPv6 协议。IPv6 是 IP 的最新版本，正在替换更常见的 IPv4。

对于 IPv4 地址，子网掩码也是必要的设置。IPv4 子网掩码是将地址的网络部分与主机部分区分开来的 32 位值。子网掩码与 IPv4 地址相结合，可用于确定设备属于哪个子网。

图 2-12 所示为分配给一台主机的 IPv4 地址（192.168.1.10）、子网掩码（255.255.255.0）和默认网关（192.168.1.1）。默认网关地址是主机用于访问远程网络（包括互联网）的路由器的 IP 地址。

IPv6 地址长度为 128 位，写作十六进制值字符串，如图 2-13 所示。每 4 位以一个十六进制数字表示，共 32 个十六进制值。每 4 个十六进制数字组成一组，相互之间以冒号（:）分隔。IPv6 地址不区分大小写。

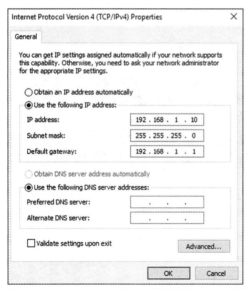

图 2-12 在 Windows 主机上配置或验证 IPv4 编址

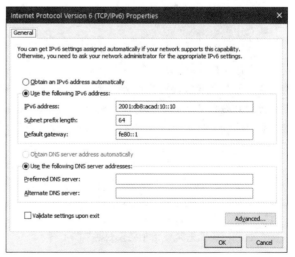

图 2-13 在 Windows 主机上配置或验证 IPv6 编址

2.6.2 接口和端口

网络通信取决于终端用户设备接口、网络设备接口以及连接设备的电缆。每个物理接口都有对其进行定义的规范或标准。连接接口的电缆必须设计为匹配接口的物理标准。网络介质类型包括双绞线铜缆、光缆、同轴电缆和无线，如图 2-14 所示。

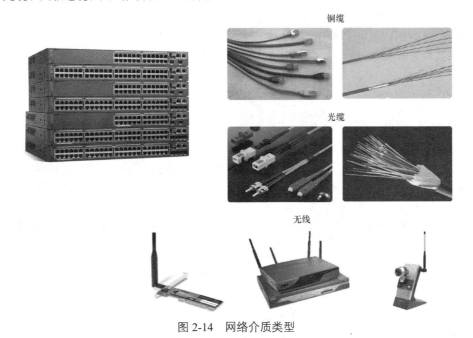

图 2-14 网络介质类型

不同类型的网络介质有不同的特性和优点。并非所有网络介质都具有相同的特征，而且并非所有介质都适用于同一目的。各种介质类型之间的差异包括：

- 介质可以成功传送信号的距离；
- 要安装介质的环境；
- 必须传输的数据量和速度；
- 介质和安装的成本。

互联网上的每条链路不仅需要采用特定的网络介质，而且需要采用特定的网络技术。例如，以太网是当今最常用的局域网（LAN）技术。在使用电缆物理连接到网络的终端用户设备、交换设备和其他网络设备时，均可找到以太网端口。

思科 IOS 第 2 层交换机有物理端口，可用于连接设备。这些端口不支持第 3 层 IP 地址。因此，交换机有一个或多个交换机虚拟接口（SVI）。这些是虚拟接口，原因是设备上没有任何物理硬件与之关联。SVI 是在软件中创建的。

虚拟接口可以让您使用 IPv4 和 IPv6 通过网络远程管理交换机。每台交换机的默认配置中都带有一个"现成的"SVI。默认的 SVI 是接口 VLAN 1。

注　意　第 2 层交换机不需要 IP 地址。分配给 SVI 的 IP 地址用于远程访问交换机。2 层交换机无须使用 IP 地址就可以工作。

2.7　配置 IP 地址

本节介绍 IP 地址在终端设备和以太网交换机上的应用，以实现远程接入。

2.7.1　手动配置终端设备的 IP 地址

就像您需要有朋友的电话号码才能给他们发短信或打电话一样，网络中的终端设备需要有 IP 地址才能够与网络中的其他设备进行通信。在本节中，您将通过在交换机和 PC 上配置 IP 地址来实施基本连接。

IPv4 地址信息可以手动输入到终端设备中，也可以使用动态主机配置协议（DHCP）自动分配。

要在 Windows 主机上手动配置 IPv4 地址，请打开 **Control Panel** > **Network Sharing Center** > **Change adapter settings**，然后选择适配器。接下来右键单击并选择 **Properties** 以显示 Ethernet Properties 对话框，如图 2-15 所示。

选中 **Internet Protocol Version 4(TCP/IPv4)**，然后单击 **Properties** 以打开 Internet Protocol Version 4 (TCP/IPv4) Properties 窗口，如图 2-16 所示。配置 IPv4 地址和子网掩码信息，以及默认网关。

> 注　意　　IPv6 地址和配置选项类似于 IPv4。

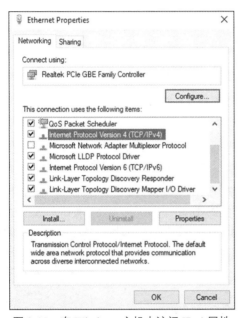

图 2-15　在 Windows 主机中访问 IPv4 属性　　图 2-16　在 Windows 主机中手动配置 IPv4 编址

> 注　意　　DNS 服务器地址是域名系统（DNS）服务器的 IPv4 和 IPv6 地址，用于将 IP 地址转换为域名，例如 www.epubit.com。

2.7.2　自动配置终端设备的 IP 地址

终端通常默认使用 DHCP 自动配置 Pv4 地址。DHCP 是用于几乎每个网络的技术。要想理解 DHCP 为什么如此普遍，最好的方法是想象一下如果没有它，我们需要做的额外工作有哪些。

在网络中，DHCP 可以为每台启用 DHCP 的终端设备自动配置 IPv4 地址。如果每次连接到网络时都必须手动输入 IPv4 地址、子网掩码、默认网关和 DNS 服务器，想象一下得花费多少时间。将这个时间乘以组织中的所有用户和所有设备，您就会看到问题。手动配置还可能因复制另一设备的 IPv4 地址而增加配置错误的风险。

在图 2-17 中可以看到，要在 Windows PC 上配置 DHCP，只需选择 **Obtain an IP address automatically** 和 **Obtain DNS server address automatically**。您的 PC 将会找到 DHCP 服务器，并为其分配在网络上通信所需的地址设置。

注　意　IPv6 使用 DHCPv6 和 SLAAC（无状态地址自动配置）进行动态地址分配。

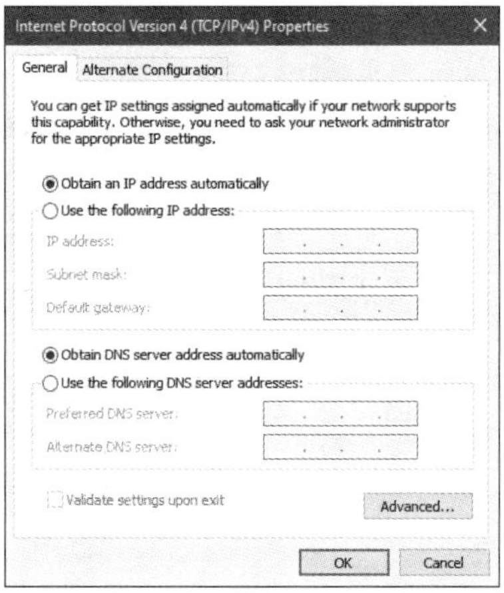

图 2-17　设置 Windows 主机，使其自动获取 IPv4 地址

2.7.3　交换机虚拟接口配置

要远程访问交换机，SVI 上必须配置 IP 地址和子网掩码。要在交换机上配置 SVI，请使用全局配置命令 **interface vlan 1**（其中的 vlan 1 并不是一个实际的物理接口，而是一个虚拟接口），如例 2-14 所示。然后使用接口配置命令 **ip address** *ip-address subnet-mask* 配置 IPv4 地址。最后，使用接口配置命令 **no shutdown** 启用虚拟接口。与 Windows 主机非常相似，配置了 IPv4 地址的交换机通常也需要分配一个默认网关。可以使用 **ip default gateway** *ip-address* 全局配置命令分配默认网关，其中 *ip-address* 是网络上本地路由器的 IPv4 地址。

在这些命令配置后，交换机即可使用所有 IPv4 要素进行网络通信。

例 2-14　在交换机上配置 SVI

```
Sw-Floor-1# configure terminal
Sw-Floor-1(config)# interface vlan 1
Sw-Floor-1(config-if)# ip address 192.168.1.20 255.255.255.0
Sw-Floor-1(config-if) ip default-gateway 192.168.1.1
Sw-Floor-1(config-if)# no shutdown
```

2.8　总结

思科 IOS 访问

所有终端设备和网络设备都需要有操作系统（OS）。用户可以使用命令行界面（CLI）与 Shell 进行交互，以使用键盘运行基于 CLI 的网络程序，输入文本和基于文本的命令，以及在显示器上查看输出。

作为一项安全功能，思科 IOS 软件将管理访问分为两种命令模式：用户 EXEC 模式和特权 EXEC 模式。

IOS 导航

访问全局配置模式之后才能访问其他具体的配置模式。在全局配置模式下，用户可以进入不同的子配置模式。其中的每种模式可以用于配置 IOS 设备的特定部分或特定功能。两种常见的子配置模式包括线路配置模式和接口配置模式。要进入全局配置模式，请使用特权 EXEC 模式命令 **configure terminal**。要返回特权 EXEC 模式，请输入全局配置模式命令 **exit**。

命令结构

每个 IOS 命令都有特定的格式或语法，并且只能在相应的模式下执行。常规的命令语法为在命令后接上相应的关键字和参数。IOS 提供两种形式的帮助：上下文相关的帮助和命令语法检查。

设备基本配置

任何设备上的第一个配置命令应该是为其提供一个唯一的设备名称或主机名。网络设备应始终配置密码以限制管理访问。思科 IOS 可配置为使用分层模式密码，以允许对网络设备拥有不同的访问权限。应配置并加密所有密码。应提供一种方法，用于声明只有授权人员才可访问设备，这可以通过向设备输出添加旗标消息来实现。

保存配置

有两种系统文件用于存储设备配置：startup-config（启动配置文件）和 running-config（运行配置文件）。如果没有保存运行配置文件，则可以修改它们。配置文件也可以保存并存档到文本文件中。

端口和地址

IP 地址使设备能够相互查找并在互联网上建立端到端通信。网络中的每个终端设备都必须配置 IP 地址。IPv4 地址的结构称为点分十进制记法，用 0～255 之间的 4 个十进制数字表示。

配置 IP 地址

IPv4 地址信息可以手动输入到终端设备中，或使用动态主机配置协议（DHCP）自动分配。在网络中，DHCP 可以为每台启用 DHCP 的终端设备自动配置 IPv4 地址。要远程访问交换机，SVI 上必须配置 IP 地址和子网掩码。要在交换机上配置 SVI，请使用 **interface vlan 1** 全局配置命令（其中的 vlan 1 并不是一个实际的物理接口，而是一个虚拟接口）。

复习题

完成这里列出的所有复习题，可以测试您对本章内容的理解。附录列出了答案。

1. 关于思科 IOS 设备中运行的配置文件，下面哪句话是正确的?
   A. 修改后立即影响设备运行
   B. 存储在 NVRAM 中
   C. 应该使用 **erase run-config** 命令删除

     D. 路由器重启时自动保存

2. 关于用户执行模式，哪两句话是正确的？（选择两项）

     A. 所有的路由器命令都可用

     B. 输入 **enable** 命令，进入全局配置模式

     C. 此模式的设备提示符以>符号结束

     D. 可以配置接口和路由协议

     E. 只能查看路由器配置的某些方面

3. 在思科路由器或交换机上使用 **enable secret** 命令保护哪种类型的访问？

     A. 虚拟终端   B. 特权 EXEC 模式

     C. AUX 端口   D. 控制台线路

4. 思科交换机的默认 SVI 是什么？

     A. VLAN 1   B. VLAN 99

     C. VLAN 100   D. VLAN 999

5. 当一个主机名是通过思科 CLI 配置的时，哪 3 个命名约定是指导方针的一部分？（选择 3 项）

     A. 主机名长度应该小于 64 个字符

     B. 主机名应该全部使用小写字母

     C. 主机名不应该包含空格

     D. 主机名应该以一个特殊字符结束

     E. 主机名应该以字母开头

6. 在操作系统中，Shell 的作用是什么？

     A. 与设备硬件交互

     B. 是用户和内核之间的接口

     C. 提供专用防火墙服务

     D. 为设备提供入侵防护服务

7. 具有有效操作系统的交换机包含了一个存储在 NVRAM 中的配置文件。配置文件有一个 **enable secret** 密码，但没有 **line console 0** 密码。当路由器启动时，将显示哪种模式？

     A. 全局配置模式   B. 设置模式

     C. 特权 EXEC 模式   D. 用户 EXEC 模式

8. 管理员刚刚更改了 IOS 设备上接口的 IP 地址。要将这些更改应用到设备，还必须执行哪些操作？

     A. 将正在运行的配置复制到启动配置文件

     B. 将启动配置文件中的信息复制到运行配置

     C. 重新加载设备，并在提示保存配置时输入 **yes**

     D. 什么都不要做。只要输入的命令正确并且按下 Enter 键，IOS 设备上配置的更改会立即生效

9. 在设备重启后，思科路由器或交换机上的哪个内存位置会丢失所有内容？

     A. ROM   B. 闪存

     C. NVRAM   D. RAM

10. 为什么技术人员要输入命令 **copy startup config running-config**？

     A. 从交换机中删除所有配置   B. 将活动配置保存到 NVRAM

     C. 将现有配置复制到 RAM 中   D. 要使更改的配置成为新的启动配置

11. DHCP 提供了哪些功能？

     A. 自动为每个主机分配一个 IP 地址   B. 远程交换机管理

  C. IP 地址到域名的转换   D. 端到端的连接测试

12. 思科 IOS CLI 的上下文帮助特性为用户提供了哪两个功能？（选择两项）

  A. 当提交了一个不正确的命令时提供一个错误消息

  B. 显示当前模式下所有可用命令的列表

  C. 允许用户使用 Tab 键补全命令的其余部分

  D. 确定哪些选项、关键字或者参数可用于输入的命令

  E. 选择最佳命令来完成任务

13. 思科路由器上的哪个内存位置存储了启动配置文件？

  A. RAM   B. ROM

  C. NVRAM   D. 闪存

第 3 章

协议和模型

学习目标

通过完成本章的学习，您将能够回答下列问题：

- 成功的通信需要什么样的规则；
- 为什么网络通信需要协议；
- 遵守协议簇的意义是什么；
- 在建立网络互操作性协议时，标准组织发挥的作用是什么；

- 如何使用 TCP/IP 模型和 OSI 模型来促进通信过程中的标准化；
- 数据封装如何允许数据在网络上传输；
- 本地主机如何访问网络上的资源。

我们已经了解了一个简单网络的基本组件，以及初始配置。但是，在您配置并连接这些组件后，如何知道它们将一起工作？协议！协议是由标准组织创建的一套约定的规则。但是，我们不可能拿起一条规则并仔细观察它，那么我们如何才能真正理解为什么会有这样一个规则，以及它应该做什么呢？模型！模型为您提供了一种将规则及其在网络中的位置进行可视化的方法。本章概述了网络协议和模型。您马上就要对网络的实际工作方式有更深入的了解了！

3.1 规则

计算机网络使用的通信规则类似于人类的通信规则。为了让两台设备进行通信，它们必须使用相同的规则。

3.1.1 通信基础知识

不同网络的规模、形状和功能都存在很大差异。它们可以复杂到通过互联网来连接设备，也可以简单到直接将两台计算机用一根电缆连接，或者是介于这两种之间。然而，只是完成终端设备之间的有线或无线物理连接并不足以实现通信。为了进行通信，设备必须要知道"如何"通信。

人们使用许多不同的通信方式来交流观点。所有通信方法都有以下 3 个共同要素。

- **消息源（发送方）**：消息源是需要向其他人或设备发送消息的人或电子设备。
- **消息目的地（接收方）**：目的地接收并解释消息。
- **信道**：由为消息从源传送到目的地提供路径的介质组成。

3.1.2 通信协议

无论是面对面通信还是通过网络通信，消息的发送都是由称为协议的规则来管理的。不同类型的通信方式会有不同的特定协议。在日常的个人通信中，通过一种媒介（如电话）通信时采用的规则不一定与使用另一种媒介（如邮寄信件）时的规则相同。然而，在每种情况下，我们都有自己的通信规则或协议。

例如，在图 3-1 中，两个人可以面对面交流。

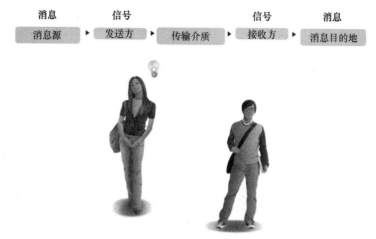

消息	信号		信号	消息
消息源	发送方	传输介质	接收方	消息目的地

图 3-1　面对面交流的协议

在通信之前，我们必须就如何通信达成一致。如果通信要使用语音，就首先必须商定使用哪种语言。接着，当有消息需共享时，必须把此消息转化成对方可以理解的格式。

如果某人使用英语，但使用的句子结构不好，消息就很容易遭到误解。下文描述了用于完成通信的协议。

3.1.3　规则建立

在彼此通信之前，个人必须使用既定规则或协议来管理会话。例如，请考虑以下消息：

humans communication between govern rules. It is verydifficult tounderstand messages that are not correctly formatted and donot follow the established rules and protocols. A estrutura dagramatica, da lingua, da pontuacao e do sentence faz a configuracao humana compreensivel pormuitos individuos diferentes.

由于消息格式不正确，因此很难读取消息。它应使用有效沟通所必需的规则（即协议）来编写。以下示例显示的消息现在正确地遵守了语言和语法规则：

Rules govern communication between humans. It is very difficult to understand messages that are not correctly formatted and do not follow the established rules and protocols. The structure of the grammar, the language, the punctuation, and the sentence make the configuration humanly understandable for many different individuals.

协议必须考虑到以下要求，才能成功地传递被接收者理解的消息：

- 已识别的发送方和接收方；
- 通用语言和语法；
- 传递的速度和时序；
- 证实或确认要求。

3.1.4　网络协议要求

网络通信中使用的协议共享许多基本特质。除了识别源和目的地之外，计算机和网络协议还定义了消息在网络中如何传输的细节。常用的计算机协议包含以下要求：

- 消息编码；
- 消息格式化和封装；
- 消息尺寸；
- 消息时序；
- 消息传输选项。

3.1.5 消息编码

发送消息的第一步是编码。编码是将信息转换成可接受的传输形式的过程。解码将这一过程反过来解释信息。比如一个人打电话给一个朋友，讨论一个美丽的日落细节，如图 3-2 所示。

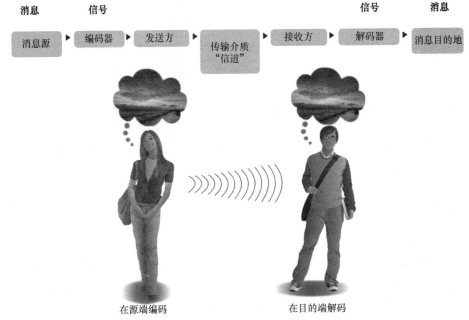

图 3-2 消息编解码

为了传达消息，需要将自己的想法转换成商定的语言，然后以口头语言的声音和语调讲出这些文字，将消息传达给对方。对方听到描述后将声音解码，以便理解所收到的消息。

信息编码也出现在计算机通信中。主机之间的编码必须采用适合介质的格式。通过网络发送的消息首先由发送主机转换成位。每个位都被编码成铜线上的电压模式、光纤中的红外光模式，或者无线系统中的微波模式。目标主机接收并解码信号以解释消息。

3.1.6 消息格式化和封装

当消息从源发送到目的地时，必须使用特定的格式或结构。消息格式取决于消息类型和用于传递消息的通道。在人际交流中要求正确格式的一个常见例子是发送信函。在图 3-3 中可以看到，在信封的正确位置上分别标明发件人和收件人的地址。如果目的地地址和格式不正确，这封信就不能投递。

将一种消息格式（信件）放入另一种消息格式（信封）的过程称为封装。收件人从信封中取出信件的过程就是解封。当收件人将这一过程颠倒过来，并将信件从信封中移除时，就会发生解封。

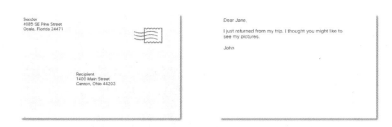

图 3-3 信件发送格式

与发送信件类似，通过计算机网络发送的消息也要遵循特定的格式规则才能被发送和处理。

互联网协议（IP）是一种具有与信件示例类似功能的协议。在图 3-4 中，互联网协议版本 6（IPv6）数据包的字段标识数据包的来源及其目的地。IP 负责通过一个或多个网络将消息从消息源发送到目的地。

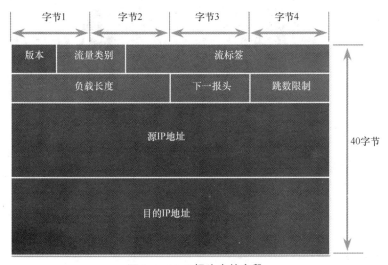

图 3-4 IPv6 报头中的字段

注　意　IPv6 数据包的字段将在第 8 章详细讨论。

3.1.7 消息尺寸

通信的另一条规则是控制消息尺寸。人们在相互交流时，他们发送的消息通常会分成较小的部分或较短的句子。这些句子的尺寸限制为接收方一次可以处理的尺寸，它的尺寸也使接收方更容易阅读和理解。

在网络中，帧的尺寸限制要求源主机将长消息分解为满足最小和最大尺寸要求的单个片段。因此，一条长消息以单独的帧发送，每一帧包含原始消息的一部分。每一帧都有自己的编址信息。在接收主机上，信息的各个部分被重构成原始信息。

3.1.8 消息时序

消息时序在网络通信中也非常重要。消息时序包括以下内容。

- **流量控制**：这是管理数据传输速率的过程。流量控制定义了可以发送多少信息以及传递信息的速率。例如，如果一个人讲话太快，对方就难以听清和理解。在网络通信中，源设备和目的设备使用网络协议来协商和管理信息流。
- **响应超时**：如果一个人提问之后在合理的时间内没有得到回答，就会认为没有获得回答，因此会做出相应的反应。此人可能会重复这个问题，也可能继续谈话。网络上的主机会使用网络协议来指定等待响应的时长，以及在响应超时的情况下执行什么操作。
- **访问方法**：决定人们可以发送消息的时间。在图 3-5 中，两个人同时交谈，发生了"信息冲突"。这两个人有必要后退一步，重新开始交谈。同样，当设备想要在无线局域网上传输信息时，有必要使用 WLAN 网络接口卡（NIC）来确定无线介质是否可用。

图 3-5　冲突的信息

3.1.9 消息传输选项

消息可以通过不同的方式传送。有时候，我们需要传达信息给某个人。而在另一些时候，我们需要同时向一群人甚至同一区域的所有人发送信息。

网络通信也涉及类似的传输选项，如下所示（见图 3-6）。

- **单播**：信息传输到单个终端设备。
- **组播**：信息传输到一个或多个终端设备。
- **广播**：信息传输到所有终端设备。

图 3-6 比较单播、组播和广播通信

3.1.10 节点图标说明

组网文档和拓扑结构通常使用节点图标（通常为圆形）来表示组网设备和终端设备。图 3-7 用节点图标代替计算机图标对比了 3 种不同的传输方式。

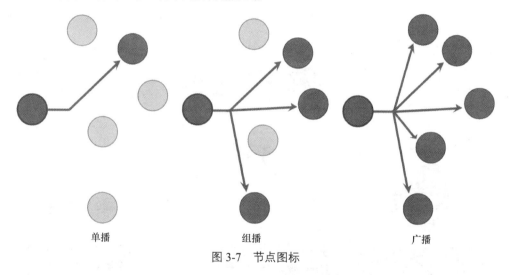

图 3-7 节点图标

3.2 协议

就像在人类通信中一样，各种网络和计算机协议必须能够相互作用，共同工作，才能使网络通信成功。

3.2.1 网络协议概述

终端设备要想在一个网络上进行通信，所有设备必须遵守相同的一套规则。这些规则被称为协议，它们在网络中有许多功能。本节将概述网络协议。

网络协议定义了用于在设备之间交换消息的通用格式和规则集。协议由终端设备和中间设备在软件、硬件或两者中实现。每个网络协议都有自己的功能、格式和通信规则。

表 3-1 列出了跨一个或多个网络通信所需的各种协议类型。

表 3-1 协议类型

协议类型	描述
网络通信协议	这类协议使两个或多个设备能够在一个或多个网络上通信。以太网技术家族涉及多种协议，例如 IP、传输控制协议（TCP）、超文本传输协议（HTTP）等
网络安全协议	这类协议保护数据以提供身份验证、数据完整性和数据加密。安全协议的示例包括安全 Shell（SSH）、安全套接字层（SSL）和传输层安全（TLS）
路由协议	这类协议使路由器能够交换路由信息，比较路径信息，然后选择到达目的网络的最佳路径。路由协议的示例包括开放最短路径优先（OSPF）协议和边界网关协议（BGP）
服务发现协议	这类协议用于设备或服务的自动检测。服务发现协议的示例包括动态主机配置协议（DHCP），它发现用于 IP 地址分配的服务；还包括域名系统（DNS），它用于执行域名到 IP 地址的转换

3.2.2 网络协议功能

网络通信协议负责终端设备之间网络通信所必需的各种功能。例如，图 3-8 所示为计算机如何通过多个网络设备向服务器发送消息。

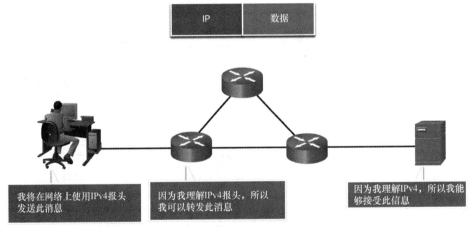

图 3-8 计算机如何向服务器发送消息

计算机和网络设备使用商定的协议进行通信。各协议的功能如表 3-2 所示。

表 3-2 协议功能

功能	描述
编址	通过使用已定义的编址方案来标识消息的发送者和预期的接收者。提供编址的协议示例包括以太网、IPv4 和 IPv6
可靠性	此功能提供了有保证的传输机制，以防消息在传输过程中丢失或损坏。TCP 提供可靠的传输
流量控制	此功能可确保数据在两个通信设备之间高效传输。TCP 提供流量控制服务
排序	此功能唯一地标记每个传输的数据段。接收设备使用排序信息正确地重组信息。如果数据段丢失、延迟或未按顺序接收，这将很有用。TCP 提供排序服务

续表

功能	描述
差错检测	此功能用于确定传输过程中数据是否已损坏。提供差错检测的各种协议包括以太网、IPv4、IPv6 和 TCP
应用接口	此功能包含用于网络应用程序之间的进程间通信的信息。例如，访问网页时，使用 HTTP 或 HTTPS 协议在客户端和服务器 Web 进程之间进行通信

3.2.3 协议交互

通过计算机网络发送消息时通常需要使用多种协议，每种协议都有自己的功能和格式。图 3-9 所示为一些常用的网络协议，当设备向 Web 服务器请求其 Web 页面时，会用到这些协议。

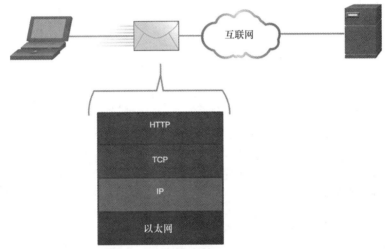

图 3-9 发送消息时常用的网络协议

3.3 协议簇

协议簇是一组共同提供全面网络通信服务的协议。协议簇可以由标准组织指定，也可以由供应商开发。

3.3.1 网络协议簇

在许多情况下，协议必须能够与其他协议配合使用，以便为您提供网络通信所需的一切。协议簇旨在无缝地相互协作。

执行某种通信功能所需的一组内在相关协议称为协议簇。

查看协议簇中的协议如何交互的一种最佳方法就是将这种交互看成一个栈。协议栈展示了协议簇中的单个协议是如何实施的。协议显示为分层结构，每种上层服务都依赖于其余下层协议所定义的功能。协议栈的下层负责通过网络传输数据以及向上层提供服务，而上层则负责处理发送的消息内容。

在图 3-10 中，可以使用分层结构来描述面对面通信中发生的活动。底层是物理层，有两个人用声音大声说出词语。中间是规则层，规定了通信的要求，包括必须选择一种通用语言。顶部是内容层，这是实际说出通信内容的地方。

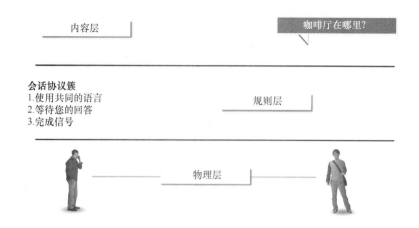

协议簇是一组协同工作的规则，旨在解决问题

图 3-10　人类交流的层次

3.3.2　协议簇的演变

　　协议簇是提供全面的网络通信服务的一组协议。自 20 世纪 70 年代以来，出现了几种不同的协议簇，有些是由标准组织开发的，有些是由不同的供应商开发的。

　　在网络通信和互联网的发展过程中，出现了几个相互竞争的协议簇，如图 3-11 所示。

- **互联网协议簇或 TCP/IP**：这是目前使用的最常见、最相关的协议簇。TCP/IP 协议簇是由互联网工程任务组（IETF）维护的开放标准协议簇。

- **开放系统互连（OSI）协议**：这是一个由国际标准化组织（ISO）和国际电信联盟（ITU）在 1977 年共同开发的协议系列。OSI 协议还包括一个称为 OSI 参考模型的七层模型。OSI 参考模型对协议的功能进行了分类。如今，OSI 主要以其分层模型而闻名。OSI 协议在很大程度上已经被 TCP/IP 所取代。

TCP/IP层名称	TCP/IP	ISO	AppleTalk	Novell Netware
应用层	HTTP DNS DHCP FTP	ACSE ROSE TRSE SESE	AFP	NDS
传输层	TCP UDP	TP0 TP1 TP2 TP3 TP4	ATP AEP NBP RTMP	SPX
互联网层	IPv4 IPv6 ICMPv4 ICMPv6	CONP/CMNS CLNP/CLNS	AARP	IPX
网络接入层		Ethernet ARP WLAN		

图 3-11　竞争的协议簇

- **AppleTalk**：苹果公司在 1985 年为苹果设备发布了这个短暂的专有协议簇。1995 年，苹果公司采用 TCP/IP 协议取代 AppleTalk。
- **Novell Netware**：Novell 在 1983 年使用 IPX 网络协议开发了这个短暂的专有协议簇和网络操作系统。1995 年，Novell 采用 TCP/IP 取代 IPX。

3.3.3　TCP/IP 协议示例

TCP/IP 协议可用于应用层、传输层和互联网层。在网络接入层没有 TCP/IP 协议。最常见的网络接入层局域网协议是以太网和 WLAN（无线局域网）协议。网络接入层协议负责在物理介质上传送 IP 数据包。

图 3-12 所示为 3 种 TCP/IP 协议在主机的 Web 浏览器和 Web 服务器之间发送数据包的示例。HTTP、TCP 和 IP 使用的是 TCP/IP 协议。在网络接入层，本例中使用以太网。然而，这也可以是一个无线标准，如 WLAN 或蜂窝服务。

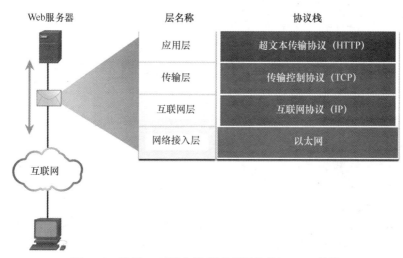

图 3-12　用于 Web 客户端/服务器通信的 TCP/IP 协议

3.3.4　TCP/IP 协议簇

如今，TCP/IP 协议簇包含许多协议，并且不断发展以支持新服务。图 3-13 所示为一些较为常用的协议。

应用层

应用层包括网络应用程序和协议（供设备使用网络），具体如下。

- **域名系统**
  - **DNS**：域名系统。将域名转换为 IP 地址。
- **主机配置**
  - **DHCPv4**：IPv4 动态主机配置协议。DHCPv4 服务器在启动时动态地将 IPv4 编址信息分配给 DHCPv4 客户端，并允许在不再需要时重新使用这些地址。
  - **DHCPv6**：IPv6 动态主机配置协议。DHCPv6 类似于 DHCPv4。DHCPv6 服务器在启动时动态地将 IPv6 编址信息分配给 DHCPv6 客户端。

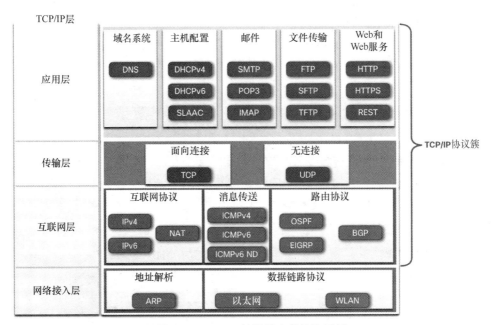

图 3-13 TCP/IP 协议簇中的协议示例

- ○ **SLAAC**：无状态地址自动配置。SLAAC 允许设备在不使用 DHCPv6 服务器的情况下获得其 IPv6 编址信息。
- ■ **邮件**
  - ○ **SMTP**：简单邮件传输协议。使客户端能够将邮件发送到邮件服务器，并使服务器能够将邮件发送到其他服务器。
  - ○ **POP3**：邮局协议版本 3。使客户端能够从邮件服务器检索电子邮件并将电子邮件下载到客户端本地邮件应用程序。
  - ○ **IMAP**：互联网消息访问协议。使客户端能够访问存储在邮件服务器上的电子邮件，并在服务器上维护电子邮件。
- ■ **文件传输**
  - ○ **FTP**：文件传输协议。它设置规则，使得一台主机上的用户能够通过网络访问另一台主机或向其传输文件。FTP 是一种可靠、面向连接且进行确认的文件交付协议。
  - ○ **SFTP**：SSH 文件传输协议。作为安全 Shell（SSH）协议的扩展，SFTP 可用于建立安全的文件传输会话，在该会话中对文件传输进行加密。SSH 是一种安全远程登录的方法，通常用于访问设备的命令行。
  - ○ **TFTP**：简单文件传输协议。这是一个简单的无连接的文件传输协议，使用尽力而为、无须确认的文件传输方式。它使用的开销比 FTP 少。
- ■ **Web 和 Web 服务**
  - ○ **HTTP**：超文本传输协议。这是有关在万维网上交换文本、图形图像、音频、视频以及其他多媒体文件的一组规则。
  - ○ **HTTPS**：安全的 HTTP。这是一种安全的 HTTP 形式，它对在万维网上交换的数据进行加密。
  - ○ **REST**：表述性状态转移。REST 是一种使用应用程序编程接口（API）和 HTTP 请求创建 Web 应用程序的方法。

传输层

传输层提供主机到主机的通信服务，具体如下。

- **面向连接**
  - ○ **TCP**：传输控制协议。它使运行在不同主机上的进程之间能够进行可靠的通信，并提供可靠的、需要确认的传输，以确保传输成功。
- **无连接**
  - ○ **UDP**：用户数据报协议。它允许一台主机上运行的进程向另一台主机上运行的进程发送数据包。但是，UDP 不会确认数据报传输是否成功。

互联网层

互联网层用于将数据包从原始源传输到最终目的地。互联网层包括下面这些。

- **互联网协议**
  - ○ **IPv4**：互联网协议第 4 版。它接收来自传输层的消息段，将消息打包成数据包，并为通过网络进行端到端传递的数据包进行地址分配。IPv4 使用 32 位地址。
  - ○ **IPv6**：互联网协议第 6 版。与 IPv4 类似，但使用 128 位地址。
  - ○ **NAT**：网络地址转换。NAT 将私有网络 IPv4 地址转换为全球唯一的公有 IPv4 地址。
- **消息传送**
  - ○ **ICMPv4**：IPv4 互联网控制消息协议。ICMPv4 提供从目的主机到源主机关于数据包传递错误的反馈。
  - ○ **ICMPv6**：用于 IPv6 的 ICMP。ICMPv6 与 ICMPv4 类似，但用于 IPv6 数据包。
  - ○ **ICMPv6 ND**：IPv6 邻居发现。ICMPv6 ND 包括用于地址解析和重复地址检测的 4 个协议消息。
- **路由协议**
  - ○ **OSPF**：开放最短路径优先。OSPF 是一种使用基于区域的分层设计的链路状态路由协议。OSPF 是一种开放标准的内部路由协议。
  - ○ **EIGRP**：增强型内部网关路由协议。EIGRP 是一种思科专属的路由协议，使用了基于带宽、延迟、负载和可靠性的复合度量。
  - ○ **BGP**：边界网关协议。BGP 是一种开放标准的外部网关路由协议，用于互联网服务提供商（ISP）之间。BGP 还通常在 ISP 与其大型私有客户之间使用，以交换路由信息。

网络接入层

网络接入层提供跨物理网络的通信服务，通常从一个网络接口卡（NIC）到同一网络上的另一个 NIC。网络接入层包括下面这些。

- **地址解析**
  - ○ **ARP**：地址解析协议。ARP 提供 IPv4 地址与硬件地址之间的动态地址映射。
- **数据链路协议**
  - ○ **以太网**：为网络接入层的布线和信令标准定义规则。
  - ○ **WLAN**：无线局域网。WLAN 定义了 2.4GHz 和 5GHz 无线电频率的无线信令规则。

3.3.5 TCP/IP 通信过程

图 3-14 至图 3-20 以 Web 服务器向客户端传输数据为例，演示了完整的 TCP/IP 通信过程。这个过

程和这些协议在后面的章节中有更详细的介绍。以下是过程中的基本步骤。

步骤 1. 在图 3-14 中，首先是 Web 服务器准备 HTML 页面作为要发送的数据。

图 3-14　准备待发送的 HTML

　　步骤 2. 应用程序协议 HTTP 报头被添加到 HTML 数据的前面。报头中包含各种信息，包括服务器正在使用的 HTTP 版本和一个状态码，该状态码表示它拥有 Web 客户端的信息。

　　步骤 3. HTTP 应用层协议将 HTML 格式的 Web 页面数据传输到传输层，如图 3-15 所示。TCP 向 HTTP 数据添加报头信息。TCP 传输层协议用于管理单独的对话，在本例中是 Web 服务器和 Web 客户端之间的对话。

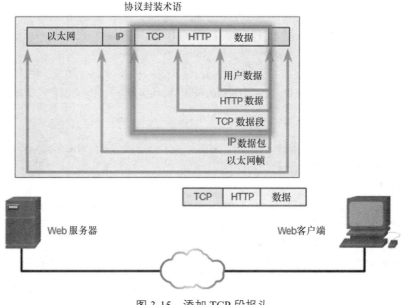

图 3-15　添加 TCP 段报头

　　步骤 4. 接下来，IP 信息会添加到 TCP 信息的前面，如图 3-16 所示。IP 分配适当的源和目的 IP 地址。这个信息被称为 IP 数据包。

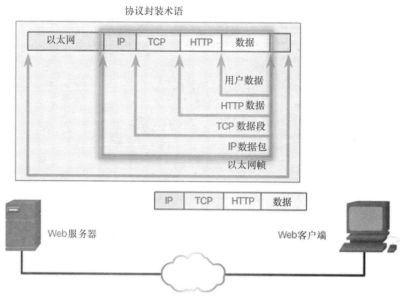

图 3-16 添加 IP 数据包报头

步骤 5. 以太网协议将信息添加到 IP 数据包的两端，即数据链路帧，如图 3-17 所示。

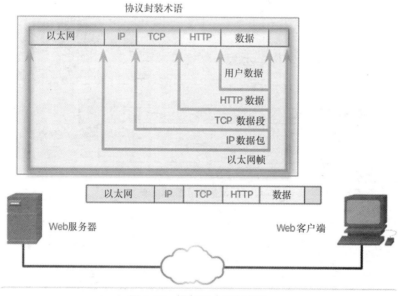

图 3-17 添加以太网帧报头

　　步骤 6. 数据通过网络传输，如图 3-18 所示。在图 3-18 中以云表示的互联网是传输介质和中间设备的集合。

　　步骤 7. 客户端接收到包含数据的数据链路帧，如图 3-19 所示。协议报头一次处理一个，并以与添加时相反的顺序删除。首先处理并删除以太网信息，然后是 IP 协议信息、TCP 信息，最后是 HTTP信息。

　　步骤 8. 然后，页面信息被传递到客户端的 Web 浏览器软件上，如图 3-20 所示。

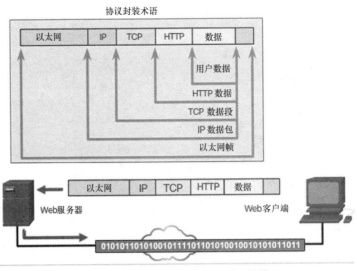

图 3-18 将帧作为比特发送到目的地

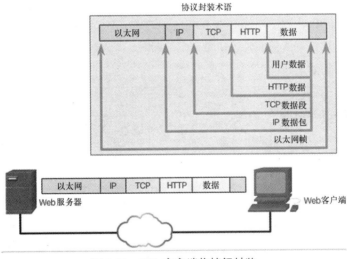

图 3-19 Web 客户端将帧解封装

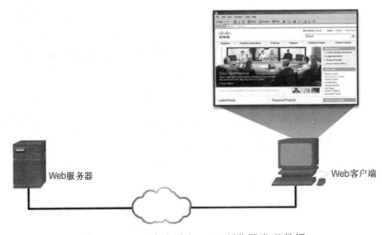

图 3-20 Web 客户端向 Web 浏览器发送数据

3.4 标准组织

标准组织创建的标准允许设备独立于任何特定的供应商进行通信。软件或硬件只需要应用标准，而不考虑供应商。

3.4.1 开放标准

当购买汽车的新轮胎时，有许多制造商可供您选择。它们每家都至少有一种轮胎适合您的车。这是因为汽车行业在制造汽车时采用了标准。与之类似，协议也有标准。尽管有许多不同的网络组件制造商，但它们都必须使用相同的标准。在网络中，标准是由国际标准组织制定的。

开放标准鼓励互操作性、竞争和创新。它们还能确保没有任何一家公司的产品能够垄断市场或具有不公平的竞争优势。

例如，在您购买一个家用无线路由器时，有众多供应商的许多不同路由器可供您选择。这些路由器都融合了标准协议，例如 IPv4、IPv6、DHCP、SLAAC、以太网和 802.11 无线局域网。这些开放标准还能够使运行 macOS 操作系统的客户端从运行 Linux 操作系统的 Web 服务器上下载网页。这是因为两种操作系统都实现了开放标准协议，例如 TCP/IP 协议簇中的协议。

标准组织通常是中立于厂商的非营利性组织，旨在发展和推广开放标准的概念。这些组织在通过自由访问的协议和规范（这些协议和规范由供应商来实现）来维护一个开放的互联网方面起着至关重要的作用。

标准组织可能会独立起草规则集，也可能将某个专有协议作为一个标准的基础。如果要使用专有协议，通常就会涉及创建了该协议的供应商。

各标准组织的标识如图 3-21 所示。

图 3-21　标准组织

3.4.2 互联网标准

各个组织在互联网和 TCP/IP 协议标准的推广与建立方面具有不同的责任。

图 3-22 所示为开发和支持互联网的标准组织，如下所示。

- **互联网协会（ISOC）**：负责在全球范围内推动互联网的开放发展和演进。
- **互联网架构委员会（IAB）**：负责互联网标准的全面管理和开发。
- **互联网工程任务组（IETF）**：开发、更新、维护互联网和 TCP/IP 技术。这包括开发新协议和更新现有协议的过程与文档，后者称为请求注释（Request for Comment，RFC）文档。
- **互联网研究任务组（IRTF）**：主要从事与互联网和 TCP/IP 协议相关的长期研究，如反垃圾邮件研究组（ASRG）、加密论坛研究组（CFRG）、点对点研究组（P2PRG）。

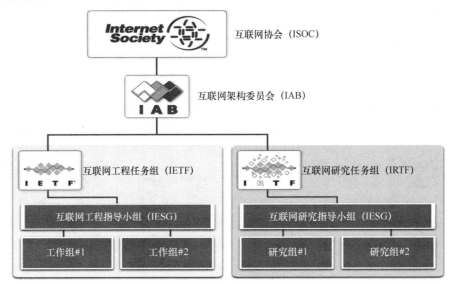

图 3-22　Internet 标准组织

涉及 TCP/IP 开发和支持的标准组织，包括 IANA、ICANN 等，如图 3-23 所示。

- **互联网名称与数字地址分配架构（ICANN）**：ICANN 总部位于美国，负责协调 IP 地址分配、域名管理和 TCP/IP 协议中使用的其他信息的分配。
- **互联网地址分配机构（IANA）**：IANA 负责监督和管理 ICANN 的 IP 地址分配、域名管理与协议标识符。

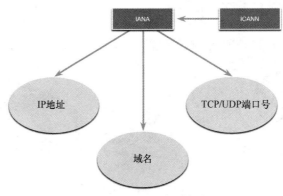

图 3-23　TCP/IP 标准组织

3.4.3 电子和通信标准

各种标准组织有责任推广和建立电子与通信标准，这些标准用于通过有线或无线介质将 IP 数据包作为电子信号传输。这些标准组织具体如下。

- **电气与电子工程师协会（IEEE）**：该组织致力于推动技术创新，并在电力和能源、医疗保健、电信和网络等广泛的领域创建标准。重要的 IEEE 网络标准包括 802.3 以太网和 802.11 无线局域网标准。可在互联网上搜索其他 IEEE 网络标准。
- **美国电子工业协会（EIA）**：该组织因其在用于安装网络设备的电线、连接器和 19 英寸机架方面的标准而知名。
- **美国通信工业协会（TIA）**：该组织负责开发各种领域的通信标准，包括无线电设备、手机信号塔、IP 语音（VoIP）设备和卫星通信等。
- **国际电信联盟电信标准化部门（ITU-T）**：是最大最早的通信标准组织之一。ITU-T 定义视频压缩、IP 电视（IPTV）和宽带通信的标准，例如数字用户线路（DSL）。

3.5 参考模型

参考模型是一个概念框架，有助于理解和实现各种协议之间的关系。

3.5.1 使用分层模型的好处

您不能真正地看到真实的数据包在真实的网络中传输，就像您不能看到汽车的零部件在装配线上组装一样。所以，有一种思考网络的方式是有帮助的，这样就可以想象正在发生的事情。模型在这些情况下很有用。

诸如网络运行方式之类的复杂概念可能很难解释和理解。因此，可以使用分层模型将网络的运行模块化为可管理的层。

下面是使用分层模型来描述网络协议及其工作方式的优点：

- 协助协议设计，因为在特定层上运行的协议定义了它们所作用的信息以及连接上下层的接口；
- 促进竞争，因为来自不同供应商的产品可以协同工作；
- 防止某一层中的技术或能力的变化影响到上下其他层；
- 提供一个描述网络功能和能力的通用语言。

在图 3-24 中可以看到，有两个分层模型用于描述网络的运行：

- 开放式系统互联（OSI）参考模型；
- TCP/IP 参考模型。

3.5.2 OSI 参考模型

OSI 参考模型详细罗列了每一层可以实现的功能和服务。这种类型的模型通过描述"特定层必须完成什么，但不规定如何完成"来保持各类网络协议和服务中的一致性。

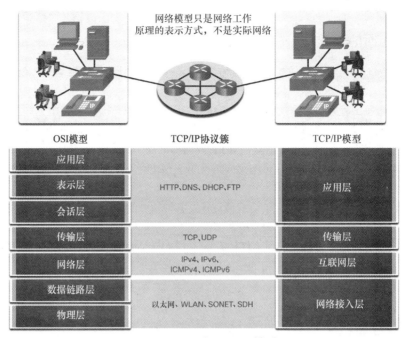

图 3-24 OSI 和 TCP/IP 模型

　　它还描述了每一层与直接上下层之间的交互。本书讨论的 TCP/IP 协议是围绕 OSI 和 TCP/IP 模型构建的。表 3-3 所示为 OSI 模型每一层的详细信息。随着对协议的详细讨论，每一层的功能和层之间的关系将变得更加明显。

表 3-3　　　　　　　　　　　　　　　OSI 的层数

OSI 模型的层	描述
应用层	应用层包含用于进程间通信的协议
表示层	表示层提供了应用层服务之间传输的数据的通用表示
会话层	会话层向表示层提供服务，以组织对话并管理数据交换
传输层	传输层定义了服务，以对数据进行分段、传输和重组，从而进行终端设备之间的单独通信
网络层	网络层提供服务，以在已识别的终端设备之间通过网络交换独立的数据片段
数据链路层	数据链路层协议描述了设备之间通过公共介质交换数据帧的方法
物理层	物理层协议描述了机械的、电气的、功能的和程序化的方法，以激活、维护和解除物理连接，实现网络设备之间的数据传输

注　意　　我们在提及 TCP/IP 模型的各层时只使用其名称，而提及 OSI 模型的七个层时则通常使用编号而非名称。例如，物理层指 OSI 模型的第 1 层，数据链路层指第 2 层，以此类推。

3.5.3　TCP/IP 协议模型

　　用于网络通信的 TCP/IP 协议模型建立于 20 世纪 70 年代早期，有时称为互联网模型。这种类型的模型与特定的协议簇结构紧密配合。TCP/IP 模型描述了 TCP/IP 协议簇中每个协议层实现的功能，因此属于协议模型。TCP/IP 也用作参考模型。表 3-4 所示为 TCP/IP 模型每一层的详细信息。

表 3-4	TCP/IP 模型的层次结构
TCP/IP 模型层	**描述**
应用层	向用户提供数据，以及处理编码和对话控制
传输层	支持各种设备之间通过不同网络进行通信
互联网层	确定通过网络的最佳路径
网络接入层	控制组成网络的硬件设备和介质

标准和 TCP/IP 协议的定义都在公开的论坛中讨论，并在可公开访问的 IETF RFC 集中加以定义。RFC 由网络工程师撰写，并发送给其他 IETF 成员征求意见。

3.5.4　OSI 和 TCP/IP 模型的比较

还可以根据 OSI 参考模型来描述构成 TCP/IP 协议簇的协议。在 OSI 模型中，TCP/IP 模型的网络接入层和应用层被进一步划分，用于描述在这些协议层上需要实现的不同功能，如图 3-35 所示。

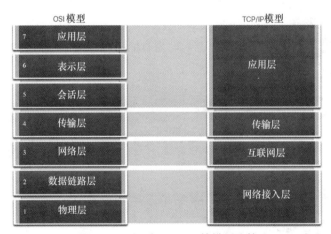

图 3-25　OSI 和 TCP/IP 的模型比较

在网络接入层，TCP/IP 协议簇并没有指定通过物理介质传输时使用的协议，而只是描述了从互联网层到物理网络协议的切换。而 OSI 模型第 1 层和第 2 层则论述了接入介质所需的步骤以及通过网络发送数据的物理手段。

关键的相似之处在于传输层和网络层，但是这两种模型在与每层的上下各层的关系上有所不同。

- OSI 第 3 层为网络层，直接映射到 TCP/IP 的互联网层。这一层用来描述通过一个互连网络对消息进行编址和路由的协议。
- OSI 第 4 层为传输层，直接映射到 TCP/IP 的传输层。这一层描述了在源主机和目的主机之间提供有序、可靠的数据传递的常规服务与功能。
- TCP/IP 应用层包括几个协议，为各种终端用户应用程序提供特定的功能。OSI 的第 5 层、第 6 层和第 7 层被用作软件开发人员和供应商的参考，以开发在网络上运行的应用程序。

- 当涉及不同层的协议时，TCP/IP 和 OSI 模型通常都会用到。因为 OSI 模型将数据链路层与物理层分离，所以通常在提到这些较低的层时使用。

3.6 数据封装

本节介绍信息如何在网络上传输。

3.6.1 对消息进行分段

了解 OSI 参考模型和 TCP/IP 协议模型有助于了解数据在网络中移动时是如何封装的。这个过程并不像通过邮件系统发送实体信件那么简单。

理论上来说，可以将一次通信的内容（如视频或有很多较大附件的电子邮件）作为一大块连续的高容量比特流，通过网络从源发送到目的地。但是，这会给需要使用相同通信通道或链路的其他设备带来问题。这种大型数据流会导致严重的延迟。而且，一旦互连网络基础架构中的任何链路在传输期间出现故障，那么整个消息都会丢失，必须全部重传。

一种更好的办法是先将数据划分为更小、更易于管理的片段，然后再通过网络发送。分段是将数据流划分成更小的单元，以便在通过网络传输的过程，如图 3-26 所示。

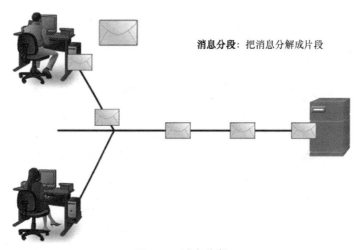

消息分段：把消息分解成片段

图 3-26　消息分段

分段是必要的，因为数据网络使用 TCP/IP 协议簇以单独的 IP 数据包发送数据。每个数据包都是单独发出的，类似于把一封长信作为一系列独立的明信片寄出。由去往同一目的地的分段构成的数据包可以通过不同的路径发送。

消息分段主要有两个好处。

- **提高速度**：由于将大数据流分段为数据包，因此可以在不独占通信链路的情况下，通过网络发送大量数据。这允许许多不同的对话在网络上交错，这个过程称为多路复用，如图 3-27 所示。
- **提高效率**：如果单个数据段由于网络故障或网络拥塞而无法到达其目的地，则只需要重新传输该段即可，而不需要重新发送整个数据流。

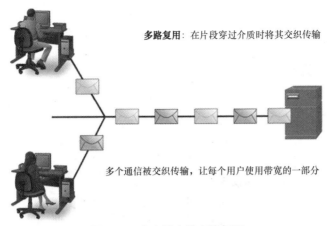

多路复用：在片段穿过介质时将其交织传输

多个通信被交织传输，让每个用户使用带宽的一部分

图 3-27 多个消息的多路复用

3.6.2 排序

在使用分段和多路复用在网络上传输消息时，增加了过程的复杂性。想象一下，如果要寄一封 100 页的信，但每个信封只能装 1 页纸，则需要 100 个信封，每一个信封都需要分别填写地址。封装在 100 个不同信封里的 100 页的信件在到达时有可能会乱成一团。因此，每个信封中的信息都需要包含一个序列号，以确保接收者能够按照正确的顺序重新组合页面。

在网络通信中，消息的每一段都必须经过类似的过程，以确保它到达正确的目的地，并且能够重新组合成原消息的内容，如图 3-28 所示。TCP 负责对各个段进行排序。

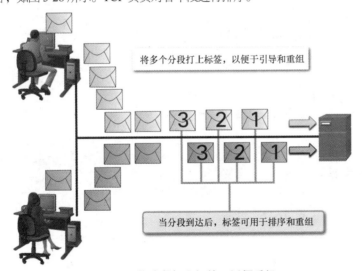

将多个分段打上标签，以便于引导和重组

当分段到达后，标签可用于排序和重组

图 3-28 将分段打上标签，以便重组

3.6.3 协议数据单元

当应用程序数据在通过网络介质传输的过程中沿着协议栈向下传递时，会在每一层添加各种协议信息。这个过程称为封装。

注　意　虽然 UDP PDU 被称为数据报，但 IP 数据包有时也被称为 IP 数据报。

数据块在任何层所具备的形式称为协议数据单元（PDU）。在封装过程中，每一层根据所使用的协议对从上一层接收到的 PDU 进行封装。在过程的每个阶段，PDU 都有不同的名称来反映其功能。虽然没有通用的 PDU 命名约定，但在本书中，PDU 是根据 TCP/IP 套件中的协议来命名的。用于各种数据形式的 PDU 如图 3-29 所示。

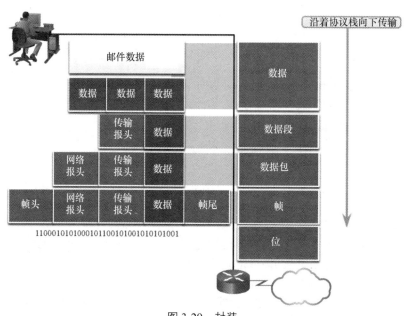

图 3-29　封装

以下是各种形式的 PDU（从应用程序层开始）。

- **数据**：应用层使用的 PDU 的通用术语。
- **数据段**：传输层 PDU。
- **数据包**：网络层 PDU。
- **帧**：数据链路层 PDU。
- **位**：物理层 PDU，在介质上传输数据时使用。

注　意　　如果传输报头为 TCP，则 PDU 为一个数据段。如果传输报头是 UDP，那么它就是一个数据报。

3.6.4　封装示例

在网络中发送消息时，封装过程自上而下工作。在每一层，上层信息被视为封装协议内的数据。例如，在图 3-29 中，传输层报头（例如 TCP）与原始数据一起当作 IP 数据包的较低网络层内的数据。网络层预先准备了一个网络层协议（IP）。换句话说，TCP 数据段被当作网络层或 IP 数据包的数据部分。

3.6.5　解封示例

接收主机上的过程与之相反，称为"解封"。解封是接收设备用来删除一个或多个协议报头的过程。当数据在协议栈中向上移动到终端用户的应用程序时被解封。当每一层接收来自较低层的数据时，它会处理该层的报头。在处理报头之后移除报头，并且将数据部分传递给更高层的协议。

3.7 数据访问

在访问网络资源之前，数据必须使用正确的目的地址进行封装，并且必须包含正确的源地址信息，以便目的设备进行应答。访问本地网络资源时需要两种不同角色的地址。

3.7.1 地址

刚才讲到，在网络中对消息进行分段是必要的。但是，如果这些数据段的地址不正确，它们就无法传播到任何地方。本节将对网络地址进行概述。

网络层和数据链路层负责将数据从源设备传送到目的设备。如图 3-30 所示，其中两个层的协议都包含源地址和目的地址，但目的地址的用途不同。

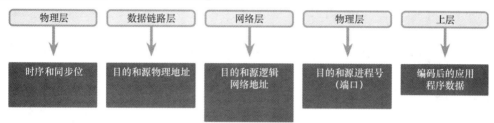

图 3-30　网络地址和数据链路地址

- **网络层源地址和目的地址**：负责将 IP 包从原始源发送到最终目的地址，最终目的地址可以在同一个网络上，也可以在一个远程网络上。
- **数据链路层源地址和目的地址**：负责将数据链路帧从一个网卡传送到同一网络上的另一个网卡。

3.7.2 第三层逻辑地址

IP 地址是用来将一个 IP 数据包从源端送到最终目的端的网络层（或第 3 层）逻辑地址，如图 3-31 所示。

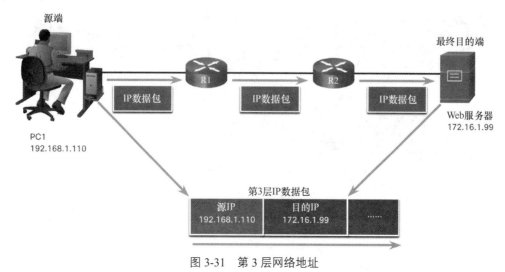

图 3-31　第 3 层网络地址

IP数据包包含两个IP地址。

- **源IP地址**：发送设备（即数据包的源端）的IP地址。
- **目的IP地址**：接收设备（即数据包的目的端）的IP地址。

IP地址显示原始的源IP地址和最终的目的IP地址。无论源和目的在同一IP网络还是在不同的IP网络上，都是如此。

一个IP地址包含两部分。

- **网络部分(IPv4)或前缀(IPv6)**：地址的左侧部分表示IP地址所属的网络。同一网络上的所有设备都有相同的网络地址部分。
- **主机部分(IPv4)或接口ID (IPv6)**：在网络部分之后，地址的其余部分是主机部分，它标识网络上的特定设备。这部分对于网络上的每个设备或接口都是唯一的。

注 意　子网掩码（IPv4）或前缀长度（IPv6）用于将IP地址的网络部分与主机部分区分开来。

3.7.3 同一网络中的设备

在本示例中，客户端计算机PC1与同一IP网络中的FTP服务器进行通信。

- **源IPv4地址**：发送设备的IPv4地址，即客户端计算机PC1的地址192.168.1.110。
- **目的IPv4地址**：接收设备的IPv4地址，即FTP服务器的地址172.16.1.99。

请注意，在图3-32中源IPv4地址和目的IPv4地址的网络部分在同一网络中。源IPv4地址的网络部分和目的IPv4地址的网络部分是相同的，因此，源和目的在同一个网络上。

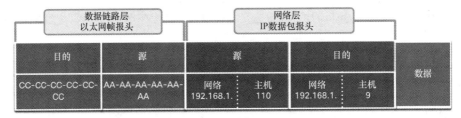

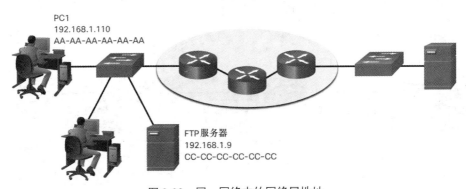

图3-32　同一网络中的网络层地址

3.7.4 数据链路层地址的角色：同一个IP网络

当IP数据包的发送方和接收方处于同一网络中时，数据链路帧将直接发送到接收设备。在以太网中，数据链路地址称为以太网介质访问控制（MAC）地址，如图 3-33 所示。

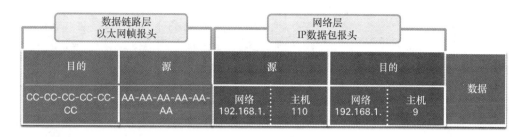

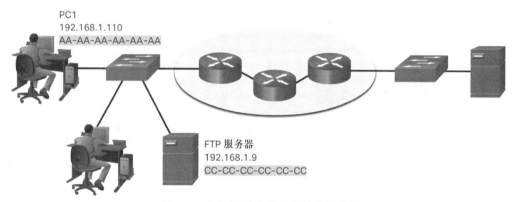

图 3-33 同一网络中的数据链路层地址

MAC 地址是以太网网卡的物理内嵌地址。MAC 地址分为源 MAC 地址和目的 MAC 地址。
- **源 MAC 地址**：这是发送数据链路帧（内有封装后的 IP 数据包）的设备的数据链路地址，或以太网 MAC 地址。PC1 以太网网卡的 MAC 地址为 AA-AA-AA-AA-AA-AA，以十六进制记法表示。
- **目的 MAC 地址**：当接收设备与发送设备在同一网络中时，这就是接收设备的数据链路层地址。在本例中，目的 MAC 地址就是 FTP 服务器的 MAC 地址：CC-CC-CC-CC-CC-CC-CC（用十六进制记法表示）。

现在可以将封装有 IP 数据包的帧从 PC1 直接传送到 FTP 服务器。

3.7.5 远程网络中的设备

当设备与远程网络中的另一设备通信时，网络层地址和数据链路层地址的角色是什么呢？在图 3-3 所示的示例中，客户端计算机 PC1 与另一 IP 网络中名为 Web 服务器的服务器进行通信。

3.7.6 网络层地址的角色

当数据包的发送方与接收方在不同的网络上时，源 IP 地址和目的 IP 地址代表不同网络上的主机。这是由目标主机 IP 地址的网络部分表示的。
- **源 IPv4 地址**：发送设备（即客户端计算机 PC1）的 IPv4 地址：192.168.1.110。
- **目的地的 IPv4**：接收设备（即 Web 服务器）的 IPv4 地址：172.16.1.99。

请注意，在图 3-34 中，源 IPv4 地址和目的 IPv4 地址的网络部分是在不同的网络上。

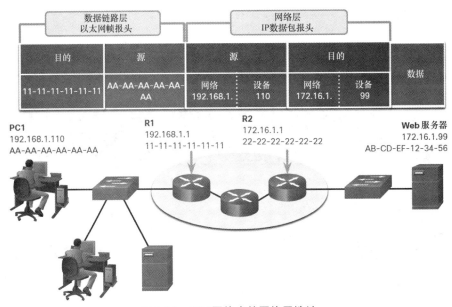

图 3-34 不同网络中的网络层地址

3.7.7 数据链路层地址的角色：不同的 IP 网络

当 IP 数据包的发送方和接收方位于不同的网络时，以太网数据链路帧不能直接发送到目的主机，因为在发送方的网络中无法直接到达该主机。必须将以太网帧发送到称为路由器或默认网关的另一设备。在示例中，默认网关是 R1。R1 有一个以太网数据链路地址，该地址与 PC1 位于同一网络中。这使得 PC1 能够直接到达路由器。

- **源 MAC 地址**：发送设备 PC1 的以太网 MAC 地址。PC1 以太网接口的 MAC 地址是 AA-AA-AA-AA-AA-AA。
- **目的 MAC 地址**：当接收设备（目的 IP 地址）与发送设备位于不同网络时，发送设备使用默认网关或路由器的以太网 MAC 地址。在本示例中，目的 MAC 地址是 R1 以太网接口的 MAC 地址：11-11-11-11-11-11。这个接口连接到与 PC1 相同的网络，如图 3-35 所示。

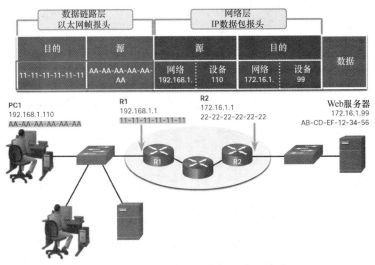

图 3-35 不同网络中的数据链路层地址

带有封装 IP 数据包的以太网帧现在可以传输到 R1。R1 将数据包转发到目的 Web 服务器。这可能意味着 R1 将数据包转发到另一个路由器，或者如果目的在与 R1 相连的网络上，则直接转发到 Web 服务器。

在本地网络的每个主机上配置默认网关的 IP 地址是很重要的。所有发送到远程网络目的地的数据包都被发送到默认网关。以太网 MAC 地址和默认网关在第 7 章～第 9 章中详细讨论。

3.7.8 数据链路地址

数据链路层（第 2 层）物理地址具有唯一的角色。数据链路地址的目的是将数据链路帧从一个网络接口传送到同一网络上的另一个网络接口。

在一个 IP 数据包可以通过有线或无线网络发送之前，它必须被封装在一个数据链路帧中，以便在物理介质上传输。整个过程如图 3-36～图 3-38 所示。

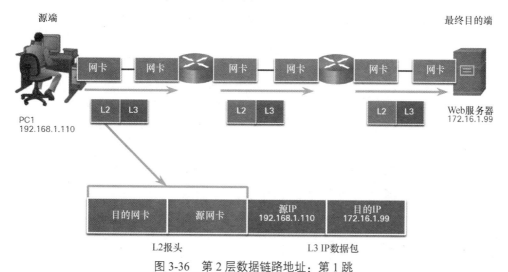

图 3-36 第 2 层数据链路地址：第 1 跳

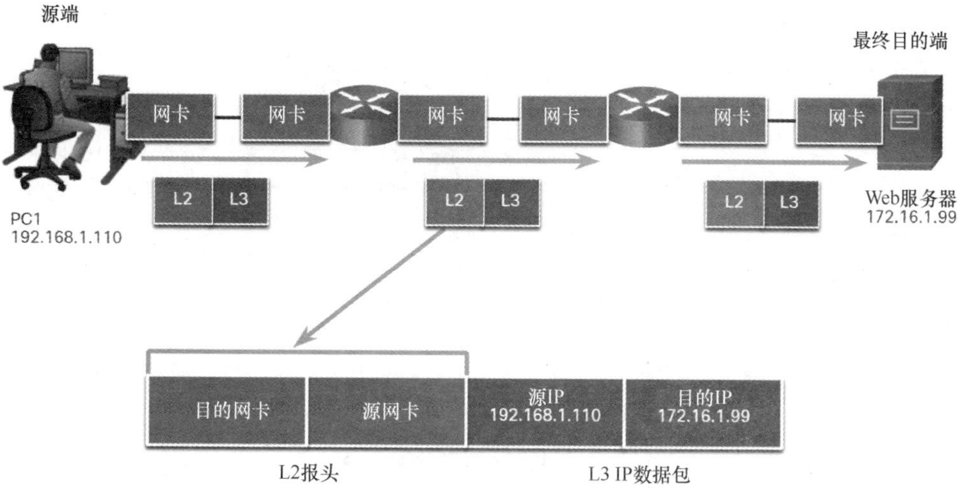

图 3-37 第 2 层数据链路地址：第 2 跳

当 IP 数据包从一台主机传输到一台路由器，从一台路由器传输到另一台路由器，最后从一台路由器传输到一台主机时，在传输过程中的每一台设备上，IP 数据包都被封装在一个新的数据链路帧中。

每个数据链路帧包含发送该帧的网卡的源数据链路地址,还包括接收该帧的网卡的目的数据链路地址。

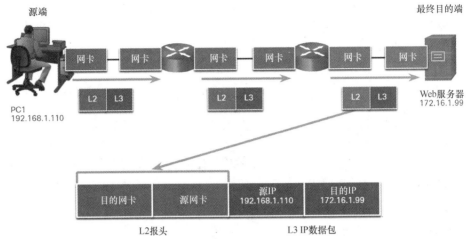

图 3-38 第 2 层数据链路地址:第 3 跳

第 2 层(数据链路)协议仅用于在同一网络的网卡之间传递数据包。路由器在一个网卡上接收到数据包时,将第 2 层信息删除,并在通过出口网卡将其向和目的地转发之前,增加新的数据链路信息。

IP 数据包会封装到包含以下数据链路层信息的数据链路帧中。

- **源数据链路地址**:发送数据链路帧的网卡的物理地址。
- **目的数据链路地址**:接收数据链路帧的网卡的物理地址。该地址要么为下一跳路由器的地址,要么是最终目的设备的地址。

3.8 总结

规则

所有通信方法都有 3 个共同元素:消息源(发送方)、消息目的地(接收方)和信道。发送的消息由称为协议的规则来管理。协议必须包括:已识别的发送方和接收方、通用语言和语法、传输的速率和时序以及证实或确认要求。常用的计算机协议包括这些要求:消息编码、消息格式化和封装、消息尺寸、消息时序和消息传输选项。编码是为了便于传输信息,将信息转换为另一种广为接受的形式。解码是编码的逆向过程,用来解释信息。消息格式取决于消息的类型和传输信道。消息时序包括流量控制、响应超时和访问方法。消息传输选项包括单播、组播和广播。

协议

协议由终端设备和中间设备以软件、硬件或两者都有的方式实现。通过计算机网络发送的消息通常需要使用多种协议,每种协议都有自己的功能和格式。每个网络协议都有自己的功能、格式和通信规则。以太网协议家族包括 IP、TCP、HTTP 等。诸如 SSH、SSL 和 TLS 等协议保护数据以提供身份验证、数据完整性和数据加密。诸如 OSPF 和 BGP 等协议使路由器能够交换路由信息,比较路径信息,然后选择到目的网络的最佳路径。诸如 DHCP 和 DNS 等协议用于设备或服务的自动检测。计算机和网络设备使用商定的协议,这些协议提供以下功能:编址、可靠性、流量控制、排序、错误检测和应用程序接口等。

协议簇

执行某种通信功能所需的一组内在相关协议称为协议簇。协议栈展示了协议簇中的单个协议是如何实施的。自 20 世纪 70 年代以来，出现了几种不同的协议簇，有些是由标准组织开发的，有些是由不同的供应商开发的。TCP/IP 协议可用于应用层、传输层和互联网层。TCP/IP 是当今网络使用的协议簇。TCP/IP 为供应商和制造商提供了两个重要的方面：开放标准的协议簇和基于标准的协议簇。TCP/IP 协议簇通信过程支持这样的过程：Web 服务器封装 Web 页面并将其发送到客户端，以及客户端解封 Web 页面以便在 Web 浏览器中显示。

标准组织

开放标准鼓励互操作性、竞争和创新。标准组织通常是中立于厂商的非营利性组织，旨在发展和推广开放标准的概念。各个组织在网络标准的推广和建立方面具有不同的责任，包括 ISOC、IAB、IETF 和 IRTF。开发和支持 TCP/IP 的标准组织有 ICANN 和 IANA。电子和通信标准组织有 IEEE、EIA、TIA 和 ITU-T。

参考模型

用于描述网络运行的两个参考模型是 OSI 和 TCP/IP。OSI 模型有 7 层。
- 应用层。
- 表示层。
- 会话层。
- 传输层。
- 网络层。
- 数据链路层。
- 物理层。

TCP/IP 模型包括 4 层。
- 应用层。
- 传输层。
- 互联网层。
- 网络接入层。

数据封装

消息分段主要有两个好处。
- 通过从源设备向目的地发送多个独立的小片段，就可以在网络上交替发送许多不同的会话。这称为多路复用。
- 分段可以增强网络通信的效率。如果有部分消息未能传送到目的，则只需重新传输丢失的部分即可。

TCP 负责对单独的消息段进行排序。一段数据在任意协议层的表示形式称为协议数据单元（PDU）。在封装过程中，每一层都根据使用的协议对从上一层接收到的 PDU 进行封装。在网络中发送消息时，封装过程自上而下工作。接收主机上的过程与之相反，称为"解封"。解封是接收设备用来删除一个或多个协议报头的过程。数据在协议栈中向上移动到终端用户的应用程序时被解封。

数据访问

网络层和数据链路层负责将数据从源设备传输到目的设备。其中两个层的协议都包含源地址和目的地址，但它们的地址具有不同的用途。

- **网络层源地址和目的地址**：负责将 IP 数据包从原始源发送到最终目的地址，最终目的地址可以在同一个网络上，也可以在一个远程网络上。
- **数据链路层源地址和目的地址**：负责将数据链路层帧从一个网卡传输到同一网络上的另一个网卡。

IP 地址显示原始的源 IP 地址和最终目的 IP 地址。一个 IP 地址包含两部分：网络部分（IPv4）或前缀（IPv6）和主机部分（IPv4）或接口 ID（IPv6）。当 IP 数据包的发送方和接收方处于同一网络中时，数据链路帧将直接发送到接收设备。在以太网中，数据链路地址称为以太网介质访问控制（MAC）地址。当数据包的发送方与接收方位于不同网络时，源 IP 地址和目的 IP 地址将代表不同网络上的主机。必须将以太网帧发送到称为路由器或默认网关的另一设备。

复习题

完成这里列出的所有复习题，可以测试您对本章内容的理解。附录列出了答案。

1. 下列哪个是标准组织？（选择 3 项）

    A. IANA　　　　　　　　　　　　B. TCP/IP

    C. IEEE　　　　　　　　　　　　D. IETF

    E. OSI　　　　　　　　　　　　　F. MAC

2. 什么类型的通信会将消息发到局域网中的所有设备？

    A. 广播　　　　　　　　　　　　B. 组播

    B. 单播　　　　　　　　　　　　D. 全播

3. 在计算机通信中，信息编码的目的是什么？

    A. 把信息转换成适当的形式进行传输

    B. 解释信息

    C. 把大信息分解成小的帧

    D. 为成功的通信协商正确的时序

4. 当所有设备需要同时接收同一消息时，使用哪个消息传递选项？

    A. 双工　　　　　　　　　　　　B. 单播

    C. 组播　　　　　　　　　　　　D. 广播

5. 使用分层网络模型的两个好处是什么？（选择两项）

    A. 有助于协议设计　　　　　　　B. 加快了数据包的交付

    C. 阻止设计师创建自己的模型　　D. 防止某一层的技术会影响到其他层

    E. 保证某一层上的设备能在上一层正常工作

6. 在数据通信中，协议的目的是什么？

    A. 指定每种通信类型的通道或介质的带宽

    B. 指定支持通信的设备操作系统

    C. 提供特定类型通信发生时所需的规则

    D. 指定通信期间发送的消息的内容

7. 哪个逻辑地址用来将数据传递到一个远程网络？

    A. 目的 MAC 地址　　　　　　　B. 目的 IP 地址

    C. 目的端口号　　　　　　　　　D. 源 MAC 地址

    E. 源 IP 地址

8. 用来描述网络模型任一层的数据的一般术语是什么？

    A. 帧   B. 数据包

    C. 协议数据单元   D. 段

9. 哪两个协议在网络层起作用？（选择两项）

    A. POP   B. BOOTP

    C. ICMP   D. IP

    E. 以太网

10. OSI 模型的哪一层定义了服务，用于对数据包进行分段和重组，以进行终端设备之间的单独通信？

    A. 应用层   B. 表示层

    C. 会话层   D. 传输层

    E. 网络层

11. 哪种类型的通信同时向一组主机发送消息？

    A. 广播   B. 组播

    C. 单播   D. 任播

12. 哪个过程用来接收传输的数据并把它转换成一个可读的消息？

    A. 访问控制   B. 解码

    C. 封装   D. 流量控制

13. 在 IP 数据包在物理介质上传输之前，对它做了什么？

    A. 有信息标签，保证了可靠交付   B. 它被分割成更小的单独的块

    C. 它被封装到一个 TCP 段中   D. 它被封装在第 2 层帧中

14. 将一条消息放置到另一条消息中以便从源传输到目的地的过程是什么？

    A. 访问控制   B. 解码

    C. 封装   D. 流量控制

15. Web 客户端向 Web 服务器发送一条 Web 页面请求。从客户端的角度来看，用于准备传输请求的协议栈的正确顺序是什么？

    A. HTTP、IP、TCP、以太网   B. HTTP、TCP、IP、以太网

    C. 以太网、TCP、IP、HTTP   D. 以太网、IP、TCP、HTTP

第 4 章

物理层

学习目标

通过完成本章的学习，您将能够回答下列问题：

- 网络中物理层的用途和功能是什么；
- 物理层的特征是什么；
- 铜缆的基本特点是什么；
- UTP 电缆如何在以太网中使用；

- 什么是光缆，与其他介质相比，它的主要优势是什么；
- 如何使用有线和无线介质连接设备。

OSI 模型的物理层位于协议栈的底部。它是 TCP/IP 模型的网络接入层的一部分。如果没有物理层，就没有网络。本章详细介绍了连接到物理层的 3 种方法。

4.1 物理层的用途

在网络上传输的所有数据必须由发送节点在介质上表示，并由接收节点在介质上解释。物理层负责这些功能。本节将探讨物理层。

4.1.1 物理连接

不管是在家连接本地打印机还是连接到另一国家/地区的网站上，在进行网络通信之前，必须在本地网络上建立一个物理连接。物理连接可以通过电缆进行有线连接，也可以通过无线电波进行无线连接。

使用的物理连接类型取决于网络设置。例如，在很多企业办公室，员工的台式计算机或笔记本电脑通过电缆物理连接到一台共享交换机上。这种类型的设置称为有线网络。数据通过物理电缆传输。

除了有线连接，许多企业还为笔记本电脑、平板电脑和智能手机提供了无线连接。使用无线设备时，数据通过无线电波传输。在个人和企业都发现了无线连接的优点后，无线连接变得越来越普遍。无线网络上的设备必须连接无线接入点（AP）或无线路由器，如图 4-1 所示。

图 4-1　无线路由器

图 4-1 中的数字代表接入点的组成部分。

1. 无线天线（在图 4-1 所示的路由器中，这些天线是嵌入式的）。

2. 几个以太网交换端口。

3. 网络端口。

就像公司办公室一样，大多数家庭都提供有线网络连接和无线网络连接。连接局域网的家用路由器和笔记本电脑如图 4-2 所示。

图 4-2 以有线的方式连接无线路由器

网卡用于将设备连接到网络。以太网网卡用于有线连接，如图 4-3 所示。WLAN 网卡用于无线连接。终端用户设备可以包含一种网卡或两种网卡。例如，网络打印机可能只有一个以太网卡，在这种情况下，它必须使用以太网电缆连接到网络。其他设备，如平板电脑和智能手机，可能只包含一个WLAN 网卡，并且必须使用无线连接。

图 4-3 以太网卡的有线连接方式

在连接网络时，所有物理连接的性能水平并不是相等的。

4.1.2 物理层

OSI 物理层通过网络介质传输构成数据链路层帧的比特（也称为位）。该层从数据链路层接收完整的帧，并将这些帧编码为一系列信号，传输到本地介质上。帧由经过编码的比特（位）构成，这些位可以被终端设备或中间设备接收。

封装过程程如图 4-4 所示。在这个过程的最后一部分，数据比特在物理介质上发送。物理层对帧进行编码，并产生电子、光学或无线电波信号，这些信号代表每个帧中的比特。然后这些信号通过介质一次发送一个。

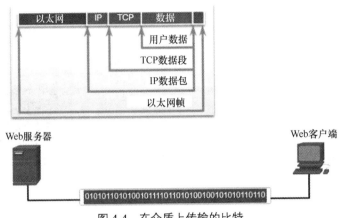

图 4-4　在介质上传输的比特

目的节点的物理层从介质上检索每个信号，将其还原为比特表示方式，然后将这些比特作为一个完整的帧向上传递到数据链路层。

4.2　物理层的特征

网络通信的基础是物理层，即第 1 层。本节将讨论组成物理层的标准和组件。

4.2.1　物理层标准

在上一节中，您对物理层及其在网络中的位置有了一个大致的了解。本节将深入探讨物理层的具体细节。这包括用于构建网络的组件和介质，以及使所有组件协同工作所需的标准。

OSI 上层的协议及操作是使用软件工程师和计算机科学家设计的软件来执行的。TCP/IP 协议簇中的服务和协议是由互联网工程任务组（IETF）定义的。

物理层由工程师开发的电子电路、介质和连接器组成。因此，由相关的电气和通信工程组织来定义管理该硬件的标准是很合适的。

在物理层标准的制定和维护中，涉及许多不同的国际和国家组织、政府监管机构和私营企业。例如，物理层硬件、介质、编码和信令标准由以下组织定义和管理（见图 4-5）：

- 国际标准化组织（ISO）；
- 电信工业协会/电子工业协会（TIA/EIA）；
- 国际电信联盟（ITU）；
- 美国国家标准学会（ANSI）；
- 电气电子工程师协会（IEEE）；
- 国家级电信管理局，包括美国联邦通信委员会（FCC）和欧洲电信标准协会（ETSI）。

除了这些组织之外，通常还有很多制定本地规范的地方性布线标准组织，例如 CSA（加拿大标准协会）、CENELEC（欧洲电工标准化委员会）和 JSA/JIS（日本标准协会）。

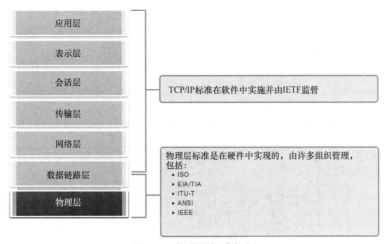

图 4-5 物理层标准组织

4.2.2 物理组件

物理层标准管理 3 个功能区：

■ 物理组件；

■ 编码；

■ 信号。

物理组件有电子硬件设备、介质和其他连接器，它们用于传输信号（用比特来表示）。网卡、接口和连接器、电缆（包括电缆材料以及电缆设计）等硬件组件均按照物理层的相关标准进行规定。思科1941 路由器上的各种端口和接口也属于物理组件，它们根据标准使用特定的连接器和引脚。

4.2.3 编码

编码或线路编码是一种将数据比特转换为预先定义的"代码"的方法。这些代码就是比特的编组，用于提供一种可预测的模式，以便发送者和接收者均能识别。换句话说，编码是用于表示数字信息的方法或模式。这类似于摩尔斯电码使用一系列点和短划线来编码消息。

例如，曼彻斯特编码的比特 0 表示为从高到低的电压转换，而比特 1 表示为从低到高的电压转换。曼彻斯特编码的一个示例如图 4-6 所示。转换在每个比特周期的中间进行。这种类型的编码用于10Mbit/s 的以太网。更快的数据速率则需要更复杂的编码。曼彻斯特编码用于较旧的以太网标准，如10BASE-T。以太网 100BASE-TX 使用 4B/5B 编码。1000BASE-T 使用 8B/10B 编码。

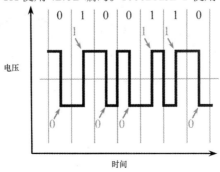

图 4-6 曼彻斯特编码

4.2.4 信号

物理层必须在介质上生成代表 1 和 0 的电信号、光信号或无线信号。表示比特的方法称为信号方法。物理层标准必须定义哪种类型的信号代表 1，哪种类型的信号代表 0。这可以简单到只是改变电信号或光脉冲的级别。例如，长脉冲可能代表 1，而短脉冲可能代表 0。这类似于莫尔斯电码中使用的信号方法，可以使用一系列开关音调、灯光或点击来通过电话线或在海上船舶之间发送文本。

图 4-7～图 4-9 所示为铜缆、光缆和无线介质的信号传输说明。

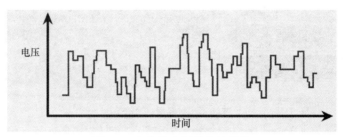

图 4-7　电信号在铜缆上的传输

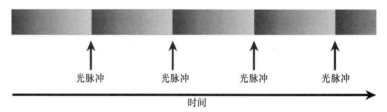

图 4-8　光脉冲在光缆上的传输

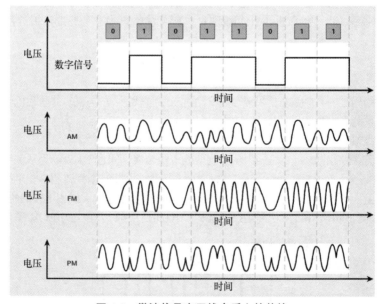

图 4-9　微波信号在无线介质上的传输

4.2.5 带宽

不同的物理介质所支持的比特传输速率不同。通常在讨论数据传输时都会提及带宽。带宽是介质承载数据的能力。数字带宽可以测量在给定时间内从一个位置流向另一个位置的数据量。带宽通常使用千比特每秒（kbit/s）、兆比特每秒（Mbit/s）或吉比特每秒（Gbit/s）来度量。有时带宽被认为是比特传输的速度，这是不准确的。例如，在 10Mbit/s 和 100Mbit/s 的以太网上，比特都以电的速率发送，两者的不同在于每秒传输的比特的数量。

多种因素的结合决定了网络的实际带宽：

■ 物理介质的属性；

■ 网络信号的信令和检测网络信号所选用的技术。

物理介质属性、当前技术和物理法则在决定可用带宽方面都发挥了作用。

表 4-1 显示了常用的带宽度量单位。

表 4-1 带宽单位

带宽单位	缩写	当量
比特/秒	bit/s	1bit/s=带宽的基本单位
千比特/秒	kbit/s	1kbit/s=1,000bit/s=10^3bit/s
兆比特/秒	Mbit/s	1Mbit/s=1,000,000bit/s=10^6bit/s
吉比特/秒	Gbit/s	1Gbit/s=1,000,000,000bit/s=10^9bit/s
太比特/秒	Tbit/s	1Tbit/s=1,000,000,000,000bit/s=10^{12}bit/s

4.2.6 带宽术语

用来衡量带宽质量的术语包括：

■ 延迟；

■ 吞吐量；

■ 实际吞吐量。

延迟

延迟是指数据从一个位置传输到另一个位置的时间量。

吞吐量

吞吐量是给定时间段内通过介质传输的比特的度量。

由于各种因素的影响，吞吐量经常与物理层实施中指定的带宽不符。吞吐量通常低于带宽。影响吞吐量的因素有很多，包括：

■ 流量大小；

■ 流量类型；

■ 从源通往目的地的过程中遇到的网络设备数量所造成的延迟。

许多在线速率测试可以测出网络连接的吞吐量。

实际吞吐量

用于评估可用数据传输的第三个测量标准称为实际吞吐量。实际吞吐量是在给定时间段内传输的有用数据的衡量标准。实际吞吐量就是吞吐量减去会话建立、确认、封装和重传所产生的流量开销。实际吞吐量总是低于吞吐量，而吞吐量通常低于带宽。

4.3 铜缆布线

铜缆是最古老和最常用的通信介质之一。本节将介绍数据网络中铜介质的特性和使用。

4.3.1 铜缆布线的特征

铜缆布线是当今网络中最常用的布线类型。事实上,铜缆不仅仅是电缆的一种。有 3 种不同类型的铜缆布线,每一种都用于特定的情况。

网络使用铜介质是因为其价格低廉、易于安装,而且对电流的电阻小。但是,铜介质会受到距离和信号干扰的限制。

在铜缆中,数据是通过电脉冲传输的。目的设备网络接口中的探测器接收的信号必须可成功解码为与发送的信号相符。但是,信号传输的距离越远,信号下降就越多,这称为信号衰减。因此,所有铜介质必须严格遵循指导标准所指定的距离限制。

电脉冲的时序和电压值易受两个干扰源的干扰。

- **电磁干扰(EMI)或射频干扰(RFI)**:EMI 和 RFI 干扰信号会扭曲和损坏通过铜介质承载的数据信号。EMI 和 RFI 的潜在来源包括无线电波和电磁设备(如荧光灯或电动机)。
- **串扰**:串扰是一根电线中信号的电场或磁场对邻近电线中的信号造成的干扰。在电话线上,串扰会由相邻电路中另一语音会话的接听部分引起。具体而言,当电流流经电线时,会在电线周围产生一个较小的环形磁场,而相邻电线可能接收到该磁场。

干扰对数据传输的影响如图 4-10 所示。

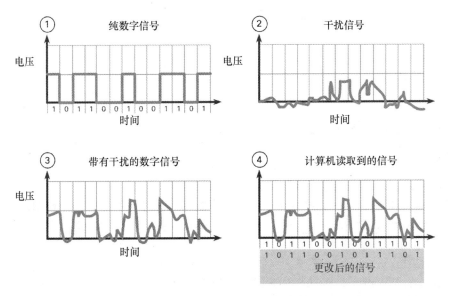

图 4-10 干扰对数据传输的影响

1. 传输的是纯数字信号。
2. 介质上有干扰信号。
3. 数字信号被干扰信号破坏了。
4. 接收的计算机读取到改变后的信号。请注意,比特 0 现在被解释为比特 1。

为了应对 EMI 和 RFI 的负面影响，某些类型的铜缆会用金属屏蔽套包裹起来，并要求适当的接地连接。

为了应对串扰的负面影响，某些类型的铜缆将相反的电路线对绞合在一起以有效消除串扰。

使用以下建议也可以限制电子噪声对铜缆的影响：

- 选择的电缆类型或类别要适合特定的网络环境；
- 设计电缆基础设施时应规避建筑结构中已知和潜在的干扰源；
- 使用能正确处理和端接电缆的布线技术。

4.3.2 铜缆的种类

组网时主要使用 3 种铜介质，如图 4-11 所示。

非屏蔽双绞线电缆   屏蔽双绞线电缆

同轴电缆

图 4-11 铜缆种类

非屏蔽双绞线

非屏蔽双绞线（UTP）布线是最常用的网络介质。通过 RJ-45 连接器端接的 UTP 布线用于网络主机与中间网络设备（例如交换机和路由器）的互连。

在局域网中，UTP 电缆是由 4 对不同颜色编码的电线绞在一起，然后包入一层塑料护套，以保护电缆免受轻微的物理损伤，如图 4-12 所示。电线的绞合有助于防止来自其他电线的信号干扰。

颜色编码用于识别单独的电线或电线对，并在终结电缆时提供帮助。

图 4-12 中的数字标识了 UTP 电缆的一些关键特性。

1. 外壳保护铜线免受物理损伤。
2. 线对绞合可保护信号免受干扰。
3. 彩色编码的塑料绝缘层将电线彼此隔离，并标识成对的电线。

屏蔽双绞线

屏蔽双绞线（STP）比 UTP 布线提供更好的噪声防护。但是，与 UTP 电缆相比，STP 电缆更加昂贵而且不易安装。与 UTP 相同，STP 也使用 RJ-45 连接器。

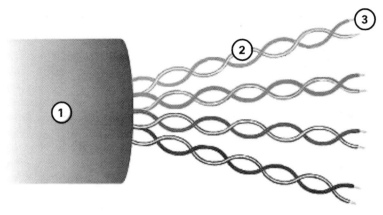

图 4-12　UTP 电缆

STP 电缆结合屏蔽技术来应对 EMI 和 RFI，并使用电缆绞合技术来应对串扰。为了充分利用屏蔽的优势，STP 电缆使用特殊的屏蔽 STP 数据连接器进行端接。如果电缆接地不正确，屏蔽就相当于一个天线，会接收到不需要的信号。

图 4-13 所示的电缆由 4 对电线组成，每对电线先包上金属箔，再包上金属网编织线或金属箔。

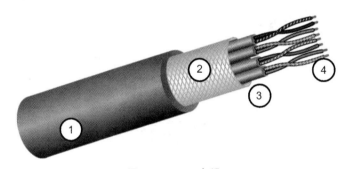

图 4-13　STP 电缆

图 4-13 中的数字标识了 STP 线缆的一些关键特性。

1. 外层保护套。
2. 金属编织网或金属箔。
3. 金属箔。
4. 双绞线。

同轴电缆

同轴电缆由于其两根导线共享同一个中轴而得名。在图 4-14 中可以看到，同轴电缆的组成如下。

1. 为了避免轻微的物理损伤，整个电缆都有一层保护套。

2. 绝缘材料被编织的铜编织带或金属箔包围，铜编织带或金属箔充当电路中的第二根导线和内部导体的屏蔽层。第二层或屏蔽层也可以减少外部电磁干扰的数量。

3. 铜导体周围有一层柔软的塑料绝缘层。

4. 铜导体用来传送电子信号。

同轴电缆使用不同类型的连接器。BNC、N 型和 F 型卡口连接器如图 4-14 所示。

图 4-14 中的数字标识了同轴电缆的一些关键特性。

1. 外层保护套。
2. 编织铜网屏蔽。

3. 塑料绝缘层。
4. 铜导线。

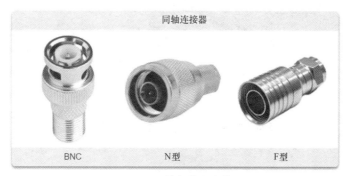

图 4-14 同轴电缆和连接器

虽然现在在安装以太网时，UTP 电缆已基本上取代了同轴电缆，但同轴电缆主要用于以下情况。

- **无线装置**：同轴电缆将天线连接到无线设备上。同轴电缆在天线和无线电设备之间传输射频（RF）能量。
- **电缆互联网安装**：电缆服务提供商通过更换部分同轴电缆和用光缆支持放大元器件，为客户提供互联网连接。但是，客户场所内的布线仍然是同轴电缆。

4.4 UTP 布线

铜介质有一些固有的问题。如 UTP 中所做的那样，通过绞合铜介质的电线对来提高布线性能是一种低成本的解决方案。本节将进一步介绍 UTP 布线。

4.4.1 UTP 布线的属性

前文介绍了一些有关 UTP 铜缆布线的知识。由于 UTP 布线是 LAN 中使用的标准，因此本节将详细介绍其优点和局限性，以及如何来避免出现问题。

在用作网络介质时，UTP 电缆由 4 对用颜色编码的铜线组成。这些铜线绞合在一起，并用软塑料套包裹。在安装过程中，由于它的尺寸较小，因此很有利。

UTP 电缆并不使用屏蔽层来对抗 EMI 和 RFI 的影响。相反，电缆设计人员可以通过以下方式来减少串扰的负面影响。

- **抵消**：电缆设计人员对电路中的电线进行配对。当电路中的两根电线紧密排列时，彼此的磁场正好相反。这两个磁场相互抵消，也就抵消了所有的外部 EMI 和 RFI 干扰信号。
- **变更每个线对中的绞合次数**：为了进一步增强配对电线的抵消效果，设计人员会变更电缆中每个线对的绞合次数。UTP 电缆必须遵守用于管理每米电缆所允许的绞合次数或编织数的规范。请注意，图 4-15 底部的线对比顶部线对的绞合次数要少。每个彩色线对绞合的次数不同。

UTP 电缆仅通过线对绞合的抵消效果来减小信号衰减，并为网络介质中的线对提供有效的自屏蔽。

图 4-15 每个 UTP 线对的绞合次数不同

4.4.2 UTP 布线标准和连接器

UTP 布线遵循由 TIA/EIA 共同制定的标准。具体而言，TIA/EIA-568 规定了 LAN 安装的商业布线标准，它是 LAN 布线环境中最常用的标准。定义的一些要素如下：

- 电缆类型；
- 电缆长度；
- 连接器；
- 电缆终端；
- 测试电缆的方法。

电气电子工程师协会（IEEE）定义了铜缆的电气特性。IEEE 按照性能对 UTP 布线划分等级。电缆根据它们承载各种带宽速率的能力进行分类。例如，5 类电缆通常用于 100BASE-TX 快速以太网安装。其他类别包括增强型 5 类电缆、6 类电缆和 6a 类电缆。

为了支持更高的数据传输速率，人们设计和构造了更高类别的电缆。随着新的吉比特以太网技术的开发和运用，如今已经很少采用 5e 类电缆，在新建筑中布线时推荐使用 6 类电缆。

UTP 电缆的 3 种类型如图 4-16 所示。

- 3 类电缆最初用于语音线路上的语音通信，后来开始用于数据传输。
- 5 类和 5e 类电缆用于数据传输。5 类电缆支持 100Mbit/s，5e 类电缆支持 1000Mbit/s。
- 6 类电缆在每个线对之间增加了分离器，以支持更高的速度。6 类电缆支持的速率高达 10Gbit/s。
- 6a 类与 6 类电缆类似，具有改进的串扰特性，允许更长的距离。
- 7 类电缆支持 10Gbit/s。
- 8 类电缆支持 40Gbit/s。

一些制造商制造的电缆超出了 TIA/EIA 6a 类电缆的规格，称为 7 类电缆。

UTP 电缆的端头通常为 RJ-45 连接器。TIA/EIA-568 标准描述了为以太网电缆进行引脚分配（引出线）的电线颜色编码。

RJ-45 连接器为公接头，压接在电缆末端，如图 4-17 所示。

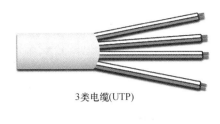

3类电缆(UTP)

5类和5e类电缆(UTP)

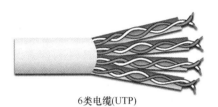

6类电缆(UTP)

图 4-16　UTP 的分类

图 4-17　RJ-45 UTP 接头

插座为网络设备、墙壁、隔间出口或接线板的母接头，如图 4-18 所示。

如果端接不正确，每根电缆都将是物理层性能降低的潜在源头。UTP 电缆端部破损的示例如图 4-19 所示。这个坏的连接器的电线外露，未绞合，并未完全被保护套覆盖。

图 4-18　RJ-45 UTP 插座

图 4-20 所示为正确端接的 UTP 电缆。这是一个良好的连接器，其导线仅在连接接头所需的范围内松开。

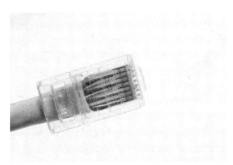

图 4-19　端接不良的 UTP 电缆　　　　　　　　图 4-20　正确端接的 UTP 电缆

> **注　意**　　电缆终端连接不当会影响传输性能。

4.4.3　直通和交叉 UTP 电缆

根据不同的布线惯例，不同的场合可能需要使用不同的 UTP 电缆。这意味着要按照不同的顺序将电缆中的单条电线连接到 RJ-45 连接器的不同引脚组中。

以下是通过使用指定的布线约定得到的主要电缆类型。

- **以太网直通电缆**：最常见的网络电缆类型。它通常用于主机到交换机和交换机到路由器的互连。
- **以太网交叉电缆**：用于互连相似设备的电缆。例如，交换机到交换机、主机到主机或路由器到路由器的连接。但是，由于网卡使用介质相关的接口交叉（auto-MDIX）来自动检测电缆类型并进行内部连接，因此现在已将交叉电缆视为传统电缆。

> **注　意**　　另一种类型的电缆是思科专有的翻转（rollover）电缆。它用于将工作台连接到路由器或交换机的控制台端口。

在设备之间错误使用交叉电缆或直通电缆不会损坏设备，但也无法连通设备并进行通信。这是一种常见错误，如果没有连通，检查设备连接是否正确应该是首先进行的故障排除操作。

T568A 和 T568B 标准的单独导线对如图 4-21 所示。

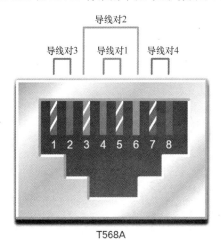
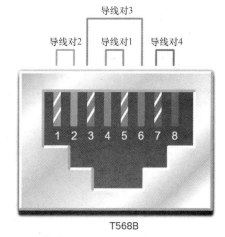

图 4-21　T568A 和 T568B 标准

表 4-2 所示为 UTP 电缆的类型、相关标准和典型应用。

表 4-2　　　　　　　　　　　　　　　　　　线缆类型和标准

电缆类型	标准	应用
以太网直通电缆	两端均为 T568A 或两端均为 T568B	将网络主机连接到交换机或集线器之类的网络设备
以太网交叉电缆	一端为 T568A，另一端为 T568B	连接两个网络主机或连接两台网络中间设备（交换机到交换机或路由器到路由器）
翻转电缆	思科专有	使用适配器连接工作站串行端口与路由器控制台端口

4.5 光缆布线

网络介质的选择正受到日益增长的网络带宽需求的驱动。光缆（又称为"光纤"，后文将根据上下文环境混用这两个词汇）的距离和性能使其成为支持这些网络需求的良好介质选择。本节将介绍数据网络中使用的光缆的特性。

4.5.1 光缆布线的属性

光缆布线是网络中使用的另一种类型的布线。因为它相当昂贵，所以在各种类型的铜缆布线中并不常用。但是光缆布线具有某些特性，使其成为某些情况下的最佳选择，本节将会讲到这一点。

与其他网络介质相比，光缆能够以更远的距离和更高的带宽传输数据。不同于铜缆，光缆传输信号的衰减更少，并且完全不受 EMI 和 RFI 影响。光缆常用于互连网络设备。

光缆是一种由非常纯的玻璃制成的极细、透明的弹性线束，与人的头发差不多粗细。通过光缆传输时，比特会被编码成光脉冲。光缆起到波导管或"光导管"的作用，在两端之间传输光脉冲，信号损失最小。

作为一个类比，我们来考虑这样一个空纸巾卷筒，其内部涂层像一面镜子，长度为 1000 米，并且有一个小激光棒以光速发出莫尔斯电码信号。实质上这就是光缆运行的方式，只不过其直径更小，并且使用了复杂的光技术。

4.5.2 光缆介质类型

光缆一般分为单模光纤和多模光纤两种。

单模光纤

单模光纤（SMF）由一个非常小的纤芯组成，使用昂贵的激光技术发送单束光，如图 4-22 所示。SMF 在跨越数百千米的长距离情况下很受欢迎，例如长途电话和有线电视应用程序的情况。

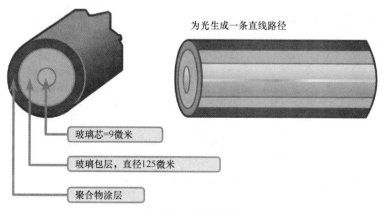

图 4-22　单模光纤

多模光纤

多模光纤（MMF）由一个更大的纤芯组成，并使用 LED 发射器发送光脉冲。LED 光从不同角度进入多模光纤，如图 4-23 所示。它在局域网中很受欢迎，因为它们可以由低成本的 LED 供电。它在 550 米的链路长度上提供高达 10Gbit/s 的带宽。

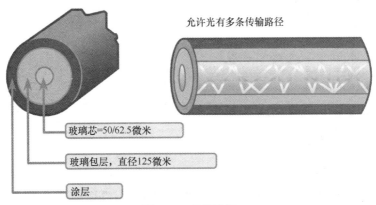

允许光有多条传输路径

玻璃芯=50/62.5微米

玻璃包层，直径125微米

涂层

图 4-23　多模光纤

多模光纤和单模光纤之间的主要区别之一就是色散的数量。色散是指光脉冲在时间上的分布。色散增加意味着信号强度的损失增加。多模光纤具有比单模光纤更大的色散。这就是为什么多模光纤在信号丢失之前只能传播 500 米。

4.5.3　光缆布线的使用

目前光缆布线用于 4 类行业。

- **企业网络**：用于主干布线应用和互连基础设施设备。
- **光纤到户（FTTH）**：用于为家庭和小型企业提供不间断的宽带服务。
- **长距离传输网络**：由服务提供商使用光纤连接国家/地区与城市。
- **海底电缆网络**：用于提供可靠的高速、高容量的网络解决方案，能够用在恶劣的海底环境中，而且最远可跨越大洋。

在本节中，我们将重点介绍光缆在企业中的运用。

4.5.4　光纤连接器

光纤连接器连接在光纤末端。有多种类型的光纤连接器。各种连接器类型的主要区别在于尺寸和耦合方式。企业根据其装备来决定将要使用的连接器类型。

注　意　一些交换机和路由器的端口通过小型可插拔（SFP）收发器来支持光纤连接器。

直插（ST）连接器（见图 4-24）是最早使用的一种连接器类型。该连接器可使用"扭转开关"卡口类机制牢固锁定。

用户连接器（SC）（见图 4-25）有时称为方形连接器或标准连接器。它们是一种广泛采用的 LAN 和 WAN 连接器，使用了推/拉机制以确保正向插入。此类连接器同时用于多模光纤和单模光纤。

LC 单工连接器（见图 4-26）是 SC 连接器的较小版本，有时也称为小型或本地连接器，因尺寸更小而迅速受到人们的欢迎。

双工多模 LC 连接器（见图 4-27）与 LC 单工连接器类似，但使用的是双工连接器。

图 4-24　直插（ST）连接器

图 4-25　用户连接器

图 4-26　LC 单工连接器

图 4-27　双工多模 LC 连接器

直到最近，光还只能在光纤上沿一个方向传播。因此，需要两根光纤来支持全双工操作。因此，两根光纤需要与光缆配线捆绑到一起，并通过一对标准的单光纤接头端接。有些光纤连接器可以在单个连接器上同时传送和接收光纤，称为双工连接器，如图 4-27 中的双工多模 LC 连接器所示。诸如 100BASE-BX 之类的 BX 标准使用不同的波长在单个光纤上发送和接收数据。

4.5.5　光纤接插线

需要使用光纤接插线（即光纤跳线）互连基础设施设备。人们使用不同的颜色来区分单模和多模接插线。黄色表皮的是单模光纤，橙色（或浅绿色）的是多模光纤。

4 种类型的光纤接插线如图 4-28 所示。

注　意　　光缆在未使用时应该用一个小塑料盖保护起来。

SC-SC多模接插线

LC-LC单模接插线

图 4-28　光纤接插线

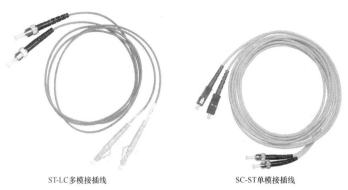

ST-LC多模接插线   SC-ST单模接插线

图 4-28 光纤接插线（续）

4.5.6 光缆与铜缆的类比

与铜缆相比，使用光缆有许多优点。表 4-3 显示了其中一些不同点。

目前，在大多数企业环境中，光缆主要用作数据分布层设备间的高流量点对点连接的主干布线。它也用于互连园区中的多栋建筑物。光缆不会导电且信号损耗低，因此非常适合在这些场合中应用。

表 4-3   UTP 和光缆布线比较

实施问题	UTP 布线	光缆布线
支持的带宽	10Mbit/s～10Gbit/s	10Mbit/s～100Gbit/s
距离	相对较短（1～100 米）	相对较长（1～100,000 米）
不易受到 EMI 和 RFI 干扰	低	高（完全不受影响）
不易受电气危险的影响	低	高（完全不受影响）
介质和连接器成本	最低	最高
安装技能要求	最低	最高
安全预防措施	最低	最高

4.6 无线介质

随着使用的移动设备越来越多，无线网络的需求也在增长。本节将介绍无线介质的特点及用途。

4.6.1 无线介质的属性

您可以使用平板电脑或智能手机来学习本书。这是因为使用无线介质连接到网络的物理层，才使这一切有了可能。

无线介质使用无线电或微波频率来承载代表数据通信二进制数字的电磁信号。

在所有的介质中，无线介质提供了最好的移动特性。无线现在是用户连接到家庭和企业网络的主要方式，支持无线的设备的数量也在增加。

以下是无线网络的一些局限性。

- **覆盖面积**：无线数据通信技术非常适合开放环境。但是，楼宇中使用的某些建筑材料以及当地地形将会限制它的有效覆盖范围。
- **干扰**：无线网络很容易受到干扰，并且可能会受到家庭无绳电话、某些类型的荧光灯、微波炉等常见设备和其他无线通信的干扰。
- **安全性**：在无线通信的覆盖范围内，不需要访问物理接线。因此，未获得网络访问授权的设备和用户都可以访问无线网络。网络安全成为无线网络管理的重要组成部分。
- **共享介质**：WLAN 以半双工模式运行，这意味着一次只能有一台设备发送或接收。无线介质由所有无线用户共享。许多用户同时访问 WLAN 时会导致每个用户的可用带宽减少。

虽然无线在桌面连接中逐渐普及，但铜缆和光纤仍是部署网络中间设备（如路由器和交换机）时最常见的物理层介质。

4.6.2 无线介质的类型

无线数据通信的 IEEE 和电信行业标准涵盖了数据链路层和物理层。在其中每个标准中，物理层规范适用于以下区域：

- 数据到无线电信号的编码；
- 传输的频率和功率；
- 信号接收和解码要求；
- 天线的设计和施工。

下面这些是无线标准。

- **WiFi（IEEE 802.11）**：WiFi 是一种无线 LAN（WLAN）技术，使用了一种称为"载波侦听多路访问/冲突避免"（CSMA/CA）的竞争协议。无线网卡在传输数据之前必须先侦听，以确定无线信道是否空闲。如果其他无线设备正在传输，则网卡必须等待信道空闲。WiFi 是 WiFi 联盟的商标。WiFi 与基于 IEEE 802.11 标准的认证 WLAN 设备一起使用。
- **蓝牙（IEEE 802.15）**：蓝牙是一个无线个人局域网（WPAN）标准，它采用设备配对过程进行通信，通信距离为 1~100 米。
- **WiMAX（IEEE 802.16）**：WiMAX 是一个采用点到多点拓扑结构来提供无线带宽接入的无线标准。
- **Zigbee（IEEE 802.15.4）**：Zigbee 是一种用于低数据速率、低功耗通信的规范。它适合在短通信距离、低数据速率和长电池寿命的应用程序中使用。Zigbee 通常用于工业和物联网（IoT）环境，如无线照明开关和医疗设备数据采集。

> **注 意** 其他无线技术，例如移动电话和卫星通信，也可以提供数据网络连接。但是，这些无线技术不属于本章的范围。

4.6.3 无线 LAN

一种常见的无线数据实现方式是使设备通过 LAN 进行无线连接。通常，WLAN 需要用到以下网络设备。

- **无线接入点（WAP）**：无线接入点将来自用户的无线信号进行集中，然后连接到现有的基于铜缆的网络基础设施，如以太网。家庭和小型企业无线路由器将路由器、交换机和接入点的功能整合到了一起，如图 4-29 所示。
- **无线网卡适配器**：为网络主机提供了无线通信的能力。

图 4-29 思科 Meraki MX64W

随着技术的发展，出现了许多基于 WLAN 以太网的标准。在购买无线设备时，确保网络中的兼容性和互操作性很重要。

无线数据通信技术的益处是显而易见的，尤其是节省了昂贵的楼宇布线成本，而且也方便主机四处移动。但是，网络管理员必须制定和应用严格的安全策略与流程来保护 WLAN，以防止 WLAN 遭受未经许可的访问和破坏。

4.7　总结

物理层的用途

在进行网络通信之前，必须在本地网络上建立一个物理连接。物理连接可以通过电缆进行有线连接，也可以通过无线电波进行无线连接。网卡（NIC）将设备连接到网络。以太网网卡用于有线连接，WLAN 网卡用于无线连接。OSI 物理层通过网络介质传输构成数据链路层帧的比特（位）。物理层从数据链路层接收完整的帧，并将这些帧编码为一系列信号，传输到本地介质上。帧由经过编码的比特（位）构成，然后被终端设备或中间设备接收。

物理层的特征

物理层由工程师开发的电子电路、介质和连接器组成。物理层标准涉及 3 个功能区：物理组件、编码和信号。带宽是介质承载数据的能力。数字带宽可以测量在给定时间内从一个位置流向另一个位置的数据量。吞吐量是给定时段内通过介质传输的比特的度量，通常低于带宽。延迟是指数据从一个位置传输到另一个位置的时间量。实际吞吐量是在给定时间段内传输的有用数据的衡量标准。物理层为每种介质制定的比特的表示方式及分组如下。

- **铜缆**：信号为电脉冲模式。
- **光缆**：信号为光模式。
- **无线**：信号为微波传输模式。

铜缆布线

网络使用铜介质是因为其价格低廉、易于安装，而且对电流的电阻小。但是，铜介质会受到距离和信号干扰的限制。电脉冲的时序和电压值易受两个干扰源的干扰：电磁干扰和串扰。有 3 种类型的铜缆布线：UTP、STP 和同轴电缆。UTP 的外壳可保护铜线免受物理损伤，线对绞合可保护信号免受干扰，彩色编码的塑料绝缘层可将电线彼此电气隔离并标识每对电线。STP 电缆使用 4 对电线，每一对使用金属箔包裹，然后整体再用金属编织网或金属箔包裹。同轴电缆因其两根导线分享同一个轴而得名。同轴电缆用于将天线连接到无线设备上。电缆网络供应商在其客户场所内使用同轴电缆。

UTP 布线

UTP 电缆由 4 对彩色编码的铜线组成。这些铜线绞合在一起，并用软塑料套包裹。UTP 电缆并不使用屏蔽层来对抗电磁干扰和射频干扰的影响。相反，电缆设计人员可以通过以下方式来减少串扰的负面影响：变更每个线对的绞合次数。UTP 布线遵循由 TIA/EIA 共同制定的标准。电气电子工程师协会（IEEE）定义了铜缆的电气特性。UTP 电缆的端头通常为 RJ-45 连接器。通过使用指定的布线约定可将电缆类型分为"以太网直通电缆"和"以太网交叉电缆"。思科拥有专有的 UTP 电缆，名为全翻转电缆，用于将工作站连接到路由器控制台端口。

光缆布线

与其他网络介质相比，光缆能够以更远的距离和更高的带宽传输数据。光缆传输信号的衰减比铜缆更小，并且完全不受 EMI 和 RFI 的影响。光纤是一种由非常纯的玻璃制成的极细、透明的弹性线束，与人的头发差不多粗细。通过光缆传输时，比特会被编码成光脉冲。光缆布线目前正在 4 类行业中使用：企业网络、FTTH、长距离传输网络和海底电缆网络。光纤连接器有 4 种类型：ST、SC、LC 和双工多模 LC。光纤接插线包括 SC-SC 多模、LC-LC 单模、ST-LC 多模和 SC-ST 单模。在大多数企业环境中，光缆主要用作数据分布层设备间的高流量点对点连接的主干布线。它也用于互连园区中的多栋建筑物。

无线介质

无线介质使用无线电或微波频率来承载代表数据通信二进制数字的电磁信号。无线介质确实有一些局限性，包括覆盖范围、干扰、安全性以及任何共享介质都会出现的问题。无线标准包括 WiFi（IEEE 802.11）、蓝牙（IEEE 802.15）、WiMAX（IEEE 802.16）和 Zigbee（IEEE 802.15.4）。无线局域网（WLAN）需要用到无线接入点和无线网卡适配器。

复习题

完成这里列出的所有复习题，可以测试您对本章内容的理解。附录列出了答案。

1. OSI 物理层的用途是什么？
   A. 控制对介质的访问
   B. 通过本地介质传输信息比特
   C. 对接收到的帧执行错误检测
   D. 通过物理网络介质在节点之间交换帧

2. 为什么一根光缆连接要用两股光纤？
   A. 这两股光纤允许数据在不降低质量的情况下传输更长的距离
   B. 这两股光纤是为了防止串扰对连接造成干扰
   C. 这两股光纤增加了数据的传输速度
   D. 这两股光纤允许全双工连接

3. 下列哪项描述了串扰？
   A. 由于荧光灯而引起的网络信号失真
   B. 由于相邻电线中携带的信号而引起的传输信息失真
   C. 由于电缆太长而引起的网络信号减弱
   D. 由于距离接入点太远而造成的无线信号丢失

4. 下面哪个过程用来减少铜缆串扰的影响？
   A. 接地要求正确
   B. 将反向电线绞合在一起
   C. 用金属屏蔽层包裹住电线
   D. 通过设计电缆基础设来避免串扰
   E. 安装时避免急转弯

5. 哪一种 UTP 电缆用于将 PC 连接到交换机端口？

    A. 控制台　　　　　　　　　　　　B. 翻转

    C. 交叉　　　　　　　　　　　　　D. 直通

6. 带宽的定义是什么？

    A. 比特在一段时间内通过介质的速度　　B. 比特在网络上传播的速度

    C. 在一段时间内可以流动的数据量　　　D. 在一段时间内传输的有用数据的度量

7. 下面哪句话正确地描述了帧编码？

    A. 它利用一种波的特性来修饰另一种波

    B. 它在均匀的时间间隔内传送数据信号和时钟信号

    C. 它产生电气、光学或无线信号，这些信号代表帧的二进制数

    D. 它将比特转换成一种预定义的代码，以便提供一种可预测的模式，以帮助区分数据比特和控制比特

8. 下列哪项是 UTP 布线的特点？

    A. 抵消　　　　　　　　　　　　　B. 包层

    C. 不易受电气危害的影响　　　　　D. 具有铜编织物或金属箔

9. 一个 WLAN 被部署在公园护林员所在的一间新办公室里。办公室位于国家公园的最高处。网络测试完成后，技术人员报告说，无线信号偶尔会受到某种类型的干扰。造成信号干扰的可能原因是什么？

    A. 微波炉　　　　　　　　　　　　B. 办公室周围的大量树木

    C. 安装 WLAN 的高架位置　　　　　D. WLAN 中使用的无线设备的数量

10. 术语"吞吐量"表示什么？

    A. ISP 承诺的数据传输速率

    B. 用于传输数据的特定介质的容量

    C. 在给定时间段内通过介质传输的可用数据的度量

    D. 在给定时间段内通过介质传输的比特的度量

11. 使用光缆而不是铜缆的一个优点是什么？

    A. 它通常比铜缆便宜　　　　　　　B. 可安装在急弯处

    C. 比铜缆更容易端接和安装　　　　D. 它的信号传输距离比铜缆长

12. 哪个标准组织监督 WLAN 标准的发展？

    A. IANA　　　　　　　　　　　　B. IEEE

    C. ISO　　　　　　　　　　　　　D. TIA

13. 网络管理员正在设计一种同时包括有线连接和无线连接的新网络基础设施。在下面哪种情况下推荐无线连接？

    A. 终端用户设备只有一个以太网网卡

    B. 出于性能要求，终端用户设备需要专用连接

    C. 终端用户设备在接入网络时需要移动性

    D. 终端用户设备区域的射频干扰很强烈

14. 网络管理员正在排除服务器上的连接问题。使用测试器时，管理员注意到服务器网卡生成的信号发生了失真，不能使用。错误发生在 OSI 模型的哪一层？

    A. 表示层　　　　　　　　　　　　B. 网络层

    C. 物理层　　　　　　　　　　　　D. 数据链路层

15. 哪种类型的电缆用来将工作站串口连接到思科路由器的控制台端口？

    A. 交叉　　　　　　　　　　　　　B. 翻转

    C. 直通　　　　　　　　　　　　　D. 同轴

第 5 章

数制系统

学习目标

通过完成本章的学习，您将能够回答下列问题：

- 如何在十进制和二进制之间转换数字；

- 如何在十进制和十六进制之间转换数字。

11000000.10101000.00001010.00001010 是网络中一台计算机的 32 位 IPv4 地址，它以二进制显示。该 IPv4 地址的点分十进制形式则是 192.168.10.10。您想使用哪一个呢？对于 128 位的 IPv6 地址来讲，地址将更为复杂！为了使这些地址更易于管理，IPv6 使用由数字 0～9 和字母 A～F 组成的十六进制系统。

作为网络管理员，您必须知道如何将二进制地址转换为点分十进制地址，以及将点分十进制地址转换为二进制地址。您还需要知道如何将点分十进制转换为十六进制，反之亦然（提示：您仍然需要二进制转换技能来实现这一点）。

它们可能看起来很复杂，但当学会一些技巧后，这些转换就不难了。

5.1 二进制数制系统

IPv4 地址是用十进制表示的 32 位地址。本节将讨论二进制数制系统以及二进制和十进制数制系统之间的转换。

5.1.1 二进制和 IPv4 地址

IPv4 地址以二进制开头，仅包含 1 和 0。这很难管理，因此网络管理员将它们转换为十进制。本节介绍了几种实现方法。

二进制是指包含数字 0 和 1（称为比特或位）的数制系统。相比之下，十进制数制系统由数字 0～9 组成。

理解二进制很重要，因为主机、服务器和网络设备都使用了二进制编址。具体地说，它们使用二进制 IPv4 地址以识别彼此，如图 5-1 所示。

每一个地址包含一个 32 比特的字符串，并分为 4 个部分（称为八位组）。每一个八位组包含 8 比特（或 1 字节），相互之间用句点分隔。例如，在图 5-1 中，PC1 分配的 IPv4 地址为 11000000.10101000. 00001010.00001010。它的默认网关地址是 R1 吉比特以太网接口地址：11000000.10101000.00001010. 00000001。

二进制可以与主机和网络设备很好地协同工作。然而，这对人类来说是非常具有挑战性的。为了方便人们使用，IPv4 地址通常以点分十进制来表示。图 5-2 中的网络与图 5-1 相同，但此处 PC1 的 IPv4 地址为 192.168.10.10，其默认网关为 192.168.10.1。

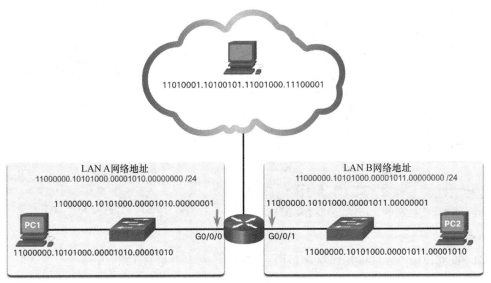

图 5-1   二进制格式的 IPv4 地址

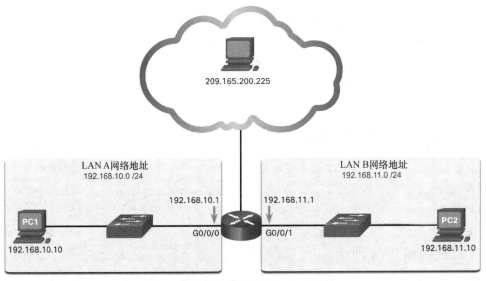

图 5-2   点分十进制格式的 IPv4 地址

为了扎实理解网络编址，必须了解二进制编址，并且掌握在 IPv4 地址的二进制和点分十进制之间进行转换的技能。下面几节将介绍如何在基数 2（二进制）和基数 10（十进制）的数制系统之间进行转换。

5.1.2   二进制位置记数法

要将二进制转换为十进制，需要先了解位置记数法。位置记数法即根据数字在数字序列中所占用的位置来表示不同的值。我们已经对最常见的数制系统——十进制（以 10 位基数）记数法系统非常了解。十进制位置记数法系统的操作方式如表 5-1 所示。

表 5-1 十进制位置记数法

基数	10	10	10	10
位置号	3	2	1	0
计算	(10^3)	(10^2)	(10^1)	(10^0)
位置值	1000	100	10	1

下文对表 5-1 中的每一行进行了描述。

- 第 1 行（基数）是可使用的数字符号的数目。十进制记法基于 10，因此基数为 10。
- 第 2 行（位置号）考虑了十进制数字的起始位置，从右到左依次为 0（第 1 位置）、1（第 2 位置）、2（第 3 位置）、3（第 4 位置）。这些数字还表示用于计算位置值（第 4 行）的指数值。
- 第 3 行（计算）通过将基数乘以其在第 2 行中的位置的指数值来计算第 4 行的位置值。

> **注 意** $n^0=1$。

- 第 4 行（位置值）表示千位、百位、十位和个位等单位。

要使用位置系统，所给数字必须与其位置值相匹配。表 5-2 中的示例描述了位置记数法如何用于十进制数字 1234。

表 5-2 十进制位置记数法示例

	千位	百位	十位	个位
位置值	1000	100	10	1
十进制数（1234）	1	2	3	4
计算	1×1000	2×100	3×10	4×1
把它们加起来	1000	+200	+30	+4
结果	1234			

相比之下，二进制位置记数法的操作方式如表 5-3 所示。

表 5-3 二进制位置记数法

基数	2	2	2	2	2	2	2	2
位置号	7	6	5	4	3	2	1	0
计算	(2^7)	(2^6)	(2^5)	(2^4)	(2^3)	(2^2)	(2^1)	(2^0)
位置值	128	64	32	16	8	4	2	1

下文对表 5-3 中的每一行进行了描述。

- 第 1 行（基数）是可使用的数字符号的数目。二进制记数法基于 2，因此基为 2。
- 第 2 行（位置号）考虑了二进制数字的起始位置，从右到左依次为 0（第 1 位置）、1（第 2 位置）、2（第 3 位置）、3（第 4 位置）。这些数字还表示用于计算位置值（第 4 行）的指数值。
- 第 3 行（计算）通过将基数乘以其在第 2 行中的位置的指数值来计算第 4 行的位置值。

> **注 意** $n^0=1$。

- 第 4 行（位置值）表示一位、二位、四位、八位等单位。

表 5-4 中的示例演示了二进制数字 11000000 如何与数字 192 对应。如果二进制数字为 10101000，则其对应的十进制数字为 168。

表 5-4	二进制位置记数法示例							
位置值	128	64	32	16	8	4	2	1
二进制数（11000000）	1	1	0	0	0	0	0	0
计算	1×128	1×64	0×32	0×16	0×8	0×4	0×2	0×1
把它们加起来	128	+64	+0	+0	+0	+0	+0	+0
结果	192							

5.1.3 将二进制数转换为十进制数

要将二进制 IPv4 地址转换为其点分十进制的形式，可将 IPv4 地址分为 4 个八位组。然后将二进制的位置值应用于第一个二进制八位组的二进制数字，再进行相应计算。

例如，将 11000000.10101000.00001011.00001010 作为一台主机的二进制 IPv4 地址。要将这个二进制地址转换为十进制，需要先转换第一个八位组，如表 5-5 所示。在第 1 行的位置值下输入 8 位二进制数字，然后计算出十进制数字 192。该数字为点分十进制记法的第一个八位组。

表 5-5	将 11000000 转换为十进制							
位置值	128	64	32	16	8	4	2	1
二进制数（11000000）	1	1	0	0	0	0	0	0
计算	1×128	1×64	0×32	0×16	0×8	0×4	0×2	0×1
把它们加起来	128	+64	+0	+0	+0	+0	+0	+0
结果	192							

接下来转换第二个八位组 10101000，如表 5-6 所示。结果为十进制值 168，它属于第二个八位组。

表 5-6	将 10101000 转换为十进制							
位置值	128	64	32	16	8	4	2	1
二进制数（10101000）	1	0	1	0	1	0	0	0
计算	1×128	0×64	1×32	0×16	1×8	0×4	0×2	0×1
把它们加起来	128	+0	+32	+0	+8	+0	+0	+0
结果	168							

转换第三个八位组 00001011，如表 5-7 所示。

表 5-7	将 00001011 转换为十进制							
位置值	128	64	32	16	8	4	2	1
二进制数（00001011）	0	0	0	0	1	0	1	1
计算	0×128	0×64	0×32	0×16	1×8	0×4	1×2	1×1
对它们求和	0	+0	+0	+0	+8	+0	+2	+1
结果	11							

转换第四个八位组 00001010，如表 5-8 所示。这样就完成了 IP 地址的计算，其点分十进制形式的值为 192.168.11.10。

表 5-8　　　　　　　　　　　　　将 00001010 转换为十进制

位置值	128	64	32	16	8	4	2	1
二进制数（00001010）	0	0	0	0	1	0	1	0
计算	0×128	0×64	0×32	0×16	1×8	0×4	1×2	0×1
对它们求和	0	+0	+0	+0	+8	+0	+2	+0
结果	10							

5.1.4　十进制到二进制的转换

我们还有必要知道如何将点分十进制 IPv4 地址转换为二进制地址。一个有用的工具是二进制位置值表。图 5-3～图 5-10 显示了该表的示例。下面的步骤介绍了如何使用这个表进行转换。

步骤 1. 在图 5-3 中，八位组（n）的十进制数字是否等于或大于最高有效位（128）？
- 如果不是，则将位置表中 128 的位置值记为 0
- 如果是，则将位置表中 128 的位置值记为 1，且从十进制数字值中减去 128。

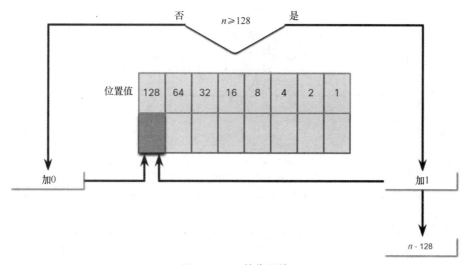

图 5-3　128 的位置值

步骤 2. 在图 5-4 中，八位组（n）的十进制数字是否等于或大于下一个最高有效位（64）？
- 如果不是，则将位置表中 64 的位置值记为 0。
- 如果是，则将位置表中 64 的位置值记为 1，且从十进制数字值中减去 64。

步骤 3. 在图 5-5 中，八位组（n）的十进制数字是否等于或大于下一个最高有效位（32）？
- 如果不是，则将位置表中 32 的位置值记为 0。
- 如果是，则将位置表中 32 的位置值记为 1，且从十进制数字值中减去 32。

步骤 4. 在图 5-6 中，八位组（n）的十进制数字是否等于或大于下一个最高有效位（16）？
- 如果不是，则将位置表中 16 的位置值记为 0。
- 如果是，则将位置表中 16 的位置值记为 1，且从十进制数字值中减去 16。

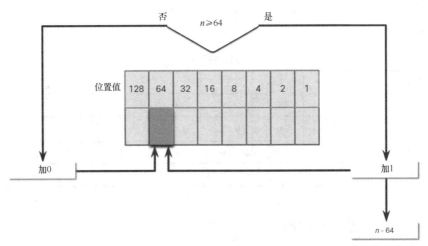

图 5-4 64 的位置值

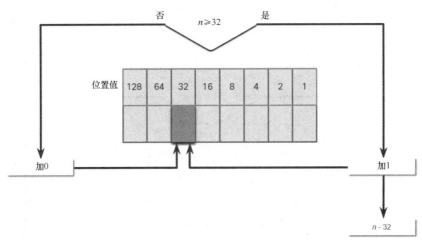

图 5-5 32 的位置值

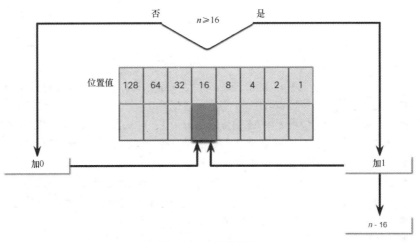

图 5-6 16 的位置值

步骤 5. 在图 5-7 中，八位组（n）的十进制数字是否等于或大于下一个最高有效位（8）？
- 如果不是，则将位置表中 8 的位置值记为 0。
- 如果是，则将位置表中 8 的位置值记为 1，且从十进制数字值中减去 8。

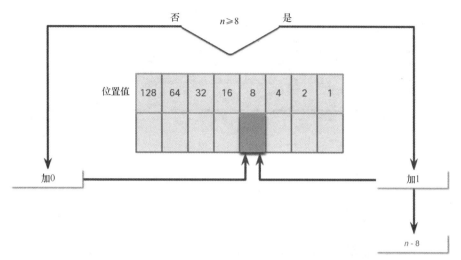

图 5-7　8 的位置值

步骤 6. 在图 5-8 中，八位组（n）的十进制数字是否等于或大于下一个最高有效位（4）？
- 如果不是，则将位置表中 4 的位置值记为 0。
- 如果是，则将位置表中 4 的位置值记为 1，且从十进制数字值中减去 4。

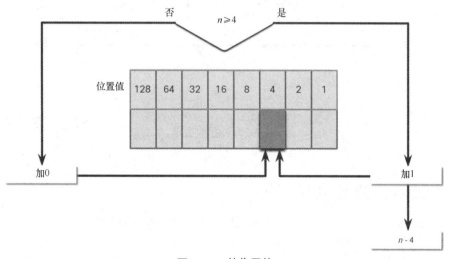

图 5-8　4 的位置值

步骤 7. 在图 5-9 中，八位组（n）的十进制数字是否等于或大于下一个最高有效位（2）？
- 如果不是，则将位置表中 2 的位置值记为 0。
- 如果是，则将位置表中 2 的位置值记为 1，且从十进制数字值中减去 2。

步骤 8. 在图 5-10 中，八位组（n）的十进制数字是否等于或大于最后一个最高有效位（1）？
- 如果不是，则将位置表中 1 的位置值记为 0。
- 如果是，则将位置表中 1 的位置值记为 1。

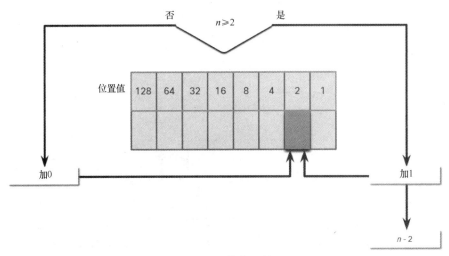

图 5-9　2 的位置值

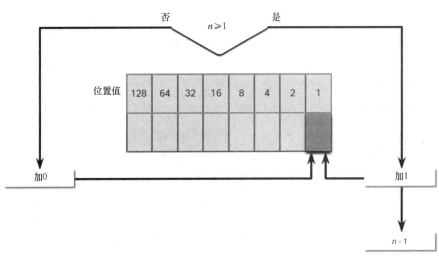

图 5-10　1 的位置值

5.1.5　十进制到二进制的转换示例

为了帮助大家理解十进制到二进制的转换过程，假设 IP 地址为 192.168.10.11。

使用前面介绍的位置记数法将第一个八位组数字 192 转换为二进制。

对于较简单或较小的十进制数字，可以忽略减法步骤。例如，将第三个八位组转换为二进制数的计算是相当容易的，无须实际执行减法过程。第三个八位组的二进制值为 00001010。

第四个八位组为 11（即 8+2+1），它对应的二进制值为 00001011。

二进制和十进制之间的转换看起来可能比较难，但多加练习后，会变得越来越容易。

图 5-11～图 5-21 给出了将 IP 地址 192.168.10.11 转换成二进制数据的步骤。

步骤 1. 在图 5-11 中，第一个八位组数字 192 是否等于或大于高阶位 128？

- 是的，因此在高阶位置值添加一个 1 来表示 128。

■   192 减去 128，差为 64。

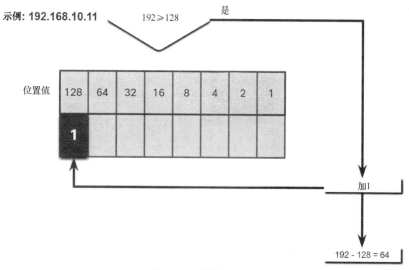

图 5-11   步骤 1

步骤 2. 在图 5-12 中，差数 64 是否等于或大于下一个高阶位 64？

■   它们相等，因此在下一个高阶位置值中添加一个 1。

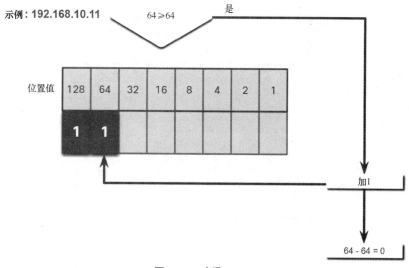

图 5-12   步骤 2

步骤 3. 在图 5-13 中，由于没有剩余的差数，所以在剩余位置值中输入二进制 0。

■   第一个八位组的二进制值是 11000000。

步骤 4. 在图 5-14 中，第二个八位组数字 168 是否等于或大于高阶位 128？

■   是，因此将代表 128 的对应高阶位置记为 1。

■   将 168 减去 128，得到的差为 40。

步骤 5. 在图 5-15 中，差数 40 是否等于或大于下一个高阶位 64？

■   不是，因此在对应的位置记一个 0。

示例: **192.168.10.11**

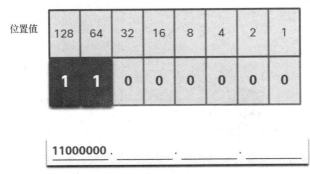

11000000 .

图 5-13 步骤 3

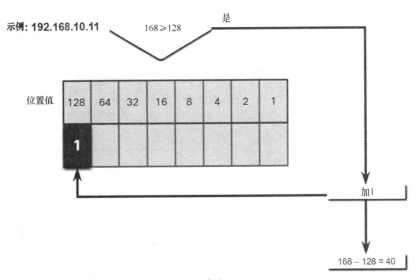

图 5-14 步骤 4

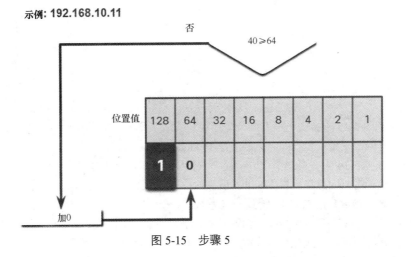

图 5-15 步骤 5

步骤 6. 在图 5-16 中，差数 40 是否等于或大于下一个高阶位 32？

- 是，因此在代表 32 的对应位置记一个 1。
- 将 40 减去 32，得到的差为 8。

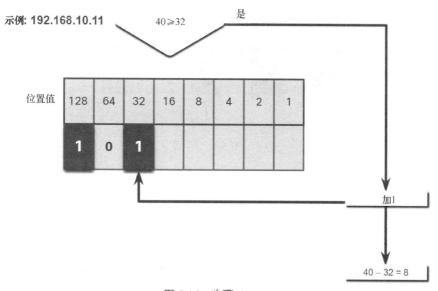

图 5-16　步骤 6

步骤 7. 在图 5-17 中，差数 8 是否等于或大于下一个高阶位 16？

- 否，因此在位置值中输入二进制 0。

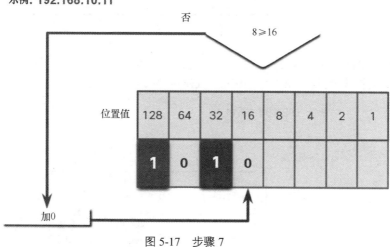

图 5-17　步骤 7

步骤 8. 在图 5-18 中，差数 8 是否等于或大于下一个高阶位 8？

- 是，因此将 1 记入到下一个高阶置位。

步骤 9. 在图 5-19 中，由于没有剩余的差数，所以在剩余位置值中输入二进制 0。

- 第二个八位组的二进制值是 10101000。

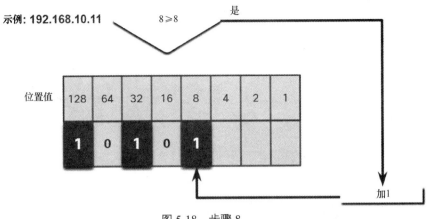

图 5-18　步骤 8

示例: **192.168.10.11**

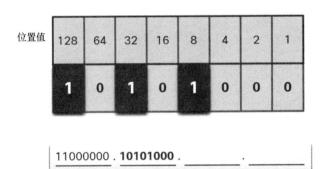

图 5-19　步骤 9

步骤 10. 在图 5-20 中，第三个八位组的二进制值为 00001010。

步骤 11. 在图 5-21 中，第四个八位组的二进制值为 00001011。

示例: **192.168.10.11**

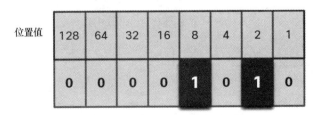

图 5-20　步骤 10

示例: **192.168.10.11**

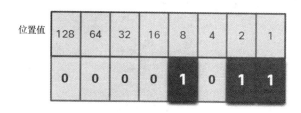

位置值	128	64	32	16	8	4	2	1
	0	0	0	0	1	0	1	1

11000000 . 10101000 . 00001010 . **00001011**

图 5-21　步骤 11

5.1.6　IPv4 地址

正如本章开头提到的那样，路由器和计算机只能理解二进制，而人类则使用十进制。深入理解这两个数制系统以及它们在网络中的使用方式是非常重要的。

192.168.10.10 是分配给一台计算机的 IP 地址，如图 5-22 所示。

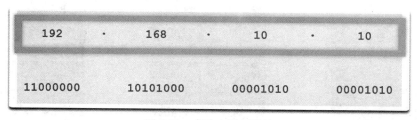

图 5-22　点分十进制地址

这个地址由 4 个不同的八位组组成，如图 5-23 所示。

图 5-23　八位组

计算机将地址存储为整个 32 位的数据流，如图 5-24 所示。

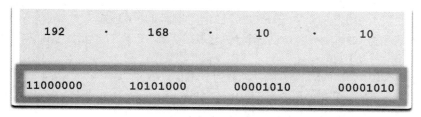

图 5-24　32 位地址

5.2　十六进制数制系统

IPv6 地址是用十六进制表示的 128 位地址。本节讨论十六进制数制系统以及十六进制和十进制数制系统之间的转换。

5.2.1　十六进制和 IPv6 地址

现在您已经知道了如何将二进制转换为十进制以及如何将十进制转换为二进制。您需要该技能来了解网络中的 IPv4 编址。但是，您在网络中使用 IPv6 地址的可能性也很高。要了解 IPv6 地址，您必须能够将十六进制转换为十进制，反之亦然。

就像十进制是以 10 为基数的数制系统一样，十六进制是以 16 为基数的数制系统。以 16 为基数的数制系统使用数字 0~9 和字母 A~F。图 5-25 所示为 0000~1111 这些二进制数的十进制值和十六进制值。

十进制	二进制	十六进制
0	0000	0
1	0001	1
2	0010	2
3	0011	3
4	0100	4
5	0101	5
6	0110	6
7	0111	7
8	1000	8
9	1001	9
10	1010	A
11	1011	B
12	1100	C
13	1101	D
14	1110	E
15	1111	F

图 5-25　比较十进制、二进制和十六进制数

二进制和十六进制可以很好地协同工作，因为将一个值表示为一个十六进制数字比表示为 4 个二进制位要容易。

十六进制数制系统用于在网络中表示以太网 MAC 地址和 IPv6 地址。

IPv6 地址长度为 128 位，每 4 位以一个十六进制数字表示，共 32 个十六进制值。IPv6 地址不区分大小写，可用大写或小写书写。

如图 5-26 所示，书写 IPv6 地址的首选格式为 x:x:x:x:x:x:x:x，每个 x 均包括 4 个十六进制值。在指 IPv4 地址的 8 个位时，我们使用术语八位组。在 IPv6 中，十六位组是指代 16 个位或 4 个十六进制值的非官方术语。每个 x 均为一个十六位组、16 个位或 4 个十六进制值。

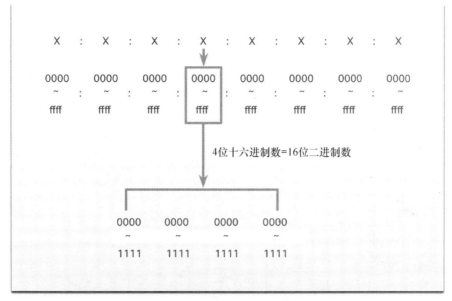

图 5-26 IPv6 地址的十六位组

图 5-27 中的拓扑示例显示的是 IPv6 的十六进制地址。

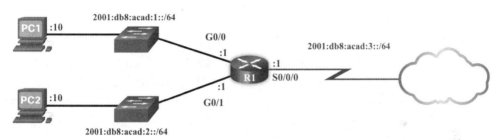

图 5-27 配置了 IPv6 地址的拓扑

5.2.2 十进制到十六进制的转换

将十进制数字转换为十六进制值非常简单。请按照下列步骤操作。

步骤 1. 将十进制数字转换为 8 位二进制字符串。

步骤 2. 从最右边的位置开始，将二进制字符串分成 4 位一组。

步骤 3. 将每 4 个二进制数转换为其十六进制等值数。

让我们看一个将十进制数 168 转换为十六进制的例子。

步骤 1. 168 在二进制中是 10101000。

步骤 2. 将 10101000 分两组，每组 4 位二进制数字是 1010 和 1000。

步骤 3. 1010 是十六进制 A，1000 是十六进制 8。

因此，168 转换成十六进制是 A8。

5.2.3 十六进制到十进制的转换

将十六进制数字转换为十进制值也很简单。请按照下列步骤操作。

步骤 1. 将十六进制数字转换为 4 位二进制字符串。

步骤 2. 从最右边的位置开始创建 8 位二进制分组。

步骤 3. 将每个 8 位二进制分组转换为其等效的十进制数字。

下面的示例提供了将十六进制数 D2 转换为十进制的步骤。

步骤 1. D2 在 4 位二进制字符串中是 1101 和 0010。

步骤 2. 1101 和 0010 在 8 位分组中是 11010010。

步骤 3. 二进制中的 11010010 等效于十进制中的 210。

因此，十六进制中的 D2 是十进制中的 210。

5.3 总结

二进制数制系统

二进制是指包含数字 0 和 1（称为位或比特）的数制系统。相比之下，十进制数制系统由数字 0～9 组成。理解二进制很重要，因为主机、服务器和网络设备使用二进制编址（具体地说是二进制 IPv4 地址）来识别彼此。您必须了解二进制编址以及知道如何在二进制和点分十进制 IPv4 地址之间进行转换。本章介绍了几种将十进制转换为二进制和将二进制转换为十进制的方法。

十六进制数制系统

就像十进制是以 10 为基数的数制系统一样，十六进制是以 16 为基数的数制系统。十六进制数制系统使用数字 0～9 和字母 A～F。十六进制数制系统用于在网络中表示 IPv6 地址和以太网 MAC 地址。IPv6 地址长度为 128 位，每 4 位以一个十六进制数字表示，共 32 个十六进制值。要将十六进制转换为十进制，您必须先将十六进制转换为二进制，然后将二进制转换为十进制。要将十进制转换为十六进制，必须首先将十进制转换为二进制。

复习题

完成这里列出的所有复习题，可以测试您对本章内容的理解。附录列出了答案。

1. 十进制数 173 的二进制表示是什么？
   A. 10100111   B. 10100101
   C. 10101101   D. 10110101

2. 二进制地址 11101100000100010000110000001010 的点分十进制值是哪个？
   A. 234.17.10.9   B. 234.16.12.10
   C. 236.17.12.6   D. 236.17.12.10

3. IPv6 地址中存在多少个二进制位？
   A. 32   B. 48
   C. 64   D. 128
   E. 256

4. 十进制数 232 的二进制数是多少？

    A. 11101000   B. 11000110

    C. 10011000   D. 11110010

5. 关于 IPv4 和 IPv6 地址，哪两个选项是正确的？（选择两项）

    A. IPv6 地址用十六进制表示   B. IPv4 地址用十六进制表示

    C. IPv6 地址长度为 32 位   D. IPv4 地址长度为 32 位

    E. IPv4 地址长度为 128 位   F. IPv6 地址长度为 64 位

6. 哪种 IPv4 地址格式看起来像 201.192.1.14，并且是为了便于人们使用而创建的？

    A. 二进制   B. 点分十进制

    C. 十六进制   D. ASCII

7. IPv4 地址 11001011.00000000.01110001.11010011 的点分十进制表示是什么？

    A. 192.0.2.199   B. 198.51.100.201

    C. 203.0.113.211   D. 209.165.201.223

8. 二进制数 10010101 的十进制值是什么？

    A. 149   B. 157

    C. 168   D. 192

9. 十六进制数 0x3F 的十进制值是多少？（0x 表示十六进制）

    A. 63   B. 77

    C. 87   D. 93

10. 以二进制字符串 00001010.01100100.00010101.00000001 表示的 IPv4 地址的点分十进制表示是什么？

    A. 10.100.21.1   B. 10.10.20.1

    C. 100.10.11.1   D. 100.21.10.1

11. 0xC9 的十进制值是多少？（0x 表示十六进制）

    A. 185   B. 200

    C. 201   D. 199

12. 哪个是有效的十六进制数？

    A. f   B. g

    C. h   D. j

13. 0xCA 的二进制表示是什么？（0x 表示十六进制）

    A. 10111010   B. 11010101

    C. 11001010   D. 11011010

14. 一个 IPv4 地址有多少位？

    A. 32   B. 64

    C. 128   D. 256

第 6 章

数据链路层

学习目标

通过完成本章的学习，您将能够回答下列问题：

■ 准备在特定介质上进行通信时，数据链路层的用途和功能是什么；

■ WAN 和 LAN 拓扑上的介质访问控制方法有什么特点；

■ 数据链路帧的特点和功能是什么；

每个网络都有物理组件和连接组件的介质。不同类型的介质需要有关数据的不同信息，以便接受数据并在物理网络上传输数据。可以这样想：一个被重击的高尔夫球在空中快速移动且越来越远。它也可以在水中穿行，但除非受到更强力的打击，否则它不会移动得像在空气中那么快。这是因为高尔夫球正在通过不同的介质传播（水代替了空气）。

数据必须获得帮助才能在不同介质之中移动。数据链路层提供了这种帮助。您可能已经猜到，这种帮助会因许多因素而有所不同。本章将概述这些因素、它们如何影响数据以及为确保成功传输而设计的协议。让我们开始吧！

6.1 数据链路层的用途

本节介绍数据链路层在物理层上发送和接收数据时的作用。

6.1.1 数据链路层

OSI 模型的数据链路层（第 2 层）为物理网络准备网络数据。如图 6-1 所示，数据链路层负责网卡到网卡之间的通信。数据链路层执行以下操作。

■ 允许上层访问介质。上层协议完全不知道用于转发数据的介质类型。

■ 接受数据（通常是第 3 层数据包，即 IPv4 或 IPv6 数据包），并将它们封装到第 2 层帧中。

■ 控制数据在介质上的放置和接收方式。

■ 通过网络介质在终端之间交换帧。

■ 接收封装后的数据（通常是第 3 层数据包），并将它们传输给适当的上层协议。

■ 执行错误检测并拒绝任何损坏的帧。

在计算机网络中，节点是可以沿通信路径接收、创建、存储或转发数据的设备。节点可以是笔记本电脑或移动电话等终端设备，也可以是中间设备（如以太网交换机）。

　　如果没有数据链路层，则网络层协议（如 IP）必须提供去往传输路径中可能存在的各种类型介质所需的连接。此外，每当开发出一种新的网络技术或介质时，IP 必须做出相应调整。

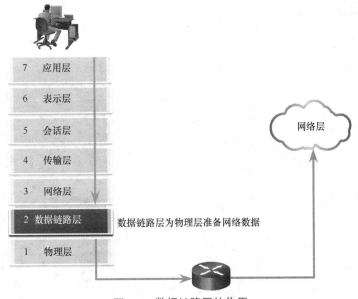

图 6-1　数据链路层的作用

　　图 6-2 所示为数据链路层如何将第 2 层以太网目的和源网卡信息添加到第 3 层数据包。然后，它会将该信息转换为物理层（即第 1 层）支持的格式。

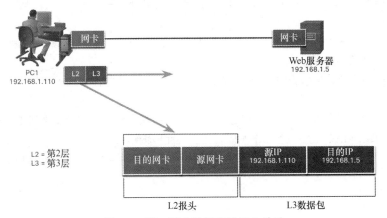

图 6-2　第 2 层（数据链路层）地址

6.1.2　IEEE 802 LAN/MAN 数据链路子层

　　IEEE 802 LAN/MAN 标准专用于以太局域网、无线局域网（WLAN）、无线个域网（WPAN），以及其他类型的局域网和城域网。IEE 802 LAN/MAN 数据链路层由以下两个子层组成。

- **逻辑链路控制（LLC）**：这个 IEEE 802.2 子层在上层的网络软件与下层的设备硬件之间进行通信。它在帧中放入信息，用于确定帧所使用的网络层协议。该信息允许多个第 3 层协议（如 IPv4 和 IPv6）使用相同的网络接口和介质。
- **介质访问控制（MAC）**：这个子层是在硬件上实现的（IEEE 802.3、802.11 或 802.15）。它负责数据封装和介质访问控制。它提供数据链路层编址，并与各种物理层技术集成。

图 6-3 所示为数据链路层的这两个子层（LLC 和 MAC）。

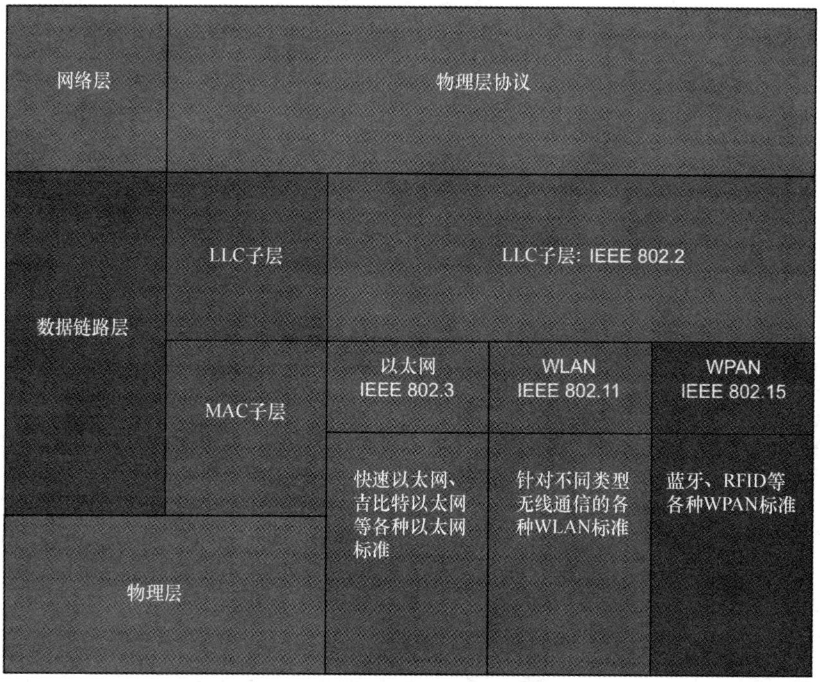

网络层	物理层协议		
数据链路层	LLC 子层	LLC 子层: IEEE 802.2	
	MAC 子层	以太网 IEEE 802.3	WLAN IEEE 802.11	WPAN IEEE 802.15
		快速以太网、吉比特以太网等各种以太网标准	针对不同类型无线通信的各种WLAN标准	蓝牙、RFID等各种WPAN标准
物理层			

图 6-3　LLC 子层和 MAC 子层

LLC 子层接收网络协议数据（通常是 IPv4 或 IPv6 数据包）并加入第 2 层控制信息，以帮助将数据包传送到目的节点。

MAC 子层对网卡和负责在有线或无线 LAN/MAN 介质上发送/接收数据的其他硬件进行控制。

MAC 子层提供数据封装。

- **帧定界符**：在成帧过程中提供重要的定界符，用来标识帧中的字段。这些定界符位可以在发送节点与接收节点之间提供同步。
- **编址**：MAC 子层提供源和目的编址，用于在同一共享介质上的设备之间传输第 2 层帧。
- **错误检测**：MAC 子层包含一个帧尾，用于检测传输错误。

MAC 子层还提供介质访问控制，允许多个设备通过共享（半双工）介质进行通信。全双工通信不需要访问控制。

6.1.3　提供介质访问

在数据包从本地主机传送到远程主机的过程中，其遇到的各种网络环境可能具有不同的特性。例如，以太 LAN 通常由许多在网络介质上争夺访问权的主机组成。MAC 子层解决了这个问题。对于串行链路，访问方法可能只包括两个设备（通常是两台路由器）之间的直接连接。因此，它们不需要 IEEE 802 MAC 子层所使用的技术。

路由器接口将数据包封装到合适的帧中，然后使用合适的介质访问控制方法来访问每个链路。在任意指定的网络层数据包交换过程中，可能存在多次数据链路层和介质的转换。

在路径上的每一跳，路由器都执行以下第 2 层功能：

- 从介质接受帧；
- 解封装帧；

- 将数据包重新封装到新帧中；
- 通过适合该物理网络网段的介质转发新帧。

图 6-4 中的路由器通过以太网接口连接到 LAN，通过串口连接到 WAN。路由器在处理帧的过程中，使用数据链路层服务从一个介质中接收帧，将其解封装到第三层的 PDU（Protocol Data Unit，协议数据单元）中，再将 PDU 封装为一个新的帧，并将帧放置在网络的下一个链路的介质上。

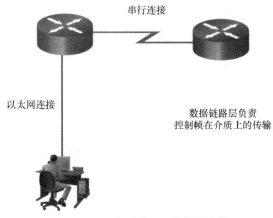

图 6-4 不同介质的不同数据链路帧

6.1.4 数据链路层标准

与 TCP/IP 中的上层协议不同，数据链路层协议通常不是由 RFC 文档定义的。互联网工程任务组（IETF）虽然维护着 TCP/IP 协议簇上层的工作协议和服务，但它没有定义 TCP/IP 模型的网络接入层的功能和操作。

下面这些工程组织定义了适用于网络接入层（即 OSI 的物理层和数据链路层）的开放标准和协议：

- 电气电子工程师协会（IEEE）；
- 国际电信联盟（ITU）；
- 国际标准化组织（ISO）；
- 美国国家标准学会（ANSI）。

6.2 拓扑

网络中的节点可以通过多种方式相互连接。这些节点的连接或通信方式取决于网络的拓扑结构。本节概述了网络拓扑结构，以及如何规范对介质的数据访问。

6.2.1 物理和逻辑拓扑

上一节讲到，数据链路层为物理网络准备网络数据。它必须知道网络的逻辑拓扑，以便能够确定在从一个设备向另一个设备传输帧时需要什么。本节将介绍数据链路层与不同的逻辑网络拓扑一起工作的方式。

网络拓扑是指网络设备的布局或关系，以及它们之间的互连。

在描述 LAN 和 WAN 网络时，会用到下面这两种类型的拓扑。

- **物理拓扑**：标识物理连接以及终端设备和中间设备（即路由器、交换机和无线接入点）如何互连。这个拓扑还可能包括特定的设备位置信息，如房间号和设备机架上的位置。物理拓扑通常是点对点拓扑或星型拓扑。
- **逻辑拓扑**：是指网络将帧从一个节点传输到另一节点的方法。该拓扑使用设备接口和第 3 层 IP 编址方案识别虚拟连接。

在控制对介质的数据访问时，数据链路层"看见"的是网络的逻辑拓扑。正是逻辑拓扑在影响网络成帧和介质访问控制的类型。

图 6-5 所示为一个小型网络的物理（物理层）拓扑示例。

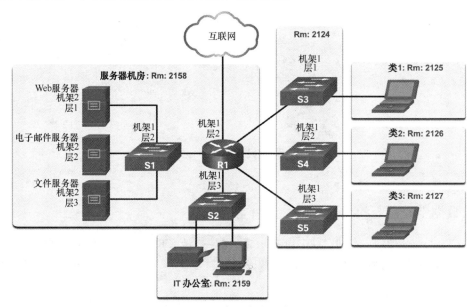

图 6-5 物理拓扑示例

图 6-5 中相同网络的逻辑拓扑示例如图 6-6 所示。

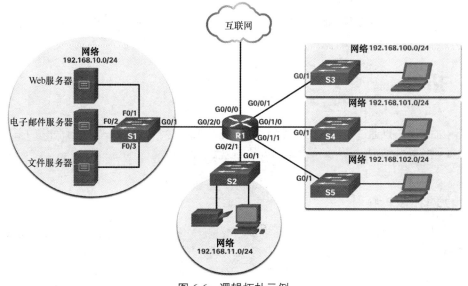

图 6-6 逻辑拓扑示例

6.2.2　WAN 拓扑

广域网通常使用 3 种常见的物理拓扑进行互连：点对点、中心辐射拓扑和互连拓扑。

点对点

点对点链路（见图 6-7）是一种最简单、最常见的 WAN 拓扑结构。它由两个端点之间的永久链路组成。

图 6-7　点对点拓扑

中心辐射拓扑

图 6-8 所示为星型拓扑的一个版本，在这种拓扑中，中心站点通过点对点的链路将分支站点连接起来。在这种拓扑中，分支站点必须经过中心站点才能与其他分支站点交换数据。

互连拓扑

互连拓扑（见图 6-9）提供了高可用性，但要求每一个终端系统之间相互连接。因此，管理和物理成本可能会很大。在互连拓扑中，每个链路在本质上都是到另一个节点的点对点链路。

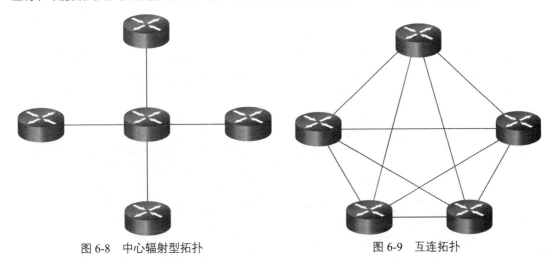

图 6-8　中心辐射型拓扑　　　　　　　　　图 6-9　互连拓扑

混合拓扑是任何拓扑的变体或组合。例如，部分互连就是一种混合拓扑，因为其中只有一部分终端设备（而并非所有的设备）都是互连的。

6.2.3　点对点 WAN 拓扑

如图 6-10 所示，物理点对点拓扑直接连接两个节点。在这种布局中，两个节点无须与其他主机共享介质。此外，当使用串行通信协议，如点对点协议（PPP）时，节点无须判定收到的帧是指向它还是指向另一节点。因此，逻辑数据链路协议非常简单，因为介质中的所有帧都只去往或来自这两个节点。节点将帧放置到一端的介质上，然后点对点电路另一端的节点从介质上取走帧。

注　意　　通过以太网进行的点对点连接需要设备确定到来的帧是否是发给自己的。

图 6-10 点对点 WAN 拓扑

使用多个中间设备，距离较远的源节点和目的节点彼此可以间接相连。但是，在网络中使用物理设备并不会影响逻辑拓扑，如图 6-11 所示。在图 6-11 中，添加中间的物理连接不会改变逻辑拓扑。逻辑点对点连接相同。

图 6-11 WAN 逻辑拓扑和物理拓扑

6.2.4 LAN 拓扑

在多路访问 LAN 中，终端设备（即节点）使用星型或扩展星型拓扑相互连接，如图 6-12 所示。在这种类型的拓扑中，终端设备连接到一个中央的中间设备（在本例中是一台以太网交换机）。扩展星型拓扑通过连接多个以太网交换机来扩展该拓扑。星型和扩展星型拓扑安装简单，扩展性好（易于添加和删除终端设备），而且很容易进行故障排除。早期的星型拓扑使用以太网集线器互连终端设备。

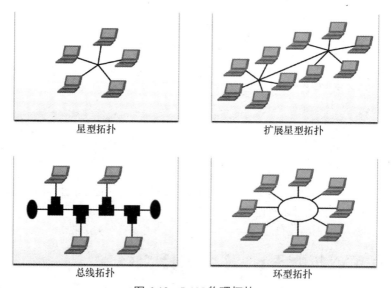

图 6-12 LAN 物理拓扑

有时，可能只有两个设备连接在以太 LAN 上。例如，两台相互连接的路由器就是在点对点拓扑上使用以太网的一个示例。

传统的 LAN 拓扑

早期的以太网和传统的令牌环 LAN 技术包括另外两种拓扑结构。

- **总线拓扑**：所有终端系统都相互连接，并在两端以某种形式端接。终端设备互连时不需要基础设施设备（例如交换机）。传统的以太网络中会使用采用同轴电缆的总线拓扑，因为它价格低廉而且安装简易。
- **环型拓扑**：终端系统与其各自的邻居相连，形成一个环状。与总线拓扑不同，环型拓扑不需要端接。传统的光纤分布式数据接口（FDDI）和令牌环网络使用的就是环型拓扑。

在 LAN 中终端设备之间的连接如图 6-12 所示。在网络图形中，通常用直线来表示以太 LAN，包括简单星型拓扑或扩展星型拓扑。

6.2.5 半双工和全双工通信

在讨论 LAN 拓扑时，理解双工通信非常重要，因为它指的是两个设备之间的数据传输方向。有两种常见的双工模式：半双工通信和全双工通信。

半双工通信

在半双工通信中，两台设备都可以在介质上发送和接收数据，但无法同时执行这两个操作。WLAN 和带有以太网集线器的传统总线拓扑使用的是半双工模式。半双工每次只允许一台设备通过共享介质发送或接收数据。在图 6-13 中，服务器和集线器处于半双工状态。

全双工通信

在全双工通信中，两台设备都可以在共享介质上同时发送和接收数据。数据链路层假定介质随时可供两个节点进行传输。默认情况下，以太网交换机在全双工模式下运行，但是如果与以太网集线器等设备连接，它们则可以在半双工模式下运行。全双工通信示例如图 6-14 所示。

图 6-13 半双工通信　　　　　图 6-14 全双工通信

总之，半双工通信限制为每次在一个方向上进行数据交换。全双工通信允许同时发送和接收数据。两个互连设备，比如一个主机网卡和以太网交换机上的一个接口，必须采用同一双工模式运行。否则，将会出现双工不匹配，导致链路效率低下和发生延迟。

6.2.6 访问控制方法

以太 LAN 和 WLAN 都是多路访问网络的示例。多路访问网络是指可能有两个或多个终端设备同时试图访问网络的网络。

某些多路访问网络需要使用规则来管理设备共享物理介质的方式。对于共享介质，有两种基本的访问控制方法：

- 基于竞争的访问；
- 受控访问。

基于竞争的访问

在基于竞争的多路访问网络中，所有节点都工作在半双工方式，争夺介质的使用。然而，一次只有一台设备能够发送数据。因此，当多台设备同时传输时，会执行一个处理进程。基于竞争的访问方法示例如下：
- 在传统总线拓扑以太 LAN 上使用载波侦听多路访问/冲突检测（CSMA/CD），如图 6-15 所示；
- 在无线 LAN 上使用载波侦听多路访问/冲突避免（CSMA/CA）。

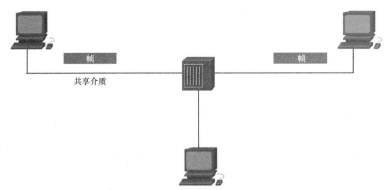

图 6-15　基于争用的共享介质访问

受控访问

在受控访问的多路访问网络中，每个节点都有自己的时间来使用介质。这种确定性的传统网络具有很低的效率，因为设备必须等到轮到自己时才能访问介质。使用受控访问的多路访问网络的示例包括：
- 传统令牌环（见图 6-16）；
- 传统 ARCNET。

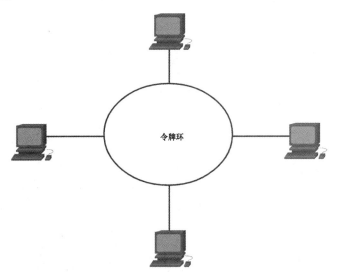

每个节点必须等待轮到它访问网络介质

图 6-16　令牌环上的受控访问

注　意　　如今，以太网网络以全双工方式运行，因此不需要访问方法。

6.2.7　基于竞争的访问：CSMA/CD

基于竞争的访问网络的示例如下：

- 无线 LAN（使用 CSMA/CA）；
- 传统总线拓扑以太 LAN（使用 CSMA/CD）；
- 使用集线器的传统以太 LAN（使用 CSMA/CD）。

这些网络在半双工模式下运行，意味着每次只能有一台设备进行发送或接收。这需要有一个进程来管理设备何时可以发送以及当多台设备同时发送时会发生什么情况。

如果两台设备同时传输，则会发生冲突。对于传统以太 LAN，两台设备将会检测到网络上的冲突。这就是 CSMA/CD 的冲突检测（CD）。网卡通过比较传输的数据与接收的数据，或通过识别介质中的信号振幅是否高于正常状况来实现冲突检测。在发生冲突时，两台设备发送的数据会损坏且需重新发送。

使用集线器的传统以太 LAN 的 CSMA/CD 流程如图 6-17～图 6-19 所示。

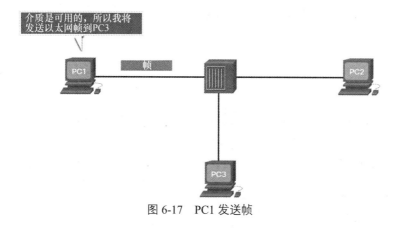

图 6-17　PC1 发送帧

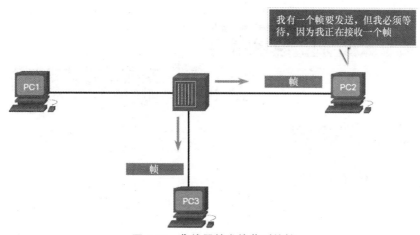

图 6-18　集线器转发接收到的帧

在图 6-17 中，PC1 有一个以太网帧要发送给 PC3。PC1 上的网卡需要判断介质上是否有设备在传输。如果它没有检测到载波信号（换句话说，如果它没有从另一个设备接收传输），就假定网络可用来发送。

当介质可用时，PC1 上的网卡发送以太网帧。

在图 6-18 中，以太网集线器接收和发送帧。以太网集线器也称为多端口中继器。在图 6-18 中可以看到，从一个传入端口接收到的任何比特都将重新生成并发送到所有其他端口。

如果另一个设备（如 PC2）想要发送，但目前正在接收帧，它必须等待，直到通道畅通为止。

在图 6-19 中，连接到集线器上的所有设备都接收到这个帧。然而，因为帧有一个去往 PC3 的目的数据链路地址，所以只有 PC3 这个设备接受并复制整个帧。其他设备上的网卡均忽略该帧。

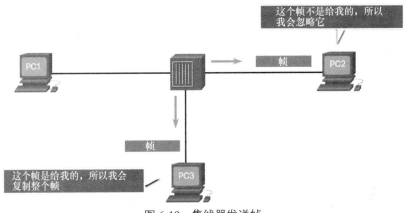

图 6-19　集线器发送帧

6.2.8　基于竞争的访问：CSMA/CA

IEEE 802.11 WLAN 所使用的另一种形式的 CSMA 为载波侦听多路访问/冲突避免（CSMA/CA）。

CMSA/CA 采用一种与 CSMA/CD 类似的方法来检测介质是否空闲，但是它使用了其他技术。在无线环境中，设备可能无法检测到冲突。CMSA/CA 不会检测冲突，但会通过在传输之前进行等待来尝试避免冲突。每台设备在发送时都会包含传输所需的持续时间。所有其他无线设备都会收到此信息，并知道介质将有多长时间不可用。

在图 6-20 中，如果主机 A 从接入点接收到一个无线帧，那么主机 B 和主机 C 也会看到该帧以及知道介质有多久不可用。

图 6-20　CSMA/CA

当无线设备发送 802.11 帧后，接收方会返回确认，以使发送方知道帧已到达。

不管是使用集线器的以太 LAN 还是 WLAN，基于竞争的系统在介质使用率高的情况下都无法很好地扩展。

注　意　使用交换机的以太 LAN 不使用基于竞争的系统，因为交换机和主机网卡在全双工模式下运行。

6.3　数据链路帧

数据链路层需要在发送主机的第 3 层和接收主机的第 3 层之间提供可理解的数据。为了做到这一点，第 3 层 PDU 使用一个帧头和帧尾进行包裹，以形成第 2 层的数据帧。本节将介绍帧结构的常见元素和一些常用的数据链路层协议。

6.3.1　帧

本节详细讨论数据链路帧在网络中移动时发生的情况。附加到帧上的信息则取决于正在使用的协议。

数据链路层通过使用帧头和帧尾将数据封装以创建帧，从而形成封装后的数据（通常是 IPv4 或 IPv6 数据包），以便在本地介质上进行传输。

数据链路协议负责同一网络中网卡之间的通信。虽然有许多描述数据链路层帧的不同数据链路层协议，但每种帧类型均有 3 个基本组成部分：

- 帧头；
- 数据；
- 帧尾。

与其他封装协议不同，数据链路层以帧尾的形式在帧的末尾附加信息。

所有数据链路层协议均将数据封装于帧的数据字段内。但是，由于协议的不同，帧结构以及帧头和帧尾中包含的字段会存在差异。

没有一种帧结构能满足所有介质类型的所有数据传输需求。根据环境的不同，帧中所需的控制信息量也相应变化，以匹配介质和逻辑拓扑的访问控制需求。例如，WLAN 帧必须包含避免冲突的过程，因此与以太网帧相比需要额外的控制信息。

如图 6-21 所示，在脆弱的环境下，需要更多的控制信息才能确保送达。由于所需的控制信息较多，因此帧头和帧尾字段都较大。

需要做出最大的努力来确保交付，这意味着更高的开销和更低的传输速率

图 6-21　脆弱的环境

6.3.2　帧字段

成帧技术将比特流拆分成可解码的多个分组，且将控制信息作为不同字段的值插入帧头和帧尾中。该格式使物理信号具备能被节点识别且可在目的地解码成数据包的一种结构。

图 6-22 中显示了通用帧字段。并非所有协议都包含所有这些字段。具体的数据链路协议的标准定义了实际的帧格式。

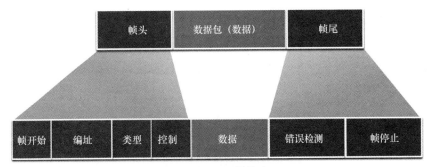

图 6-22　通用帧格式

数据链路层协议将帧尾添加到各帧的最后。在一个名为错误检测的过程中，帧尾会判断帧在到达时是否有错误。错误检测过程会将组成帧的各个比特的逻辑或数学摘要放入帧尾中。错误检测需要添加到数据链路层，因为介质中的信号可能遭受干扰、失真或丢失，从而大幅更改这些信号所代表的比特值。

传输节点会创建帧内容的逻辑摘要，称为循环冗余校验（CRC）值。该值将放入帧校验序列（FCS）字段中以代表帧的内容。在以太网尾部，FCS 为接收节点提供一种方法，用于确定帧是否出现传输错误。

6.3.3　第 2 层地址

数据链路层提供了通过共享本地介质传输帧数据时需要用到的编址。该层中的设备地址称为物理地址。数据链路层地址包含在帧头中，它指定了帧在本地网络中的目的节点。它通常位于帧的开头，因此网卡可以在接受帧的其余部分之前快速确定它是否匹配自己的第 2 层地址。帧头可能还包含帧的源地址。

与分层式的第 3 层逻辑地址不同，物理地址不会表示设备位于哪个网络。相反，物理地址对于特定设备是唯一的。即使设备移至另一网络或子网，它将仍使用相同的第 2 层物理地址。因此，第 2 层地址仅用于在同一 IP 网络中的共享介质上连接设备。

第 2 层地址和第 3 层地址的作用如图 6-23～图 6-25 所示。当 IP 数据包从一台主机传输到一台路由器，再传输到另外一台路由器，最后输到一台主机时，在这个传输路径的每一点上，IP 数据包都被封装在一个新的数据链路帧中。每个数据链路帧包含发送该帧的网卡的源数据链路地址，以及接收该帧的网卡的目的数据链路地址。

在图 6-23 中，源主机将第 3 层 IP 数据包封装成第 2 层帧。在帧头中，主机将其第 2 层地址添加为源地址，将 R1 的第 2 层地址添加为目的地址。

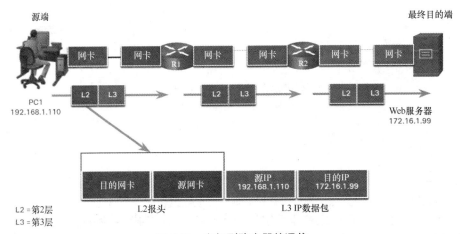

图 6-23　主机到路由器的通信

在图 6-24 中，R1 将第 3 层的 IP 数据包封装在新的第 2 层帧中。在帧头中，R1 添加它的第 2 层地址作为源地址，将 R2 的第 2 层地址作为目的地址。

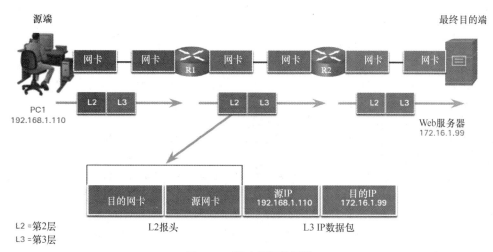

图 6-24　路由器间的通信

在图 6-25 中，R2 将第 3 层 IP 数据包封装在新的第 2 层帧中。在帧头中，R2 添加它的第 2 层地址作为源地址，将第 2 层地址作为目的地址。

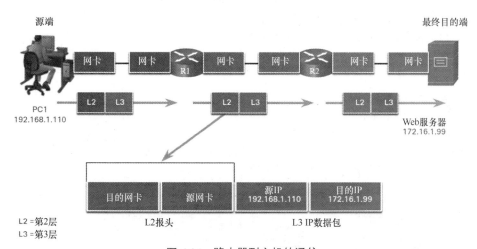

图 6-25　路由器到主机的通信

数据链路层地址仅用于本地传送。该层地址在本地网络之外无任何意义。相较之下，在第 3 层，无论途中有多少个网络跳数，数据包报头中的地址都会从源主机传送到目的主机。

如果数据必须传递到另一网段上，则需要使用中间设备，比如路由器。路由器必须根据物理地址接受帧并解封帧，以便检查 IP 地址。路由器使用 IP 地址可以确定目的设备的网络地址以及到达该地址的最佳路径。当知道要将数据包转发到何处时，路由器会为数据包创建一个新帧，并将新帧发送到通往最终目的地的下一网段。

6.3.4　LAN 和 WAN 上的帧

以太网协议由有线 LAN 使用。无线通信属于 WLAN 协议（定义在 IEEE 802.11 中）范围。这些协议都是为多路访问网络而设计的。

WAN 传统上在各种类型的点对点、中心辐射和全互连拓扑中使用其他类型的协议。一些常见的WAN 协议包括：

- 点对点协议（PPP）；
- 高级数据链路控制（HDLC）；
- 帧中继；
- 异步传输模式（ATM）；
- X.25。

这些第 2 层协议在 WAN 中正在被以太网取代。

在 TCP/IP 网络中，所有的 OSI 第 2 层协议都与 OSI 第 3 层的 IP 一起使用。但是，所用的第 2 层协议取决于逻辑拓扑和物理介质。

每个协议都对指定的第 2 层逻辑拓扑执行介质访问控制。这意味着在执行这些协议时，有很多种不同的网络设备都可以充当运行在数据链路层上的节点。这些设备包括计算机上的网卡以及路由器和第 2 层交换机上的接口。

用于特定网络拓扑的第 2 层协议取决于实施该拓扑的技术。所使用的技术取决于网络规模（根据主机数量和地理范围判断）以及通过网络提供的服务。

LAN 通常使用能支持大量主机的高带宽技术。由于 LAN 的地理范围相对较小（由单个建筑物或多个建筑物构成的园区），且用户的密集度高，因此这种技术比较节约成本。

但是，对于服务范围较广（例如一个城市或多个城市）的 WAN，使用高带宽技术通常不够经济。长距离物理链路的成本以及长距离传送信号的技术一般都会使带宽容量降低。

带宽差异通常会导致 LAN 和 WAN 使用不同的协议。

数据链路层协议包括：

- 以太网；
- 802.11 无线；
- 点对点协议（PPP）；
- 高级数据链路控制（HDLC）；
- 帧中继。

第 2 层协议的示例如图 6-26 所示。

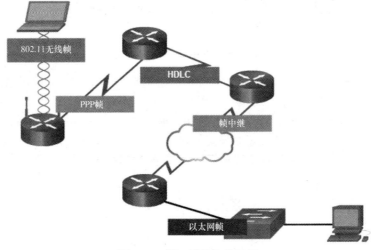

图 6-26　第 2 层协议的示例

6.4　总结

数据链路层的用途

OSI 模型的数据链路层（第 2 层）为物理网络准备网络数据。数据链路层负责网卡到网卡的通信。如果没有数据链路层，则网络层协议（如 IP）必须提供去往传输路径中可能存在的各种类型介质所需的连接。IEEE 802 LAN/MAN 数据链路层由两个子层组成：LLC 和 MAC。MAC 子层通过帧定界符、编址和错误检测提供数据封装。路由器接口将数据包封装到合适的帧中，然后使用合适的介质访问控制方法来访问每个链路。定义了适用于网络接入层的开放标准和协议的工程组织包括 IEEE、ITU、ISO 和 ANSI。

拓扑

LAN 和 MAN 中使用的两种类型的拓扑是物理拓扑和逻辑拓扑。在控制对介质的数据访问时，数据链路层"看见"的是网络的逻辑拓扑。逻辑拓扑会影响到所使用的网络成帧和介质访问控制的类型。3 种常见的物理 WAN 拓扑类型是点对点、中心辐射拓扑以及互连拓扑。物理点对点拓扑直接连接两个终端设备（节点）。添加中间的物理连接不会改变逻辑拓扑。在多路访问 LAN 中，节点使用星形或扩展星形拓扑相互连接。在这种类型的拓扑中，节点连接到一个中央的中间设备。物理 LAN 拓扑包括星型、扩展星型、总线和环型。半双工通信每次在一个方向上进行数据交换。全双工通信可同时发送和接收数据。两个相互连接的接口必须使用相同的双工模式，否则将出现双工不匹配，从而导致链路的效率低下和延迟。以太网 LAN 和 WLAN 都是多路访问网络的示例。多路访问网络是指可能有多个节点同时访问网络的网络。某些多路访问网络需要使用规则来管理设备共享物理介质的方式。共享介质有两种基本的访问控制方法：基于竞争的访问和受控访问。在基于竞争的多路访问网络中，所有节点都以半双工运行。当多台设备同时传输时，会使用一个进程来处理。基于竞争的访问方法的示例包括用于总线拓扑以太 LAN 的 CSMA/CD 和用于 WLAN 的 CSMA/CA。

数据链路帧

数据链路层通过使用帧头和帧尾将数据封装以创建帧，从而形成封装后的数据（通常是 IPv4 或 IPv6 数据包），以便在本地介质上进行传输。数据链路协议负责同一网络中网卡之间的通信。尽管有许多描述数据链路层帧的不同数据链路层协议，但每种帧类型均有 3 个基本的组成部分：帧头、数据和帧尾。与其他封装协议不同，数据链路层在帧尾中附加信息。没有一种帧结构能满足所有介质类型的所有数据传输需求。根据环境的不同，帧中所需的控制信息量也相应变化，以匹配介质和逻辑拓扑的访问控制需求。帧字段包括帧开始和停止标志、编址、类型、控制、数据和错误检测。数据链路层提供了通过共享本地介质传输帧时要用到的编址。该层中的设备地址是物理地址。数据链路层地址包含在帧头中，它指定了帧在本地网络中的目的节点。数据链路层地址仅用于本地传送。在 TCP/IP 网络中，所有的 OSI 第 2 层协议都与 OSI 第 3 层的 IP 一起使用。但是，所用的第 2 层协议取决于逻辑拓扑和物理介质。每个协议都对指定的第 2 层逻辑拓扑执行介质访问控制。用于特定网络拓扑的第 2 层协议取决于实施该拓扑的技术。数据链路层协议包括以太网、802.11 无线、PPP、HDLC 和帧中继。

复习题

完成这里列出的所有复习题，可以测试您对本章内容的理解。附录列出了答案。

1. 在数据链路层使用什么标识符来唯一地标识一个以太网设备?
   A. IP 地址　　　　　　　　　　　　　B. MAC 地址
   C. 序列号　　　　　　　　　　　　　D. TCP 端口号
   E. UDP 端口号

2. 哪两个工程组织定义了应用于数据链路层的开放标准和协议?
   A. IEEE　　　　　　　　　　　　　　B. IANA
   C. ITU　　　　　　　　　　　　　　D. 电子工业联盟（EIA）
   E. 互联网协会（ISOC）

3. OSI 模型的哪一层负责指定用于特定介质类型的封装方法?
   A. 应用层　　　　　　　　　　　　　B. 传输层
   C. 数据链路层　　　　　　　　　　　D. 物理层

4. 关于物理拓扑和逻辑拓扑,下面哪一项是正确的?
   A. 逻辑拓扑总是与物理拓扑保持一致
   B. 物理拓扑与网络如何传输帧有关
   C. 物理拓扑显示各个网络的 IP 编址方案
   D. 逻辑拓扑是指网络如何在设备之间传输数据

5. 将所有的以太网电缆连接到中心设备,可以创建哪种类型的物理拓扑?
   A. 总线　　　　　　　　　　　　　　B. 环型
   C. 星型　　　　　　　　　　　　　　D. 互连

6. 一位技术人员被要求为一个提供高冗余级别的网络开发一个物理拓扑。哪种物理拓扑要求每个节点需要连接到网络中的每个其他节点?
   A. 总线　　　　　　　　　　　　　　B. 分层
   C. 互连　　　　　　　　　　　　　　D. 环型
   E. 星型

7. 下面哪句话描述了数据传输的半双工模式?
   A. 网络中传输的数据只能在一个方向流动
   B. 网络中传输的数据每次只能向一个方向流动
   C. 通过网络传输的数据以一个方向同时流向许多不同的目的地
   D. 网络中传输的数据同时向两个方向流动

8. 下面哪一项是逻辑链路控制（LLC）子层的功能?
   A. 定义由硬件执行的介质访问过程
   B. 提供数据链路编址
   C. 识别正在使用的网络层协议
   D. 接受分段并把它们打包成称为数据包的数据单元

9. 以太网与传统以太网集线器一起使用哪种数据链路层介质访问控制方法?
   A. CSMA/CD　　　　　　　　　　　　B. 决定论
   C. 轮替　　　　　　　　　　　　　　D. 令牌传递

10. OSI 模型数据链路层的两个子层是什么?（选择两项）
    A. 互连网络层　　　　　　　　　　　B. 物理层
    C. LLC　　　　　　　　　　　　　　D. 传输层
    E. MAC　　　　　　　　　　　　　　F. 网络接入子层

11. 在无线网络中,使用什么方法来管理基于竞争的访问?
    A. CSMA/CD　　　　　　　　　　　　B. 优先级排序

    C. CSMA/CA   D. 令牌传递

12. 由 OSI 模型的数据链路层执行的两个服务是什么？（选择两项）

    A. 确定用于转发数据包的路径

    B. 接受第 3 层数据包并将它们封装成帧

    C. 提供介质访问控制，并执行错误检测

    D. 通过建立一个 MAC 地址表来监控第 2 层通信

13. 网卡的什么属性决定了将网卡放在 OSI 模型的数据链路层？

    A. 连接的以太网线   B. IP 地址

    C. MAC 地址   D. RJ-45 端口

    E. TCP/IP 协议栈

14. 既然 CSMA/CD 仍然是以太网的一个特性，那么为什么不再需要它了呢？

    A. IPv6 地址实际上是无限的

    B. 使用了 CSMA/CA 协议

    C. 第 2 层交换机支持全双工

    D. 半双工交换机的发展使 CSMA/CD 变得不必要

    E. 吉比特以太网的速度使得 CSMA/CD 没有必要

第 7 章

以太网交换

学习目标

通过完成本章的学习，您将能够回答下列问题：

- 以太网子层如何与帧字段相关
- 以太网 MAC 地址是什么；
- 交换机如何建立它的 MAC 地址表并转发帧；

- 第 2 层交换机端口可用的交换机转发方法和端口设置是什么。

如果您计划成为网络管理员或网络架构师，那么您一定需要了解以太网和以太网交换。目前使用的两种最为突出的 LAN 技术是以太网和 WLAN。以太网支持高达 100Gbit/s 的带宽，这就是其受欢迎的原因。当学完本章内容后，您也可以创建一个使用以太网的交换网络！

7.1 以太网帧

以太网工作在数据链路层和物理层。它是 IEEE 802.2 和 802.3 标准中定义的一系列网络技术。

7.1.1 以太网封装

本节首先讨论以太网技术，其中包括对 MAC 子层和以太网帧字段的解释。

如今广泛使用的两种 LAN 技术是以太网和 WLAN。以太网使用有线通信，包括双绞线、光纤链路和同轴电缆。

以太网在数据链路层和物理层运行，是 IEEE 802.2 和 802.3 标准中定义的一系列网络技术。以太网支持的数据带宽为：

- 10Mbit/s；
- 100Mbit/s；
- 1000Mbit/s（1Gbit/s）；
- 10,000Mbit/s（10Gbit/s）；
- 40,000Mbit/s（40Gbit/s）；
- 100,000Mbit/s（100Gbit/s）。

在图 7-1 中可以看到，以太网标准同时定义了第 2 层协议和第 1 层技术。

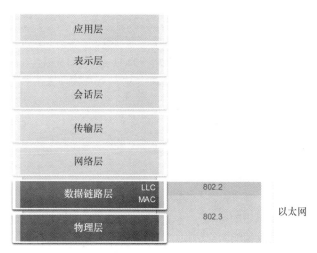

以太网由数据链路层和物理层的协议定义

图 7-1 OSI 模型中的以太网

7.1.2 数据链路子层

IEEE 802 LAN/MAN 协议（包括以太网）使用数据链路层的两个单独的子层进行操作。这两个子层是逻辑链路控制（LLC）和介质访问控制（MAC），如图 7-2 所示。

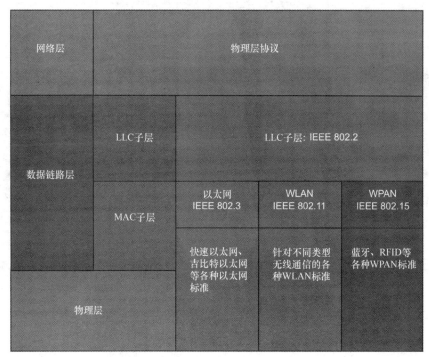

图 7-2 OSI 模型中的 IEEE 以太网标准

LLC 和 MAC 子层在数据链路层中具有以下角色。

- **LLC 子层**：该 IEEE 802.2 子层在上层的网络软件与下层的设备硬件之间进行通信。它放入帧中的信息用于确定帧所使用的网络层协议。该信息允许多个第 3 层协议（如 IPv4 和 IPv6）使用相同的网络接口和介质。

■ **MAC 子层**：该子层（定义在 IEEE 802.3、802.11 或 802.15 中）在硬件中实现，负责数据封装和介质访问控制。它提供数据链路层编址，并与各种物理层技术集成。

7.1.3 MAC 子层

MAC 子层负责数据封装和访问介质。

数据封装

IEEE 802.3 数据封装包括以下内容。
■ **以太网帧**：这是以太网帧的内部结构。
■ **以太网编址**：以太网帧中包含源和目的 MAC 地址，用于将该以太网帧从以太网网卡传送到同一 LAN 上的以太网网卡。
■ **以太网错误检测**：以太网帧中包含用于错误检测的帧校验序列（FCS）帧尾。

访问介质

在图 7-3 中可以看到，IEEE 802.3 MAC 子层包含在各种介质上（包括铜和光纤）上不同以太网通信标准的规范。

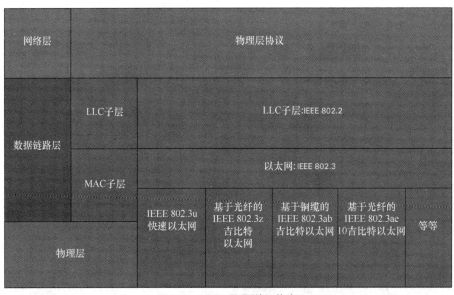

图 7-3　MAC 子层详细信息

大家应该还记得，使用总线拓扑或集线器的传统以太网是一种共享的半双工介质。半双工介质上的以太网使用基于竞争的访问方法，即载波侦听多路访问/冲突检测（CSMA/CD），这可以确保一次只有一个设备进行传输。CSMA/CD 允许多个设备共享相同的半双工介质，如果多台设备同时传输，则会发生冲突。它还提供了一种回退重传算法。

如今的以太网 LAN 使用的交换机是全双工的。在全双工模式下运行的以太网交换机不需要通过 CSMA/CD 进行访问控制。

7.1.4　以太网帧字段

以太网帧大小的最小值为 64 字节，最大值为 1518 字节。如果包含了额外的要求，例如 VLAN 标记，则帧大小可能会比这个值大（VLAN 标记的内容超出了本书的范围）。

以太网帧包括从目的 MAC 地址字段到帧校验序列（FCS）字段的所有字节。在描述帧的大小时，不包含前导码字段。

任何长度小于 64 字节的帧都被接收站点视为"冲突碎片"或"残帧"而自动丢弃。超过 1500 字节的数据帧被视为"巨帧"或"小巨人帧"。

如果发送的帧小于最小值或者大于最大值，则接收设备将丢弃该帧。帧之所以被丢弃，要么是因为冲突，要么是因为不需要。丢弃的帧被视为无效帧。大多数快速以太网和吉比特以太网交换机/网卡通常都支持巨帧。

以太网帧的各字段如图 7-4 所示。

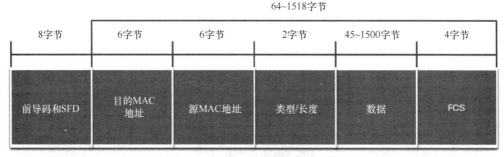

图 7-4　以太网帧结构和字段大小

表 7-1 提供了关于每个字段功能的更多信息。

表 7-1　　　　　　　　　　　　以太网帧字段说明

字段	说明
前导码和帧首定界符（SFD）字段	前导码（7 字节）和帧首定界符（也称为帧首，其大小为 1 字节）字段用于发送设备与接收设备之间的同步。帧开头的 8 字节用于引起接收节点的注意。前几个字节的作用是告诉接收方准备接收新帧
目的 MAC 地址字段	这个 6 字节的字段是预期接收方的标识符。第 2 层使用该地址来协助设备确定帧是否发送到目的地。帧中的地址将会与设备中的 MAC 地址进行比对。如果匹配，设备就接受该帧。该地址可以是单播、组播或广播地址
源 MAC 地址字段	这个 6 字节的字段标识发出帧的网卡或接口
类型/长度字段	该个 2 字节的字段标识封装于以太网帧中的上层协议。常见值如下（十六进制）：0x800 用于 IPv4；0x86DD 用于 IPv6；0x806 用于 ARP 注意：该字段可能也会被称为 EtherType、类型或长度
数据字段	该字段（46~1500 字节）包含来自较高层的封装数据，一般是第 3 层 PDU 或更常见的 IPv4 数据包。所有帧至少必须有 64 字节。如果封装的是小数据包，则使用填充位为帧增大到最小值
帧校验序列（FCS）字段	FCS 字段（4 字节）用于检测帧中的错误。它使用循环冗余校验（CRC）。发送设备在帧的 FCS 字段中包含 CRC 的结果。接收设备接收帧并生成 CRC 以查找错误。如果计算匹配，则没有错误发生。反之，则表明数据已经改变。因此，帧会被丢弃。数据的变化可能是由于代表比特位的电信号受到干扰所致

7.2 以太网 MAC 地址

以太网技术依靠 MAC 地址来运行。MAC 地址用来识别帧的源地址和目的地址。

7.2.1 MAC 地址和十六进制

第 5 章讲到，在网络中，IPv4 地址使用十进制数制系统（基数为 10）和二进制数制系统（基数为 2）来表示。IPv6 地址和以太网地址使用十六进制数制系统（基数为 16）表示。要理解十六进制，必须非常熟悉二进制和十进制。

十六进制数制系统使用了数字 0~9 和字母 A~F。

以太网 MAC 地址由 48 位二进制值组成。十六进制用于标识以太网地址，因为单个十六进制数字表示 4 个二进制位。因此，一个 48 位的以太网 MAC 地址只用 12 个十六进制值就可以表示。

图 7-5 显示了 0000~1111 这些二进制数的十进制和十六进制值。

十进制	二进制	十六进制
0	0000	0
1	0001	1
2	0010	2
3	0011	3
4	0100	4
5	0101	5
6	0110	6
7	0111	7
8	1000	8
9	1001	9
10	1010	A
11	1011	B
12	1100	C
13	1101	D
14	1110	E
15	1111	F

图 7-5 十进制到二进制再到十六进制的转换

考虑到 8 位（1 字节）是一种常用的二进制组，因此 00000000~11111111 的二进制可表示为 00~FF 的十六进制，如图 7-6 所示。

当使用十六进制时，前导零始终都会显示，以完成 8 位表示。例如，在图 7-6 中，二进制值 00001010 以十六进制显示为 0A。

十六进制通常以 0x 为前导的值（例如 0x73）表示，以区分文档中的十进制值和十六进制值。

十六进制也可以用以 16 为下标的值或十六进制数字后跟 H（例如 73H）来表示。

您可能必须在十进制值和十六进制值之间进行转换。如果需要进行这种转换，则先将十进制或十六进制值转换为二进制值，然后再将二进制值转换为适当的十六进制或十进制值。更多信息请见第 5 章。

十进制	二进制	十六进制
0	0000 0000	00
1	0000 0001	01
2	0000 0010	02
3	0000 0011	03
4	0000 0100	04
5	0000 0101	05
6	0000 0110	06
7	0000 0111	07
8	0000 1000	08
10	0000 1010	0A
15	0000 1111	0F
16	0001 0000	10
32	0010 0000	20
64	0100 0000	40
128	1000 0000	80
192	1100 0000	C0
202	1100 1010	CA
240	1111 0000	F0
255	1111 1111	FF

图 7-6 十进制到二进制再到十六进制的转换示例

7.2.2 以太网 MAC 地址

在以太网 LAN 中，每台网络设备都连接到同一个共享介质。MAC 地址用于标识本地网段上的物理源设备和目的设备。MAC 编址为 OSI 模型的数据链路层提供了设备识别方法。

以太网 MAC 地址是使用 12 个十六进制数字表示的 48 位地址，如图 7-7 所示。因为 1 字节等于 8 位，因此也可以说一个 MAC 地址的长度为 6 字节。

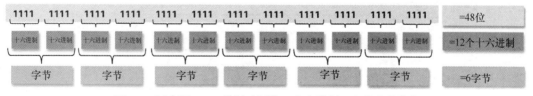

图 7-7 以太网 MAC 地址（以位、十六进制、字节为单位）

对于以太网设备或以太网接口来说，所有 MAC 地址必须是唯一的。为了确保这一点，所有销售以太网设备的供应商必须向 IEEE 注册才能获得一个唯一的由 6 个十六进制（即 24 位或 3 字节）数组成的代码，这个代码称为组织唯一标识符（OUI）。

当供应商为设备或以太网接口分配 MAC 地址时，必须执行以下操作：

- 使用其分配的 OUI 作为前 6 个十六进制数；
- 为后 6 个十六进制数分配唯一值。

因此，以太网 MAC 地址由 6 位的十六进制供应商 OUI 代码和 6 位的十六进制供应商分配的值组成，如图 7-8 所示。

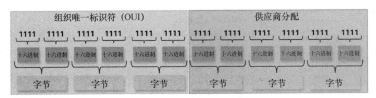

图 7-8　以太网 MAC 地址结构

　　例如，假设思科需要为新设备分配唯一的 MAC 地址。IEEE 给思科分配的 OUI 为 00-60-2F，然后思科将唯一的供应商代码（比如 3A-07-BC）配置给设备。因此，该设备的以太网 MAC 地址将是00-60-2F-3A-07-BC。

　　供应商有责任确保其设备不被分配到同一个 MAC 地址。但是，由于制造过程中可能会出现错误、某些虚拟机的部署方式中也会存在错误，以及可能使用多种软件工具对 MAC 地址进行过修改，因此会存在重复的 MAC 地址。在这些情况下，必须在新网卡或软件中修改 MAC 地址。

7.2.3　帧处理

　　有时，MAC 地址被称为烧录地址（BIA），因为传统上该地址被硬编码到网卡的只读存储器（ROM）中。这意味着该地址会永久编码到 ROM 芯片中。

注　意　　在现代的 PC 操作系统和网卡中，可以在软件中更改 MAC 地址。当试图访问基于 BIA 进行过滤的网络时，这一点非常有用。因此，根据 MAC 地址来过滤或控制流量就不再安全了。

　　当计算机启动时，网卡将 MAC 地址从 ROM 复制到 RAM 中。设备在向以太网络转发消息时，以太网报头中包含下面这些地址，如图 7-9 所示。

- **源 MAC 地址**：源设备网卡的 MAC 地址。
- **目的 MAC 地址**：目的设备网卡的 MAC 地址。

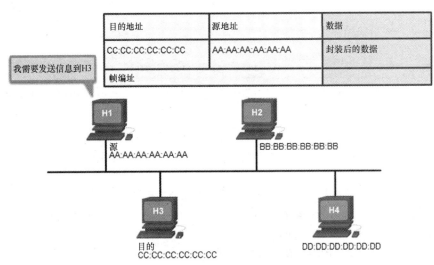

图 7-9　源准备将帧发送给目的

　　当网卡接收到一个以太网帧时，它检查目的 MAC 地址，看它是否与存储在 RAM 中的物理 MAC 地址匹配。如果没有匹配，设备将丢弃帧。在图 7-10 中，H2 和 H4 丢弃该帧。MAC 地址与 H4 的物理 MAC 匹配，所以 H4 将帧向上面的 OSI 层发送，并在那里进行拆封。

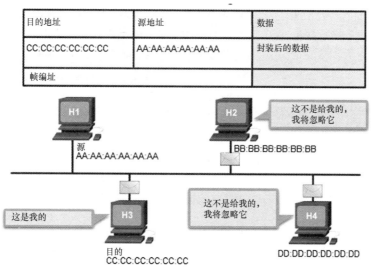

目的地址	源地址	数据
CC:CC:CC:CC:CC:CC	AA:AA:AA:AA:AA:AA	封装后的数据
帧编址		

图 7-10 所有设备都收到该帧，但只有目的设备处理该帧

注　意　如果目的 MAC 地址是主机所属的广播或组播组，以太网网卡也会接受帧。

作为以太网帧的源或目的的任何设备都有一个以太网网卡，因此也有一个 MAC 地址。这些设备包括工作站、服务器、打印机、移动设备和路由器。

7.2.4　单播 MAC 地址

在以太网中，第 2 层单播、组播和广播通信会使用不同的 MAC 地址。

单播 MAC 地址是帧从一台发送设备去往一台目的设备时使用的唯一地址。

在图 7-11 中，目的 MAC 地址和目的 IP 地址都是单播地址。

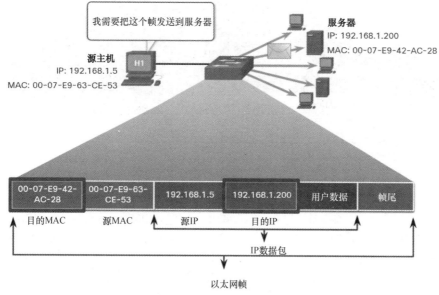

图 7-11　单播帧传输

一个 IPv4 地址为 192.168.1.5 的主机（源）向 IPv4 单播地址为 192.168.1.200 的服务器请求网页。要发送和接收单播数据包，目的 IP 地址必须包含在 IP 数据包的报头中。相应的目的 MAC 地址也必须出现在以太网帧的报头中。只有 IP 地址和 MAC 地址相结合才能将数据传送到特定的目的主机。

源主机使用地址解析协议（Address Resolution Protocol，ARP）来确定目的 IPv4 地址所对应的目的 MAC 地址。源主机使用邻居发现（Neighbor Discovery，ND）来确定目的 IPv6 地址所对应的目的 MAC 地址。

注　意　源 MAC 地址必须始终为单播地址。

7.2.5　广播 MAC 地址

以太网广播帧由以太 LAN 上的每个设备接收和处理。以太网广播的功能如下：
- 它有一个十六进制（在二进制中是 48 个 1）FF-FF-FF-FF-FF-FF 的目的 MAC 地址；
- 它向除接收端口以外的所有以太网交换机端口进行泛洪；
- 它不是使用路由器转发的。

如果封装后的数据是 IPv4 广播包，这意味着该数据包包含一个目的 IPv4 地址，该地址的主机部分全部为 1。这种地址值表示本地网络（广播域）中的所有主机都将接收和处理该数据包。

在图 7-12 中，目的 MAC 地址和目的 IP 地址都是广播地址。

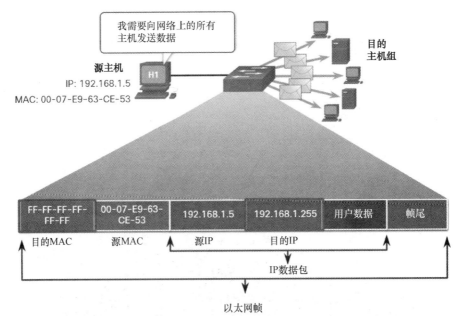

图 7-12　广播帧传输

源主机向其网络中的所有设备发送 IPv4 广播数据。IPv4 目的地址为广播地址 192.168.1.255。如果 IPv4 广播数据包被封装在以太网帧内，则目的 MAC 地址为十六进制（在二进制中是 48 个 1）的 FF-FF-FF-FF-FF-FF 广播 MAC 地址。

用于 IPv4 的 DHCP 是使用以太网和 IPv4 广播地址的一个协议示例。但是，并非所有以太网广播都带有 IPv4 广播数据包。例如，ARP 请求不使用 IPv4，但 ARP 消息却作为以太网广播进行发送。

7.2.6 组播 MAC 地址

以太网组播帧由以太网 LAN 上属于同一组播组的一组设备接收和处理。以太网组播的功能如下。

- 当封装后的数据为 IPv4 组播数据包时，目的 MAC 地址为 01-00-5E；当封装后数据为 IPv6 组播数据包时，目的 MAC 地址为 33-33。
- 当封装的数据不是 IP 数据包时，如生成树协议（Spanning Tree Protocol，STP）和链路层发现协议（Link Layer Discovery Protocol，LLDP）数据包，则还有其他预留的组播目的 MAC 地址。
- 除非交换机被配置为用于组播嗅探，否则它将向除接收端口之外的所有以太网交换机端口泛洪。
- 它不会由路由器转发，除非路由器配置为路由组播数据包。

如果封装后的数据是一个 IP 组播数据包，则属于组播组的设备都分配有该组播组的 IP 地址。IPv4 组播地址的范围为 224.0.0.0～239.255.255.255。IPv6 组播地址的范围以 ff00:/8 开头。由于组播地址代表一组地址（有时称为主机组），因此只能用作数据包的目的地址。源地址始终应为单播地址。

与单播和广播地址一样，组播 IP 地址需要相应的组播 MAC 地址来在本地网络上传送帧。组播 MAC 地址与 IPv4 或 IPv6 组播地址相关联，并使用其中的编址信息。

在图 7-13 中，目的 MAC 地址和目的 IP 地址都是组播地址。

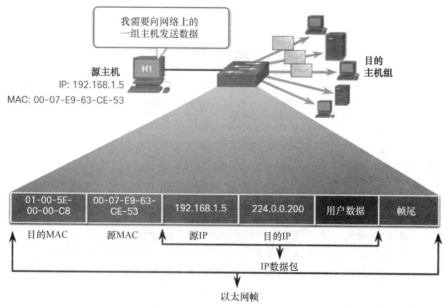

图 7-13 组播帧传输

路由协议和其他网络协议使用组播编址。视频和成像软件等应用程序也可以使用组播编址，只不过组播应用程序并不常见。

7.3 MAC 地址表

与传统的以太网集线器相比，以太网交换机提高了网络效率和整体网络性能。虽然传统上大多数 LAN 交换机运行在 OSI 模型的第 2 层，但越来越多的第 3 层交换机正在出现。本节主要介绍第 2 层交换机。第 3 层交换机超出了本书的范围。

7.3.1 交换机基础知识

既然您已经了解了所有关于以太网 MAC 地址的知识，现在就要讨论交换机如何使用这些地址将帧转发（或丢弃）到网络上的其他设备。如果交换机只是将它接收到的每一个帧转发到所有接口，则网络将会非常拥挤，甚至于可能会完全停止工作。

第 2 层以太网交换机使用 MAC 地址做出转发决策。它完全忽视帧的数据部分中的数据（也就是协议），例如 IPv4 数据包、一个 ARP 消息或一个 IPv6 ND 数据包。交换机仅根据第 2 层以太网 MAC 地址做出转发决策。

一个以太网交换机通过检查它的 MAC 地址表，为每个帧做出一个转发决策。相比之下，传统的以太网集线器则是向除了接收端口以外的所有端口重复发出比特信息。在图 7-14 中，一台四端口的交换机已经启动。该图中的 MAC 地址表还未获知连接的 4 台 PC 的 MAC 地址。

> **注　意**　出于演示目的，这里将 MAC 地址进行了缩短处理。

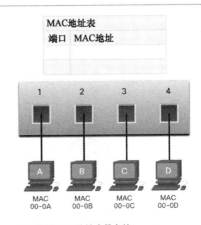

交换机的MAC地址表是空的

图 7-14　交换机上电且 MAC 地址表为空

> **注　意**　MAC 地址表有时也称为内容可寻址内存（Content-Addressable Memory，CAM）表。虽然 CAM 表这一术语相当常见，但在本书中将称其为 MAC 地址表。

7.3.2 交换机的学习和转发

交换机通过检查端口上收到的帧的源 MAC 地址来动态构建 MAC 地址表。交换机通过匹配帧中的目的 MAC 地址与 MAC 地址表中的条目来转发帧。

检查源 MAC 地址

进入交换机中的每个帧都要接受检查，以确定其中是否有可被学习的新信息。它是通过检查帧的源 MAC 地址和帧进入交换机的端口号来完成这一步的。如果源 MAC 地址不存在，则会将其和接收帧的端口号一并添加到表中。如果源 MAC 地址已存在于表中，则交换机会更新该条目的刷新计时器。默认情况下，大多数以太网交换机将条目在表中保留 5 分钟。

在图 7-15 中，PC-A 正在向 PC-D 发送以太网帧。该表显示该交换机将 PC-A 的 MAC 地址添加到 MAC 地址表中。

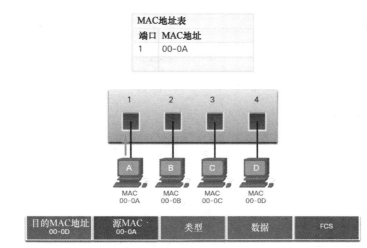

图 7-15 交换机学习到 PC-A 的 MAC 地址

| 注 意 | 如果源 MAC 地址已经保存在表中，但是对应的是不同的端口，那么交换机会将其视为一个新的条目。原来的条目则使用相同的 MAC 地址和最新的端口号来替换。 |

查找目的 MAC 地址

如果目的 MAC 地址为单播地址，该交换机会检查帧中的目的 MAC 地址与 MAC 地址表中的条目是否匹配。如果表中存在该目的 MAC 地址，交换机会从指定端口转发帧。如果表中不存在该目的 MAC 地址，交换机会从除接收端口外的所有端口转发帧。这称为未知单播。

在图 7-16 中，交换机的表中没有主机 PC-D 的目的 MAC 地址，因此交换机会从除端口 1 外的所有端口转发帧。

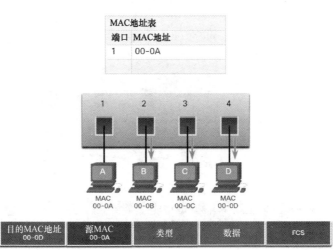

图 7-16 交换机将帧从其他所有端口转发出去

| 注 意 | 如果目的 MAC 地址为广播或组播地址，该帧也将被泛洪到除接收端口外的所有端口。 |

7.3.3 过滤帧

由于交换机从不同的设备接收帧，因此它可以通过检查每个帧的源 MAC 地址来填充它的 MAC 地址表。如果 MAC 地址表包含目的 MAC 地址，则交换机将"过滤"该帧并将其从单个端口转发出去。

在图 7-17 中，PC-D 正在回复 PC-A。交换机在从端口 4 上接收到的帧中看到 PC-D 的 MAC 地址。然后交换机将 PC-D 的 MAC 地址放入与端口 4 相关联的 MAC 地址表中。

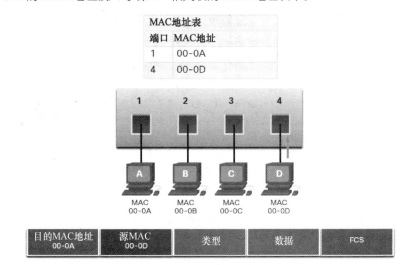

交换机将PC-D的端口号和MAC地址加到MAC地址表中

图 7-17　交换机学习到 PC-D 的 MAC 地址

接下来，由于交换机在 MAC 地址表中有 PC-A 的目的 MAC 地址，所以只从端口 1 发送帧，如图 7-18 所示。

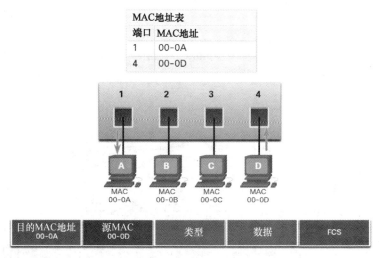

1. 交换机有目的MAC地址
2. 交换机过滤帧，只将其发送给端口1

图 7-18　交换机将帧从属于 PC-A 的端口转发出去

在图 7-19 中，PC-A 再发送一帧给 PC-D。MAC 地址表已经包含 PC-A 的 MAC 地址，因此该条目的 5 分钟刷新计时器将被重置。接下来，因为交换表包含 PC-D 的目的 MAC 地址，所以它只将帧发送到端口 4。

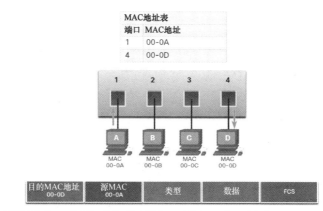

1. 交换机接收到PC-A的另外一个帧，然后刷新MAC地址条目中端口1的计时器
2. 交换机有目的MAC地址的最新条目，然后过滤帧，并从端口4转发出去

图 7-19 交换机将帧从属于 PC-D 的端口转发出去

7.4 交换机速率和转发方法

交换机能够实现各种转发方法，以提高网络的性能。

7.4.1 思科交换机上的帧转发方法

上一节讲到，交换机使用其 MAC 地址表来确定用于转发帧的端口。对于思科交换机，实际上有两种转发帧的方法，可根据具体情况在这两种方法中进行选择。

交换机使用下面两种转发方法在网络端口之间交换数据。

- **存储转发交换**：接收整个帧并计算 CRC。交换机根据帧中的比特位为 1 的数量，使用数学公式来确定收到的帧是否有错。如果 CRC 有效，则交换机查找目的地址（目的地址决定了转发接口），然后将帧从正确的端口转发出去。

- **直通交换**：该方法在收到整个帧之前即转发帧。在可以转发帧之前，至少必须读取到帧的目的地址。

存储转发交换的一大优点是，交换机可以在传播帧之前确定帧是否有错误。当在帧中检测到错误时，交换机丢弃该帧。丢弃有错的帧可减少损坏的数据所耗用的带宽量。存储转发交换对于融合网络中的服务质量（QoS）分析是必需的，在融合网络中，必须对帧进行分类以划分流量优先级。例如，IP 语音数据流的优先级需要高于 Web 浏览的流量。

图 7-20 所示为存储转发流程。

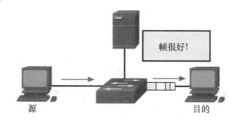

一个存储转发交换机接收整个帧，然后计算CRC。如果CRC有效，则交换机将查找用于确定出口接口的目的地址。然后将该帧从正确的端口转发出去

图 7-20 存储转发交换

7.4.2 直通交换

在直通交换中，交换机在收到数据时立即处理数据，即使传输尚未完成。交换机只缓冲帧的一部分，且缓冲的量仅足以读取目的 MAC 地址，以便确定数据转发时应使用的端口。目的 MAC 地址位于帧中前导码后面的前 6 字节。交换机在其交换表中查找目的 MAC 地址，确定转发端口，然后通过指定的交换机端口将帧转发到其目的地。交换机对该帧不执行任何错误检查。

图 7-21 所示为直通交换流程。

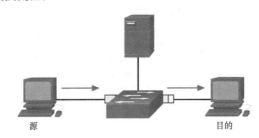

一个直通交换机可在接收完整个帧之前先转发该帧。但在转发帧之前，至少必须先读取帧的目的地址

图 7-21　直通交换

直通交换有两种变体。

- **快速转发交换**：快速转发交换提供最低程度的延迟。快速转发交换在读取目的地址之后立即转发数据包。由于快速转发交换在收到整个数据包之前就开始转发，因此有时在传输数据包时会出错。这种情况并不经常发生，而且目的网卡在收到含错数据包时会将其丢弃。在快速转发模式下，延迟是指从收到第一个位到传出第一个位之间的时间差。快速转发交换是典型的直通交换方法。

- **免分片交换**：在免分片交换中，交换机在转发之前存储帧的前 64 字节。可以将免分片交换视为存储转发交换和直通交换之间的折中。免分片交换只存储帧的前 64 字节的原因是，大部分网络错误和冲突都发生在前 64 字节。免分片交换在转发帧之前对帧的前 64 字节执行错误检查以确保没有发生过冲突，并且尝试通过这种方法来增强快速转发交换的功能。免分片交换是存储转发交换的高延迟和强完整性与快速转发交换的低延迟和弱完整性之间的折中。

某些交换机可配置为按端口执行直通交换，当达到用户定义的错误阈值时，这些端口自动切换为存储转发交换。当错误率低于该阈值时，端口自动恢复到直通交换。

7.4.3 交换机上的内存缓冲

以太网交换机在转发帧之前，可以使用缓冲技术存储帧。当目的端口由于拥塞而繁忙时，也可以使用缓冲。交换机将帧存储起来，直到可以传输为止。

表 7-2 所示为两种内存缓冲方法。

表 7-2　　　　　　　　　　　　　　　　　内存缓冲方式

方法	描述
基于端口的内存缓冲	- 帧存储在链接到特定接收端口和发送端口的队列中 - 只有当队列前面的所有帧都成功传输后，才会将帧传输到发送端口 - 由于目的端口繁忙，单个帧可能会造成内存中所有帧的传输延迟。即使其他帧可以传送到开放的目的端口，这种延迟仍然会发生

方法	描述
共享内存缓冲	■ 将所有帧存储到由所有交换端口共享的公共内存缓冲区中，并且动态分配一个端口所需的缓冲区内存量 ■ 缓冲区中的帧动态地链接到目的端口，允许在一个端口上接收数据包，然后在另一个端口上发送，而无须移动到另一个队列

共享内存缓冲可以存储更大的帧，而且丢弃的帧可能更少。这对于非对称交换来说非常重要，因为它允许在不同端口上使用不同的数据速率，比如将服务器连接到 10Gbit/s 的交换机端口，而将 PC 连接到 1Gbit/s 的端口。

7.4.4 双工和速率设置

交换机上最基本的两个设置是每个交换机端口的带宽（有时称为"速率"）和双工设置。交换机端口和连接的设备（例如计算机或另一台交换机）的双工设置与带宽设置必须匹配。

用于以太网通信的双工设置有两种。

- **全双工**：连接的两端均可同时收发信息。
- **半双工**：每次只能是连接中的一端发送信息。

自动协商是大多数以太网交换机和网卡的一项可选功能。它使两个设备自动协商最佳速率和双工性能。如果两台设备都具有自动协商功能，则选择全双工并以两者之中最高带宽较小的值来运行。

在图 7-22 中，PC-A 的以太网网卡可运行在全双工或半双工模式下，以及以 10Mbit/s 或 100Mbit/s 的速率运行。PC-A 连接到交换机 S1 的端口 1 上，该端口可在全双工或半双工模式下以 10Mbit/s、100Mbit/s 或 1000Mbit/s（1Gbit/s）的速率运行。如果两台设备使用自动协商，则工作模式为全双工，速率为 100Mbit/s。

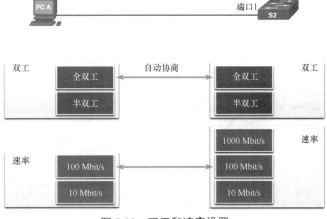

图 7-22 双工和速率设置

> **注　意** 大多数思科交换机和以太网网卡默认采用自动协商功能，以提高速率和实现双工。吉比特以太网端口仅以全双工模式运行。

双工不匹配是以太网链路出现性能问题的常见原因之一。当链路上的一个端口在半双工模式下运行，而另一个端口在全双工模式下运行时，就会发生双工不匹配，如图 7-23 所示。在这个场景中，S2 会继续遇到冲突，因为 S1 可能在任何时候发送帧。

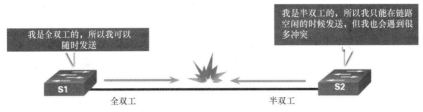

图 7-23 双工不匹配

当链路上的一个或两个端口被重置时，会发生双工不匹配，自动协调过程并不会使链路上的两个端口的配置相同。当用户重新配置链路的一端而忘记重新配置另一端时，也会出现这样的情况。链路的两端均应都使用或都不使用自动协商。最佳做法是将两个以太网交换端口都配置为全双工。

7.4.5 auto-MDIX

设备之间的连接曾经要求使用交叉电缆或直通电缆。所需的电缆类型取决于互连设备的类型。例如，图 7-24 标识了互连交换机与交换机、交换机与路由器、交换机与主机或路由器与主机设备所需的正确电缆类型。交叉电缆用于连接相似的设备，而直通电缆主要用于连接不同的设备。

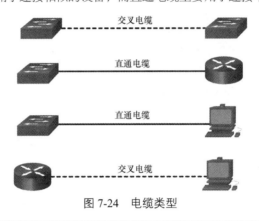

图 7-24 电缆类型

> **注 意** 路由器和主机之间的直连需要使用交叉电缆。

现在，大多数交换机设备都支持自动介质相关的接口交叉（auto-MDIX）功能。当启用该功能时，交换机可自动检测连接到端口的电缆类型，并相应地配置端口。因此，如果要连接到交换机上的铜缆 10/100/1000 端口，则既可以使用交叉电缆，也可以使用直通电缆，而无须考虑连接另一端的设备类型。

在运行思科 IOS Release 12.2（18）SE 或更高版本的交换机上，默认启用了 auto-MDIX 功能。当然，也可以禁用该功能。因此，应始终使用正确的电缆类型，而不是依赖 auto-MDIX 功能。auto-MDIX 可以使用接口配置命令 **mdix auto** 重新启用。

7.5 总结

以太网帧

以太网工作在数据链路层和物理层。以太网标准定义了第 2 层协议和第 1 层技术。

以太网使用数据链路层的 LLC 和 MAC 子层进行操作。数据封装包括以下内容：以太网帧、以太网编址和以太网错误检测。以太网 LAN 使用的交换机是全双工的。以太网帧字段包括前导码和帧首定界符、目的 MAC 地址、源 MAC 地址、EtherType、数据和 FCS。

以太网 MAC 地址

二进制数制系统仅使用数字 0 和 1，十进制使用 0～9，十六进制使用 0～9 和字母 A～F。MAC 地址用于标识本地网段上的物理源和目的设备（网卡）。MAC 编址为 OSI 模型的数据链路层提供了设备识别方法。以太网 MAC 地址是 48 位，使用 12 个十六进制数字或 6 字节来表示。以太网 MAC 地址由 6 位的十六进制供应商 OUI 代码和 6 位的十六进制供应商分配的值组成。当设备将消息转发到以太网网络时，以太网报头包括源 MAC 地址和目的 MAC 地址。在以太网中，第 2 层单播、组播和广播通信会使用不同的 MAC 地址。

MAC 地址表

第 2 层以太网交换机仅根据第 2 层以太网 MAC 地址做出转发决策。交换机通过检查端口上收到的帧的源 MAC 地址来动态构建 MAC 地址表。交换机通过匹配帧中的目的 MAC 地址与 MAC 地址表中的条目来转发帧。交换机是从不同的设备接收帧，因此它可以通过检查每个帧的源 MAC 地址来填充它的 MAC 地址表。如果 MAC 地址表包含目的 MAC 地址，则交换机将滤过该帧并将其从单个端口转发出去。

交换机速率和转发方法

交换机使用两种转发方法来进行网络端口间的数据交换：存储转发交换或直通交换。直通交换方法有两种变体：快速转发交换和免分片交换。内存缓冲的两种方法是基于端口的内存缓冲和共享内存缓冲。以太网络上的通信使用两种双工设置：全双工和半双工。自动协商是大多数以太网交换机和网卡的一项可选功能。它使两个设备自动协商最佳速率和双工性能。如果两台设备都具有自动协商功能，则选择全双工并以两者之中最高带宽较小的值来运行。现在，大多数交换设备都支持 auto-MDIX 功能。当启用该功能时，交换机可自动检测连接到端口的电缆类型，并相应地配置接口。

复习题

完成这里列出的所有复习题，可以测试您对本章内容的理解。附录列出了答案。

1. 哪个网络设备仅根据帧中包含的目的 MAC 地址做出转发决策？
   A. 中继器　　　　　　　　　　　　　B. 集线器
   C. 第 2 层交换机　　　　　　　　　　D. 路由器
2. 哪个网络设备的主要功能是根据 MAC 地址表中的信息发送数据到特定的目的地？
   A. 集线器　　　　　　　　　　　　　B. 路由器
   C. 第 2 层交换机　　　　　　　　　　D. 调制解调器
3. LLC 子层的功能是什么？
   A. 执行数据封装
   B. 与上层协议层通信
   C. 负责介质访问控制
   D. 为数据包添加一个头部和尾部，以形成一个 OSI 第 2 层 PDU
4. 关于 MAC 地址，下面哪个说法是正确的？

A. MAC 地址由软件实现

B. 网卡只有连接到 WAN 时才需要配置 MAC 地址

C. 前 3 字节由供应商分配的 OUI 使用

D. ISO 负责 MAC 地址的管理

5. 如果一台思科以太网交换机接收到一个残帧，会发生什么情况？

A. 帧被丢弃

B. 帧被返回到发出该帧的网络设备

C. 帧被广播到同一网络上的所有其他设备

D. 帧被发送到默认网关

6. 一个以太网帧的最小和最大大小分别是多少？（选择两项）

A. 56 字节　　　　　　　　　　　　B. 64 字节

C. 128 字节　　　　　　　　　　　 D. 1024 字节

E. 1518 字节

7. 为了建立 MAC 地址表，交换机需要记录什么寻址信息？

A. 接收数据包的目的 3 层地址　　　B. 发出帧的目的 2 层地址

C. 发出帧的源 3 层地址　　　　　　D. 接收帧的源 2 层地址

8. 下面哪两个特性描述了以太网技术？（选择两项）

A. 得到了 IEEE 802.3 标准的支持

B. 得到了 IEEE 802.5 标准的支持

C. 通常使用 16Mbit/s 的平均速率传输数据

D. 使用唯一的 MAC 地址，以确保数据被发送到适当的目的并由其处理

E. 使用环型拓扑

9. 下面哪项描述了 MAC 地址？

A. 它们是全局唯一的　　　　　　　B. 它们只能在私有网络中进行路由

C. 它们作为第 3 层 PDU 的一部分被添加　D. 它们有 32 位的二进制值

10. 分配给组播 MAC 地址的前 24 位的特殊值是什么？

A. 01-5E-00　　　　　　　　　　　B. FF-00-5E

C. FF-00-5E　　　　　　　　　　　D. 01-00-5E

11. 如果以太网络上的一台主机接收到一个目的 MAC 地址与它自己的 MAC 地址不匹配的帧，它会怎么做？

A. 它将丢弃帧　　　　　　　　　　B. 它将把帧转发给下一台主机

C. 它将从介质中移除帧　　　　　　D. 它将剥离数据链路帧，以检查目的 IP 地址

12. auto-MDIX 是什么？

A. 一种思科交换机　　　　　　　　B. 一种以太网连接器

C. 一种自动确定速度和双工的特性　D. 一种检测以太网电缆类型的特性

13. 下面哪两个功能或操作由 MAC 子层来执行？（选择两项）

A. 负责介质访问控制　　　　　　　B. 执行网卡驱动软件的功能

C. 添加头部和尾部，形成 OSI 第 2 层 PDU　D. 处理上层和下层之间的通信

E. 将控制信息添加到网络协议头中

14. 01-00-5E-0A-00-02 是什么类型的地址？

A. 到达一个本地子网内每台主机的地址　B. 到达一台特定主机的地址

C. 到达网络中每台主机的地址　　　D. 到达一组特定主机的地址

第 8 章

网络层

学习目标

通过完成本章的学习，您将能够回答下列问题：

- 网络层如何使用 IP 协议进行可靠的通信；
- 在 IPv4 数据包中主要报头字段的作用是什么；
- 在 IPv6 数据包中主要报头字段的作用是什么；
- 网络设备如何使用路由表来将数据包定向到目的网络；
- 在路由器的路由表中，字段的作用是什么。

到目前为止，大家可能已经注意到本书是从下到上介绍 OSI 模型的各层。本章介绍的是 OSI 模型的网络层，通信协议和路由协议都是在这一层运行。假设您想给住在另一个城市（甚至另一个国家）的朋友发一封电子邮件。这个人和您不在同一个网络上。一个简单的交换网络无法将您的信息发送到网络末端之外。您需要一些帮助，好让这条消息沿着路径去往您朋友的终端设备。要向不在本地网络上的任何人发送电子邮件（视频或文件等），您必须能够访问路由器。要访问路由器，就必须使用网络层协议。

8.1 网络层特性

本节介绍网络层的协议和功能。网络层的功能是将数据从一个网络传输到另一个网络。本节介绍网络层的基本功能。

8.1.1 网络层

网络层即 OSI 第 3 层，提供能够让终端设备跨整个网络交换数据的服务。在图 8-1 中可以看到，IP 版本 4（IPv4）和 IP 版本 6（IPv6）是主要的网络层通信协议。其他网络层协议包括路由协议，如开放最短路径优先（OSPF）协议和消息传递协议，如互联网控制消息协议（Internet Control Message Protocol，ICMP）。

为了实现跨网络边界的端到端通信，网络层协议执行 4 个基本操作。

- **终端设备编址**：必须为终端设备配置唯一的 IP 地址，以便在网络上进行识别。
- **封装**：网络层将来自传输层的协议数据单元（PDU）封装到数据包中。封装过程中会添加 IP 报头信息，例如来源（发送）和目的（接收）主机的 IP 地址。封装过程由 IP 数据包的源主机执行。
- **路由**：网络层提供服务，将数据包转发至另一网络上的目的主机。要传送到其他网络，数据包必须经过路由器的处理。路由器的作用是为数据包选择最佳路径，并将其转发至目的主机，该过程称为路由。数据包可能需要经过很多路由器才能到达目的主机。数据包在到达目的主机的过程中经过的每个路由器均称作一跳。

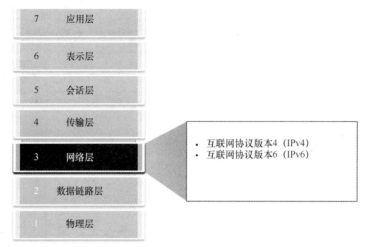

图 8-1 OSI 模型的网络层

- **解封**：当数据包到达目的主机的网络层时，主机会检查数据包的 IP 报头。如果在报头中的目的 IP 地址与其自身的 IP 地址匹配，IP 报头将从数据包中删除。网络层解封数据包后，后继的第 4 层 PDU 会向上传递到传输层的相应服务。解封过程由 IP 数据包的目的主机执行。

传输层（OSI 第 4 层）负责管理每台主机上的运行进程之间的数据传输，而网络层通信协议（即 IPv4 和 IPv6）则指定从一台主机向另一台主机传送数据时使用的数据包结构和处理过程。网络层在工作时无须考虑每个数据包中所携带的数据，这使得网络层能够为多台主机之间的多种类型的通信传送数据包。

8.1.2 IP 封装

IP 通过添加 IP 报头将传输层（位于网络层的上面）数据段或其他数据进行封装。IP 报头用于将数据包传送到目的主机。

图 8-2 所示为网络层 PDU 如何封装传输层 PDU 来创建 IP 数据包。

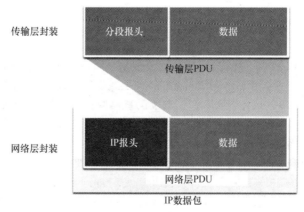

图 8-2 传输层 PDU 在网络层封装

逐层封装数据的流程可以使我们在不影响其他层的情况下，开发和扩展位于不同层的服务。这意味着传输层数据段可以随时通过 IPv4 或 IPv6 进行打包，或使用未来可能开发出的任何新协议进行打包。

IP 数据包在通过网络传输到其目的时，会被第 3 层设备（即路由器和第 3 层交换机）检查 IP 报头。需要注意的是，从数据包离开源主机到达目的主机之前，IP 编址信息保持不变，除非是由执行 IPv4 网络地址转换（Network Address Translation，NAT）的设备进行了转换。

注　意　NAT 将在第 8 章和第 12 章讨论。

路由器实施路由协议以在网络之间路由数据包。这些中间设备所执行的数据包转发进程会检查数据包报头中的网络层地址。在任何情况下，数据包的数据部分，即封装后的传输层 PDU 或其他数据，在网络层的各个过程中都保持不变。

8.1.3　IP 的特征

IP 被设计为一种低开销协议。它只提供通过互连的网络系统从源主机向目的主机传送数据包所必需的功能。该协议并不负责跟踪和管理数据包的流动。这些功能（如果需要）将由其他层的其他协议（主要是第 4 层的 TCP）执行。

IP 的基本特征如下所示。

- **无连接**：发送数据包前不与目的建立连接。
- **尽力而为**：IP 本质上是不可靠的，因为不保证数据包的交付。
- **介质无关**：IP 与传输数据的介质（即铜缆、光纤或无线）无关。

8.1.4　无连接

IP 是无连接协议，这意味着发送数据前 IP 不会创建专用的端到端连接。无连接通信的概念类似于不事先通知收件人就邮寄信件。图 8-3 中总结了这些要点。

图 8-3　将无连接的通信类比为信件的发送

无连接数据通信按照同样的原理工作。在图 8-4 中可以看到，IP 在转发数据包前，并不需要初步交换控制信息来创建端到端连接。

图 8-4　IP 是无连接的

8.1.5　尽力而为

IP 也不需要在报头中包含其他字段来维护建立的连接。该过程显著降低了 IP 的开销。但是，由于没有预先建立端到端连接，发送数据包时，发送方不知道目的设备是否存在以及是否正常运行，同时在发送数据包时，也不会知道目的设备是否接收数据包，或者目的设备是否可以访问并读取数据包。

　　IP 协议不保证发送的所有数据包都能被收到。图 8-5 所示为 IP 协议不可靠或"尽力而为"交付的特征。作为一个不可靠的网络层协议，IP 不能确保所有发送的数据包都能收到。其他协议将管理数据包的跟踪过程并确保数据包的交付。

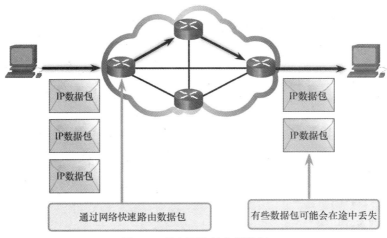

图 8-5　尽力而为的交付机制

8.1.6　介质无关

　　不可靠表示 IP 不具备管理和恢复未送达数据包或已损坏数据包的能力。这是因为在根据交付位置信息传输 IP 数据包时，数据包不包含可以经过处理以通知发送方信息交付是否成功的消息。数据包在到达目的时可能已经损坏或顺序错乱，或者根本就没有传送成功。如果出错，IP 无法重新传输数据包。

　　如果数据包顺序错乱或丢失，则使用数据或上层服务的应用程序必须解决这些问题。这让 IP 可以非常有效地发挥作用。在 TCP/IP 协议簇中，可靠性是 TCP 在传输层的功能。

　　IP 的运行与在协议栈较低层承载数据的介质无关。在图 8-6 中可以看到，IP 数据包既可以作为电信号通过铜缆传送，也可以作为光信号通过光纤传送，还可以作为无线电信号通过无线传送。

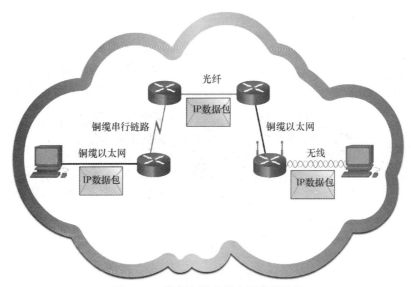

图 8-6　IP 数据包跨多种介质类型传输

OSI 数据链路层负责准备数据包，以便在通信介质上传输。这就意味着 IP 数据包的交付不限于任何特定的介质。

但是，网络层会考虑介质的一个重要特征：每种介质可以传输的最大 PDU 大小。该特征称为最大传输单元（Maximum Transmission Unit，MTU）。数据链路层和网络层之间控制通信的一部分就是确定数据包的最大尺寸。数据链路层将 MTU 值向上传送到网络层。网络层会由此确定可以传送的数据包的大小。

有时，中间设备（通常是路由器）在将 IPv4 数据包从一个介质转发到具有更小 MTU 的介质时，会将数据包进行分割。该过程称为数据包分片或分段。分片会导致延迟。IPv6 数据包不能被路由器分片。

8.2 IPv4 数据包

网络层基于第 3 层报头的内容和解释来提供端到端的数据传输能力。本节将介绍 IPv4 报头的结构和内容。

8.2.1 IPv4 数据包报头

IPv4 是主要的网络层通信协议之一。IPv4 数据包的报头用于确保该数据包在到达目的终端设备的途中被传递到下一站。

IPv4 数据包的报头由包含数据包重要信息的字段组成。这些字段中包含的二进制数字由第 3 层进程进行检查。

8.2.2 IPv4 数据包报头字段

在 IPv 数据包报头中，每个字段的二进制值均用于确定 IP 数据包的各种设置。在讨论协议字段时，图 8-7 中所示的协议报头图（从左到右、从上到下阅读）可提供直观的参考。该 IP 协议报头图标识了 IPv4 数据包中的字段。

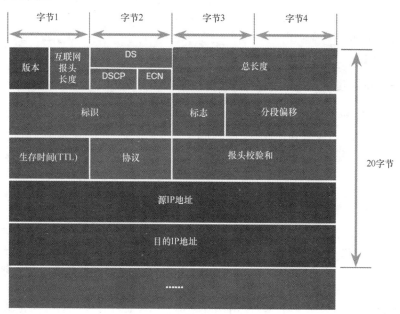

图 8-7 IPv4 数据包的报头字段

IPv4 报头中的重要字段如下所示。

- **版本**：包含一个 4 位的二进制值 0100，用于标识这是 IPv4 数据包。
- **差分服务或区分服务（DS）**：以前称为服务类型（Type of Service，ToS）字段。DS 字段是一个 8 位字段，用于确定每个数据包的优先级。DS 字段的 6 个最高有效位是区分服务代码点（Differentiated Services Code Point，DSCP）位，而后两位是显式拥塞通知（Explicit Congestion Notification，ECN）位。
- **报头校验和**：用于检测 IPv4 报头中的损坏。
- **生存时间（TTL）**：TTL 包含一个 8 位二进制值，用于限制数据包的生命周期。IPv4 数据包的源设备设置初始 TTL 值。当数据包每被路由器处理一次，TTL 值就减少 1。如果 TTL 字段的值减为零，则路由器将丢弃该数据包并向源 IP 地址发送 ICMP 超时（Time Exceeded）消息。由于路由器会减少每个数据包的 TTL，因此路由器也必须重新计算报头校验和。
- **协议**：该字段用于标识下一级协议。这个 8 位二进制值表示数据包携带的数据负载类型，可使网络层将数据传送到相应的上层协议。常用的值包括 ICMP（1）、TCP（6）和 UDP（17）。
- **源 IPv4 地址**：包含表示数据包源 IPv4 地址的 32 位二进制值。源 IPv4 地址始终为单播地址。
- **目的 IPv4 地址**：包含 32 位二进制值，表示数据包的目的 IPv4 地址。目的 IPv4 地址为单播、组播或广播地址。

两种最常引用的字段是源和目的 IPv4 地址字段。这些字段用于确定数据包的源位置和目的位置。通常，在数据包从源传输到目的期间，这些地址不会改变。

互联网报头长度（Internet Header Length，IHL）、总长度和报头校验和字段用于识别和验证数据包。其他字段用于重新排列被分片的数据包。具体而言，IPv4 数据包使用标识符、标志和分段偏移字段跟踪分片。路由器从一种介质向具有较小 MTU 的另一种介质转发 IPv4 数据包时，必须将 IPv4 数据包进行分片。选项和填充字段很少使用，并且超出了本章的范围。

8.3 IPv6 数据包

本节介绍 IPv4 的后续版本：IPv6。

8.3.1 IPv4 的局限性

IPv4 直到今天仍在使用，但是 IPv6 最终将取代 IPv4。了解 IPv4 的局限性和 IPv6 的优势，有助于我们更好地理解为什么需要了解 IPv6 协议。

多年来，为应对新的挑战，业界已经开发了许多协议和规程。但是，尽管经历了多次变更，IPv4 仍然有 3 个重要问题。

- **IPv4 地址耗尽**：IPv4 提供的唯一公有地址的数量有限。尽管有大约 40 亿的 IPv4 地址，但是支持 IP 的新设备数量的不断增加、始终在线的连接的增加，以及欠发达地区的潜在连接的增加，不断催生出更多的地址需求。
- **缺乏端到端连接**：网络地址转换（NAT）是 IPv4 网络中经常实施的一项技术。NAT 为多种设备共享一个公有 IPv4 地址提供了一种方法。但是，因为公有 IPv4 地址是共享的，所以内部网络主机的 IPv4 地址会隐藏起来，对于需要端到端连接的技术来说，这可能是个问题。
- **网络复杂性增加**：虽然 NAT 延长了 IPv4 的寿命，但它只是作为一种过渡到 IPv6 的机制。NAT 在其各种实施中增加了网络的复杂性，从而造成延迟并使故障排除更加困难。

8.3.2　IPv6 概述

早在 20 世纪 90 年代早期，IETF 对 IPv4 相关问题的关注日益增加并开始寻找替代方案。这促使了 IP 版本 6（IPv6）的开发。IPv6 解决了 IPv4 的限制并有着显著的功能提升，它能更好地适应当前和可预见的网络需求。

IPv6 的功能提升体现在如下几个方面。

- **更大的地址空间**：IPv6 地址有 128 位，而 IPv4 采用的是 32 位。
- **改进的数据包处理过程**：IPv6 报头简化为更少的字段。
- **消除了对 NAT 的需求**：正因为有了如此大量的公有 IPv6 地址，私有 IPv4 地址和公有 IPv4 地址之间不再需要 NAT。这可避免需要端到端连接的应用程序遇到某些由 NAT 引起的故障。

32 位的 IPv4 地址空间提供大约 4,294,967,296 个唯一的地址。IPv6 地址空间提供 340,282,366,920,938,463,463,374,607,431,768,211,456 个或 340 涧（10 的 36 次方）个地址。这大致相当于地球上的沙粒之和。

图 8-8 对 IPv4 和 IPv6 的地址空间进行了对比。

数量名称	科学记数法	零的数量
1000	10^3	1,000
100万	10^6	1,000,000
10亿	10^9	1,000,000,000
1万亿	10^{12}	1,000,000,000,000
100万的4次方	10^{15}	1,000,000,000,000,000
100万的5次方	10^{18}	1,000,000,000,000,000,000
100万的6次方	10^{21}	1,000,000,000,000,000,000,000
100万的7次方	10^{24}	1,000,000,000,000,000,000,000,000
100万的8次方	10^{27}	1,000,000,000,000,000,000,000,000,000
100万的9次方	10^{30}	1,000,000,000,000,000,000,000,000,000,000
100万的10次方	10^{33}	1,000,000,000,000,000,000,000,000,000,000,000
100万的11次方	10^{36}	1,000,000,000,000,000,000,000,000,000,000,000,000

图例

- IPv4地址有40亿个
- IPv6地址有340涧个

图 8-8　IPv4 和 IPv6 地址空间

8.3.3　IPv6 数据包报头中的 IPv4 数据包报头字段

相较于 IPv4，IPv6 一个重大的改进是 IPv6 的报头得以简化。

IPv4 报头包含 20 字节的可变长度报头（如果使用选项字段，则高达 60 字节）和 12 个基本的报头字段（不包括选项字段和填充字段）。

对于 IPv6，某些字段保持不变，某些字段的名称和位置发生了变化，而某些 IPv4 字段不再需要（见图 8-9）。

简化后的 IPv6 报头如图 8-10 所示，它由固定长度的 40 字节（主要是源 IPv6 地址和目的 IPv6 地址）的报头组成。

简化后的 IPv6 报头的处理效率高于 IPv4 报头。

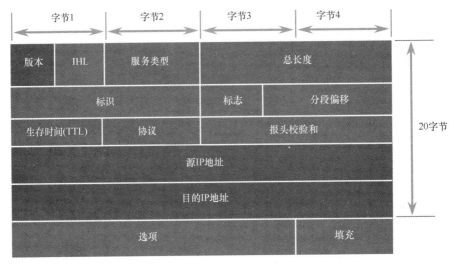

图 8-9　保留、更改或删除的 IPv4 字段

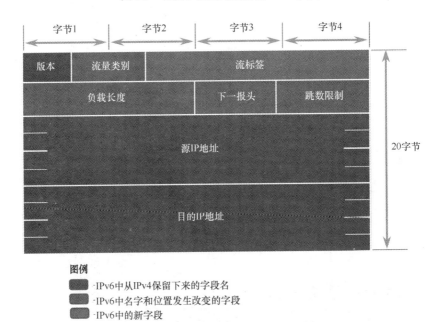

图 8-10　IPv6 数据包的报头字段

8.3.4　IPv6 数据包报头

图 8-10 所示为 IPv6 数据包报头中的字段，包括以下内容。

■ **版本**：该字段包含一个 4 位的二进制值 0110，用于标识这是 IPv6 数据包。

■ **流量类别**：这个 8 位字段相当于 IPv4 中的区分服务（DS）字段。

- **流标签**：这个 20 位字段表明具有相同流标签的所有数据包都由路由器进行相同类型的处理。
- **负载长度**：这个 16 位字段表示 IPv6 数据包的数据部分或负载的长度。它不包括 IPv6 报头的长度（IPv6 报头是固定的 40 字节）。
- **下一报头**：这个 8 位字段相当于"IPv4 协议"字段。它表示数据包承载的数据负载的类型，可使网络层将数据传送到相应的上层协议。
- **跳数限制**：这个 8 位字段取代了 IPv4 中的 TTL 字段。路由器每转发一次数据包，这个值就减 1。当减为 0 时，会丢弃此数据包，并且会向发送主机转发 ICMPv6 超时消息。这表明数据包没有到达目的地，因为超出了跳数限制。与 IPv4 不同，IPv6 不包含 IPv6 报头校验和，因为该功能同时在下层和上层执行。这意味着校验和不需要在每个路由器减少跳数限制字段时重新计算，这也提高了网络性能。
- **源 IPv6 地址**：这个 128 位字段用于标识发送主机的 IPv6 地址。
- **目的 IPv6 地址**：这个 128 位字段用于标识接收主机的 IPv6 地址。

IPv6 数据包还可能包含扩展报头（Extension Header，EH），以便提供可选的网络层信息。扩展报头为可选项，位于 IPv6 报头及负载之间。EH 用于分片、安全性、移动性支持等。

与 IPv4 不同，路由器不会对路由的 IPv6 数据包进行分片。

8.4 主机的路由方式

主机需要与可能在本地网络以外的网络上的主机通信。本节将介绍某台主机上的通信如何到达远程网络上的其他主机。

8.4.1 主机转发决策

对于 IPv4 和 IPv6，数据包总是在源主机上创建。源主机必须能够将数据包定向到目的主机。为此，主机终端设备将创建自己的路由表。本节讨论终端设备如何使用路由表。

网络层的另一个作用是在主机之间转发数据包。主机可以将数据包发送到如下位置。

- **主机自身**：主机可以通过向特定的地址发送数据包来向自己发起 ping 测试，这个特定的地址在 IPv4 中是 127.0.0.1，在 IPv6 中是::1。该地址也被称为环回接口。对环回接口执行 ping 操作，可以测试主机上的 TCP/IP 协议堆栈。
- **本地主机**：目的主机与发送主机位于同一本地网络。源和目的主机共享同一个网络地址。
- **远程主机**：位于远程网络上的目的主机。源和目的主机不共享同一个网络地址。

图 8-11 所示为 PC1 连接到同一网络上的本地主机和另一网络上的远程主机。

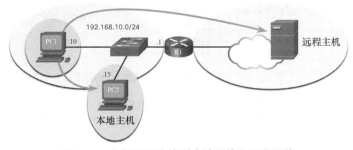

图 8-11 主机可以连接到本地网络和远程网络

数据包是发送到本地主机还是远程主机是由源设备决定的。源设备确定目的 IP 地址是否与源设备本身所在的网络相同。确定方法因 IP 版本不同而异。

- **在 IPv4 中**：源设备使用自己的子网掩码以及自己的 IPv4 地址和目的 IPv4 地址来进行判断。
- **在 IPv6 中**：本地路由器将本地网络地址（前缀）通告给网络上的所有设备。

在家庭或企业网络中，您可能有若干通过中间设备（LAN 交换机或无线接入点等）互连的有线和无线设备。这种中间设备在本地网络上的本地主机之间提供互连服务。本地主机可以互相访问和共享信息，而无须任何附加设备。如果主机要将数据包发送到与本主机在同一 IP 网络中的设备，则数据包仅是被转发出主机接口，然后经过中间设备即可直接到达目的设备。

当然，在大多数情况下，我们希望设备不仅仅能够连接本地网段，而且能连接其他家庭、企业和互连网络。位于本地网段外的设备称为远程主机。如果源设备发送数据包到远程目的设备，则需要用到路由器和路由功能。路由功能用于确定到达目的的最佳路径。连接到本地网段的路由器称为默认网关。

8.4.2 默认网关

默认网关是可以将流量路由到其他网络的网络设备（即路由器或第 3 层交换机）。如果把一个网络比作一个房间，那么默认网关就好比是门口。如果要去另一个房间或网络，您就需要找到门口。

在网络上，默认网关通常是具有以下功能的路由器：

- 它的本地 IP 地址与本地网络上其他主机的地址范围相同；
- 它可以将数据接收到本地网络，并将数据转发出本地网络；
- 它将流量路由到其他网络。

在将流量发送到本地网络之外时，需要用到默认网关。如果没有默认网关、未配置默认网关的地址或默认网关关闭，则无法将流量转发到本地网络之外。

8.4.3 从主机路由到默认网关

主机的路由表通常包括默认网关。在 IPv4 中，主机通过动态主机配置协议（Dynamic Host Configuration Protocol，DHCP）动态接收默认网关的 IPv4 地址，或者手动配置默认网关的 IPv4 地址。在 IPv6 中，路由器可以通告默认网关地址，也可以在主机上手动配置。

在图 8-12 中，PC1 和 PC2 均将 IPv4 地址 192.168.10.1 配置为默认网关。

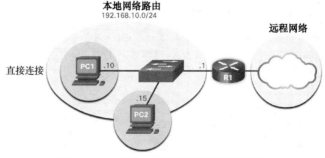

图 8-12　主机使用默认网关访问远程网络

在配置默认网关后，会在 PC 的路由表中创建一个默认路由。默认路由是计算机尝试联系远程网络时所用的路由或路径。

在图 8-12 中，PC1 和 PC2 都会使用默认路由将去往远程网络的所有流量发送到 R1。

8.4.4　主机路由表

在 Windows 主机上，使用 **route print** 或 **netstat -r** 命令可以显示主机路由表。这两个命令生成相同的输出。输出可能乍一看很晦涩，但是实际上相当容易理解。

图 8-13 显示了一个简单的主机路由拓扑。

192.168.10.0/24

图 8-13　主机路由拓扑

例 8-1 所示为在图 8-13 中的 PC1 上执行 **netstat –r** 命令后生成的输出。

例 8-1　PC1 的 IPv4 路由表

```
C:\Users\PC1> netstat -r

IPv4 Route Table
===========================================================================
Active Routes:
Network Destination        Netmask          Gateway       Interface  Metric
          0.0.0.0          0.0.0.0     192.168.10.1  192.168.10.10      25
        127.0.0.0        255.0.0.0          On-link        127.0.0.1     306
        127.0.0.1  255.255.255.255          On-link        127.0.0.1     306
  127.255.255.255  255.255.255.255          On-link        127.0.0.1     306
     192.168.10.0    255.255.255.0          On-link    192.168.10.10     281
    192.168.10.10  255.255.255.255          On-link    192.168.10.10     281
   192.168.10.255  255.255.255.255          On-link    192.168.10.10     281
        224.0.0.0        240.0.0.0          On-link        127.0.0.1     306
        224.0.0.0        240.0.0.0          On-link    192.168.10.10     281
  255.255.255.255  255.255.255.255          On-link        127.0.0.1     306
  255.255.255.255  255.255.255.255          On-link    192.168.10.10     281
```

> **注　意**　图 8-1 中的输出仅显示了 IPv4 路由表。

在 **netstat -r** 命令或等效的 **route print** 命令的输出中，有 3 个部分与当前的 TCP/IP 网络连接有关。
- **接口列表**：列出主机上每个网络接口的介质访问控制（MAC）地址和已分配的接口号，包括以太网、WiFi 和蓝牙适配器。
- **IPv4 路由表**：列出所有已知的 IPv4 路由，包括直接连接、本地网络和本地默认路由。
- **IPv6 路由表**：列出所有已知的 IPv6 路由，包括直接连接、本地网络和本地默认路由。

8.5　路由简介

本节介绍路由器在路由过程中的作用，以及路由表在数据包转发中的作用。

8.5.1 路由器数据包转发决策

本章已经介绍了主机的路由表。大多数网络也包含路由器,路由器是中间设备,也包含路由表。本节介绍路由器在网络层的操作。当一台主机向另一台主机发送数据包时,它会查阅自己的路由表来决定将数据包发送到哪里。如果目的主机在远程网络上,数据包则被转发到默认网关(通常是本地路由器)。

当数据包到达路由器接口时会发生什么呢?路由器会检查数据包的目的 IP 地址并搜索其路由表以确定将数据包转发到何处。路由表包含所有已知网络地址(前缀)以及数据包转发位置的列表。这些条目称为路由条目或路由。路由器将使用最佳(最长)匹配的路由条目转发数据包。图 8-14 所示为数据包的转发过程。

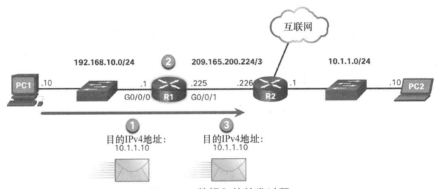

图 8-14　数据包的转发过程

步骤 1. 数据包到达路由器 R1 的 G0/0/0 接口。R1 解封第 2 层以太网帧头和帧尾。

步骤 2. 路由器 R1 检查数据包的目的 IPv4 地址,并在其 IPv4 路由表中搜索最佳匹配。路由条目指示该数据包将被转发到路由器 R2。

步骤 3. 路由器 R1 将数据包封装到新的以太网帧头和帧尾中,并将数据包转发到下一跳路由器 R2。表 8-1 显示了来自 R1 路由表的相关信息。

表 8-1　　　　　　　　　　　　　　　　R1 路由表

路由	下一跳或转发接口
192.168.10.0/24	G0/0/0
209.165.200.224/30	G0/0/1
10.1.1.0/24	通过 R2
默认路由 0.0.0.0/0	通过 R2

8.5.2　IP 路由器的路由表

路由器的路由表中包含了这样的网络路由条目,即这些网络路由条目列出了所有可能已知的网络目的。

路由表存储下面 3 种类型的路由条目。

■ **直连网络:** 这些网络路由条目是活动的路由器接口。当一个接口配置了 IP 地址并激活时,路由器会添加直连路由。每个路由器接口均连接到一个不同的网段。在图 8-15 中,在 R1 的 IPv4 路由表中,直连网络为 192.168.10.0/24 和 209.165.200.224/30。

■ **远程网络**：这些网络路由条目连接到其他路由器。路由器通过由管理员显式配置或使用动态
路由协议交换路由信息来学习远程网络。在图 8-15 中，在 R1 的 IPv4 路由表中，远程网络为
10.1.1/24。
■ **默认路由**：像主机一样，大多数路由器还包含默认路由条目，即默认网关。当 IP 路由表中没
有更好（更长）的匹配条目时，将使用默认路由。在图 8-15 中，在 R1 的 IPv4 路由表中，很
可能包含一个将所有数据包转发到路由器 R2 的默认路由。
路由器 R1 的直连网络和远程网络如图 8-15 所示。

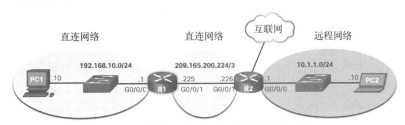

图 8-15 直连网络和远程网络的拓扑示例

在图 8-15 中，R1 有两个直连网络：
■ 192.168.10.0/24；
■ 209.165.200.224/30。
R1 还可以学习到远程网络（即 10.1.1.0/24 和互联网）。
路由器可通过两种方式学习到远程网络。
■ **手动**：使用静态路由将远程网络手动输入到路由表中。
■ **动态**：使用动态路由协议自动学习远程路由。

8.5.3 静态路由

静态路由是手动配置的路由条目。图 8-16 所示为在路由器 R1 上手动配置的静态路由的示例。静
态路由包括远程网络地址和下一跳路由器的 IP 地址。

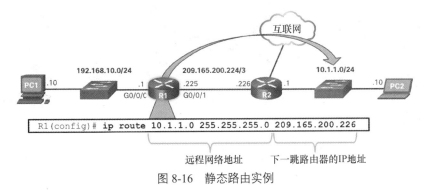

图 8-16 静态路由实例

如果网络拓扑改变，静态路由不会自动更新，必须手动重新配置静态路由。例如，在图 8-17 中，
R1 有一条通过 R2 到达 10.1.1.0/24 网络的静态路由。如果该路径不再可用，R1 将需要重新配置一条新
的静态路由，通过 R3 到达 10.1.1.0/24 网络。因此，路由器 R3 需要在其路由表中有一个路由条目，以
便将目的为 10.1.1.0/24 的数据包发送到 R2。
静态路由具有以下特征：
■ 静态路由必须手动配置；

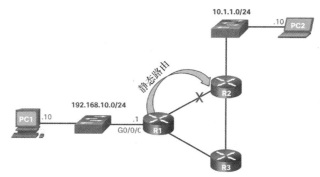

图 8-17　静态路由不会自动更新到拓扑变化中

- 如果拓扑发生变化，且静态路由不再可用，则管理员需要重新配置静态路由；
- 静态路由适用于小型网络且冗余链路很少或没有冗余链路的情况；
- 静态路由通常与动态路由协议一起用于配置默认路由。

8.5.4　动态路由

动态路由协议可让路由器从其他路由器那里自动学习远程网络（包括默认路由）。如果使用动态路由协议，则路由器无须网络管理员的参与，即可自动与其他路由器共享路由信息并对拓扑结构的变化做出反应。如果网络拓扑发生变化，路由器将使用动态路由协议共享该信息，并自动更新路由表。

动态路由协议包括 OSPF 和增强型内部网关路由协议（Enhanced Interior Gateway Routing Protocol，EIGRP）。图 8-18 所示为路由器 R1 和 R2 使用路由协议 OSPF 自动共享网络信息的示例。

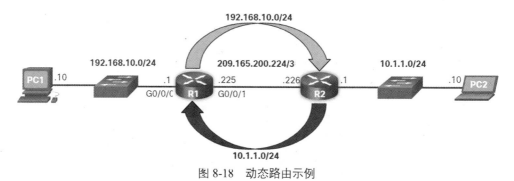

图 8-18　动态路由示例

基本的动态路由配置只需要网络管理员在动态路由协议中启用直连网络。动态路由协议将自动执行如下操作：

- 发现远程网络；
- 维护最新的路由信息；
- 选择通往目的网络的最佳路径；
- 当前路径无法使用时尝试找出新的最佳路径。

当使用静态路由手动配置路由器或使用动态路由协议动态学习远程网络时，远程网络地址和下一跳地址将被输入到 IP 路由表中。在图 8-19 中可以看到，如果网络拓扑发生变化，路由器将自动调整并尝试找到新的最佳路径。

注　意　一些路由器通常会同时使用静态路由和动态路由协议。

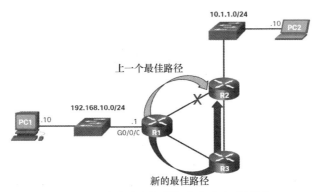

图 8-19 动态路由根据拓扑变化自动更新

8.5.5 IPv4 路由表简介

请注意，在图 8-20 中 R2 连接到了互联网。因此，当路由表中没有与目的 IP 地址匹配的特定条目时，管理员将为 R1 配置默认静态路由，将数据包发送到 R2。R1 和 R2 还使用 OSPF 路由来通告直连网络。

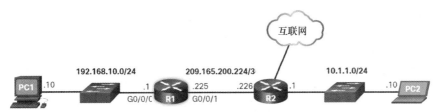

图 8-20 IPv4 路由表的拓扑示例

特权 EXEC 模式命令 **show ip route** 用于查看思科 IOS 路由器的 IPv4 路由表。例 8-2 所示为路由器 R1 的 IPv4 路由表。

例 8-2 R1 上的 IPv4 路由表

```
R1# show ip route
Codes: L - local, C - connected, S - static, R - RIP, M - mobile, B - BGP
       D - EIGRP, EX - EIGRP external, O - OSPF, IA - OSPF inter area
       N1 - OSPF NSSA external type 1, N2 - OSPF NSSA external type 2
       E1 - OSPF external type 1, E2 - OSPF external type 2
       i - IS-IS, su - IS-IS summary, L1 - IS-IS level-1, L2 - IS-IS level-2
       ia - IS-IS inter area, * - candidate default, U - per-user static route
       o - ODR, P - periodic downloaded static route, H - NHRP, l - LISP
       a - application route
       + - replicated route, % - next hop override, p - overrides from PfR

Gateway of last resort is 209.165.200.226 to network 0.0.0.0
S*      0.0.0.0/0 [1/0] via 209.165.200.226, GigabitEthernet0/0/1
        10.0.0.0/24 is subnetted, 1 subnets
O          10.1.1.0 [110/2] via 209.165.200.226, 00:02:45, GigabitEthernet0/0/1
        192.168.10.0/24 is variably subnetted, 2 subnets, 2 masks
C          192.168.10.0/24 is directly connected, GigabitEthernet0/0/0
L          192.168.10.1/32 is directly connected, GigabitEthernet0/0/0
        209.165.200.0/24 is variably subnetted, 2 subnets, 2 masks
C          209.165.200.224/30 is directly connected, GigabitEthernet0/0/1
L          209.165.200.225/32 is directly connected, GigabitEthernet0/0/1
R1#
```

在每个路由表条目的开头都有一个代码,用于标识路由的类型或路由的学习方式。常见的路由源(代码)包括以下内容。

- **L**:直连的本地接口 IP 地址。
- **C**:直连网络。
- **S**:管理员手动配置的静态路由。
- **O**:OSPF。
- **D**:EIGRP。

该路由表显示 R1 的所有已知 IPv4 目的路由。

当路由器接口配置了 IP 地址信息并激活时,将自动创建直连路由。该路由器添加了两个带有代码 C(即所连接的网络)和 L(即直连网络的本地接口 IP 地址)的路由条目。路由条目还标识用于到达网络的出口接口。本示例中的两个直连网络分别为 192.168.10.0/24 和 209.165.200.224/30。

路由器 R1 和 R2 还使用 OSPF 动态路由协议交换路由器信息。在示例路由表中,R1 具有 10.1.1.0/24 网络的路由条目,它通过 OSPF 路由协议从路由器 R2 中动态学习到该条目。

默认路由具有全都是 0 的网络地址。例如,IPv4 网络地址为 0.0.0.0。路由表中的静态路由条目以代码 S*开头,如例 8-2 所示。

8.6　总结

网络层特性

网络层(OSI 第 3 层)提供能够让终端设备跨整个网络交换数据的服务。IPv4 和 IPv6 是主要的网络层通信协议。网络层还包括路由协议 OSPF 和消息传递协议(如 ICMP)。网络层协议执行 4 个基本的操作:终端设备编址、封装、路由、解封。IPv4 和 IPv6 指定从一台主机向另一台主机传送数据时使用的数据包结构和处理过程。IP 通过添加 IP 报头来封装传输层数据段,以便将数据包传输到目的主机。在数据包通过网络传输到其目的地时,第 3 层设备(即路由器)会检查 IP 报头。IP 是无连接协议,这意味着发送数据前 IP 不会创建专用的端到端连接。此外,IP 是尽力而为协议,也就是说它不保证发送的所有数据包都能被收到。最后,IP 是介质无关的,即 IP 的运行与在协议栈较低层承载数据的介质无关。

IPv4 数据包

IPv4 数据包的报头由包含数据包重要信息的字段组成。这些字段中包含的二进制数字由第 3 层进程进行检查。每个字段的二进制值均用于确定 IP 数据包的各种设置。IPv4 报头中的重要字段包括版本、DS、报头校验和、TTL、协议以及源和目的 IPv4 地址。

IPv6 数据包

IPv6 旨在克服 IPv4 的局限性,包括 IPv4 地址耗尽、缺乏端到端连接以及网络复杂性增加。IPv6 增加了可用的地址空间,改进了数据包的处理,并且消除了对 NAT 的需求。IPv6 数据包报头中的字段包括版本、流量类别、流标签、负载长度、下一报头、跳数限制,以及源和目的 IPv6 地址。

主机的路由方式

主机可以向自己、另一台本地主机和远程主机发送数据包。在 IPv4 中,源设备使用自己的子网掩码以及自己的 IPv4 地址和目的 IPv4 地址确定目的主机是否位于同一网络上。在 IPv6 中,本地路由器将本地网络地址（前缀）通告给网络上的所有设备，以做出此决定。默认网关是可以将流量路由到其他网络的网络设备（即路由器）。在网络上，默认网关通常是一个路由器，它的本地 IP 地址与本地网络上其他主机的地址范围相同，可以将数据接收到本地网络，并将数据转发出本地网络，它还可以将流量路由到其他网络。主机的路由表通常包括默认网关。在 IPv4 中，主机通过 DHCP 动态接收默认网关的 IPv4 地址，或者通过手动进行配置。在 IPv6 中，路由器可以通告默认网关地址，或者可以在主机上手动配置。在 Windows 主机上，使用 **route print** 或 **netstat -r** 命令可以显示主机路由表。

路由简介

当一台主机发送数据包到另一台主机时，它将查询路由表来确定将数据包发送到哪里。如果目的主机位于远程网络，则数据包会转发到默认网关（通常是本地路由器）。当数据包到达路由器接口时会发生什么呢?路由器会检查数据包的目的 IP 地址并搜索其路由表以确定将数据包转发到何处。路由表包含所有已知网络地址（前缀）以及数据包转发位置的列表。这些条目称为路由条目或路由。路由器将使用最佳（最长）匹配的路由条目转发数据包。路由器的路由表存储 3 种类型的路由条目：直连网络、远程网络和默认路由。

路由器通常以动态方式使用路由协议或以手动方式学习远程网络。静态路由是可以手动配置的路由条目。静态路由包括远程网络地址和下一跳路由器的 IP 地址。OSPF 和 EIGRP 是两种动态路由协议。特权 EXEC 模式命令 **show ip route** 用于查看思科 IOS 路由器上的 IPv4 路由表。在 IPv4 路由表的开头都有一个代码，用于标识路由的类型或路由的学习方式。常见的路由源（代码）如下所示。

- L：直连的本地接口 IP 地址。
- C：直连网络。
- S：管理员手动配置的静态路由。
- O：OSPF。
- D：EIGRP。

复习题

完成这里列出的所有复习题，可以测试您对本章内容的理解。附录列出了答案。

1. 路由器使用哪种信息将数据包转发到目的地?

　　A. 源 IP 地址　　　　　　　　　　B. 目的 IP 地址

　　C. 源数据链路地址　　　　　　　　D. 目的数据链路地址

2. 计算机需要发送一个数据包到同一局域网中的目的主机，这个数据包该怎么发送?

　　A. 数据包首先发送到默认网关，然后根据网关的响应，它可能被发送到目的主机

　　B. 数据包将被直接发送到目的主机

　　C. 数据包首先被发送到默认网关，然后默认网关将它直接发送到目的主机

　　D. 数据包只发送到默认网关

3. 一台路由器从吉比特以太网 0/0/0 接口接收到数据包，并确定数据包需要从吉比特以太网 0/0/1 接口转发出去。路由器下一步会做什么?

　　A. 将数据包从吉比特以太网 0/0/1 接口发出去

　　B. 创建一个新的第 2 层以太网帧以发送到目的

　　C. 查看 ARP 缓存以确定目的 IP 地址

　　D. 查看路由表以确定目的网络是否在路由表中

4. 主机可以使用哪个 IPv4 地址 ping 环回接口?

A. 126.0.0.1 B. 127.0.0.0

C. 126.0.0.0 D. 127.0.0.1

5. 当一个无连接的协议在 OSI 模型的较低层使用时, 丢失的数据如何被检测到, 以及如何重传 (如果有必要)?

A. 使用无连接确认来请求重传

B. 上层的面向连接协议跟踪接收到的数据, 并通过发送主机上的上层协议请求重传

C. 如果面向连接的传输服务不可用, 网络层 IP 协议将管理通信会话

D. 尽力而为的交付过程可确保所有发送的信息包都被接收到

6. 创建和实施 IPv6 的主要原因是什么?

A. 使 32 位地址的读取更容易

B. 解决 IPv4 地址耗尽的问题

C. 在互联网名称注册机构中提供更多的地址空间

D. 允许 NAT 支持私有地址

7. 下面哪句话准确地描述了 IPv4 的特性?

A. 所有的 IPv4 地址都可以分配给主机

B. IPv4 的地址空间为 32 位

C. IPv4 报头的字段比 IPv6 报头的字段少

D. IPv4 的地址空间为 128 位

8. 当一台路由器收到一个 IPv6 数据包时, 为了查看数据包是否超过了可以转发数据包的路由器的数量, 需要检查哪个信息?

A. 目的 IP 地址 B. 源 IP 地址

C. 跳数限制 D. TTL

9. 路由器使用 IPv6 数据包中的哪一个字段来确定数据包是否过期并且应该被丢弃?

A. TTL B. 跳数限制

C. 地址不可达 D. 没有通往目的地的路由

10. 下面哪个命令可以在 Windows 主机上显示路由表?

A. **netstat -s** B. **show ip route**

C. **netstat -r** D. **print route**

11. 在 OSI 第 3 层封装期间添加了什么信息?

A. 源和目的 MAC 地址 B. 源和目的应用程序协议

C. 源和目的端口号 D. 源和目的 IP 地址

12. 网络层如何确定 MTU 的值?

A. 网络层根据更高的层来确定 MTU

B. 网络层通过数据链路层设置 MTU, 并根据 MTU 的大小调整传输速度

C. 网络层根据数据链路帧的 MTU 来决定数据包的大小

D. 为了增大传输速度, 网络层忽略 MTU

13. 下面哪个特征描述了 IPv6 对 IPv4 的增强?

A. IPv6 是基于 128 位的平面编址, 而 IPv4 是基于 32 位的分层编址

B. IPv6 报头比 IPv4 报头简单, 因此提高了数据包的处理能力

C. IPv4 和 IPv6 都支持认证, 但只有 IPv6 支持隐私功能

D. IPv6 地址空间是 IPv4 地址空间的 4 倍

第 9 章

地址解析

学习目标

通过完成本章的学习，您将能够回答下列问题：

- MAC 地址和 IP 地址的作用是什么；
- ARP 的用途是什么；
- IPv6 邻居发现的操作是什么。

主机和路由器都创建路由表，以确保它们可以跨网络发送和接收数据。那么，这些信息是如何在路由表中创建的呢？作为网络管理员，可以手动输入这些 MAC 和 IP 地址。但这将花费大量时间，而且犯一些错误的可能性很大。大家是否认为一定有某种方式，可让主机和路由器自动创建这些信息呢？当然有！不过，即使这个地址解析过程可以自动执行，您仍然必须了解它是如何工作的，因为您可能需要排除一些故障，或更糟糕的是，您的网络可能会受到威胁发起者的攻击。您准备好学习地址解析了吗？

9.1 MAC 和 IP

本节介绍第 2 层数据链路地址（如以太网 MAC 地址）和第 3 层网络地址（如 IP 地址）的区别。

9.1.1 同一网络中的目的地址

有时，主机必须发送消息，但它只知道目的设备的 IP 地址。主机需要知道该设备的 MAC 地址，但是如何才能发现它呢？这就是地址解析变得至关重要的地方。

以太 LAN 上的设备都配有两个主要地址。

- **物理地址（MAC 地址）**：用于同一网络上的网卡之间的通信。
- **逻辑地址（IP 地址）**：用于将数据包从源设备发送到目的设备。目的 IP 地址可能与源地址在同一个 IP 网络上，也可能在远程网络上。

第 2 层物理地址（即以太网 MAC 地址）用于将数据链路层帧从同一网络中一个网卡发送到另一个网卡，IP 数据包就封装在帧中。如果目的 IP 地址在同一网络上，则目的 MAC 地址将是目的设备的 MAC 地址。

在图 9-1 中，PC1 想要向 PC2 发送一个数据包。在图中可以看到，从 PC1 发送的数据包中包含第 2 层目的和源 MAC 地址以及第 3 层 IPv4 地址。

第 2 层以太网帧包含以下内容。

- **目的 MAC 地址**：简化后的 PC2 的 MAC 地址为 55-55-55。
- **源 MAC 地址**：PC1 上以太网网卡的简化 MAC 地址为 aa-aa-aa。

目的MAC地址	源MAC地址	目的IPv4地址	源IPv4地址
55-55-55	aa-aa-aa	192.168.10.10	192.168.10.11

图 9-1　同一网络中主机的编址

第 3 层 IP 数据包包含以下内容。

- **源 IPv4 地址**：PC1 的 IPv4 地址为 192.168.10.10。
- **目的 IPv4 地址**：PC2 的 IPv4 地址为 192.168.10.11。

9.1.2　远程网络中的目的地址

当目的 IP 地址（IPv4 或 IPv6）处于远程网络中时，则目的 MAC 地址为主机的默认网关（即路由器接口）的地址。

在图 9-2 中，PC1 想要向 PC2 发送数据包。PC2 位于远程网络。由于目的 IPv4 地址与 PC1 不在同一本地网络中，所以目的 MAC 地址为路由器上本地默认网关的 MAC 地址。

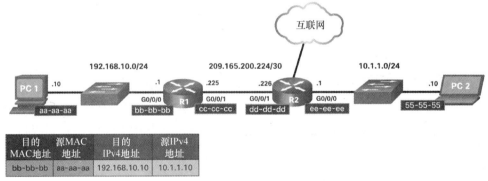

目的 MAC地址	源MAC 地址	目的 IPv4地址	源IPv4 地址
bb-bb-bb	aa-aa-aa	192.168.10.10	10.1.1.10

图 9-2　远程网络举例：PC1 到 R1

路由器检查目的 IPv4 地址，以确定转发 IPv4 数据包的最佳路径。当路由器收到以太网帧时，它将第 2 层信息解封装，然后根据目的 IPv4 地址确定下一跳设备，将 IPv4 数据包封装到出接口的新数据链路帧中。

现在 R1 可以用新的第 2 层地址信息对数据包进行封装，如图 9-3 所示。

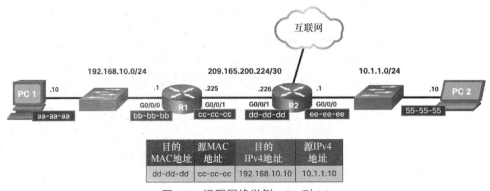

目的 MAC地址	源MAC 地址	目的 IPv4地址	源IPv4 地址
dd-dd-dd	cc-cc-cc	192.168.10.10	10.1.1.10

图 9-3　远程网络举例：R1 到 R2

新的目的 MAC 地址将是 R2 的 G0/0/1 接口的地址,新的源 MAC 地址将是 R1 的 G0/0/1 接口的地址。

沿着路径中的每一个链路,IP 数据包被封装到帧中。帧特定于与该链路相关联的数据链路技术,例如以太网。如果下一跳设备是最终目的设备,则目的 MAC 地址为该设备以太网卡的地址,如图 9-4 所示。

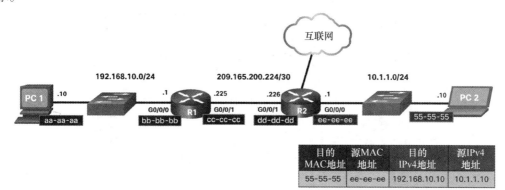

图 9-4 远程网络举例:R2 到 PC2

在数据流中,IP 数据包的 IP 地址如何与通往目的的路径中每条链路上的 MAC 地址相关联?对于 IPv4 数据包,这可以通过地址解析协议(ARP)过程来完成。对于 IPv6 数据包,这个过程是 ICMPv6 邻居发现(ND)。

9.2 ARP

本节介绍 MAC 地址和 IPv4 地址的关系,以及如何使用 ARP 来映射这两个地址。

9.2.1 ARP 概述

如果您的网络使用 IPv4 通信协议,则需要使用 ARP(地址解析协议)将 IPv4 地址映射到 MAC 地址。本节介绍 ARP 是如何工作的。

以太网网络上的每个 IP 设备都有一个唯一的以太网 MAC 地址。当设备发送以太网第 2 层帧时,将包含以下两个地址。

- **目的 MAC 地址**:目的设备位于同一本地网络上,则为其以太网 MAC 地址。如果目的主机位于另一个网络上,则帧中的目的地址将是默认网关(即路由器)的地址。
- **源 MAC 地址**:源主机以太网网卡的 MAC 地址。

图 9-5 所示为将帧发送到 IPv4 网络上同一段中的另一个主机时出现的问题。

要向同一本地 IPv4 网络上的另一个主机发送数据包,主机必须知道目的设备的 IPv4 地址和 MAC 地址。设备的目的 IPv4 地址可以是已知的,也可以通过设备名称解析。然而,必须得知道 MAC 地址。

当设备知道一台本地设备的 IPv4 地址时,将使用 ARP 来确定这台设备的目的 MAC 地址。

ARP 提供两个基本功能:

- 将 IPv4 地址解析为 MAC 地址;
- 维护 IPv4 到 MAC 的地址映射表。

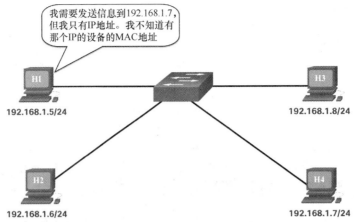

图 9-5 主机不知道目的 MAC 地址

9.2.2 ARP 功能

当数据包被发送到数据链路层,以封装到以太网帧时,设备将参照其内存中的表来查找映射到 IPv4 地址的 MAC 地址。这个表临时存储在 RAM 内存中，称为 ARP 表或 ARP 缓存。

发送设备会在自己的 ARP 表中搜索目的 IPv4 地址和相应的 MAC 地址，然后:

■ 如果数据包的目的 IPv4 地址与源 IPv4 地址处于同一个网络，则设备会在 ARP 表中搜索目的 IPv4 地址;

■ 如果目的 IPv4 地址与源 IPv4 地址不在同一个网络中，则设备会在 ARP 表中搜索默认网关的 IPv4 地址。

在这两种情况下，都是搜索设备的 IPv4 地址和与其相对应的 MAC 地址。

ARP 表中的每一个条目（或每一行）将一个 IPv4 地址与一个 MAC 地址绑定。这两个值之间的关系称为映射。这意味着可以在表中查找 IPv4 地址并发现相应的 MAC 地址。ARP 表暂时保存（缓存）LAN 上设备的映射关系。

如果设备找到 IPv4 地址，其相应的 MAC 地址将作为帧中的目的 MAC 地址。如果找不到该条目，设备会发送一个 ARP 请求，如图 9-6 所示。

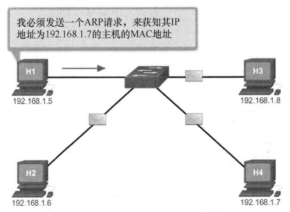

图 9-6 H1 发送广播 ARP 请求

目的设备使用一个 ARP 应答进行响应，如图 9-7 所示。

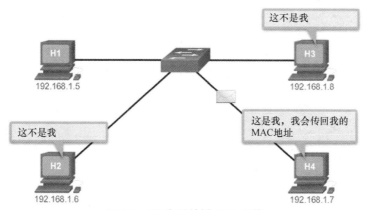

图 9-7　H4 发送单播 ARP 应答

9.2.3　从 ARP 表中删除条目

对于每台设备，ARP 缓存计时器将会删除在指定时间内未使用的 ARP 条目。计时器的时间根据设备的操作系统不同而不同。例如，较新的 Windows 操作系统将 ARP 表条目存储 15～45 秒，如图 9-8 所示。

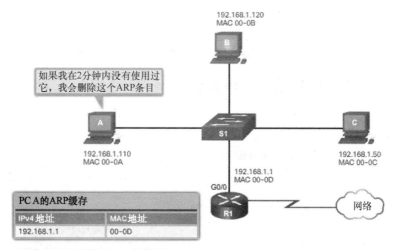

图 9-8　删除 MAC 到 IP 地址的映射关系

也可以使用命令来手动删除 ARP 表中的部分或全部条目。当条目被删除之后，要想再在 ARP 表中输入映射，必须重复一次发送 ARP 请求和接收 ARP 应答的过程。

9.2.4　网络设备上的 ARP 表

在思科路由器上，**show ip arp** 命令用于显示 ARP 表，如例 9-1 所示。

例 9-1　思科路由器 ARP 表

```
R1# show ip arp
Protocol Address          Age (min) Hardware Addr   Type    Interface
Internet 192.168.10.1         -      a0e0.af0d.e140  ARPA    GigabitEthernet0/0/0
```

```
Internet 209.165.200.225    -        a0e0.af0d.e141   ARPA   GigabitEthernet0/0/1
Internet 209.165.200.226    1        a03d.6fe1.9d91   ARPA   GigabitEthernet0/0/1
R1#
```

在 Windows 10 PC 上，**arp –a** 命令用于显示 ARP 表，如例 9-2 所示。

例 9-2　Windows 10 PC ARP 表

```
C:\Users\PC> arp -a
Interface: 192.168.1.124 --- 0x10
  Internet Address      Physical Address      Type
  192.168.1.1           c8-d7-19-cc-a0-86     dynamic
  192.168.1.101         08-3e-0c-f5-f7-77     dynamic
  192.168.1.110         08-3e-0c-f5-f7-56     dynamic
  192.168.1.112         ac-b3-13-4a-bd-d0     dynamic
  192.168.1.117         08-3e-0c-f5-f7-5c     dynamic
  192.168.1.126         24-77-03-45-5d-c4     dynamic
  192.168.1.146         94-57-a5-0c-5b-02     dynamic
  192.168.1.255         ff-ff-ff-ff-ff-ff     static
  224.0.0.22            01-00-5e-00-00-16     static
  224.0.0.251           01-00-5e-00-00-fb     static
  239.255.255.250       01-00-5e-7f-ff-fa     static
  255.255.255.255       ff-ff-ff-ff-ff-ff     static
C:\Users\PC>
```

9.2.5　ARP 问题：ARP 广播和 ARP 欺骗

作为广播帧，本地网络上的每台设备都会收到并处理 ARP 请求。在一般的商业网络中，这些广播对网络性能的影响可能微不足道。但是，如果大量设备都已启动，并且同时开始使用网络服务，则网络性能可能会有短时间的下降，如图 9-9 所示。在设备发出初始 ARP 广播并获悉必要的 MAC 地址之后，网络受到的影响将会降至最低。

图 9-9　ARP 广播泛洪到网络

有时，使用 ARP 可能会造成潜在的安全风险。威胁发起者可以使用 ARP 欺骗来执行 ARP 毒化攻击。如图 9-10 所示，威胁发起者可以使用这种技术来应答属于另一台设备（例如默认网关）的 IPv4 地址的 ARP 请求。威胁发起者会发送一个带有自己 MAC 地址的 ARP 应答。ARP 应答的接收方会将错误的 MAC 地址添加到其 ARP 表中，并将这些数据包发送给威胁发起者。

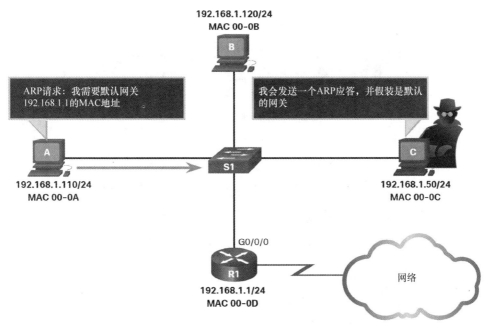

注意：出于演示目的，这里缩写了MAC地址

图 9-10　威胁发起者欺骗 ARP 应答

企业级的交换机可以使用称为动态 ARP 检查（Dynamic ARP Inspection，DAI）的缓解技术。DAI 不在本书的讨论范围之内。

9.3　IPv6 邻居发现

本节介绍 MAC 地址和 IPv6 地址的关系，以及如何使用邻居发现（Neighbor Discovery，ND）协议来映射 MAC 地址和 IPv6 地址。

9.3.1　IPv6 邻居发现消息

IPv6 邻居发现协议有时被称为 ND 或 NDP。在本书中，我们称它为 ND。ND 使用 ICMPv6 为 IPv6 提供地址解析、路由器发现和重定向服务。ICMPv6 ND 使用 5 种 ICMPv6 消息来执行这些服务：

- 邻居请求消息；
- 邻居通告消息；
- 路由器请求消息；
- 路由器通告消息；
- 重定向消息。

邻居请求和邻居通告消息用于设备到设备的消息传递，例如地址解析（类似于 IPv4 的 ARP）。设备包括主机计算机和路由器，如图 9-11 所示。

路由器请求和路由器通告消息用于设备和路由器之间的消息传递，如图 9-12 所示。通常，路由器发现用于动态地址分配和无状态地址自动配置（SLAAC）。

2001:db8:acad:1::/64

图 9-11 设备到设备的消息传递

2001:db8:acad:1::/64

图 9-12 设备到路由器的消息传递

注　意　第五个 ICMPv6 ND 消息是一个重定向消息，用于选择更好的下一跳。这不在本书的讨论范围之内。

IPv6 ND 定义在 IETF RFC 4861 中。

9.3.2 IPv6 邻居发现：地址解析

与 IPv4 的 ARP 非常相似，IPv6 设备使用 IPv6 ND 来确定一个已知 IPv6 地址的设备的 MAC 地址。

ICMPv6 邻居请求和邻居通告消息用于 MAC 地址解析。这类似于 IPv4 中的 ARP 请求和 ARP 应答。例如，假设 PC1 想要 ping PC2 的 IPv6 地址 2001:db8:acad::11。为了确定已知 IPv6 地址的 MAC 地址，PC1 发送一个 ICMPv6 邻居请求消息，如图 9-13 所示。

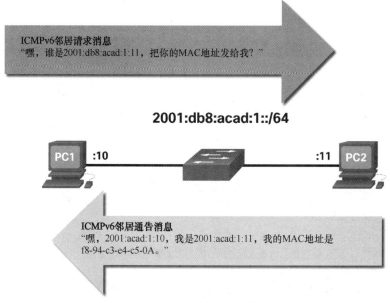

图 9-13 IPv6 邻居发现过程

ICMPv6 邻居请求消息使用特定的以太网和 IPv6 组播地址发送。这使得接收设备的以太网卡可以确定邻居请求消息是否属于它自己，而不必将它发送到操作系统进行处理。

PC2 使用包含其 MAC 地址的 ICMPv6 邻居通告消息来应答请求。

9.4　总结

MAC 和 IP

第 2 层物理地址（即以太网 MAC 地址）用于将数据链路层帧从同一网络中一个网卡发送到另一个网卡，IP 数据包就封装在帧中。如果目的 IP 地址在同一网络上，则目的 MAC 地址将是目的设备的 MAC 地址。当目的 IP 地址（IPv4 或 IPv6）处于远程网络中时，则目的 MAC 地址为主机的默认网关（即路由器接口）的地址。沿着路径中的每一个链路，IP 数据包被封装到帧中。帧特定于与该链路相关联的数据链路技术，例如以太网。如果下一跳设备是最终目的设备，则目的 MAC 地址为该设备以太网卡的地址。在数据流中，IP 数据包的 IP 地址如何与通往目的的路径中每条链路上的 MAC 地址相关联？对于 IPv4 数据包，这可以通过 ARP 过程来完成。对于 IPv6 数据包，这个过程是 ICMPv6 ND。

ARP

以太网网络上的每个 IP 设备都有一个唯一的以太网 MAC 地址。当设备发送以太网帧时，它包含两个地址：目的 MAC 地址和源 MAC 地址。

当设备知道一台本地设备的 IPv4 地址时，将使用 ARP 来确定这台设备的目的 MAC 地址。ARP 提供了两个基本功能：将 IPv4 地址解析为 MAC 地址和维护 IPv4 到 MAC 地址的映射表。ARP 请求使用以下报头信息封装在以太网帧中：源和目的 MAC 地址与类型。LAN 上只有一台设备的 IPv4 地址与 ARP 请求中的目的 IPv4 地址相匹配。所有其他设备都不应答。ARP 应答包含与请求相同的报头字段。只有最初发送 ARP 请求的设备才会收到单播 ARP 应答。收到该 ARP 应答后，设备会将 IPv4 地址及相应的 MAC 地址添加到自身的 ARP 表中。当目的 IPv4 地址与源 IPv4 地址位于不同网络时，源设备需要将帧发送到其默认网关。这是本地路由器的接口。对于每台设备，ARP 缓存计时器将会删除在指定时间内未使用的 ARP 条目。也可以使用命令来手动删除 ARP 表中的部分或全部条目。作为广播帧，本地网络上的每台设备都会收到并处理 ARP 请求，这可能导致网络变慢。威胁发起者可以使用 ARP 欺骗来执行 ARP 毒化攻击。

邻居发现

IPv6 不使用 ARP，它使用 ND 协议来解析 MAC 地址。ND 使用 ICMPv6 为 IPv6 提供地址解析、路由器发现和重定向服务。ICMPv6 ND 使用 5 种 ICMPv6 消息来执行这些服务：邻居请求、邻居通告、路由器请求、路由器通告和重定向。与 IPv4 的 ARP 非常相似，IPv6 设备使用 IPv6 ND 将设备的 MAC 地址解析为已知的 IPv6 地址。

复习题

完成这里列出的所有复习题，可以测试您对本章内容的理解。附录列出了答案。

1. 当一台主机需要发送一个 IPv4 数据包到远程网络上的一台主机时，在 ARP 请求消息中请求的地址是什么？

    A. 目的主机的 IPv4 地址

    B. 默认网关的 IPv4 地址

    C. 默认网关（即最接近发送主机的路由器接口）的 MAC 地址

    D. 连接发送主机的交换机端口的 MAC 地址

2. ARP 进程如何使用 IPv4 地址？

    A. 确定远程目的主机的 MAC 地址

    B. 确定同一网络中设备的 MAC 地址

    C. 确定数据包从源地址到目的地址所需的时间

    D. 根据 IP 地址中的位数确定网络号

3. 交换机中的 ARP 表将什么映射起来？

    A. 第 3 层地址到第 2 层地址　　　　B. 第 3 层地址到第 4 层地址

    C. 第 4 层地址到第 2 层地址　　　　D. 第 2 层地址到第 4 层地址

4. ARP 协议的一个功能是什么？

    A. 自动获取 IPv4 地址　　　　　　B. 域名到 IPv4 地址的映射

    C. 将 IPv4 地址解析为 MAC 地址　　D. 维护域名表及其解析后的 IPv4 地址

5. 哪个路由器组件保存路由、ARP 缓存和运行配置文件？

    A. RAM　　　　　　　　　　　　　B. 闪存

    C. NVRAM　　　　　　　　　　　D. ROM

6. ARP 表中包含什么类型的信息？

    A. 与目的 MAC 地址相关联的交换机端口

    B. 域名到 IPv4 地址的映射关系

    C. 到达目的网络的路由

    D. IPv4 地址到 MAC 地址的映射关系

7. 一位网络安全分析师认为，攻击者正在欺骗默认网关的 MAC 地址，以实施中间人攻击。他应该使用哪个命令来查看主机到达默认网关时使用的 MAC 地址？

    A. **ipconfig /all**　　　　　　　　　B. **route print**

    C. **netstat -r**　　　　　　　　　　D. **arp -a**

8. ARP 的功能是什么？

    A. 将已知的 MAC 地址解析为未知的 IPv4 地址

    B. 将已知的端口地址解析为未知的 MAC 地址

    C. 将已知的 MAC 地址解析为未知的端口地址

    D. 将已知的 IPv4 地址解析为未知的 MAC 地址

9. 在 IPv4 网络中，ARP 的目的是什么？

    A. 根据目的 IP 地址转发数据

    B. 当 IP 地址已知时获取指定的 MAC 地址

    C. 根据目的 MAC 地址转发数据

    D. 根据收集到的信息在交换机中建立 MAC 地址表

10. 第 2 层交换机在接收到第 2 层广播帧时，将采取哪些操作？

    A. 它将丢弃此帧

    B. 它将帧转发到除接收帧的端口以外的所有端口

    C. 它将帧转发到所有注册为转发广播的端口

D. 将帧转发到所有端口

11. 在 ARP 请求中使用哪个目的 MAC 地址？

    A. 0.0.0.0　　　　　　　　　　　B. 255.255.255.255

    C. FFFF.FFFF.FFFF　　　　　　　D. 127.0.0.1

    E. 01-00-5E-00-AA-23

12. ICMPv6 邻居请求消息的目的 MAC 地址是什么？

    A. 组播　　　　　　　　　　　　B. 单播

    C. 广播　　　　　　　　　　　　D. 任播

13. 当接收帧的目的 MAC 地址不在 MAC 表中时，第 2 层交换机会做什么？

    A. 发起 ARP 请求

    B. 它将帧广播到交换机的所有端口

    C. 它通知发送主机 "帧不能被交付"

    D. 它将帧转发到除接收帧的端口以外的所有端口

14. 在以太网 MAC 地址解析过程中，会用到哪两个 ICMPv6 消息？（选择两项）

    A. 路由器请求　　　　　　　　　B. 路由器通告

    C. 邻居请求　　　　　　　　　　D. 邻居通告

    E. Echo 请求

第 10 章

基本路由器配置

学习目标

通过完成本章的学习，您将能够回答下列问题：

- 如何在思科 IOS 路由器上配置初始设置；
- 如何在思科 IOS 路由器上配置两个活动接口；
- 如何配置设备以使用默认网关。

您是否参加过接力赛？第一个人跑完第一棒，然后把接力棒传给下一个人，下一个人接第二棒继续前进，再把接力棒传给第三个人，如此下去。但是，如果第一棒选手不知道在哪里找到第二棒选手，或者在跑第一棒时丢掉了接力棒，那么团队肯定会输掉比赛。

数据包的路由与接力赛非常相似。如您所知，路由器创建并使用路由表将数据包从本地网络转发到其他网络。但路由器在配置完成之前无法创建路由表或转发任何数据包。如果您打算成为一名网络管理员，您一定要知道如何做到这一点。好消息是这很简单!

10.1 配置初始路由器设置

本节介绍了所有 IOS 路由器所需的基本配置。

10.1.1 基本路由器配置步骤

在路由器上配置初始设置时，应完成以下任务。

步骤 1. 配置设备名称。

```
Router(config)# hostname hostname
```

步骤 2. 保护特权 EXEC 模式。

```
Router(config)# enable secret password
```

步骤 3. 保护用户 EXEC 模式。

```
Router(config)# line console 0
Router(config-line)# password password
Router(config-line)# login
```

步骤 4. 保护远程 Telnet/SSH 访问。

```
Router(config-line)# line vty 0 4
Router(config-line)# password password
```

```
Router(config-line)# login
Router(config-line)# transport input {ssh | telnet}
```

步骤 5. 保护配置文件中的所有密码。

```
Router(config-line)# exit
Router(config)# service password-encryption
```

步骤 6. 提供法律通知旗标。

```
Router(config)# banner motd delimiter message delimiter
```

步骤 7. 保存配置。

```
Router(config)# end
Router# copy running-config startup-config
```

10.1.2　路由器基本配置示例

本节提供了一个示例，它使用了图 10-1 中的拓扑。在该示例中，您将看到如何使用初始设置来配置路由器 R1。

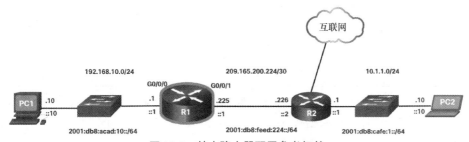

图 10-1　基本路由器配置参考拓扑

要配置 R1 的设备名称，请使用例 10-1 中的命令。

例 10-1　配置设备名称

```
Router> enable
Router# configure terminal
Enter configuration commands, one per line.
End with CNTL/Z.
Router(config)# hostname R1
R1(config)#
```

注　意　在例 10-1 中，路由器提示符现在显示路由器主机名。

所有的路由器访问都应得到保护。特权 EXEC 模式为用户提供了对设备及其配置的完全访问权限。因此，这个模式一定要严加保护。

例 10-2 中的命令可保护特权 EXEC 模式和用户 EXEC 模式，启用 Telnet 和 SSH 远程访问，并加密所有明文（即用户 EXEC 和 VTY 线路）密码。

例 10-2　保护对路由器的访问

```
R1(config)# enable secret class
R1(config)#
R1(config)# line console 0
```

```
R1(config-line)# password cisco
R1(config-line)# login
R1(config-line)# exit
R1(config)#
R1(config)# line vty 0 4
R1(config-line)# password cisco
R1(config-line)# login
R1(config-line)# transport input ssh telnet
R1(config-line)# exit
R1(config)#
R1(config)# service password-encryption
R1(config)#
```

最好提供一个法律旗标，以警告用户只能由被许可的用户访问该设备。法律通知的配置如例 10-3 所示。

例 10-3 配置警告旗标

```
R1(config)# banner motd #
Enter TEXT message. End with a new line and the #
**********************************************
WARNING: Unauthorized access is prohibited!
**********************************************
#
R1(config)#
```

如果前面介绍的命令都已配置在路由器上，当路由器发生意外断电时，则所有已配置的命令都将丢失。因此，在实施变更时要保存配置，这非常重要。例 10-4 中的命令将配置保存到 NVRAM 中。

例 10-4 保存运行配置

```
R1# copy running-config startup-config
Destination filename [startup-config]?
Building configuration...
[OK]
R1#
```

10.2 配置接口

本节介绍基本的路由器接口配置。

10.2.1 配置路由器接口

此时，路由器已经有了基本的配置。下一步是配置它们的接口。这一步很有必要，因为在配置接口之前，终端设备无法访问路由器。思科路由器上有许多不同类型的接口。例如，思科 ISR 4321 路由器配备了两个吉比特以太网接口：

- GigabitEthernet 0/0/0（G0/0/0）;
- GigabitEthernet 0/0/1（G0/0/1）。

配置路由器接口与在交换机上配置管理 SVI 非常相似。具体来说，它包括执行以下命令：

```
Router(config)# interface type-and-number
Router(config-if)# description description-text
Router(config-if)# ip address ipv4-address subnet-mask
Router(config-if)# ipv6 address ipv6-address/prefix-length
Router(config-if)# no shutdown
```

注　意　当启用路由器接口时，应显示消息，以确认启用的链路。

虽然在启用接口时 **description** 命令不是必需的，但使用它是一个很好的习惯。该命令可以提供有关所连接的网络类型的信息，因此有助于解决生产网络中的故障。例如，如果接口连接到 ISP 或服务供应商，则可以使用 **description** 命令输入第三方连接和联系信息。

注　意　*description-text* 最长不能超过 240 字符。

使用 **no shutdown** 命令可激活接口，这类似于在接口上启动电源。接口还必须连接到另一台设备（交换机或路由器），才能使物理层处于活动状态。

注　意　如果路由器之间的连接中没有以太网交换机，必须配置和启用两个互连接口。

10.2.2　配置路由器接口的示例

例 10-5 所示为如何启用图 10-1 中的 R1 直连接口。

例 10-5　使用双协议栈编址来配置路由器接口

```
R1> enable
R1# configure terminal
Enter configuration commands, one per line.
End with CNTL/Z.
R1(config)# interface gigabitEthernet 0/0/0
R1(config-if)# description Link to LAN
R1(config-if)# ip address 192.168.10.1 255.255.255.0
R1(config-if)# ipv6 address 2001:db8:acad:10::1/64
R1(config-if)# no shutdown
R1(config-if)# exit
R1(config)#
*Aug 1 01:43:53.435: %LINK-3-UPDOWN: Interface GigabitEthernet0/0/0, changed state
  to down
*Aug 1 01:43:56.447: %LINK-3-UPDOWN: Interface GigabitEthernet0/0/0, changed state
  to up
*Aug 1 01:43:57.447: %LINEPROTO-5-UPDOWN: Line protocol on Interface
  GigabitEthernet0/0/0, changed state to up
R1(config)#
R1(config)#
R1(config)# interface gigabitEthernet 0/0/1
R1(config-if)# description Link to R2
R1(config-if)# ip address 209.165.200.225 255.255.255.252
R1(config-if)# ipv6 address 2001:db8:feed:224::1/64
```

```
R1(config-if)# no shutdown
R1(config-if)# exit
R1(config)#
*Aug 1 01:46:29.170: %LINK-3-UPDOWN: Interface GigabitEthernet0/0/1, changed state
  to down
*Aug 1 01:46:32.171: %LINK-3-UPDOWN: Interface GigabitEthernet0/0/1, changed state
  to up
*Aug 1 01:46:33.171: %LINEPROTO-5-UPDOWN: Line protocol on Interface
  GigabitEthernet0/0/1, changed state to up
R1(config)#
```

注　意　要注意那些通知我们"G0/0/0 和 G0/0/1 已启用"的信息。

10.2.3　检验接口的配置

可使用多条命令来检验接口的配置，其中最有用的是 **show ip interface brief** 和 **show ipv6 interface brief** 命令，如例 10-6 所示。

例 10-6　验证接口的配置

```
R1# show ip interface brief
Interface            IP-Address      OK? Method Status                 Protocol
GigabitEthernet0/0/0 192.168.10.1    YES manual up                     up
GigabitEthernet0/0/1 209.165.200.225 YES manual up                     up
Vlan1                unassigned      YES unset administratively down   down
R1# show ipv6 interface brief
GigabitEthernet0/0/0            [up/up]
    FE80::201:C9FF:FE89:4501
    2001:DB8:ACAD:10::1
GigabitEthernet0/0/1            [up/up]
    FE80::201:C9FF:FE89:4502
    2001:DB8:FEED:224::1
Vlan1                          [administratively down/down]
    unassigned
R1#
```

10.2.4　配置验证命令

表 10-1 所示为用于验证接口配置的最常用的 **show** 命令。

表 10-1　验证命令

命令	说明
show ip interface brief **show ipv6 interface brief**	显示所有接口、它们的 IP 地址和当前的状态。已配置和已连接的接口的状态和协议均会显示 up。如果显示任何其他内容，则可能表示配置或布线出现了问题
show ip route **show ipv6 route**	显示存储在 RAM 中的 IP 路由表的内容
show interfaces	显示设备上所有接口的统计信息；这个命令只显示 IPv4 编址信息
show ip interface	显示路由器上所有接口的 IPv4 统计信息
show ipv6 interface	显示路由器上所有接口的 IPv6 统计信息

例 10-7～例 10-13 显示了这些配置验证命令的命令输出。

例 10-7　show ip interface brief 命令

```
R1# show ip interface brief
Interface              IP-Address       OK? Method Status                 Protocol
GigabitEthernet0/0/0   192.168.10.1     YES manual up                     up
GigabitEthernet0/0/1   209.165.200.225  YES manual up                     up
Vlan1                  unassigned       YES unset  administratively down   down
R1#
```

例 10-8　show ipv6 interface brief 命令

```
R1# show ipv6 interface brief
GigabitEthernet0/0/0           [up/up]
    FE80::201:C9FF:FE89:4501
    2001:DB8:ACAD:10::1
GigabitEthernet0/0/1           [up/up]
    FE80::201:C9FF:FE89:4502
    2001:DB8:FEED:224::1
Vlan1                          [administratively down/down]
    unassigned
R1#
```

例 10-9　show ip route 命令

```
R1# show ip route
Codes: L - local, C - connected, S - static, R - RIP, M - mobile, B - BGP
       D - EIGRP, EX - EIGRP external, O - OSPF, IA - OSPF inter area
       N1 - OSPF NSSA external type 1, N2 - OSPF NSSA external type 2
       E1 - OSPF external type 1, E2 - OSPF external type 2
       i - IS-IS, su - IS-IS summary, L1 - IS-IS level-1, L2 - IS-IS level-2
       ia - IS-IS inter area, * - candidate default, U - per-user static route
       o - ODR, P - periodic downloaded static route, H - NHRP, l - LISP
       a - application route
       + - replicated route, % - next hop override, p - overrides from PfR
Gateway of last resort is not set
      192.168.10.0/24 is variably subnetted, 2 subnets, 2 masks
C        192.168.10.0/24 is directly connected, GigabitEthernet0/0/0
L        192.168.10.1/32 is directly connected, GigabitEthernet0/0/0
      209.165.200.0/24 is variably subnetted, 2 subnets, 2 masks
C        209.165.200.224/30 is directly connected, GigabitEthernet0/0/1
L        209.165.200.225/32 is directly connected, GigabitEthernet0/0/1
R1#
```

例 10-10　show ipv6 route 命令

```
R1# show ipv6 route
IPv6 Routing Table - default - 5 entries
Codes: C - Connected, L - Local, S - Static, U - Per-user Static route
       B - BGP, R - RIP, H - NHRP, I1 - ISIS L1
       I2 - ISIS L2, IA - ISIS interarea, IS - ISIS summary, D - EIGRP
       EX - EIGRP external, ND - ND Default, NDp - ND Prefix, DCE - Destination
       NDr - Redirect, RL - RPL, O - OSPF Intra, OI - OSPF Inter
       OE1 - OSPF ext 1, OE2 - OSPF ext 2, ON1 - OSPF NSSA ext 1
       ON2 - OSPF NSSA ext 2, a - Application
```

```
C    2001:DB8:ACAD:10::/64 [0/0]
        via GigabitEthernet0/0/0, directly connected
L    2001:DB8:ACAD:10::1/128 [0/0]
        via GigabitEthernet0/0/0, receive
C    2001:DB8:FEED:224::/64 [0/0]
        via GigabitEthernet0/0/1, directly connected
L    2001:DB8:FEED:224::1/128 [0/0]
        via GigabitEthernet0/0/1, receive
L    FF00::/8 [0/0]
        via Null0, receive
R1#
```

例 10-11　show interfaces 命令

```
R1# show interfaces gig0/0/0
GigabitEthernet0/0/0 is up, line protocol is up
  Hardware is ISR4321-2x1GE, address is a0e0.af0d.e140 (bia a0e0.af0d.e140)
  Description: Link to LAN
  Internet address is 192.168.10.1/24
  MTU 1500 bytes, BW 100000 Kbit/sec, DLY 100 usec,
     reliability 255/255, txload 1/255, rxload 1/255
  Encapsulation ARPA, loopback not set
  Keepalive not supported
  Full Duplex, 100Mbps, link type is auto, media type is RJ45
  output flow-control is off, input flow-control is off
  ARP type: ARPA, ARP Timeout 04:00:00
  Last input 00:00:01, output 00:00:35, output hang never
  Last clearing of "show interface" counters never
  Input queue: 0/375/0/0 (size/max/drops/flushes); Total output drops: 0
  Queueing strategy: fifo
  Output queue: 0/40 (size/max)
  5 minute input rate 0 bits/sec, 0 packets/sec
  5 minute output rate 0 bits/sec, 0 packets/sec
     1180 packets input, 109486 bytes, 0 no buffer
     Received 84 broadcasts (0 IP multicasts)
     0 runts, 0 giants, 0 throttles
     0 input errors, 0 CRC, 0 frame, 0 overrun, 0 ignored
     0 watchdog, 1096 multicast, 0 pause input
     65 packets output, 22292 bytes, 0 underruns
     0 output errors, 0 collisions, 2 interface resets
     11 unknown protocol drops
     0 babbles, 0 late collision, 0 deferred
     1 lost carrier, 0 no carrier, 0 pause output
     0 output buffer failures, 0 output buffers swapped out
R1#
```

例 10-12　show ip interface 命令

```
R1# show ip interface g0/0/0
GigabitEthernet0/0/0 is up, line protocol is up
  Internet address is 192.168.10.1/24
  Broadcast address is 255.255.255.255
  Address determined by setup command
  MTU is 1500 bytes
  Helper address is not set
```

```
         Directed broadcast forwarding is disabled
         Outgoing Common access list is not set
         Outgoing access list is not set
         Inbound Common access list is not set
         Inbound access list is not set
         Proxy ARP is enabled
         Local Proxy ARP is disabled
         Security level is default
         Split horizon is enabled
         ICMP redirects are always sent
         ICMP unreachables are always sent
         ICMP mask replies are never sent
         IP fast switching is enabled
         IP Flow switching is disabled
         IP CEF switching is enabled
         IP CEF switching turbo vector
         IP Null turbo vector
         Associated unicast routing topologies:
                 Topology "base", operation state is UP
         IP multicast fast switching is enabled
         IP multicast distributed fast switching is disabled
         IP route-cache flags are Fast, CEF
         Router Discovery is disabled
         IP output packet accounting is disabled
         IP access violation accounting is disabled
         TCP/IP header compression is disabled
         RTP/IP header compression is disabled
         Probe proxy name replies are disabled
         Policy routing is disabled
         Network address translation is disabled
         BGP Policy Mapping is disabled
         Input features: MCI Check
         IPv4 WCCP Redirect outbound is disabled
         IPv4 WCCP Redirect inbound is disabled
         IPv4 WCCP Redirect exclude is disabled
     R1#
```

例 10-13 show ipv6 interface 命令

```
R1# show ipv6 interface g0/0/0
GigabitEthernet0/0/0 is up, line protocol is up
  IPv6 is enabled, link-local address is FE80::868A:8DFF:FE44:49B0
  No Virtual link-local address(es):
  Description: Link to LAN
  Global unicast address(es):
    2001:DB8:ACAD:10::1, subnet is 2001:DB8:ACAD:10::/64
  Joined group address(es):
    FF02::1
    FF02::1:FF00:1
    FF02::1:FF44:49B0
  MTU is 1500 bytes
  ICMP error messages limited to one every 100 milliseconds
  ICMP redirects are enabled
  ICMP unreachables are sent
  ND DAD is enabled, number of DAD attempts: 1
```

```
    ND reachable time is 30000 milliseconds (using 30000)
    ND NS retransmit interval is 1000 milliseconds
  R1#
```

10.3 配置默认网关

为了将数据包发送到本地网络之外，设备需要知道将数据包转发到何处。对于终端设备来说，这通常称为默认网关。本节介绍默认网关的概念和用法。

10.3.1 主机的默认网关

如果您的本地网络只有一台路由器，它就将是网关路由器，并且必须使用该信息配置网络上的所有主机和交换机。如果您的本地网络有多台路由器，则必须指定其中一台作为默认网关路由器。本节介绍如何在主机和交换机上配置默认网关。

对于通过网络进行通信的终端设备，必须配置正确的 IP 地址信息，包括默认网关地址。当主机要将数据包发送到另一个网络上的设备时，才会使用默认网关。默认网关地址通常是连接主机本地网络的路由器接口地址。主机设备的 IP 地址和路由器接口地址必须位于同一网络。

例如，假设一个 IPv4 网络拓扑由一台路由器连接两个不同的 LAN 组成。G0/0/0 连接到网络 192.168.10.0，G0/0/1 连接到网络 192.168.11.0。每台主机设备均配置有相应的默认网关地址。

在图 10-2 中，如果 PC1 向 PC2 发送数据包，则不使用默认网关。相反，PC1 使用 PC2 的 IP 地址对数据包进行编址，然后通过交换机将该数据包直接转发给 PC2。

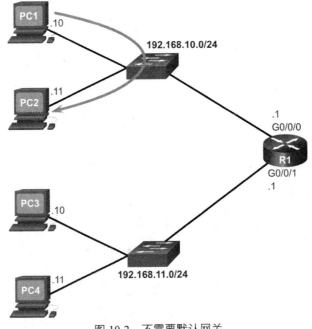

图 10-2 不需要默认网关

如果 PC1 向 PC3 发送数据包，该怎么办？PC1 使用 PC3 的 IPv4 地址对数据包进行编址，但会将数据包转发到其默认网关，即 R1 的 G0/0/0 接口。路由器接受数据包，访问其路由表，然后根据目的地址来确定 G0/0/1 是适当的转发接口。然后 R1 将数据包转发出相应的接口以到达 PC3，如图 10-3 所示。

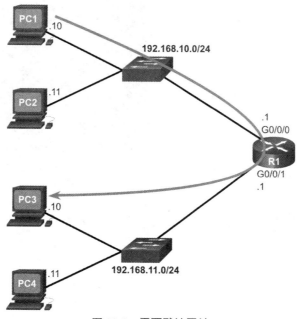

图 10-3　需要默认网关

IPv6 网络中也会发生相同的过程，只不过图 10-2 和图 10-3 中未显示此过程。设备将使用本地路由器的 IPv6 地址作为其默认网关。

10.3.2　交换机的默认网关

连接客户端计算机的交换机通常是第 2 层设备。因此，第 2 层交换机不需要使用 IP 地址就能正常工作。但是，可以在交换机上配置 IP 设置，以便管理员能够远程访问交换机。

要通过本地 IP 网络连接和管理交换机，则必须配置交换机虚拟接口(Switch Virtual Interface，SVI)。SVI 配置了本地网络上的 IPv4 地址和子网掩码。要从另一个网络远程管理交换机，必须给交换机配置一个默认网关地址。

在会通过本地网络之外的方式进行通信的所有设备上，一般都会配置默认网关地址。

要为交换机配置一个 IPv4 默认网关，可使用 **ip default-gateway** *ip-address* 全局配置命令。其中 *ip-address* 是连接到交换机的本地路由器接口的 IP 地址。

在图 10-4 中，管理员正在建立到另一个网络上的交换机 S1 的远程连接，并执行 **show running-config** 命令。

在图 10-4 中，管理员主机将使用其默认网关将数据包发送到 R1 的 G0/0/1 接口。R1 会将数据包从其 G0/0/0 接口转发到 S1。由于数据包的源 IPv4 地址来自另一个网络，因此 S1 需要默认网关才能将数据包转发到 R1 的 G0/0/0 接口。因此，S1 必须配置默认网关才能够应答并建立与管理主机的 SSH 连接。

注　意　来自与交换机相连的主机的数据包必须具有在主机操作系统上配置的默认网关地址。

也可以使用 SVI 上的 IPv6 地址来配置工作组交换机。但是，交换机不需要手动配置默认网关的

IPv6 地址。交换机将自动接收来自路由器的 ICMPv6 路由器通告消息中的默认网关。

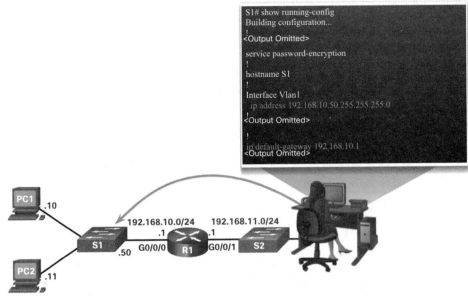

图 10-4　远程访问交换机

10.4　总结

配置初始路由器设置

要在路由器上配置初始设置，应完成以下任务。
步骤 1. 配置设备名称。
步骤 2. 保护特权 EXEC 模式。
步骤 3. 保护用户 EXEC 模式。
步骤 4. 保护远程 Telnet/SSH 访问。
步骤 5. 保护配置文件中的所有密码。
步骤 6. 提供法律通知旗标。
步骤 7. 保存配置。

配置接口

要访问路由器，必须配置路由器接口。思科 ISR 4321 路由器配备了两个吉比特以太网接口：GigabitEthernet 0/0/0（G0/0/0）和 GigabitEthernet 0/0/1（G0/0/1）。配置路由器接口与在交换机上配置管理 SVI 非常相似。使用 **no shutdown** 命令可激活接口。接口还必须连接到另一台设备，如交换机或路由器，才能使物理层处于活动状态。可以使用几个命令来验证接口配置，包括 **show ip interface brief**、**show ipv6 interface brief**、**show ip route**、**show ipv6 route**、**show interfaces**、**show ip interface** 和 **show ipv6 interface**。

配置默认网关

要使终端设备通过网络进行通信，它必须配置正确的 IP 地址信息，包括默认网关地址。默认网关地址通常是连接到主机本地网络的路由器接口地址。主机设备的 IP 地址和路由器接口地址必须在同一网络。要通过本地 IP 网络连接和管理交换机，必须配置交换机虚拟接口（SVI）。SVI 配置了本地网络上的 IPv4 地址和子网掩码。要从另一个网络远程管理交换机，必须给交换机配置一个默认网关地址。要为交换机配置 IPv4 默认网关，可使用 **ip default-gateway** *ip-address* 全局配置命令。其中 *ip-address* 是连接到交换机的本地路由器接口的 IP 地址。

复习题

完成这里列出的所有复习题，可以测试您对本章内容的理解。附录列出了答案。

1. 路由器在启动后进入配置模式。该问题的原因是什么？

   A. IOS 镜像已损坏

   B. 思科 IOS 在闪存中丢失

   C. NVRAM 中缺少配置文件

   D. POST 进程检测到硬件故障

2. 下面哪个命令用于对路由器配置文件中的所有密码进行加密？

   A. Router_A(config)# **enable secret** *<password>*

   B. Router_A(config)# **service password-encryption**

   C. Router_A(config)# **enable password** *<password>*

   D. Router_A(config)# **encrypt password**

3. 公司策略要求使用最安全的方法来保护对路由器上的特权 EXEC 模式和配置模式的访问。特权 EXEC 密码为 **trustknow1**。下面哪一个路由器命令可提供最高级别的安全？

   A. **secret password trustknow1**　　　　　B. **enable password trustknow1**

   C. **service password-encryption**　　　　 D. **enable secret trustknow1**

4. 输入命令 router(config)# **hostname portsmouth** 后，路由器的命令提示符是什么？

   A. portsmouth#　　　　　　　　　　　　　B. portsmouth(config)#

   C. invalid input detected　　　　　　　　　D. hostname portsmouth#

   E. ? command not recognized

   　　Router(config)#

5. 管理员正在配置新路由器以允许进行带外管理访问。下面哪组命令将允许使用密码 **cisco** 进行所需的登录？

   A. Router(config)# **line vty 0 4**

   　　Router(config-line) **password manage**

   　　Router(config-line) **exit**

   　　Router(config)# **enable password cisco**

   B. Router(config)# **line vty 0 4**

   　　Router(config-line) **password cisco**

   　　Router(config-line) **login**

   C. Router(config)# **line console 0**

   　　Router(config-line) **password cisco**

   　　Router(config-line) **login**

   D. Router(config)# **line console 0**

> Router(config-line) **password cisco**
>
> Router(config-line) **exit**
>
> Router(config)# **service password-encryption**

6. 在思科路由器上可以使用哪个命令来显示所有接口、分配的 IPv4 地址以及当前状态?

    A. **show ip interface brief**   B. **ping**

    C. **show ip route**   D. **show interface fa0/1**

7. 哪种 CLI 模式允许用户访问所有的设备命令,例如用于配置、管理和故障排除的命令?

    A. 用户 EXEC 模式   B. 特权 EXEC 模式

    C. 全局配置模式   D. 接口配置模式

8. 思科路由器上的启动配置文件的作用是什么?

    A. 有助于设备硬件组件的基本操作

    B. 包含用于在启动时实施路由器初始配置的命令

    C. 包含路由器 IOS 当前使用的配置命令

    D. 提供受限的 IOS 备份版本,以应对路由器无法加载功能完整的 IOS 的情况

9. 以下哪种特征描述了主机的默认网关?

    A. 与主机在同一网络上的路由器接口的逻辑地址

    B. 与主机连接的交换机接口的物理地址

    C. 与主机在同一网络上的路由器接口的物理地址

    D. 分配给与路由器连接的交换机接口的逻辑地址

10. **banner motd** 命令有什么用途?

    A. 它配置一条消息,用于向 LAN 用户标识打印的文档

    B. 路由器使用该命令来交换相互之间的链路状态

    C. 它提供了一种简单的方法,用于与连接到路由器 LAN 的任何用户进行通信

    D. 它提供了一种向那些登录到路由器的用户发出通知的方法

11. 技术人员正在配置一台路由器以允许所有形式的管理访问。作为每个不同类型访问的一部分,技术人员正在尝试输入命令 **login**。应该使用哪个配置模式来执行该任务?

    A. 用户 EXEC 模式   B. 全局配置模式

    C. 控制台线路和 VTY 线路配置模式   D. 特权 EXEC 模式

12. 存储在思科路由器的 NVRAM 中的是什么?

    A. 思科 IOS   B. 运行配置

    C. 启动说明   D. 启动配置

13. 关于 **service password-encryption** 命令的说明,下面哪项是正确的?

    A. 它是在特权 EXEC 模式下进行配置的

    B. 它只加密线路模式密码

    C. 一旦输入该 **service password-encryption** 命令,将加密所有明文密码

    D. 要以明文的形式查看由 **service password-encryption** 命令加密的密码,可执行 **no service password-encryption** 命令

第 11 章

IPv4 编址

学习目标

通过完成本章的学习，您将能够回答下列问题：

- IPv4 地址的结构是什么；
- 单播、广播、组播 IPv4 地址的特点和用途是什么；
- 什么是公有、私有和保留的 IPv4 地址；
- 网络的子网划分如何实现更好的通信；
- 如何计算/24 前缀的 IPv4 子网；

- 如何计算/16 和 8 前缀的 IPv4 子网；
- 给定一组子网要求，如何实现 IPv4 编址方案；
- 如何使用 VLSM 创建灵活的编址方案；
- 如何实现 VLSM 编址方案。

尽管很多企业正在向 IPv6 过渡，但是目前仍有大量网络在使用 IPv4 编址的网络。因此，对于网络管理员来说，了解有关 IPv4 编址的所有信息仍然非常重要。本章详细介绍了 IPv4 编址的基础知识，涵盖了如何将网络划分为子网，以及如何创建一个变长子网掩码（Variable-Length Subnet Mask，VLSM）作为整体 IPv4 编址方案的一部分。子网划分就像把一个饼切成越来越小的块。关于子网划分，一开始可能会让您不知所措，但是我们会介绍一些小技巧。一旦掌握了它的窍门，就可以进行网络管理了！

11.1 IPv4 地址结构

本节介绍 IPv4 地址结构。

11.1.1 网络部分和主机部分

IPv4 地址为 32 位的分层地址，由网络部分和主机部分两个部分组成。在确定网络部分和主机部分时，必须先查看 32 位的数据流，如图 11-1 所示。

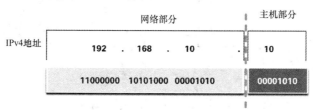

图 11-1 IPv4 地址的网络部分和主机部分

对于同一网络中的所有设备，地址的网络部分中的位必须完全相同。地址的主机部分中的位必须唯一，以方便识别网络中的特定主机。如果两台主机在 32 位地址中的指定网络部分有相同的位模式，则这两台主机位于同一网络。

但是，主机如何知道 32 位地址中的哪一部分用于标识网络，哪一部分用于标识主机呢？这就是子网掩码的作用。

11.1.2 子网掩码

在图 11-2 中可以看到，为主机分配 IPv4 地址需要以下内容。

■ **IPv4 地址**：这是主机的唯一的 IPv4 地址。

■ **子网掩码**：用于标识 IPv4 地址的网络部分/主机部分。

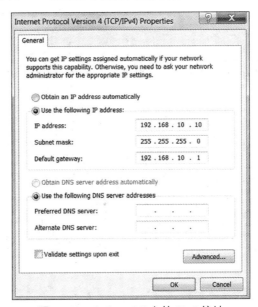

图 11-2 Windows PC 上的 IPv4 编址

注 意　*访问远程网络时需要一个默认的网关 IPv4 地址，而且在将域名转换为 IPv4 地址时需要用到 DNS 服务器的 IPv4 地址。*

IPv4 子网掩码用于将 IPv4 地址的网络部分与主机部分区分开来。当把 IPv4 地址分配给一台设备时，该设备使用子网掩码来确定设备的网络地址。网络地址代表同一网络中的所有设备。

图 11-3 以点分十进制和二进制格式显示了 32 位子网掩码。

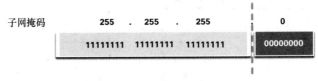

图 11-3 32 位子网掩码

注意，子网掩码是一个有 1 构成的连续序列，后接一个有 0 构成的连续序列。

为了确定 IPv4 地址的网络部分和主机部分，要按照从左到右的顺序将子网掩码与 IPv4 地址逐位进行比较（见图 11-4）。

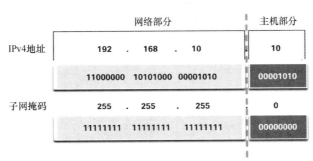

图 11-4　子网掩码与 IPv4 地址的比较

注意，子网掩码实际上不包含 IPv4 地址的网络部分或主机部分，它只是告诉计算机在哪里查找 IPv4 地址的网络部分和主机部分。用于确定网络部分和主机部分的实际过程称为 AND（与）运算。

11.1.3　前缀长度

使用点分十进制的子网掩码地址来表示网络地址和主机地址时可能会很麻烦。幸运的是，还有另一种识别子网掩码的方法，称为前缀长度。

前缀长度是子网掩码中设置为 1 的位数，使用"斜杠记法"来表示，斜杠（"/"）后面紧跟设置为 1 的位数。通过统计子网掩码中 1 的位数，然后在前面添加斜杠，即可计算出前缀长度。表 11-1 提供了一些示例。其中，第一列中列出了主机地址使用的各种子网掩码，第二列显示了转换后的 32 位二进制地址，最后一列显示了最终的前缀长度。

表 11-1　　　　　　　　　　　比较子网掩码和前缀长度

子网掩码	32 位地址	前缀长度
255.0.0.0	11111111.00000000.00000000.00000000	/8
255.255.0.0	11111111.11111111.00000000.00000000	/16
255.255.255.0	11111111.11111111.11111111.00000000	/24
255.255.255.128	11111111.11111111.11111111.10000000	/25
255.255.255.192	11111111.11111111.11111111.11000000	/26
255.255.255.224	11111111.11111111.11111111.11100000	/27
255.255.255.240	11111111.11111111.11111111.11110000	/28
255.255.255.248	11111111.11111111.11111111.11111000	/29
255.255.255.252	11111111.11111111.11111111.11111100	/30

注　意　网络地址也称为前缀或网络前缀。因此，前缀长度是子网掩码中设置为 1 的位数。

当使用前缀长度表示 IPv4 地址时，IPv4 地址后面写入不带空格的前缀长度。例如，192.168.10.10 255.255.255.0 可以写成 192.168.10.10/24。后面将讨论各种类型前缀长度的使用。目前，我们的重点是 /24（即 255.255.255.0）前缀。

11.1.4　确定网络：逻辑与（AND）

"逻辑与"（AND）是布尔或数字逻辑中使用的 3 种布尔运算之一。另外两种是"逻辑或"（OR）和"逻辑非"（NOT）。网络地址使用 AND 运算来确定。

AND 运算比较两个位，所得结果如下所示。

- 1 AND 1=1
- 0 AND 1=0
- 1 AND 0=0
- 0 AND 0=0

注意，只有 1 AND 1 等于 1，任何其他组合的结果都是 0。

注　意　在数字逻辑中，1 表示 True，0 表示 False。使用 AND 运算时，两个输入值都必须为 True（1），结果才能为 True（1）。

要确定 IPv4 主机的网络地址，应将 IPv4 地址与子网掩码逐位进行 AND 运算。地址和子网掩码之间的 AND 运算得到的结果就是网络地址。

下面举例说明 AND 是如何用于发现网络地址的。假设主机的 IPv4 地址为 192.168.10.10，子网掩码为 255.255.255.0，如图 11-5 所示。

- **IPv4 主机地址（192.168.10.10）**：主机的 IPv4 地址，采用点分十进制和二进制格式。
- **子网掩码（255.255.255.0）**：主机的子网掩码，采用点分十进制和二进制格式。
- **网络地址（192.168.10.0）**：IPv4 地址和子网掩码之间的 AND 运算产生一个点分十进制和二进制格式的 IPv4 网络地址。

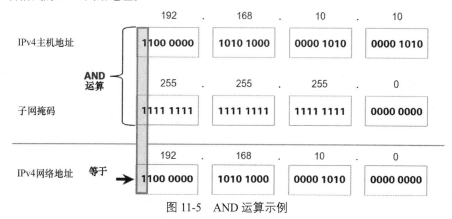

图 11-5　AND 运算示例

以第一个位序列为例，注意 AND 运算是在主机地址的 1 位和子网掩码的 1 位上执行的。这将产生网络地址的 1 位：1 AND 1=1。

IPv4 主机地址和子网掩码之间的 AND 运算过程会产生主机的 IPv4 网络地址。在图 11-5 所示的示例中，主机地址 192.168.10.10 与子网掩码 255.255.255.0（/24）之间的 AND 运算会产生 IPv4 网络地址 192.168.10.0/24。这是一个重要的 IPv4 运算，因为它会告诉主机其所属的网络。

11.1.5　网络地址、主机地址和广播地址

在每个网络中有 3 种类型的 IP 地址：

- 网络地址；
- 主机地址；
- 广播地址。

本节将借助于图 11-6 所示的拓扑来介绍这 3 种类型的地址。

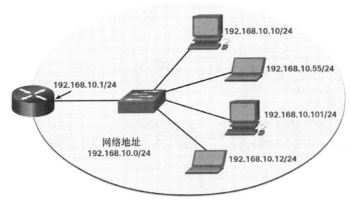

图 11-6 网络地址和主机地址示例

网络地址

网络地址是一个表示特定网络的地址。如果设备满足以下 3 个条件，则属于该网络：

- 它具有与网络地址相同的子网掩码；
- 它具有与网络地址相同的网络位，如子网掩码所示；
- 它与具有相同网络地址的其他主机位于同一广播域中。

主机通过在其 IPv4 地址与其子网掩码之间执行一个 AND 运算来确定其网络地址。

在表 11-2 中，网络地址的主机部分全是 0 位（由子网掩码确定）。在该示例中，网络地址是 192.168.10.0/24。网络地址无法分配给设备。

表 11-2 网络地址、主机地址和广播地址

	网络部分			主机部分	主机位数
子网掩码：**255.255.255**.0 或 **/24**	255 11111111	255 11111111	255 11111111	0 00000000	
网络地址：**192.168.10**.0 或 **/24**	192 11000000	168 10100000	10 00001010	0 00000000	全都是 0
第一个地址：**192.168.10**.1 或 **/24**	192 11000000	168 10100000	10 00001010	1 00000001	除最后一位为 1 以外，其他位全是 0
最后一个地址：**192.168.10**.254 或 **/24**	192 11000000	168 10100000	10 00001010	254 11111110	除最后一位为 0 以外，其他位全是 1
广播地址：**192.168.10**.255 或 **/24**	192 11000000	168 10100000	10 00001010	255 11111111	全都是 1

主机地址

主机地址是可以分配给设备的地址，如主机、笔记本电脑、智能手机、网络摄像头、打印机、路由器等。地址的主机部分是由子网掩码中 0 位表示的位。除了全 0 位（这是网络地址）或全 1 位（这是广播地址）之外，主机地址在主机部分可以有任何位的组合。

同一网络中的所有设备，必须具有相同的子网掩码和相同的网络位。只有主机位会有所不同，且必须是唯一的。

请注意，在表 11-2 中，有第一个主机地址和最后一个主机地址。

- **第一个主机地址**：网络中的第一个主机，除最后一位（最右边）为 1 位外，主机部分的其他

位全部为 0。在这个例子中，它的地址是 192.168.10.1/24。

- **最后一个主机地址**：网络中的最后一个主机，除最后一位（最右边）为 0 位外，主机部分的其他位全部为 1。在这个例子中，它的地址是 192.168.10.254/24。

192.168.10.1/24～192.168.10.254/24 之间的任何地址（也包含这两个地址）都可以分配给网络上的设备。

广播地址

广播地址是在需要访问 IPv4 网络上的所有设备时使用的地址。在表 11-2 中可以看到，网络广播地址的主机部分全部为 1（由子网掩码确定）。在该示例中，网络地址是 192.168.10.255/24。广播地址无法分配给设备。

11.2　IPv4 单播、广播和组播

在 IPv4 数据网络中，通信可以以单播、广播或组播的形式进行。本节将讨论 IPv4 通信中的这 3 种方法。

11.2.1　单播

上一节介绍了 IPv4 地址的结构，每个地址都有一个网络部分和一个主机部分。源设备在发送数据包时可以有不同的方法，这些不同的传输方法会影响到目的 IPv4 地址。

单播传输是指在一对一通信中，一个设备向另一个设备发送消息。

单播数据包具有一个目的 IP 地址，该地址是一个单播地址，指向一个单独的接收者。源 IP 地址只能是单播地址，因为数据包只能来自单个源。这与目的 IP 地址是单播、广播还是组播无关。

图 11-7 给出了单播传输的示例。

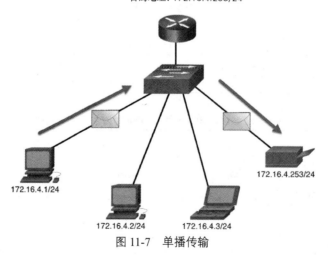

图 11-7　单播传输

注　意　在本书中，除非另行说明，否则设备之间的所有通信均指单播通信。

IPv4 单播主机地址的地址范围是 1.1.1.1～223.255.255.255。

不过，该范围中的很多地址被留作特殊用途。这些特殊用途的地址将在本章后文进行讨论。

11.2.2 广播

广播传输是指在一对多通信中，设备向网络上的所有设备发送消息。

在广播数据包的目的 IP 地址中，要么主机部分全部为1，要么 32 位全部为 1。

注 意	IPv4 使用广播数据包，IPv6 没有广播数据包。

广播数据包必须由同一广播域中的所有设备进行处理。广播域标识同一网段上的所有主机。可以对广播进行定向或限制。定向广播是将数据包发送给特定网络中的所有主机。例如，位于 172.16.4.0/24 网络的主机向 172.16.4.255 发送数据包。受限广播将被发送至 255.255.255.255。默认情况下，路由器不转发广播。

图 11-8 所示为受限广播传输的示例。

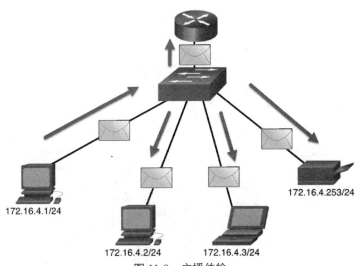

受限广播
源地址：172.16.4.1/24
目的地址：255.255.255.255

172.16.4.253/24

172.16.4.1/24

172.16.4.2/24   172.16.4.3/24

图 11-8　广播传输

广播数据包使用网络上的资源，并让网络上的所有接收主机都处理该数据包。因此，广播通信应加以限制，以免对网络或设备的性能造成负面影响。因为路由器可分隔广播域，所以对网络进行细分后，可以消除过多的广播流量，从而提高网络性能。

IP 定向广播

除了 255.255.255.255 的广播地址外，每个网络还有一个广播 IPv4 地址。这个地址称为定向广播地址，它使用网络范围内的最大地址，即所有主机位全部为 1 的地址。例如，网络 192.168.1.0/24 的定向广播地址是 192.168.1.255。该地址允许与该网络中的所有主机进行通信。要向网络中的所有主机发送数据，主机只需以该网络的广播地址为目的地址发送一个数据包即可。

未直连到目的网络的设备转发 IP 定向广播的方式与转发单播 IP 数据包的方式相同。当定向广播数据包到达直连到目的网络的路由器时，该数据包在目的网络上进行广播。

> **注 意** 由于安全问题和恶意用户的滥用，从思科 IOS 版本 12.0 开始就默认包含了全局配置命令 **no ip directed-broadcasts**，因此定向广播在默认情况下是关闭的。

11.2.3 组播

通过组播传输，主机可以向所属组播组中的选定主机组发送单个数据包，从而减少了流量。

组播数据包是一个目的 IP 地址为组播地址的数据包。IPv4 将 224.0.0.0～239.255.255.255 的地址保留为组播范围。

接收特定组播数据包的主机称为组播客户端。组播客户端使用客户端程序请求的服务来加入组播组。

每个组播组由一个 IPv4 组播目的地址来代表。当 IPv4 主机加入组播组后，该主机既要处理目的地址为此组播地址的数据包，也要处理发往其唯一单播地址的数据包。

路由协议（如 OSPF）使用组播传输。例如，启用 OSPF 的路由器使用保留的 OSPF 组播地址 224.0.0.5 相互通信。只有启用 OSPF 的设备才会处理这些以 224.0.0.5 作为目的 IPv4 地址的数据包。所有其他设备将忽略这些数据包。

图 11-9 所示为接受组播数据包的客户端。

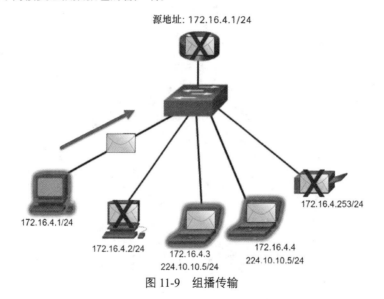

图 11-9 组播传输

11.3 IPv4 地址的分类

本节讨论了不同类型的 IPv4 地址，包括公有地址、私有地址和传统的有类地址。

11.3.1 公有和私有 IPv4 地址

正如有不同的方式用来传输 IPv4 数据包一样，IPv4 地址也有不同的类型。一些 IPv4 地址不能用于连接到外部网络，而其他地址则专门用于路由到外部网络。有些地址用于验证连接，而另一些地址则是自行分配的。

作为网络管理员，您必须非常熟悉 IPv4 地址的类型，但现在您至少应该知道它们是什么以及何时使用它们。

公有 IPv4 地址是能在 ISP（Internet Service Provider，互联网服务提供商）路由器之间进行全局路由的地址。但是，并非所有可用的 IPv4 地址都可用于连接外部网络。大多数组织使用称为私有地址的地址块向内部主机分配 IPv4 地址。

20 世纪 90 年代中期，随着万维网的引入，引入了私有 IPv4 地址（见表 11-3）以应对 IPv4 地址空间的耗尽。私有 IPv4 地址并不是唯一的，可以在任何网络内部使用它。

注　意　　IPv4 地址耗尽的长期解决方案是 IPv6。

表 11-3　　私有地址块

网络地址和前缀	RFC 1918 私有地址范围
10.0.0.0/8	10.0.0.0～10.255.255.255
172.16.0.0/12	172.16.0.0～172.31.255.255
192.168.0.0/16	192.168.0.0～192.168.255.255

注　意　　私有地址在 RFC 1918 中定义，有时也称为 RFC 1918 地址空间。

11.3.2　路由到互连网

大多数内部网络（从大型企业到家庭网络）都使用私有 IPv4 地址来编址所有内部设备（内部网络），包括主机和路由器。但是，私有地址不可全局路由。

在图 11-10 中，客户网络 1、2 和 3 正在向内部网络之外发送数据包。这些数据包有一个源 IPv4 地址（它是一个私有地址），还有一个目的 IPv4 地址，它是公有地址（全局可路由）。在将数据包转发给 ISP 之前，必须过滤（丢弃）带有私有地址的数据包或将其私有地址转换为公有地址。

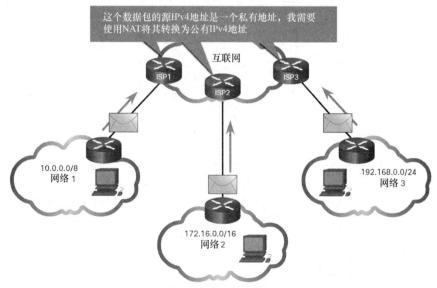

图 11-10　私有 IPv4 地址转换为公有 IPv4 地址

在 ISP 可以转发该数据包之前，它必须使用网络地址转换（NAT）将源 IPv4 地址（即私有地址）转换为公有 IPv4 地址。NAT 用于在私有和公有 IPv4 地址之间进行转换。这通常是在将内部网络连接到 ISP 网络的路由器上完成的。在路由到外部网络之前，组织内部网络中的私有 IPv4 地址将被转换为公有 IPv4 地址。

注 意	虽然具有私有 IPv4 地址的设备无法通过外部网络从另一个设备直接访问，但 IETF 并不认为私有 IPv4 地址或 NAT 是有效的安全措施。

如果一个组织拥有可用于外部网络的资源（如 Web 服务器），则也将拥有具有公有 IPv4 地址的设备。在图 11-11 中，该网络的这一部分被称为 DMZ（非军事区）。图 11-11 中的路由器不仅执行路由功能，还执行 NAT 功能并充当安全防火墙。

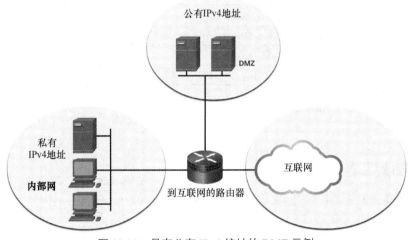

图 11-11　具有公有 IPv4 编址的 DMZ 示例

注 意	私有 IPv4 地址通常用于教育目的，以确保使用的地址不是属于组织的公有 IPv4 地址。

11.3.3　专用 IPv4 地址

有一些地址（比如网络地址和广播地址）不能分配给主机。此外，还有些特殊地址可以分配给主机，但这些主机在网络内的交互方式却受到限制。

环回地址

环回地址（127.0.0.0/8 或 127.0.0.1～127.255.255.254 范围内的地址，通常仅被标识为 127.0.0.1）是一些特殊的地址，主机使用这些特殊地址将流量发给自己。例如，在例 11-1 中，主机可以使用环回地址测试 TCP/IP 的配置是否运行正常。注意 127.0.0.1 环回地址是如何对 **ping** 命令进行应答的。也要注意该地址块中的任何地址是如何环回到本地主机的（见例 11-1 的第二个 **ping**）。

例 11-1　对环回接口执行 ping 操作

```
C:\Users\NetAcad> ping 127.0.0.1
Pinging 127.0.0.1 with 32 bytes of data:
Reply from 127.0.0.1: bytes=32 time<1ms TTL=128
Reply from 127.0.0.1: bytes=32 time<1ms TTL=128
Reply from 127.0.0.1: bytes=32 time<1ms TTL=128
```

```
Reply from 127.0.0.1: bytes=32 time<1ms TTL=128
Ping statistics for 127.0.0.1:
    Packets: Sent = 4, Received = 4, Lost = 0 (0% loss),
Approximate round trip times in milli-seconds:
    Minimum = 0ms, Maximum = 0ms, Average = 0ms
C:\Users\NetAcad> ping 127.1.1.1
Pinging 127.1.1.1 with 32 bytes of data:
Reply from 127.1.1.1: bytes=32 time<1ms TTL=128
Reply from 127.1.1.1: bytes=32 time<1ms TTL=128
Reply from 127.1.1.1: bytes=32 time<1ms TTL=128
Reply from 127.1.1.1: bytes=32 time<1ms TTL=128
Ping statistics for 127.1.1.1:
    Packets: Sent = 4, Received = 4, Lost = 0 (0% loss),
Approximate round trip times in milli-seconds:
    Minimum = 0ms, Maximum = 0ms, Average = 0ms
C:\Users\NetAcad>
```

本地链路地址

本地链路地址（169.254.0.0/16 或 169.254.0.1～169.254.255.254 范围内的地址）通常称为自动私有 IP 编址（Automatic Private IP Addressing，APIPA）地址或自分配的地址。当没有可用的 DHCP 服务器时，Windows DHCP 客户端使用它们进行自我配置。尽管本地链路地址可以用于点对点连接，但通常不用于该目的。

11.3.4 传统的有类编址

1981 年，在 RFC 790 中定义的 IPv4 地址是使用有类编址分配的。根据 3 个类别（A 类、B 类或 C 类）之一为客户分配网络地址。RFC 将单播范围分为具体的类别，具体如下。

- **A 类（0.0.0.0/8～127.0.0.0/8）**：用于支持拥有 1600 万个以上主机地址的规模非常大的网络。A 类的第一个八位组使用固定的/8 前缀表示网络地址，其他的 3 个八位组表示主机地址（每个网络支持 1600 万个以上的主机地址）。
- **B 类（128.0.0.0/16～191.255.0.0/16）**：用于支持拥有大约 65,000 个主机地址的大中型网络。B 类的两个高位八位组使用固定的/16 前缀表示网络地址，其他的两个八位组表示主机地址（每个网络支持 65,000 个以上的主机地址）。
- **C 类（192.0.0.0/24～223.255.255.0/24）**：用于支持最多拥有 254 台主机的小型网络。C 类的前 3 个八位组使用固定的/24 前缀表示网络地址，剩下的一个八位组表示主机地址（每个网络中只有 254 个主机地址）。

> **注 意** 还有包含 224.0.0.0～239.0.0.0 的 D 类组播地址块以及包含 240.0.0.0～255.0.0.0 的 E 类实验地址块。

当时，由于使用外部网络的计算机数量有限，有类编址是分配地址的有效手段。如图 11-12 所示，A 类和 B 类网络具有非常多的主机地址，而 C 类只有很少的主机地址。A 类网络占 IPv4 网络的 50%，这导致大多数可用的 IPv4 地址未被使用。

20 世纪 90 年代中期，随着万维网的引入，有类编址被弃用，以便更有效地分配有限的 IPv4 地址空间。有类地址分配被替换为今天使用的无类编址。无类编址会忽略 A、B、C 类的规则。公有 IPv4 网络地址（网络地址和子网掩码）是根据合理的地址数量分配的。

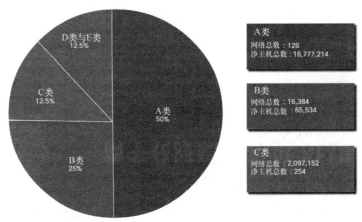

图 11-12　有类编址

11.3.5　IP 地址的分配

公有 IPv4 地址是能通过互联网全局路由的地址。公有 IPv4 地址必须是唯一的。

IPv4 和 IPv6 地址是通过互联网号码分配机构（IANA，Internet Assigned Numbers Authority）管理的。IANA 管理并向区域互连网注册管理机构（Regional Internet Registry，RIR）分配 IP 地址块。

RIR 的职责是向 ISP 分配 IP 地址，而 ISP 将向组织和更小的 ISP 提供 IPv4 地址块。根据 RIR 的政策规定，组织也可直接从 RIR 获取地址。

5 个 RIR 如下。

- **AfriNIC（非洲网络信息中心）**：非洲地区。
- **APNIC（亚太网络信息中心）**：亚太地区。
- **ARIN（美国互联网号码注册管理机构）**：北美地区。
- **LACNIC（拉丁美洲和加勒比海地区 IP 地址注册管理机构）**：拉丁美洲和一些加勒比海岛屿。
- **RIPE NCC（欧洲 IP 网络协调中心）**：欧洲、中东和中亚。

11.4　网络分段

本节讨论网络分段以及将较大的网络划分为较小的网络（称为子网）的原因。

11.4.1　广播域和分段

您是否收到过群发给您公司或学校中每个人的电子邮件？这就是一封广播电子邮件。它包含了每个人都需要知道的信息。但是，通常广播并不是与邮件列表中的每个人都相关。有时候，只有一部分人需要阅读这些信息。

在以太网 LAN 中，设备使用广播和地址解析协议（ARP）来定位其他设备。ARP 将第 2 层广播发送到本地网络上的已知 IPv4 地址，以发现相关联的 MAC 地址。以太网 LAN 上的设备还可以使用服务来定位其他设备。主机通常需要使用动态主机配置协议（DHCP）来配置 IPv4 地址，这会在本地网络上发送广播来定位 DHCP 服务器。

交换机会将广播传播到所有接口（接收它的接口除外）。例如，如果图 11-13 中的交换机接收到一个广播，它会将其转发到网络上连接的其他交换机和其他用户。

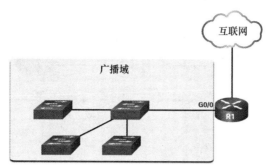

图 11-13 带有 4 台交换机的广播域

路由器不传播广播。路由器在收到广播时，它不会将其转发到其他接口。例如，当 R1 在其 G0/0 接口收到广播时，它不会将其转发到另一个接口。

因此，每个路由器接口都连接了一个广播域，而广播只能在特定的广播内传播。

11.4.2 大型广播域存在的问题

大型广播域是一个连接了很多主机的网络。大型广播域的一个问题是这些主机会生成过量的广播，从而对网络造成不良影响。在图 11-14 中，LAN 1 连接了 400 个用户，这可能会产生过量的广播流量。由于设备必须接受和处理每个广播数据包，因此这种设置可能会导致网络运行缓慢以及设备运行缓慢。

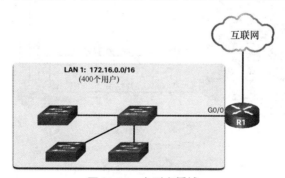

图 11-14 大型广播域

解决方案是使用称为"子网划分"的过程缩减网络的规模以创建更小的广播域。这些较小的网络空间通常称为"子网"。

在图 11-15 中，网络地址为 172.16.0.0/16 的 LAN 1 中的 400 个用户被划分到两个子网中，每个子网包含 200 个用户，网络地址分别为 172.16.0.0/24 和 172.16.1.0/24。现在，广播仅在更小的网络域内传播。因此，LAN 1 中的广播不会传播到 LAN 2 中。

注意，前缀长度已经从一个单一的/16 网络变为两个/24 网络。这是子网划分的基础：使用主机位可以创建额外的子网。

> **注 意** 术语"子网"和"网络"经常互换使用。在大多数情况下，网络是一些具有较大地址块的子网。

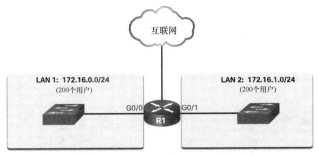

图 11-15 将一个大型广播域进行划分

11.4.3 划分网络的原因

子网划分可以降低整体网络流量并改善网络性能。它也能让管理员实施安全策略，例如哪些子网允许或不允许进行通信。另一个原因是，子网划分减少了由于错误配置、软硬件问题或恶意意图而受到异常广播流量影响的设备数量。

可通过多种方法来使用子网，以帮助管理网络设备，如图 11-16~图 11-18 所示。

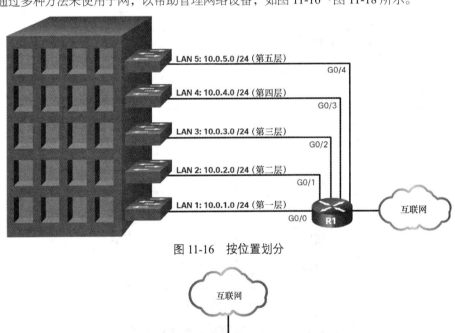

图 11-16 按位置划分

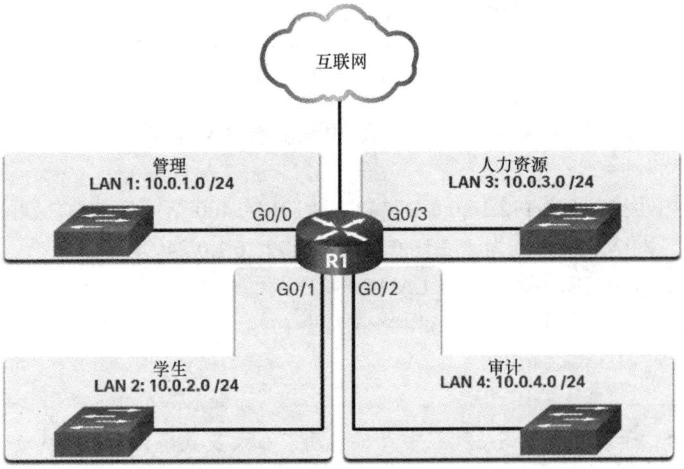

图 11-17 按分组或功能划分

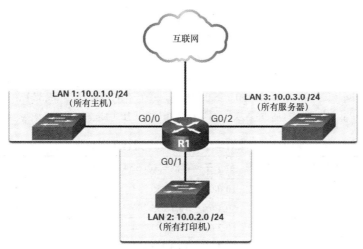

图 11-18　按设备类型划分

　　网络管理员可以使用对网络有意义的任何其他划分来创建子网。注意，在图 11-16～图 11-18 中，子网使用较长的前缀来标识网络。

　　理解如何对网络进行子网划分是所有网络管理员必须掌握的基本技能。现在有多种方法可帮助理解这一过程。虽然开始时会让您有点晕头转向，但是请把注意力集中于细节和实践操作，这样会更容易理解子网划分。

11.5　对 IPv4 网络进行子网划分

　　如果没有子网划分，随着主机数量的增加，基于 IPv4 的网络的性能将迅速下降。正确的子网划分可以更好地控制网络流量，并大大提高网络效率。

11.5.1　在二进制八位组边界上划分子网

　　上一节介绍了对网络进行划分的几个理由。通过上一节还知道，划分一个网络称为子网划分。子网划分是管理 IPv4 网络时的一项关键技能。一开始子网划分可能会有点困难，但是勤加练习之后会变得容易得多。

　　IPv4 子网是通过使用一个或多个主机位作为网络为来创建的。具体做法是扩展子网掩码，从地址的主机部分借用若干位来创建额外的网络位。借用的主机位越多，可以定义的子网也就越多。为了增加子网数量而借用的位越多，每个子网的主机数量就越少。

　　网络在八位组边界处（/8、/16 和 24）最容易进行子网划分。表 11-4 标识了这些前缀长度。注意，使用较长的前缀则会减少每个子网能包含的主机数。

表 11-4　　　　　　　　　　　　八位组边界上的子网掩码

前缀长度	子网掩码	在二进制中的子网掩码（n=网络，h=主机）	主机数量
/8	255.0.0.0	**nnnnnnnn**.hhhhhhhh.hhhhhhhh.hhhhhhhh **11111111**.00000000.00000000.00000000	16,777,214
/16	255.255.0.0	**nnnnnnnn.nnnnnnnn**.hhhhhhhh.hhhhhhhh **11111111.11111111**.00000000.00000000	65,534
/24	255.255.255.0	**nnnnnnnn.nnnnnnnn.**nnnnnnnn.hhhhhhhh **11111111.11111111.11111111**.00000000	254

为了理解如何在二进制八位组边界上进行子网划分，请考虑以下示例：假设一家企业选择了私有地址 10.0.0.0/8 作为其内部网络地址。该网络地址可以在一个广播域中连接 16,777,214 台主机。显然，在一个子网上拥有 1600 万台以上的主机并不理想。

企业可以进一步在八位组边界/16 处对 10.0.0.0/8 地址进行子网划分，如表 11-5 所示。这能让企业定义多达 256 个子网（即 10.0.0.0/16～10.255.0.0/16），每个子网可以连接 65,534 台主机。注意，前两个八位组标识地址的网络部分，后两个八位组用于标识主机 IP 地址。

表 11-5　　　　　　　　使用/16 前缀对网络 10.0.0.0/8 进行子网划分

子网地址（256 个可能的子网）	主机范围(每个子网可能有 65,534 台主机)	广播
10.0.0.0/16	10.0.0.1～10.0.255.254	10.0.255.255
10.1.0.0/16	10.1.0.1～10.1.255.254	10.1.255.255
10.2.0.0/16	10.2.0.1～10.2.255.254	10.2.255.255
10.3.0.0/16	10.3.0.1～10.3.255.254	10.3.255.255
10.4.0.0/16	10.4.0.1～10.4.255.254	10.4.255.255
10.5.0.0/16	10.5.0.1～10.5.255.254	10.5.255.255
10.6.0.0/16	10.6.0.1～10.6.255.254	10.6.255.255
10.7.0.0/16	10.7.0.1～10.7.255.254	10.7.255.255
……	……	……
10.255.0.0/16	10.255.0.1～10.255.255.254	10.255.255.255

另外，企业也可以选择在八位组边界/24 处对 10.0.0.0/8 网络进行子网划分，如表 11-6 所示。这可以让企业定义 65,536 个子网，每个子网能连接 254 台主机。/24 边界在子网划分中的使用非常广泛，因为在这个八位组边界处容纳了数量合理的主机，并且子网划分也很方便。

表 11-6　　　　　　　　使用/24 前缀对网络 10.0.0.0/8 进行子网划分

子网地址（65,536 个可能的子网）	主机范围（ 每个子网可能有 254 台主机 ）	广播
10.0.0.0/24	10.0.0.1～10.0.0.254	10.0.0.255
10.0.1.0/24	10.0.1.1～10.0.1.254	10.0.1.255
10.0.2.0/24	10.0.2.1～10.0.2.254	10.0.2.255
……	……	……
10.0.255.0/24	10.0.255.1～10.0.255.254	10.0.255.255
10.1.0.0/24	10.1.0.1～10.1.0.254	10.1.0.255
10.1.1.0/24	10.1.1.1～10.1.1.254	10.1.1.255
10.1.2.0/24	10.1.2.1～10.1.2.254	10.1.2.255
……	……	……
10.100.0.0/24	10.100.0.1～10.100.0.254	10.100.0.255
……	……	……
10.255.255.0/24	10.255.255.1～10.2255.255.254	10.255.255.255

11.5.2　在二进制八位组边界内划分子网

到目前为止所展示的示例都是从常见的/8、/16 和 24 网络前缀中借用了主机位。然而，在划分子网时，可以从任何主机位借用若干位来创建其他掩码。

例如，/24 网络地址通常通过从第 4 个八位组借用位来使用更长的前缀进行子网划分。在将网络地址分配给数量较少的终端设备时，这为管理员提供了额外的灵活性。

表 11-7 所示为对/24 网络进行子网划分的 6 种方式。

表 11-7	对/24 网络进行子网划分			
前缀长度	子网掩码	在二进制中的子网掩码（n=网络，h=主机）	子网数量	主机数量
/25	255.255.255.128	nnnnnnnn.nnnnnnnn.nnnnnnnn.**n**hhhhhhh 11111111.11111111.11111111.**1**0000000	**2**	126
/26	255.255.255.192	nnnnnnnn.nnnnnnnn.nnnnnnnn.**nn**hhhhhh 11111111.11111111.11111111.**11**000000	**4**	62
/27	255.255.255.224	nnnnnnnn.nnnnnnnn.nnnnnnnn.**nnn**hhhhh 11111111.11111111.11111111.**111**00000	**8**	30
/28	255.255.255.240	nnnnnnnn.nnnnnnnn.nnnnnnnn.**nnnn**hhhh 11111111.11111111.11111111.**1111**0000	**16**	14
/29	255.255.255.248	nnnnnnnn.nnnnnnnn.nnnnnnnn.**nnnnn**hhh 11111111.11111111.11111111.**11111**000	**32**	6
/30	255.255.255.252	nnnnnnnn.nnnnnnnn.nnnnnnnn.**nnnnnn**hh 11111111.11111111.11111111.**111111**00	**64**	2

每从第 4 个八位组中借用一个位，可用的子网数将增加一倍，同时每个子网的主机地址的数量也会减少。

- **/25**：从第 4 个八位组借用 1 位可以创建两个子网，每个子网能容纳 126 台主机。
- **/26**：借用 2 位可以创建 4 个子网，每个子网能容纳 62 台主机。
- **/27**：借用 3 位可以创建 8 个子网，每个子网能容纳 30 台主机。
- **/28**：借用 4 位可以创建 16 个子网，每个子网能容纳 14 台主机。
- **/29**：借用 5 位可以创建 32 个子网，每个子网能容纳 6 台主机。
- **/30**：借用 6 位可以创建 64 个子网，每个子网能容纳 2 台主机。

11.6 使用/16 和/8 前缀划分子网

本节讨论如何使用/16 和 8/前缀划分子网，并给出相应的示例。

11.6.1 使用/16 前缀创建子网

有些子网要比其他子网更容易划分。本节介绍如何创建具有相同主机数量的子网。

在需要大量子网的情况下，IPv4 网络需要有更多的主机位可以借用。例如，网络地址 172.16.0.0 具有默认掩码 255.255.0.0 或/16。该地址的网络部分有 16 位，主机部分也有 16 位。主机部分的这 16 位可借用来创建子网。表 11-8 突出显示了对/16 前缀进行子网划分的所有可能场景。

表 11-8　　　　　　　　　　　　　　　　　对/16 网络划分子网

前缀长度	子网掩码	网络地址（n=网络，h=主机）	子网数量	主机数量
/17	255.255.128.0	nnnnnnnn.nnnnnnnn.**n**hhhhhhh.hhhhhhhh 11111111.11111111.**1**0000000.00000000	**2**	32766
/18	255.255.192.0	nnnnnnnn.nnnnnnnn.**nn**hhhhhh.hhhhhhhh 11111111.11111111.**11**000000.00000000	**4**	16382
/19	255.255.224.0	nnnnnnnn.nnnnnnnn.**nnn**hhhhh.hhhhhhhh 11111111.11111111.**111**00000.00000000	**8**	8190
/20	255.255.240.0	nnnnnnnn.nnnnnnnn.**nnnn**hhhh.hhhhhhhh 11111111.11111111.**1111**0000.00000000	**16**	4094
/21	255.255.248.0	nnnnnnnn.nnnnnnnn.**nnnnn**hhh.hhhhhhhh 11111111.11111111.**11111**000.00000000	**32**	2046
/22	255.255.252.0	nnnnnnnn.nnnnnnnn.**nnnnnn**hh.hhhhhhhh 11111111.11111111.**111111**00.00000000	**64**	1022
/23	255.255.254.0	nnnnnnnn.nnnnnnnn.**nnnnnnn**h.hhhhhhhh 11111111.11111111.**1111111**0.00000000	**128**	510
/24	255.255.255.0	nnnnnnnn.nnnnnnnn.**nnnnnnnn**.hhhhhhhh 11111111.11111111.**11111111**.00000000	**256**	254
/25	255.255.255.128	nnnnnnnn.nnnnnnnn.**nnnnnnnn**.**n**hhhhhhh 11111111.11111111.**11111111**.**1**0000000	**512**	126
/26	255.255.255.192	nnnnnnnn.nnnnnnnn.**nnnnnnnn**.**nn**hhhhhh 11111111.11111111.**11111111**.**11**000000	**1024**	62
/27	255.255.255.224	nnnnnnnn.nnnnnnnn.**nnnnnnnn**.**nnn**hhhhh 11111111.11111111.**11111111**.**111**00000	**2048**	30
/28	255.255.255.240	nnnnnnnn.nnnnnnnn.**nnnnnnnn**.**nnnn**hhhh 11111111.11111111.**11111111**.**1111**0000	**4096**	14
/29	255.255.255.248	nnnnnnnn.nnnnnnnn.**nnnnnnnn**.**nnnnn**hhh 11111111.11111111.**11111111**.**11111**000	**8192**	6
/30	255.255.255.252	nnnnnnnn.nnnnnnnn.**nnnnnnnn**.**nnnnnn**hh 11111111.11111111.**11111111**.**111111**00	**16384**	2

　　虽然我们不需要记住这个表，但仍然需要很好地了解表中每个值的生成方式。我们不要被表的大小给吓着了，这个表之所以很大，原因是它有 8 个能借用的额外位，因此子网和主机的数量都变大了。

11.6.2　使用/16 前缀创建 100 个子网

　　假设一家大型企业需要至少 100 个子网，并且已选择私有地址 172.16.0.0/16 作为其内部网络地址。

　　当从/16 地址借用位时，借用是从第 3 个八位组开始的，并遵循从左向右的顺序。在借用时，每次借用一个位，直至所需的位数能创建 100 个子网。

　　图 11-19 显示了从第 3 个八位组和第 4 个八位组借用若干位时能创建的子网数。注意，现在可以借用的主机位多达 14 个。

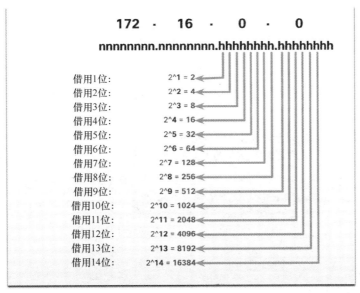

图 11-19　创建的子网数

　　为了满足企业 100 个子网的要求，需要借用 7 位（即 2^7=128 个子网），如图 11-20 所示。

　　回想一下，子网掩码必须做出更改以反映借用的位。在本示例中，当借用 7 个位时，掩码将扩展 7 个位到第 3 个八位组。该掩码以十进制表示为 255.255.254.0，或者/23 前缀，因为第 3 个八位组以二进制表示为 11111110，第 4 个八位组以二进制表示为 00000000。

　　图 11-21 所示为生成的子网（172.16.0.0/23～172.16.254.0/23）。

　　在为子网划分借用 7 个位之后，第 3 个八位组中剩余 1 个主机位，第 4 个八位组中剩余 8 个主机位，所以总共有 9 个位没有借用。2 的 9 次幂会产生 512 个主机地址。第一个地址是为网络地址保留的，最后一个地址是为广播地址保留的，因此减去这两个地址（2^9-2）后，每个/23 子网有 510 个可用的主机地址。

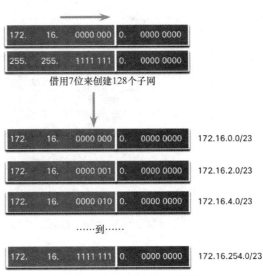

图 11-21　产生的/23 子网

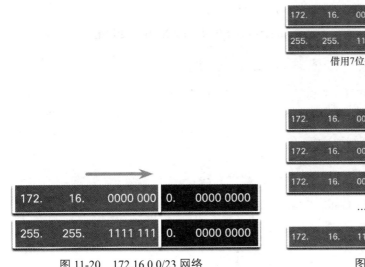

图 11-20　172.16.0.0/23 网络

　　在图 11-22 中可以看到，第一个子网的第一个主机地址是 172.16.0.1，最后一个主机地址是 172.16.1.254。

图 11-22　172.16.0.0/23 子网的地址范围

11.6.3　使用/8 前缀创建 1000 个子网

有一些组织机构，例如小型服务提供商或大型企业，可能需要更多的子网。例如，小型 ISP 可能需要 1000 个子网来满足其客户端。每个客户端可能在主机部分需要足够的空间来创建自己的子网。

假设一家 ISP 有一个网络地址 10.0.0.0255.0.0.0 或 10.0.0/8。这意味着网络部分有 8 位，主机部分有 24 位，这些位可以在子网划分时借用。因此，小型 ISP 将对 10.0.0.0/8 网络进行子网划分。

为了创建子网，我们必须从现有网络的 IPv4 地址的主机部分借用位。从第一个可用主机位开始，按照从左到右的顺序借用，一次借用一个位，直到达到创建 1000 个子网所需的位数。在图 11-23 中可以看到，您需要借用 10 个位来创建 1024 个子网（$2^{10}=1024$）。因此需要从第 2 个八位组借用 8 位，从第 3 个八位组再借用 2 位。

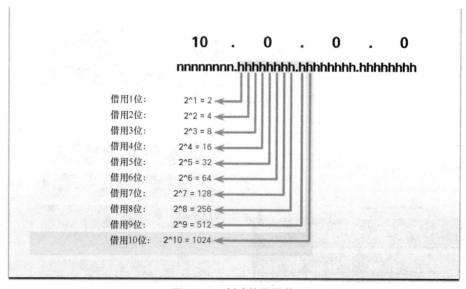

图 11-23　创建的子网数

图 11-24 所示为网络地址和生成的子网掩码（转换为 255.255.192.0 或 10.0.0.0/18）。

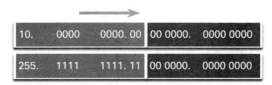

图 11-24 10.0.0.0/18 网络

图 11-25 所示为借用 10 个位生成的子网，创建的子网范围为 10.0.0.0/18～10.255.128.0/18。

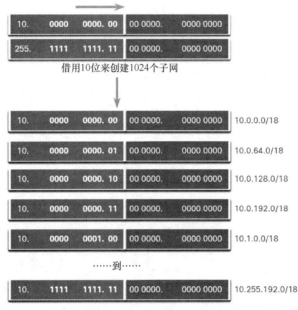

图 11-25 产生的/18 子网

借用 10 个位来创建子网后，每个子网留下 14 个主机位。每个子网减去两台主机（一个用于网络地址，另一个用于广播地址）等于每个子网中有 16,382（2^{14}-2）台主机。这意味着 1000 个子网中的每个子网最多可以支持 16,382 台主机。

图 11-26 所示为第一个子网的具体情况。

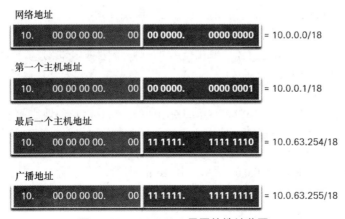

图 11-26 10.0.0.0/18 子网的地址范围

11.7 按照要求划分子网

本节介绍使用私有 IPv4 地址空间的网络的子网划分和使用公有 IPv4 地址空间的网络的子网划分之间的区别。尽管子网划分技术是相同的，但仍有一些重要的注意事项。

11.7.1 对私有和公有 IPv4 地址空间进行子网划分

您的组织的网络可能同时使用公有 IPv4 地址和私有 IPv4 地址。这会影响到您的子网划分方式。图 11-27 所示为一个典型的企业网络，其中包含以下组件。

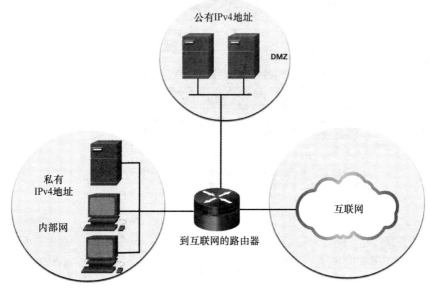

图 11-27　企业网络的内部网和 DMZ

- **内部网**：这是公司网络的内部部分，只能在公司内部访问。内部网中的设备使用私有 IPv4 地址。
- **DMZ**：这是公司网络的一部分，其中包含可供外部网络使用的资源，如 Web 服务器。DMZ 中的设备使用公有 IPv4 地址。

内部网和 DMZ 都有自己的子网划分要求和挑战。

内部网使用私有 IPv4 编址空间。这允许组织使用任何私有 IPv4 网络地址，包括带有 24 个主机位和超过 1600 万台主机的 10.0.0/8 前缀。使用带有 24 个主机位的网络地址可使子网划分更容易、更灵活。这包括使用/16 或/24 子网掩码在八位组边界上进行子网划分。

例如，私有 IPv4 网络地址 10.0.0.0/8 可以使用/16 掩码进行子网划分。如表 11-9 所示，这将产生 256 个子网，每个子网有 65,534 台主机。如果一个组织需要的子网少于 200 个，考虑到后续的增长，这可以给每个子网提供足够多的主机地址。

表 11-9 　　　　　　　　　　　使用/16 前缀对网络 10.0.0.0/8 进行子网划分

子网地址（256 个可能的子网）	主机范围（每个子网可能有 65,534 台主机）	广播
10.0.0.0/16	10.0.0.1～10.0.255.254	10.0.255.255
10.1.0.0/16	10.1.0.1～10.1.255.254	10.1.255.255
10.2.0.0/16	10.2.0.1～10.2.255.254	10.2.255.255
10.3.0.0/16	10.3.0.1～10.3.255.254	10.3.255.255
10.4.0.0/16	10.4.0.1～10.4.255.254	10.4.255.255
10.5.0.0/16	10.5.0.1～10.5.255.254	10.5.255.255
10.6.0.0/16	10.60.1～10.6.255.254	10.6.255.255
10.7.0.0/16	10.7.0.1～10.7.255.254	10.7.255.255
……	……	……
10.255.0.0/16	10.255.0.1～10.255.255.254	10.255.255.255

　　使用 10.0.0.0/8 私有 IPv4 网络地址的另一种选择是使用/24 掩码进行子网划分。如表 11-10 所示，这将产生 65,536 个子网，每个子网有 254 台主机。如果一个组织需要的子网数超过 256 个，那么可以使用/24 进行子网划分，这样每个子网可以容纳 254 台主机。

表 11-10 　　　　　　　　　　　使用/24 对网络 10.0.0.0/8 进行子网划分

子网地址（65,536 个可能的子网）	主机范围（每个子网可能有 254 台主机）	广播
10.0.0.0/24	10.0.0.1～10.0.0.254	10.0.0.255
10.0.1.0/24	10.0.1.1～10.0.1.254	10.0.1.255
10.0.2.0/24	10.0.2.1～10.0.2.254	10.0.2.255
……	……	……
10.0.255.0/24	10.0.255.1～10.0.255.254	10.0.255.255
10.1.0.0/24	10.1.0.1～10.1.0.254	10.1.0.255
10.1.1.0/24	10.1.1.1～10.1.1.254	10.1.1.255
10.1.2.0/24	10.1.2.1～10.1.2.254	10.1.2.255
……	……	……
10.100.0.0/24	10.100.0.1～10.100.0.254	10.100.0.255
……	……	……
10.255.255.0/24	10.255.255.1～10.2255.255.254	10.255.255.255

　　还可以使用任何其他数量的前缀长度（如/12、/18、/20）对 10.0.0.0/8 网络进行子网划分，如/12、/18、/20 等。这将为网络管理员提供多种选择。使用 10.0.0.0/8 私有 IPv4 网络地址可以简化子网的规划和实现。

DMZ

　　因为 DMZ 中的设备需要从外部网络公开访问，所以这些设备需要公有 IPv4 地址。从 20 世纪 90 年代中期开始，公有 IPv4 地址空间的耗尽成为了一个问题。自 2011 年以来，IANA 和 5 个 RIR 中的 4 个已经用尽了 IPv4 地址空间。虽然组织正在向 IPv6 过渡，但是剩余的 IPv4 地址空间仍然非常有限。这意味着组织必须最大限度地利用自己有限的公有 IPv4 地址。这要求网络管理员将其公有地址空间划分到具有不同子网掩码的子网中，以便最大限度地减少每个子网未使用的主机地址数量。这称为可变长度子网掩码（VLSM）。

11.7.2 将子网数量最大化，以及将未使用的主机 IPv4 地址最小化

要将可用子网的数量最大化，以及将未使用的主机 IPv4 地址的数量最小化，在规划子网时需要考虑两个因素：每个网络所需的主机地址数量和所需的子网数量。

表 11-11 显示了对/24 网络进行子网划分的具体情况。注意，子网数量与主机数量成反比。为了创建子网而借用的位越多，可用的主机位就越少。如果需要更多的主机地址，就需要更多的主机位，那么子网的数量就会减少。

最大子网中所需的主机地址数决定了主机部分必须保留多少个位。回想一下，有 2 个地址不能使用，因此可用地址的数量可以这样计算：$2^n - 2$。

表 11-11 　　　　　　　　　　　对/24 网络划分子网

前缀长度	子网掩码	在二进制中的子网掩码（n=网络，h=主机）	子网数量	每个子网中的主机数
/25	255.255.255.128	nnnnnnnn.nnnnnnnn.nnnnnnnn.**n**hhhhhhh 11111111.11111111.11111111.**1**0000000	**2**	126
/26	255.255.255.192	nnnnnnnn.nnnnnnnn.nnnnnnnn.**nn**hhhhhh 11111111.11111111.11111111.**11**000000	**4**	62
/27	255.255.255.224	nnnnnnnn.nnnnnnnn.nnnnnnnn.**nnn**hhhhh 11111111.11111111.11111111.**111**00000	**8**	30
/28	255.255.255.240	nnnnnnnn.nnnnnnnn.nnnnnnnn.**nnnn**hhhh 11111111.11111111.11111111.**1111**0000	**16**	14
/29	255.255.255.248	nnnnnnnn.nnnnnnnn.nnnnnnnn.**nnnnn**hhh 11111111.11111111.11111111.**11111**000	**32**	6
/30	255.255.255.252	nnnnnnnn.nnnnnnnn.nnnnnnnn.**nnnnnn**hh 11111111.11111111.11111111.**111111**00	**64**	2

网络管理员必须设计一个网络编址方案，以容纳每个网络的最大主机数量和子网数量。编址方案应该考虑到了每个子网中主机地址数量的增长以子网数量的增长。

11.7.3 示例：高效的 IPv4 子网划分

在本示例中，ISP 为公司总部分配了公共网络地址 172.16.0.0/22（带有 10 个主机位）。如图 11-28 所示，这将提供 1022 个主机地址。

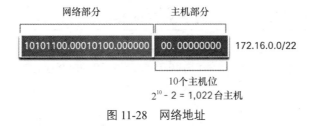

图 11-28　网络地址

> **注　意**　172.16.0.0/22 是 IPv4 私有地址空间的一部分。这不是一个真实的公有 IPv4 地址。

公司总部有 1 个 DMZ 和 4 个分支机构，每个分支机构都需要自己的公有 IPv4 地址空间。公司总部需要

充分利用其有限的IPv4地址空间。

图 11-29 中显示的拓扑包括 5 个站点：1 个公司办公室和 4 个分支站点。每个站点都需要连接到外部网络，因此需要 5 个互联网连接。这意味着需要用到公司 172.16.0.0/22 公有地址中的 10 个子网。最大的子网需要 40 个地址。

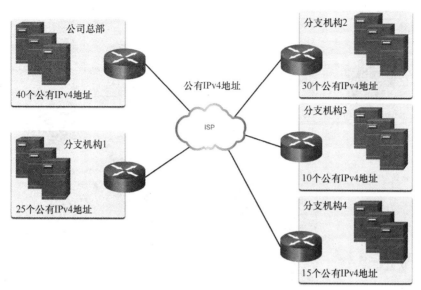

图 11-29　具有 5 个站点的公司拓扑

172.16.0.0/22 网络地址有 10 个主机位，如图 11-30 所示。由于最大的子网需要 40 台主机，为 40 台主机提供编址至少需要 6 个主机位（可使用公式 $2^6-2=62$ 来确定）。

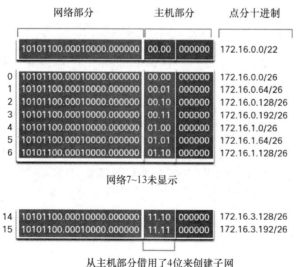

图 11-30　子网方案

使用公式确定子网数，结果为 16 个子网（$2^4=16$）。由于示例中网络需要 10 个子网，因此 16 个子网的数量可以满足其要求，而且还允许增加一定数量的子网。

在这里，前 4 个主机位用于分配子网。这意味着第 3 个八位组的两个位和第 4 个八位组的两个位将被借用。当从 172.16.0.0/22 网络借用 4 个位时，新的前缀长度为/26，子网掩码为 255.255.255.192。

如图 11-31 所示，子网可以分配给每个位置和路由器到路由器的连接。

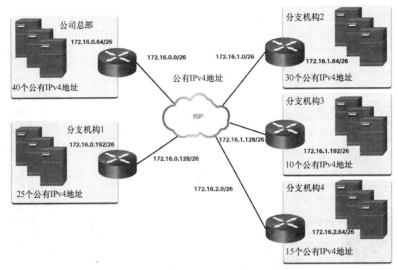

图 11-31　为每个站点和 ISP 分配子网

11.8　VLSM

本节讨论一种称为可变长度子网掩码（VLSM）的技术，该技术可用于子网划分。VLSM 通常用于节省 IPv4 地址空间。

11.8.1　IPv4 地址保留

由于公有 IPv4 地址空间的耗尽，在对 IPv4 网络进行子网划分时，最大限度地利用可用的主机地址是主要关注的问题。

> **注　意**　与 IPv 相比，更大的 IPv6 地址更容易进行地址规划和分配。IPv6 地址的保留不是问题。这成为向 IPv6 过渡的驱动力之一。

使用传统的子网划分，可为每个子网分配相同数量的地址。如果所有子网对主机数量的要求相同，或者 IPv4 地址空间的保留不是问题，那么这些固定大小的地址块就会有很高的效率。通常，对于公有 IPv4 地址，情况并非如此。例如，图 11-32 中显示的拓扑要求 7 个子网，其中 4 个子网分别用于 4 个 LAN，而另外 3 个子网分别用于路由器之间的 3 个连接。

图 11-32　IPv4 编址的拓扑示例

对地址 192.168.20.0/24 进行传统的子网划分，从最后一个八位组的主机部分可以借用 3 个位，以满足其 7 个子网的要求。如图 11-33 所示，借用 3 个位可以创建 8 个子网，然后剩余 5 个主机位，每个子网有 30 个可用主机。该方案创建了所需的子网数量，并且满足其最大 LAN 对主机的要求。

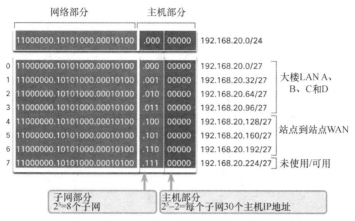

图 11-33　基本的子网划分方案

在图 11-34 中可以看到，这 7 个子网可以分配给 LAN 和 WAN 网络。

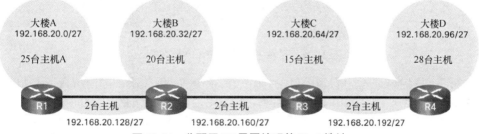

图 11-34　分配了 /27 子网掩码的 IPv4 地址

虽然这种传统的子网划分满足了最大 LAN 的需求，并将地址空间划分为足够的子网，但它产生了大量未使用的地址，造成了地址的浪费。

例如，对这 3 个 WAN 链路来说，每个子网中仅需要两个地址。由于每个子网有 30 个可用地址，这些子网中的每一个有 28 个未使用的地址。如图 11-35 所示，这将产生 84 个未使用的地址（28×3）。

此外，这个方案通过减少可用子网的总数限制了未来的发展。这种低效的地址使用率正是传统子网划分的缺点。对该场景采用传统的子网划分方案，效率并不是非常高，而且比较浪费。

变长子网掩码（VLSM）是为了避免浪费地址而开发的，它使我们能够对子网进行子网划分。

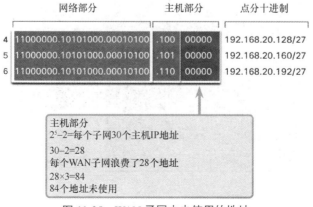

图 11-35　WAN 子网中未使用的地址

11.8.2　VLSM

在前面所有的子网划分示例中，所有子网都使用相同的子网掩码。这意味着每个子网有相同数量的可用主机地址。如图 11-36 的左边所示，传统的子网划分可以创建大小相等的子网。传统方案中的每个子网都使用相同的子网掩码。如图 11-36 的右边所示，VLSM 使网络空间能够分为大小不等的部分。使用 VLSM，子网掩码将根据特定子网所借用的位数而变化，从而成为 VLSM 的"变量"部分。

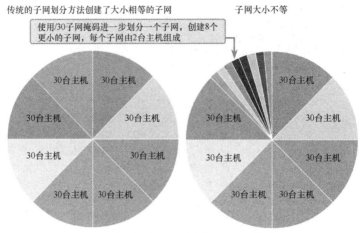

图 11-36　传统子网划分与 VLSM 的对比

VLSM 就是指将子网划分为子网。图 11-37 所示为以前使用的相同拓扑。这里我们使用 192.168.20.0/24 网络，将其划分为 7 个子网，其中 4 个子网用于 4 个 LAN，3 个子网用于路由器之间的连接。

图 11-37　IPv4 编址的拓扑示例

图 11-38 所示为网络 192.168.20.0/24 如何划分成 8 个大小相等的子网，每个子网有 30 个可用的主机地址。其中 4 个子网用于 LAN，3 个子网可用于路由器之间的连接。

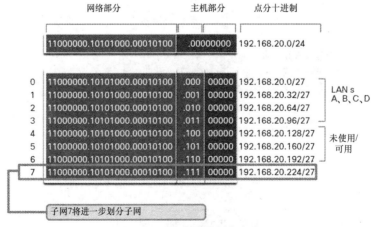

图 11-38　基本子网划分方案

但是，对每个子网来说，路由器之间的连接仅需要两个主机地址（每个路由器接口一个主机地址）。目前，每个子网都有 30 个可用的主机地址。为了避免每个子网浪费 28 个地址，可以使用 VLSM 为路由器之间的连接创建较小的子网。

为了为路由器之间的链路创建较小的子网，我们将其中一个子网细分。在本示例中，对最后一个子网 192.168.20.224/27 进一步划分子网。图 11-39 所示为通过使用子网掩码 255.255.255.252 或/30 进一步对最后一个子网进行子网划分。

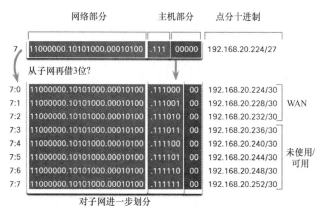

图 11-39　VLSM 子网划分方案

为什么是/30 呢？回想一下，当所需主机地址的数量已知时，可以使用公式 2^n-2（其中 n 等于剩余主机位的数量）。要提供两个可用的地址，必须在主机部分保留 2 个主机位。

因为在子网划分后的 192.168.20.224/27 地址空间有 5 个主机位，所以可以借用 3 个位，从而在主机部分保留 2 个位。此时的计算与传统子网划分使用的计算完全相同。借用了这些位后，就确定了子网范围。图 11-40 所示为如何将 4 个/27 子网分配给 LAN，将 3 个/30 子网分配给路由器之间的链路。

当网络需要的子网数量不多时，由于这种 VLSM 子网划分方案减少了每个子网中的地址数量，因此该方案可满足网络的要求。对路由器之间链路的子网 7 进一步划分子网，可使得子网 4、5 和 6 用于未来网络，而且另外 5 个子网可用于路由器之间的链路。

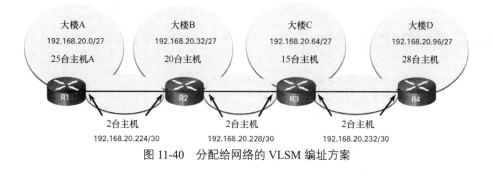

图 11-40　分配给网络的 VLSM 编址方案

> **注　意**　当使用 VLSM 时，请始终从满足最大子网的主机要求开始，然后继续子网划分直至满足最小子网的主机要求。

11.8.3　VLSM 拓扑地址分配

使用 VLSM 子网，可以在不产生浪费的情况下为 LAN 和路由器间的网络进行编址。

图 11-41 所示为网络地址分配和分配给路由器接口的 IPv4 地址。

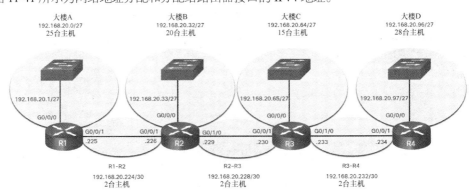

图 11-41　分配给接口的 IPv4 地址

通过使用常用的编址方案，将每个子网的第一个主机 IPv4 地址分配给路由器的 LAN 接口。每个子网中的主机都将拥有该子网主机地址范围内的一个主机 IPv4 地址和一个合适的掩码。主机将与路由器 LAN 接口相连的地址作为默认网关地址。

表 11-12 所示为每个网络的网络地址和主机地址范围。这 4 个 LAN 中的每一个都显示了默认网关地址。

表 11-12	VLSM 编址表		
	网络地址	主机地址范围	默认网关地址
大楼 A	192.168.20.0/27	192.168.20.1/27～192.168.20.30/27	192.168.20.1/27
大楼 B	192.168.20.32/27	192.168.20.33/27～192.168.20.62/27	192.168.20.33/27
大楼 C	192.168.20.64/27	192.168.20.65/27～192.168.20.94/27	192.168.20.65/27
大楼 D	192.168.20.96/27	192.168.20.97/27～192.168.20.126/27	192.168.20.97/27
R1～R2	192.168.20.224/30	192.168.20.225/30～192.168.20.226/30	
R2～R3	192.168.20.228/30	192.168.20.229/30～192.168.20.230/30	
R3～R4	192.168.20.232/30	192.168.20.233/30～192.168.20.234/30	

11.9　结构化设计

为了容纳当前和将来需要 IP 地址的所有设备，有必要制定满足网络要求的规划和编址方案。

11.9.1　IPv4 网络地址规划

在开始子网划分之前，应该为整个网络开发一个 IPv4 编址方案。您要了解您需要多少子网、特定子网需要多少主机、哪些设备是子网的一部分、网络的哪些部分使用私有地址、哪些部分使用公有地址，以及许多其他决定因素。一个良好的编址方案会考虑到后续的增长。一个良好的编址方案也是一个良好的网络管理员的标志。

在规划 IPv4 网络的子网时，需要审视组织的网络使用需求和子网的构建方法。进行网络需求调研是子网规划的起点。这意味着查看整个网络（包括内部网和 DMZ），并确定如何划分每个区域。地址规划包括确定在哪里需要地址保留（通常在 DMZ 中）以及在哪里有更大的灵活性（通常是在内部网中）。

如果需要地址保留，子网规划应确定需要多少个子网以及每个子网有多少台主机。如前所述，地址保留通常是 DMZ 中的公有 IPv4 地址空间所需要的，这通常使用 VLSM 来解决。

与 DMZ 相比，在企业内部网中，地址保留通常不是问题，这主要是因为私有 IPv4 编址（包括 10.0.0.0/8）提供了超过 1600 万个主机 IPv4 地址。

对于大多数组织，私有 IPv4 地址提供了足够多的内部（内部网）地址。对于许多较大的组织和 ISP 来说，即使是私有的 IPv4 地址空间也不足以满足它们的内部需求。这也是组织向 IPv6 过渡的另一个原因。

对于使用私有 IPv4 地址的内部网和使用公有 IPv4 地址的 DMZ 来说，地址规划和分配非常重要。

地址规划通常应包括确定每个子网的大小需求，即每个子网将有多少台主机。地址规划中还需要包括主机地址的分配方式、哪些主机要求静态 IPv4 地址、哪些主机可以使用 DHCP 获取其编址信息等需求。这也将有助于防止地址重复，同时允许出于性能和安全原因对地址进行监测和管理。

了解您的 IPv4 地址需求有助于确定您要实施的主机地址的范围，并有助于确保有足够的地址来满足您的网络需求。

11.9.2 设备地址分配

在一个网络中，需要为不同类型的设备分配地址。

- **终端用户客户端**：大部分网络使用动态主机配置协议（DHCP）动态地将 IPv4 地址分配给客户端设备。这能减少网络支持人员的负担，并显著减少输入错误。使用 DHCP 时，地址仅租用一段时间，并且可以在租约到期后重新使用。这是支持临时用户和无线设备的网络的一个重要特性。更改子网划分方案意味着 DHCP 服务器需要进行重新配置，并且客户端必须续订其 IPv4 地址。IPv6 客户端可以使用 DHCPv6 或 SLAAC 获取地址信息。
- **服务器和外部设备**：它们应具有可预测的静态 IP 地址。这些设备使用的是统一的编址系统。
- **可从外部网络访问的服务器**：需要在外部网络上公开可用的服务器必须具有公有 IPv4 地址，通常使用 NAT 访问。在一些组织中，远程用户必须使用内部服务器（不可公开使用）。在大多数情况下，这些服务器在内部分配了私有地址，用户需要创建一个虚拟专用网络（VPN）连接来访问服务器。这与用户从内部网中的主机访问服务器具有相同的效果。
- **中间设备**：这些设备出于网络管理、监控和安全目的分配了地址。因为网络管理员需要知道如何与中间设备通信，所以这些设备应当具有可以预测的静态地址。
- **网关**：路由器和防火墙设备给每个接口分配一个 IP 地址，用作该网络中主机的网关。路由器接口一般使用网络中的最小地址或最大地址。

在制定 IP 编址方案时，通常建议您使用一种固定模式为各类设备分配地址。这样有益于管理员添加/删除设备、根据 IP 地址过滤流量和简化文档的编写。

11.10 总结

IPv4 地址结构

IPv4 地址是一个 32 位的分层地址，由网络部分和主机部分两个部分组成。对于同一网络中的所有设备，地址的网络部分中的位必须完全相同。地址的主机部分中的位必须唯一，以方便识别网络中的特定主机。主机需要唯一的 IPv4 地址和子网掩码来显示地址的网络/主机部分。前缀长度是子网掩码中设置为 1 的位数，使用"斜杠记法"来表示，斜杠（"/"）后面紧跟设置为 1 的位数。逻辑 AND 运算比较两个位。只有 1 AND 1 的结果是 1，任何其他组合的结果都是 0。每个网络中都有网络地址、主机地址和广播地址。

IPv4 单播、广播和组播

单播传输是指在一对一通信中，一个设备向另一个设备发送消息。单播数据包具有一个目的 IP 地址，该地址是一个单播地址，指向一个单独的接收者。广播传输是指在一对多通信中，设备向网络上的所有设备发送消息。在广播数据包的目的 IP 地址中，要么主机部分全部为 1，要么 32 位全部为 1。通过组播传输，主机可以向所属组播组中的选定主机组发送单个数据包，从而减少了流量。组播数据包是一个目的 IP 地址为组播地址的数据包。IPv4 将 224.0.0.0～239.255.255.255 的地址保留为组播范围。

IPv4 地址的分类

公有 IPv4 地址是能在 ISP 路由器之间进行全局路由的地址。并非所有可用的 IPv4 地址都可用于连接互联网。大多数组织使用称为私有地址的地址块向内部主机分配 IPv4 地址。大多数内部网络使用私有 IPv4 地址来编址所有内部设备（内部网络），但是这些私有地址不可全局路由。主机可以使用环回地址将流量发给自己。本地链路地址通常称为 APIPA 地址或自分配的地址。在 1981 年，IPv4 地址使用有类编址进行了分配（分为 A、B、C 类）。公有 IPv4 地址必须是唯一的，而且能通过互联网进行全局路由。IPv4 和 IPv6 地址通过 IANA 管理，IANA 向 RIR 分配 IP 地址块。

网络分段

在以太网 LAN 中，设备使用广播和 ARP 来定位其他设备。交换机会将广播传播到所有接口（接收它的接口除外）。路由器不传播广播，相反，每个路由器接口都连接了一个广播域，而广播只能在特定的广播域内传播。大型广播域是一个连接了很多主机的网络。大型广播域的一个问题是这些主机会生成过量的广播，从而对网络造成不良影响。解决方案是使用称为"子网划分"的过程缩减网络的规模以创建更小的广播域。这些较小的网络空间通常称为"子网"。子网划分降低了整体网络流量并改善了网络性能。网络管理员可以按位置、分组或功能、设备类型进行子网划分。

对 IPv4 网络进行子网划分

IPv4 子网是通过使用一个或多个主机位作为网络为来创建的。具体做法是扩展子网掩码，从地址的主机部分借用若干位来创建额外的网络位。借用的主机位越多，可以定义的子网也就越多。为了增加子网数量而借用的位越多，每个子网的主机数量就越少。网络在八位组边界处（/8、/16 和/24）最容易进行子网划分。在划分子网时，可以从任何主机位借用若干位来创建其他掩码。

使用/16 和/8 前缀划分子网

在需要大量子网的情况下，IPv4 网络需要有更多的主机位可以借用。为了创建子网，我们必须从现有网络的 IPv4 地址的主机部分借用位。从第一个可用主机位开始，按照从左到右的顺序借用，一次借用一个位，直到达到创建所需子网数量所需的位数。当从/16 地址借用位时，借用是从第 3 个八位组开始的，并遵循从左向右的顺序。第一个地址保留为网络地址，最后一个地址是保留为广播地址。

按照要求划分子网

一个典型的企业网络包含内部网和 DMZ，它们都有自己的子网划分要求和挑战。内部网使用私有 IPv4 编址空间。10.0.0.0/8 网络可以使用任何其他数量的前缀长度（如/12、/18、/20）进行子网划分。这为网络管理员提供了多种选择。因为 DMZ 中的设备需要从外部网络公开访问，所以这些设备需要公有 IPv4 地址。组织必须最大限度地利用自己有限的公有 IPv4 地址。为了减少每个子网未使用主机的地址数量，网络管理员必须将公有地址空间划分为具有不同子网掩码的子网。这称为可变长度子网掩码（VLSM）。管理员每个网络所需的主机地址数量和所需的子网数量。

VLSM

传统的子网划分可以满足组织对其最大 LAN 的需求，并将地址空间划分为足够数量的子网。但这也可能导致大量未使用地址的浪费。VLSM 使网络空间能够分为大小不等的部分。使用 VLSM，子网掩码将根据特定子网所借用的位数而变化，从而成为 VLSM 的"变量"部分。VLSM 就是指将子网划分为子网。当使用 VLSM 时，请始终从满足最大子网的主机要求开始，然后继续子网划分直至满足最小子网的主机要求。子网划分始终需要在适当的位边界上启动。

结构化设计

为了更好地规划 IPv4 网络的子网结构，网络管理员需要研究网络的需求。这意味着查看整个网络（包括内部网和 DMZ），并确定如何划分每个区域。地址规划包括确定在哪里需要地址保留（通常在 DMZ 中）以及在哪里有更大的灵活性（通常是在内部网中）。如果需要地址保留，子网规划应确定需要多少个子网以及每个子网有多少台主机。地址保留通常是 DMZ 中的公有 IPv4 地址空间所需要的，这通常使用 VLSM 来解决。地址规划中包括主机地址的分配方式、哪些主机要求静态 IPv4 地址、哪些主机可以使用 DHCP 获取其编址信息等。在一个网络中，需要为不同类型的设备分配地址：终端用户客户端、服务器和外部设备、可从外部网络访问的服务器、中间设备、网关。在制定 IP 编址方案时，通常建议您使用一种固定模式为各类设备分配地址。这样有益于管理员添加/删除设备、根据 IP 地址过滤流量和简化文档的编写。

复习题

完成这里列出的所有复习题，可以测试您对本章内容的理解。附录列出了答案。

1. 子网掩码 255.255.255.224 的前缀长度记法是什么？
   - A. /25
   - B. /26
   - C. /27
   - D. /28

2. 配置了掩码/26 的 IPv4 子网上可以提供多少个有效的主机地址？
   - A. 254
   - B. 190
   - C. 192
   - D. 62
   - E. 64

3. 如果有 5 个主机位可用，则将使用哪个子网掩码？
   - A. 255.255.255.0
   - B. 255.255.255.128
   - C. 255.255.255.224
   - D. 255.255.255.240

4. 网络管理员将 192.168.10.0/24 网络划分成具有/26 掩码的子网。这会创建多少个相同大小的子网？
   - A. 1
   - B. 2
   - C. 4
   - D. 8
   - E. 16
   - F. 64

5. 斜杠记法的/20 代表哪个子网掩码？
   - A. 255.255.255.248
   - B. 255.255.224.0

C. 255.255.240.0   D. 255.255.255.0

E. 255.255.255.192

6. 下面有关变长子网掩码的描述中，哪一项是正确的？

  A. 每个子网大小相同

  B. 每个子网的大小可能不同，这取决于具体的需求

  C. 在对子网进一步划分时，只能划分一次

  D. 在创建子网时，是返回位，而不是借用位

7. 为什么第 3 层设备要对目的 IP 地址和子网掩码执行 AND 运算过程？

  A. 为了确定目的网络的广播地址

  B. 为了确定目的主机的主机地址

  C. 为了确定缺陷帧

  D. 为了确定目的网络的网络地址

8. 192.168.1.0/27 网络可以提供多少个可用的 IP 地址？

  A. 256   B. 254

  C. 62   D. 30

  E. 16   F. 32

9. 如果正好有 4 个主机位可用，将使用哪个子网掩码？

  A. 255.255.255.224   B. 255.255.255.128

  C. 255.255.255.240   D. 255.255.255.248

10. 下面哪两项是 IPv4 地址的组件？（选择两项）

  A. 子网部分   B. 网络部分

  C. 逻辑部分   D. 主机部分

  E. 物理部分   F. 广播部分

11. 如果一台网络设备具有掩码/26，则对于该网络上的主机，有多少个 IP 地址可用？

  A. 64   B. 8

  C. 2   D. 32

  E. 16

12. IP 地址 172.17.4.250/24 代表什么？

  A. 网络地址   B. 组播地址

  C. 主机地址   D. 广播地址

13. 如果一台网络设备具有掩码/28，则对于该网络上的主机来说，有多少个 IP 地址可用？

  A. 256   B. 254

  C. 62   D. 32

  E. 16   F. 14

14. 子网掩码与 IP 地址结合有何用途？

  A. 唯一标识网络中的一台主机   B. 识别地址是公有地址还是私有地址

  C. 确定主机所属的子网   D. 对外部人员掩蔽 IP 地址

15. 网络管理员正在对网络进行变长子网划分。最小子网的掩码是 255.255.255.224。该子网提供多少个可用的主机地址？

  A. 2   B. 6

  C. 14   D. 30

  E. 62

第 12 章

IPv6 编址

学习目标

通过完成本章的学习，您将能够回答下列问题：

- 为什么需要 IPv6 编址
- 如何表示 IPv6 地址；
- IPv6 网络地址的类型是什么；
- 如何配置静态全局单播和链接本地 IPv6 网络地址；

- 如何动态配置全局单播地址；
- 如何动态配置链路本地地址；
- 如何识别 IPv6 地址；
- 如何实现子网 IPv6 编址方案。

现在是成为网络管理员的大好时机！为什么这么说呢？因为在许多网络中，您会发现 IPv4 和 IPv6 同时工作。在掌握了 IPv4 网络的子网划分技术之后，您可能会发现对 IPv6 网络进行子网划分要容易得多。这可能出乎了您的意料，是吗？我们准备出发吧！

12.1 IPv4 的问题

本节将介绍迁移到 IPv6 的原因。

12.1.1 IPv6 的必要性

您已经知道 IPv4 的地址用完了。这就是我们需要了解 IPv6 的原因。

IPv6 旨在接替 IPv4。IPv6 拥有更大的 128 位地址空间，提供 340 涧（即，340 后面有 36 个 0）个可能的地址。不过，IPv6 不只是具有更大的地址空间。

当 IEFT 开始开发 IPv4 的接替版本时，还借此机会修复了 IPv4 的限制，并开发了增强功能。一个示例是互联网控制消息协议第 6 版（ICMPv6），它包括 IPv4 的 ICMP（ICMPv4）中没有的地址解析和地址自动配置功能。

IPv4 地址空间的耗尽是促使人们转向 IPv6 的原因。随着非洲、亚洲和世界其他地区越来越多地使用互联网，IPv4 地址已经无法满足这一增长需求。

理论上，IPv4 最多有 43 亿个地址。私有地址与网络地址转换（NAT）的结合对于放缓 IPv4 地址空间的耗尽起了不可或缺的作用。然而，NAT 对于许多应用程序来说是有问题的，它会造成延迟，并且会严重阻碍点对点通信。

随着移动设备数量的不断增加，移动运营商一直在引领着向 IPv6 过渡。美国最大的两家移动运营商报告称，它们有超过 90% 的流量都在 IPv6 之上。

大多数顶级的 ISP 和内容提供商，如 YouTube、Facebook 和 Netflix，也已经完成了过渡。许多公司，如微软、Facebook 和 LinkedIn，都在内部向纯 IPv 网络过渡。2018 年，宽带 ISP Comcast 报告称，它们的 IPv6 部署率超过 65%；英国天空广播公司报告称，它们的部署率超过 86%。

物联网

当今的互联网与过去几十年相比大有不同。当今的互联网不仅仅是邮件、Web 和计算机之间的文件传输，它还在不断向物联网（Internet of Things，IoT）发展。能够访问互联网的设备将不仅仅只有计算机、平板电脑和智能手机。未来安装有传感器并支持互联网访问的设备将包括汽车、生物化学设备和家用电器以及自然生态系统等一切事物。

考虑到互联网用户的不断增加、有限的 IPv4 地址空间、NAT 问题和物联网等问题，是时候开始向 IPv6 过渡了。

12.1.2 IPv4 和 IPv6 共存

过渡到纯 IPv6 网络不是一朝一夕可以完成的。在不久的将来，IPv4 和 IPv6 都将共存，并且过渡将需要几年的时间。IETF 已经创建了各种协议和工具来协助网络管理员将网络迁移到 IPv6。迁移技术可分为 3 类：双栈、隧道、转换。

双栈

双栈允许 IPv4 和 IPv6 在同一网段上共存。双栈设备同时运行 IPv4 和 IPv6 协议栈，如图 12-1 所示。使用双栈（也成称为原生[native] IPv6）意味着客户网络与 ISP 建立了 IPv6 连接，并能够通过 IPv6 访问互联网上的内容。

隧道

隧道是一种通过 IPv4 网络传输 IPv6 数据包的方法。IPv6 数据包与其他类型的数据类似，也封装在 IPv4 数据包中，如图 12-2 所示。

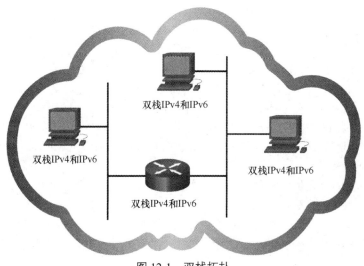

图 12-1　双栈拓扑

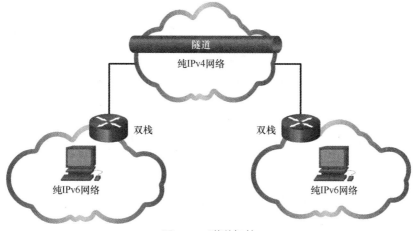

图 12-2 隧道拓扑

转换

网络地址转换 64（NAT64）允许支持 IPv6 的设备与支持 IPv4 的设备使用转换技术（类似于 IPv4 中的 NAT）进行通信。IPv6 数据包被转换为 IPv4 数据包，IPv4 数据包被转换为 IPv6 数据包，如图 12-3 所示。

图 12-3 NAT64 拓扑

注 意   隧道和转换用于过渡到原生 IPv6，而且仅应在需要时使用，目标是从源到目的地进行原生 IPv6 通信。

12.2 IPv6 地址表示

本节讨论 IPv6 地址的表示形式。

12.2.1 IPv6 编址格式

学习 IPv6 的第一步是理解 IPv6 地址的编写和格式化方式。IPv6 地址比 IPv4 地址多得多，这就是我们不太可能用完它的原因。

IPv6 地址长度为 128 位，写作十六进制值字符串。如图 12-4 所示，每 4 位以一个十六进制数字表示，共 32 个十六进制值。IPv6 地址不区分大小写，可用大写或小写书写。

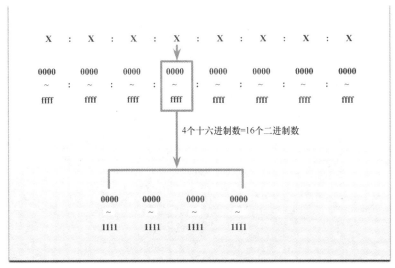

图 12-4　16 位的数据段（或十六位组）

首选格式

在图 12-4 中可以看到，书写 IPv6 地址的首选格式为 x:x:x:x:x:x:x:x，每个 x 均包括 4 个十六进制值。术语"八位组"是指 IPv4 地址的 8 个位。在 IPv6 中，十六位组是指代 16 位二进制或 4 位十六进制数的非官方术语。每个 x 是一个十六位组，这个十六位组由 16 个二进制数或 4 个十六进制数字组成。

在使用首选格式时，可以使用所有 32 个十六进制数字书写 IPv6 地址。尽管这种格式称为首选格式，但并不意味着它是表示 IPv6 地址的理想方法。下文将介绍两条规则，这两条规则有助于减少表示一个 IPv6 地址所需数字的数目。例 12-1 所示为一个 IPv6 地址首选格式的示例。

例 12-1　IPv6 地址的首选格式

```
2001 : 0db8 : 0000 : 1111 : 0000 : 0000 : 0000: 0200
2001 : 0db8 : 0000 : 00a3 : abcd : 0000 : 0000: 1234
2001 : 0db8 : 000a : 0001 : c012 : 9aff : fe9a: 19ac
2001 : 0db8 : aaaa : 0001 : 0000 : 0000 : 0000: 0000
fe80 : 0000 : 0000 : 0000 : 0123 : 4567 : 89ab: cdef
fe80 : 0000 : 0000 : 0000 : 0000 : 0000 : 0000: 0001
fe80 : 0000 : 0000 : 0000 : c012 : 9aff : fe9a: 19ac
fe80 : 0000 : 0000 : 0000 : 0123 : 4567 : 89ab: cdef
0000 : 0000 : 0000 : 0000 : 0000 : 0000 : 0000: 0001
0000 : 0000 : 0000 : 0000 : 0000 : 0000 : 0000: 0000
```

12.2.2　规则 1：省略前导 0

第一条有助于缩短 IPv6 地址记法的规则是省略十六位组中的所有前导 0（零）。以下是省略前导零的 4 个方法示例：

- 01ab 可表示为 1ab；
- 09f0 可表示为 9f0；
- 0a00 可表示为 a00；
- 00ab 可表示为 ab。

该规则仅适用于前导 0，不适用于后缀 0，否则会造成地址不明确。例如，如果将前导 0 和后缀 0 都省略，十六位组的 "abc" 可能是 "0abc"，也可能是 "abc0"，它们表示的值不相同。表 12-1 所示为省略前导 0 的示例。

表 12-1　　　　　　　　　　　　　　　　　省略前导 0

类型	格式
首选	2001:**0**db8:**0000**:1111:**0000**:**0000**:**0000**:**0**200
无前导 0	2001: db8: 0:1111: 0: 0: 0: 200
首选	2001:**0**db8:**0000**:**00**a3:ab00:**0**ab0:**00**ab:1234
无前导 0	2001: db8: 0: a3:ab00: ab0: ab:1234
首选	2001:**0**db8:**000**a:**000**1:c012:90ff:fe90:**000**1
无前导 0	2001: db8: a: 1:c012:90ff:fe90: 1
首选	2001:**0**db8:aaaa:**000**1:**0000**:**0000**:**0000**:**0000**
无前导 0	2001: db8:aaaa: 1: 0: 0: 0: 0
首选	fe80:**0000**:**0000**:**0000**:**0**123:4567:89ab:cdef
无前导 0	fe80: 0: 0: 0: 123:4567:89ab:cdef
首选	fe80:**0000**:**0000**:**0000**:**0000**:**0000**:**0000**:**000**1
无前导 0	fe80: 0: 0: 0: 0: 0: 0: 1
首选	**0000**:**0000**:**0000**:**0000**:**0000**:**0000**:**0000**:**000**1
无前导 0	0: 0: 0: 0: 0: 0: 0: 1
首选	**0000**:**0000**:**0000**:**0000**:**0000**:**0000**:**0000**:**0000**
无前导 0	0: 0: 0: 0: 0: 0: 0: 0

12.2.3　规则 2：双冒号

第二条有助于缩短 IPv6 地址记法的规则是使用双冒号（::）替换任意一个连续的字符串，前提是这个字符串是一个或多个全由 0 组成的十六位组。例如，2001:db8:cafe:1:0:0:0:1（前导 0 省略）可以表示为 2001:db8:cafe:1::1。双冒号（::）用于代替 3 个全由 0 组成的十六位组（0:0:0）。

双冒号（::）仅可在每个地址中使用一次，否则可能会得出一个以上的地址。当双冒号与忽略前导 0 的方法一起使用时（通常称为压缩格式），IPv6 地址记法可以大幅缩短。

下面是一个错误使用双冒号的例子：2001:db8::abcd::1234。在这个例子中，双冒号使用了两次，因此违反了相应的规则。这个不正确的压缩格式的地址可能会扩展为下面多个地址。

- 2001:db8::abcd:0000:0000:1234；
- 2001:db8::abcd:0000:0000:0000:1234；
- 2001:db8:0000:abcd::1234；
- 2001:db8:0000:0000:abcd::1234。

　　如果一个地址有多个连续的全为 0 的十六进制数字符串，最佳做法是在最长的字符串上使用双冒号（::）。如果字符串相等，则第一个字符串应使用双冒号（::）。表 12-2 所示为省略前导 0 和所有 0 段的示例。

表 12-2　　　　　　　　　　　　　　　　省略前导 0 和所有 0 段

类型	格式
首选	2001:**0**db8:**0000**:1111:**0000**:**0000**:**0000**:**0**200
带有空格的压缩	2001: db8:　　0:1111:　　　　　　　: 200
压缩	2001:db8:0:1111::200
首选	2001:**0**db8:**0000**:**0000**:ab00:**0000**:**0000**:**0000**
带有空格的压缩	2001: db8:　　0:　　0:ab00::
压缩	2001:db8:0:0:ab00::
首选	2001:**0**db8:aaaa:**000**1:**0000**:**0000**:**0000**:**0000**
带有空格的压缩	2001: db8:aaaa:　　1::
压缩	2001: db8:aaaa:1::
首选	fe80:**0000**:**0000**:**0000**:**0**123:4567:89ab:cdef
带有空格的压缩	fe80:　　　　　　　　　　:123 :4567:89ab:cdef
压缩	fe80::123:4567:89ab:cdef
首选	fe80:**0000**:**0000**:**0000**:**0000**:**0000**:**0000**:**000**1
带有空格的压缩	fe80:　　　　　　　　　　　　　　　　:　 1
压缩	fe80::1
首选	**0000**:**0000**:**0000**:**0000**:**0000**:**0000**:**0000**:**000**1
带有空格的压缩	:　　　　　　　　　　　　　　　　　:　 1
压缩	::1
首选	**0000**:**0000**:**0000**:**0000**:**0000**:**0000**:**0000**:**0000**
带有空格的压缩	::
压缩	::

12.3　IPv6 地址类型

　　本节介绍 IPv6 地址的不同类型和用途。

12.3.1 单播、组播、任播

与 IPv4 一样，IPv6 地址有不同的类型。事实上，IPv6 地址有 3 大类。

- **单播**：IPv6 单播地址用于唯一地标识支持 IPv6 的设备上的接口。
- **组播**：IPv6 组播地址用于将单个 IPv6 数据包发送到多个目的地。
- **任播**：IPv6 任播地址是可分配到多个设备的任何一个 IPv6 单播地址。发送至任播地址的数据包会被路由到拥有该地址的距离最近的设备。任播地址不在本书的讨论范围之内。

与 IPv4 不同，IPv6 没有广播地址。但是，IPv6 具有 IPv6 全节点组播地址，它在本质上与广播地址的效果相同。

12.3.2 IPv6 前缀长度

IPv4 地址的前缀或网络部分可以由点分十进制的子网掩码或前缀长度（斜杠记法）标识。例如，IPv4 地址 192.168.1.10（点分十进制的子网掩码为 255.255.255.0）等同于 192.168.1.10/24。

在 IPv4 中，/24 称为前缀。在 IPv6 中，它被称为前缀长度。IPv6 不使用点分十进制形式的子网掩码记法。与 IPv4 一样，前缀长度以斜杠记法表示，用于表示 IPv6 地址的网络部分。

前缀长度范围为 0~128。对于 LAN 和大多数其他类型的网络，建议 IPv6 前缀长度为/64，如图 12-5 所示。

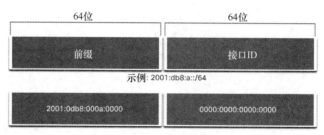

图 12-5 IPv6 前缀长度

对于大多数网络，强烈建议使用 64 位的接口 ID。这是因为无状态地址自动配置（SLAAC）使用 64 位作为接口 ID。它还可以更容易创建和管理子网。

12.3.3 IPv6 单播地址的类型

IPv6 单播地址用于唯一地标识支持 IPv6 的设备上的接口。发送到单播地址的数据包由分配有该地址的接口接收。与 IPv4 类似，源 IPv6 地址必须是单播地址。目的 IPv6 地址可以是单播地址也可以是组播地址。图 12-6 所示为 IPv6 单播地址的不同类型。

与 IPv4 设备只有一个地址不同，一个 IPv6 地址通常有两个单播地址。

- **全局单播地址（Global Unicast Address，GUA）**：这类似于公有 IPv4 地址。这些地址具有全局唯一性，是互联网可路由的地址。GUA 可静态配置或动态分配。
- **链路本地地址（Link-Local Address，LLA）**：这对于每个支持 IPv6 的设备都是必需的。LLA 用于与同一链路中的其他设备通信。在 IPv6 中，术语"链路"是指子网。LLA 仅限于单个链路。它们的唯一性仅在该链路上得到保证，因为它们在该链路之外不具有可路由性。换句话说，路由器不会转发具有本地链路源地址或目的地址的数据包。

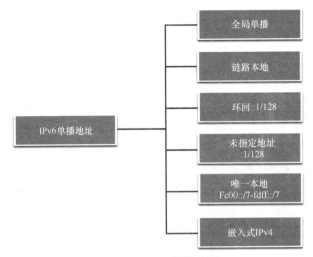

图 12-6　IPv6 单播地址

12.3.4　关于唯一本地地址的注意事项

唯一本地地址（范围为 fc00::/7～fdff::/7）尚未普遍实现。因此，本节仅介绍 GUA 和 LLA 配置。然而，唯一本地地址最终可能被用于不应该从外部访问的设备的地址，例如内部服务器和打印机。

IPv6 唯一本地地址与 IPv4 的 RFC 1918 私有地址具有相似之处，但是也有着重大差异。

- 唯一本地地址用于一个站点内或数量有限的站点之间的本地编址。
- 唯一本地地址可用于从来不需要访问其他网络的设备。
- 唯一本地地址不会被全局路由或被转换为全局 IPv6 地址。

> **注　意**　许多站点也使用 RFC 1918 地址的私有性质来尝试去保护或隐藏其网络，使其免遭潜在的安全风险。但是，这绝不是这些技术的既定用途，IETF 始终推荐各站点在面向外部网络的路由器上采取妥善的安全预防措施。

12.3.5　IPv6 GUA

IPv6 全局单播地址（GUA）具有全局唯一性，可在 IPv6 互联网上路由。这些地址相当于公有 IPv4 地址。互联网名称与数字地址分配机构（Internet Committee for Assigned Names and Numbers，ICANN），即 IANA 的运营商，将 IPv6 地址块分配给 5 家 RIR。目前分配的仅是前 3 位为 001 或 2000::/3 的全局单播地址（GUA），如图 12-7 所示。

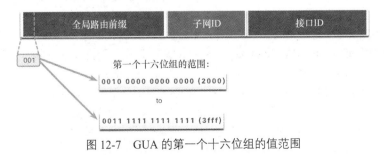

图 12-7　GUA 的第一个十六位组的值范围

图 12-8 显示了第一个十六位组的值范围，其中当前可用的 GUA 的第一个十六进制数字以 2 或 3 开头。这只占用 IPv6 地址空间总量的 1/8，对于其他类型的单播和组播地址而言只是很小的一部分。

> **注　意**　2001:db8::/32 已经留作备档之用，包括示例用途。

图 12-8 所示为 GUA 的结构和范围。

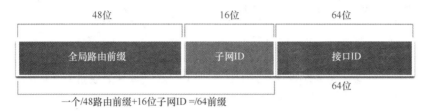

图 12-8　带有/48 全局路由前缀和/64 前缀的 IPv6 地址

12.3.6　IPv6 GUA 结构

如图 12-9 所示，GUA 包括 3 个部分：

- 全局路由前缀；
- 子网 ID；
- 接口 ID。

全局路由前缀

全局路由前缀是提供商（如 ISP）向客户或站点分配的地址的前缀或网络部分。例如，ISP 通常会为其客户分配/48 全局路由前缀。全局路由前缀通常会因 ISP 的策略而异。

图 12-8 所示为使用/48 全局路由前缀的 GUA。/48 前缀是一个常见的全局路由前缀（本书中的多数示例均使用该前缀）。

例如，IPv6 地址 2001:db8:acad::/48 有一个全局路由前缀，该前缀为这个地址的前 48 位（即 3 个十六位组：2001:db8:acad），ISP 将这个前缀（网络）当作全局路由前缀。/48 前缀长度前面的双冒号（::）表示地址的剩余部分全部为 0。全局路由前缀的大小决定子网 ID 的大小。

子网 ID

子网 ID 字段是全局路由前缀和接口 ID 之间的区域。与 IPv4 不同，在 IPv4 中必须从主机部分借用位来创建子网，IPv6 在设计时就考虑到了子网。组织使用子网 ID 确定其站点的子网。子网 ID 越大，可用子网越多。

> **注　意**　许多组织都会收到/32 全局路由前缀。如果使用推荐的/64 前缀来创建 64 位的接口 ID，则会留下一个 32 位的子网 ID。这意味着具有/32 全局路由前缀和 32 位子网 ID 的组织将拥有 43 亿个子网，每个子网都有 1800 亿亿（18 后面跟 18 个 0）个子网。这个子网的地址数量与公有 IPv4 的地址数量一样多！

在图 12-8 中，IPv6 地址有一个/48 全局路由前缀，这在许多企业网络中很常见。这使得检查地址的不同部分变得特别容易。使用典型的/64 前缀长度时，前 4 个十六位组是地址的网络部分，其中第 4 个十六位组表示子网 ID。剩下的 4 个十六位组表示接口 ID。

接口 ID

IPv6 的接口 ID 相当于 IPv4 地址的主机部分。使用术语"接口 ID"是因为单个主机可能有多个接口，而每个接口又有一个或多个 IPv6 地址。图 12-8 所示为 IPv6 GUA 的结构示例。强烈建议在大多数情况下使用/64 子网，这会创建一个 64 位接口 ID。64 位接口 ID 允许每个子网有 1800 亿亿个设备或主机。

/64 子网或前缀（全局路由前缀+子网 ID）为接口 ID 保留了 64 位。建议允许启用 SLAAC 的设备创建自己的 64 位接口 ID。这也使得 IPv6 编址计划的开发变得简单而有效。

注　意　与 IPv4 不同，在 IPv6 中，全 0 和全 1 的主机地址可以分配给设备。之所以可以使用全 1 地址，是因为 IPv6 中没有使用广播地址。尽管也可使用全 0 地址，但它被保留为子网路由器任播地址，应仅分配给路由器。

12.3.7　IPv6 LLA

IPv6 链路本地地址（LLA）允许设备与同一链路上支持 IPv6 的其他设备通信，并且只能在该链路（子网）上通信。具有源或目的 LLA 的数据包不能在数据包的源链路之外进行路由。

GUA 不是必需的。但是，每个支持 IPv6 的网络接口都必须有 LLA。

如果没有手动为接口配置 LLA，设备会在不与 DHCP 服务器通信的情况下自动创建自己的地址。支持 IPv6 的主机会创建 IPv6 LLA，即使没有为该设备分配 IPv6 全局单播地址。这允许支持 IPv6 的设备与同一子网中支持 IPv6 的其他设备通信，其中就包括与默认网关（路由器）的通信。

IPv6 LLA 在 fe80::/10 范围内。/10 表示前 10 位是 1111 1110 10xx xxxx。第一个十六位组的范围是 1111 1110 10**00 0000**（fe80）～1111 1110 10**11 1111**（febf）。

图 12-9 所示为使用 IPv6 LLA 进行通信的示例。PC 能够使用 LLA 直接与打印机进行通信。

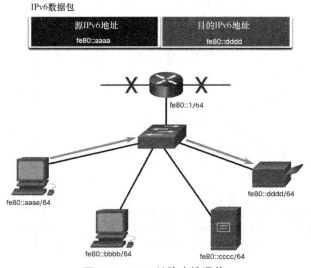

图 12-9　IPv6 链路本地通信

图 12-10 所示为 IPv6 LLA 的一些用途。

1. 路由器使用邻居路由器的 LLA 发送路由更新。
2. 主机使用本地路由器的 LLA 作为默认网关。

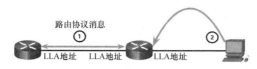

图 12-10 使用 IPv6 LLA 的示例

> **注 意** 通常情况下，用作链路上其他设备的默认网关的是路由器的 LLA 而不是 GUA。

设备可以通过两种方式获取 LLA。

■ **静态**：这意味着设备需要手动配置。

■ **动态**：这意味着设备通过使用随机生成的值或使用扩展唯一标识符（Extended Unique Identifier，EUI）方法创建自己的接口 ID，EUI 方法会用到客户端 MAC 地址和其他位。

12.4 GUA 和 LLA 静态配置

本节讨论 IPv6 全局单播地址（GUA）和链路本地地址（LLA）的静态配置。

12.4.1 路由器上的静态 GUA 配置

IPv6 GUA 与公有 IPv4 地址相同。它们具有全局唯一性，可在 IPv6 互联网上路由。IPv6 LLA 允许两个支持 IPV6 的设备在同一链路（子网）上相互通信。在路由器上静态配置 IPv6 GUA 和 LLA 很容易，可以帮助您创建 IPv6 网络。本节教您如何做到这一点！

在思科 IOS 中，大多数 IPv6 的配置和验证命令与 IPv4 的相似。在多数情况下，唯一的区别是命令中使用 **ipv6** 取代 **ip**。

例如，在接口上配置 IPv4 地址的思科 IOS 命令是 **ip address** *ip-address subnet-mask*。相比之下，在接口上配置 IPv6 GUA 的命令是 **ipv6 address** *ipv6-address/prefix-length*。*请注意*，*ipv6-address* 和 *prefix-length* 之间没有空格。

图 12-11 所示为配置示例使用的拓扑。该拓扑中包括下列 IPv6 子网：

■ 2001:db8:acad:1:/64；

■ 2001:db8:acad:2:/64；

■ 2001:db8:acad:3:/64。

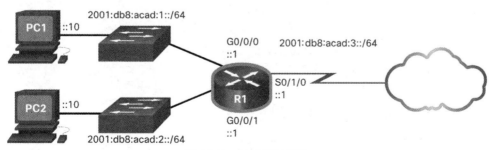

图 12-11 IPv4 编址拓扑

例 12-2 所示为在 R1 的 G0/0/0、Gi0/0/1 和 S0/1/0 接口上配置 IPv6 GUA 所需的命令。

例 12-2　路由器 R1 上的 IPv6 GUA 配置

```
R1(config)# interface gigabitethernet 0/0/0
R1(config-if)# ipv6 address 2001:db8:acad:1::1/64
R1(config-if)# no shutdown
R1(config-if)# exit
R1(config)# interface gigabitethernet 0/0/1
R1(config-if)# ipv6 address 2001:db8:acad:2::1/64
R1(config-if)# no shutdown
R1(config-if)# exit
R1(config)# interface serial 0/1/0
R1(config-if)# ipv6 address 2001:db8:acad:3::1/64
R1(config-if)# no shutdown
```

12.4.2　Windows 主机上的静态 GUA 配置

在主机上手动配置 IPv6 地址与配置 IPv4 地址相似。

如图 12-12 所示，为 PC1 配置的默认网关地址为 2001:DB8:ACAD:1::1。该地址是同一网络中 R1 吉比特以太网接口的 GUA。也可以配置默认网关地址以与吉比特以太网接口的 LLA 相匹配。使用路由器的 LLA 作为默认网关地址被认为是最佳做法。这两种配置方式都可以。

与使用 IPv4 一样，客户端上配置静态的地址并不能扩展至更大的环境。因此，大多数网络管理员会启用 IPv6 地址的动态分配。

设备可以通过两种方法自动获取 IPv6 GUA：

■　无状态地址自动配置（SLAAC）；

■　有状态 DHCPv6。

下一节将介绍 SLAAC 和 DHCPv6。

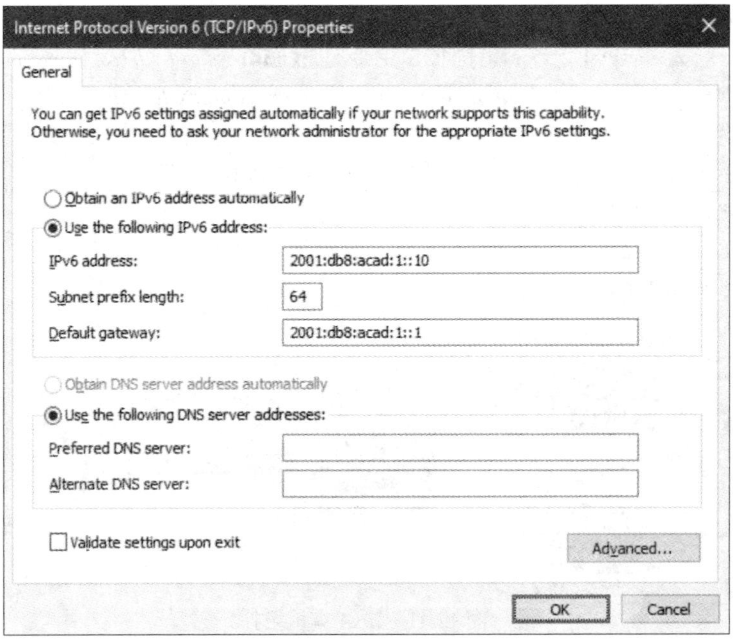

图 12-12　在 Windows 主机上手动配置 IPv6 地址

注　意	使用 DHCPv6 或 SLAAC 时，路由器的 LLA 将自动指定为默认网关地址。

12.4.3　链路本地单播地址的静态配置

手动配置 LLA 可以让您创建的地址便于识别和记忆。一般来说，只需要在路由器上创建可识别的 LLA。这样做很有用，因为路由器 LLA 将被用作默认网关地址并包含在路由通告消息中。

LLA 可以使用 **ipv6 address** *ipv6-link-local-address* **link-local** 命令手动配置。当地址以 fe80～febf 范围的十六位组开头时，**link-local** 参数必须符合该地址。

图 12-13 所示为每个接口都配置有 LLA 的一个拓扑示例。

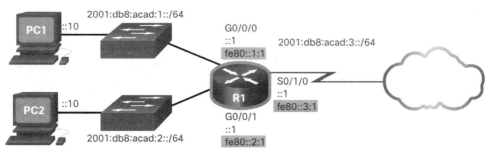

图 12-13　具有 LLA 的 IPv6 编址拓扑

例 12-3 所示为路由器 R1 上 LLA 的配置。

例 12-3　R1 的静态 LLA 配置

```
R1(config)# interface gigabitethernet 0/0/0
R1(config-if)# ipv6 address fe80::1:1 link-local
R1(config-if)# exit
R1(config)# interface gigabitethernet 0/0/1
R1(config-if)# ipv6 address fe80::1:2 link-local
R1(config-if)# exit
R1(config)# interface serial 0/1/0
R1(config-if)# ipv6 address fe80::1:3 link-local
R1(config-if)# exit
```

静态配置的 LLA 可以让用户更容易看出它们归属于 R1。在例 12-3 中，路由器 R1 的所有接口都配置了以 fe80::1:*n* 开头的 LLA（最右侧的数字 *n* 是唯一的）。其中 "**1**" 表示路由器 R1。

遵循与路由器 R1 相同的命名约定，如果拓扑包含路由器 R2，则可以使用 3 个 LLA 来配置它的 3 个接口，这 3 个 LLA 分别为 fe80::2:1、fe80::2:2 和 fe80::2:3。

注　意	只要每个链路上的 LLA 是唯一的，就可以在每个链路上配置完全相同的 LLA。这是因为 LLA 仅在该链路上具有唯一性。但是，常见的做法是在路由器的每个接口上创建一个不同的 LLA，以便轻松识别路由器和特定接口。

12.5 IPv6 GUA 的动态编址

本节讨论设备可以自动创建或接收 IPv6 GUA 的不同方式。

12.5.1 RS 和 RA 消息

如果不想静态地配置 IPv6 GUA，也不必担心。大多数设备会动态获取其 IPv6 GUA。本节将介绍如何使用路由器通告（Router Advertisement，RA）和路由器请求（Router Solicitation，RS）消息来完成此过程。本节的技术性比较强，但是当您理解了路由器通告可以使用的 3 种方法之间的区别，以及创建接口 ID 的 EUI-64 进程与随机生成的过程之间的区别后，您的 IPv6 专业知识将有一个巨大的飞跃!

对于 GUA，设备通过互联网控制消息协议版本 6（ICMPv6）消息动态获取地址。IPv6 路由器每 200s 定期将 ICMPv6 RA 消息发送到网络上所有支持 IPv6 的设备。在对发送 ICMPv6 路由器请求（RS）消息的主机进行响应时，也会发送 RA 消息，该消息是对 RA 消息的请求。这两条消息都显示在图 12-14 中。

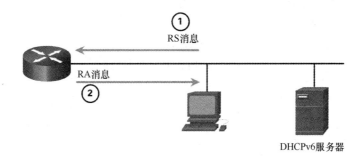

图 12-14 ICMPv6 的 RS 和 RA 消息

1. 请求地址信息的主机将 RS 消息发送到所有 IPv6 路由器。
2. RA 消息发送到所有 IPv6 节点。如果使用方法 1（仅 SLAAC，下一节会讲到），则 RA 包括网络前缀、前缀长度和默认网关信息。

RA 消息位于 IPv6 路由器以太网接口上。必须为路由器启用 IPv6 路由，这在默认情况下是不启用的。若要将路由器启用为 IPv6 路由器，必须使用 **ipv6 unicast-routing** 全局配置命令。

ICMPv6 RA 消息提示设备获取 IPv6 GUA 的方式，最终决定取决于设备的操作系统。ICMPv6 RA 消息包括下述内容。

■ **网络前缀和前缀长度**：这会告知设备其所属的网络。
■ **默认网关地址**：这是一个 IPv6 LLA，表示 RA 消息的源 IPv6 地址。
■ **DNS 地址和域名**：这些是 DNS 服务器的地址和域名。

RA 消息有 3 种使用方法。

■ **方法 1——SLAAC**："我拥有您需要的一切，包括前缀、前缀长度和默认网关地址。"
■ **方法 2——SLAAC 和无状态 DHCPv6 服务器**："这是我的信息，但您需要从无状态 DHCPv6 服务器获得其他信息，例如 DNS 地址。"
■ **方法 3——有状态的 DHCPv6（无 SLAAC）**："我可以给您默认的网关地址。您需要向有状态的 DHCPv6 服务器询问您的所有其他信息。"

12.5.2　方法 1：SLAAC

借助于 SLAAC，设备可以在没有 DHCPv6 服务的情况下创建自己的 GUA。使用 SLAAC，设备根据本地路由器的 ICMPv6 RA 消息获取必要的信息。

默认情况下，RA 消息会提示接收设备使用 RA 消息中的信息来创建自己的 IPv6 GUA 及其他必要信息。DHCPv6 服务器的服务不是必需项。

SLAAC 是无状态的，也就是说没有中央服务器（例如有状态 DHCPv6 服务器）来分配 GUA 和维持设备及其地址的清单。借助于 SLAAC，客户端设备使用 RA 消息中的信息创建其自己的 GUA。如图 12-15 所示，创建的两部分地址如下所示。

- **前缀**：在 RA 消息中通告。
- **接口 ID**：接口 ID 使用 EUI-64 进程或一个随机的 64 位数字来创建，这取决于设备的操作系统。

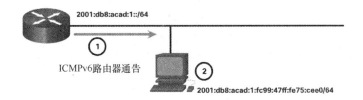

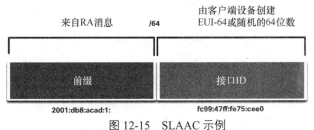

图 12-15　SLAAC 示例

该过程如图 12-15 所示。

1. 路由器发送带有本地链路前缀的 RA 消息。
2. PC 使用 SLAAC 从 RA 消息中获取前缀，并创建自己的接口 ID。

12.5.3　方法 2：SLAAC 和无状态 DHCPv6

路由器的接口可配置为使用 SLAAC 和无状态 DHCPv6 来发送路由器通告。

如图 12-16 所示，使用该方法时，RA 消息建议设备使用以下内容：

- 使用 SLAAC 创建自己的 IPv6 GUA；
- 将路由器 LLA（RA 的源 IPv6 地址）作为默认网关地址；
- 使用无状态 DHCPv6 服务器获取其他信息，例如 DNS 服务器地址和域名。

注　意　无状态 DHCPv6 服务器只分配 DNS 服务器地址和域名，不分配 GUA。

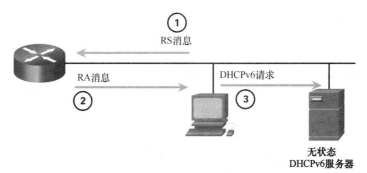

图 12-16　SLAAC 和无状态 DHCPv6

该过程如图 12-16 所示。

1. PC 向所有 IPv6 路由器发送 RS 消息:"我需要地址信息。"

2. 路由器通过指定的方法 2(SLAAC 和 DHCPv6)向所有 IPv6 节点发送 RA 消息:"这是您的前缀、前缀长度和默认网关信息,但是您需要从 DHCPv6 服务器获取 DNS 信息。"

3. PC 向所有 DHCPv6 服务器发送 DHCPv6 请求消息:"我使用 SLAAC 创建我的 IPv6 地址并获取默认网关地址,但是我需要从无状态 DHCPv6 服务器获取其他信息。"

12.5.4　方法 3:有状态的 DHCPv6

路由器接口可以配置为仅使用有状态的 DHCPv6 发送 RA。

有状态 DHCPv6 与 IPv4 的 DHCP 相似。设备可以从有状态 DHCPv6 服务器自动接收编址信息,包括 GUA、前缀长度和 DNS 服务器地址。

如图 12-17 所示,使用该方法时,RA 消息建议设备使用以下内容;

■　将路由器 LLA(RA 的源 IPv6 地址)作为默认网关地址;

■　使用有状态 DHCPv6 服务器获取 GUA、DNS 服务器地址、域名和其他必要信息。

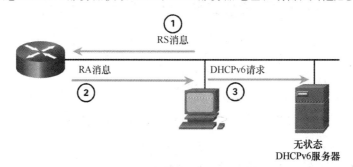

图 12-17　有状态 DHCPv6 示例

该过程如图 12-18 所示。

1. PC 向所有 IPv6 路由器发送 RS 消息:"我需要地址信息。"

2. 路由器通过指定的方法 3(有状态的 DHCPv6)向所有 IPv6 节点发送 RA 消息:"我是您的默认网关,但是您需要向有状态 DHCPv6 服务器询问您的 IPv6 地址和其他编址信息。"

3. PC 向所有 DHCPv6 服务器发送 DHCPv6 请求消息:"我从 RA 消息中收到了默认网关地址,但是我需要从有状态 DHCPv6 服务器获取 IPv6 地址和所有其他编址信息。"

有状态 DHCPv6 服务器分配并维护哪个设备接收哪个 IPv6 地址的列表。用于 IPv4 的 DHCP 也是有状态的。

注 意	默认网关地址只能从 RA 消息中动态获取。无状态或有状态 DHCPv6 服务器不提供默认网关地址。

12.5.5 EUI-64 过程和随机生成

如果 RA 是通过 SLAAC 或带有无状态 DHCPv6 的 SLAAC 发送的，客户端必须生成自己的接口 ID。客户端从 RA 消息中获知地址的前缀部分，但必须创建自己的接口 ID。在图 12-18 中可以看到，接口 ID 可使用 EUI-64 过程或随机生成的 64 位数字来创建。

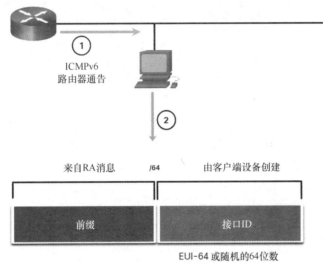

图 12-18　动态创建接口 ID

该过程如图 12-18 所示。

1. 路由器发送 RA 消息。
2. PC 使用 RA 消息中的前缀，并使用 EUI-64 或 64 位随机数生成接口 ID。

12.5.6 EUI-64 过程

IEEE 定义了扩展唯一标识符（EUI）或修改后的 EUI-64 过程。该过程使用客户端的 48 位以太网 MAC 地址，并在该 48 位 MAC 地址的中间插入另外 16 位来创建 64 位接口 ID。

以太网 MAC 地址一般使用十六进制表示，由两部分组成。

- **组织唯一标识符（OUI）**：OUI 是由 IEEE 分配的 24 位（6 个十六进制数字）厂商代码。
- **设备标识符**：设备标识符是通用 OUI 内的唯一 24 位（6 个十六进制数字）值。

EUI-64 接口 ID 以二进制表示，共分 3 个部分。

- 客户端 MAC 地址的 24 位 OUI，但是第 7 位（通用/本地=[U/L]位）是反置的。这意味着，如果第 7 位是 0，则它会变为 1，反之亦然。
- 插入的 16 位值 fffe（十六进制）。
- 客户端 MAC 地址的 24 位设备标识符。

图 12-19 所示为 EUI-64 的过程，它使用 R1 的吉比特以太网 MAC 地址 fc99:4775:cee0。

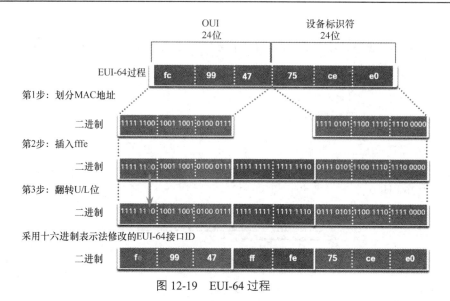

图 12-19 EUI-64 过程

该过程如图 12-19 所示。

步骤 1. 在 OUI 和设备标识符之间划分 MAC 地址。

步骤 2. 插入十六进制值 fffe，其二进制值为 1111 1111 1111 1110。

步骤 3. 将 OUI 的前 2 个十六进制值转换为二进制并翻转 U/L 位（第 7 位）。在该示例中，第 7 位的 0 更改为 1。

结果是由 EUI-64 生成的接口 ID：fe99:47ff:fe75:cee0。

注　意　　RFC 5342 讨论了 U/L 位的使用以及其值反置的原因。

---

ipconfig 命令的输出如例 12-4 所示。它显示了使用 SLAAC 和 EUI-64 过程动态创建的 IPv6 GUA。识别一个地址是否是使用 EUI-64 创建的一个简单的方法是查看接口 ID 的中间是否存在 **fffe**。

EUI-64 的优势在于可以使用以太网 MAC 地址确定接口 ID。这也允许网络管理员使用唯一的 MAC 地址轻松跟踪终端设备的 IPv6 地址。然而，这引起了许多用户的隐私担忧，他们担心别人会通过自己的数据包追踪到实际的物理计算机。出于这些顾虑，可以使用随机生成的接口 ID。

例 12-4　EUI-64 生成的接口 ID

```
C:\> ipconfig
Windows IP Configuration
Ethernet adapter Local Area Connection:
    Connection-specific DNS Suffix . :
    IPv6 Address. . . . . . . . . . . : 2001:db8:acad:1:fc99:47ff:fe75:cee0
    Link-local IPv6 Address . . . . . : fe80::fc99:47ff:fe75:cee0
    Default Gateway . . . . . . . . . : fe80::1
C:\>
```

12.5.7　随机生成的接口 ID

根据操作系统，设备可以使用随机生成的接口 ID，而不使用 MAC 地址和 EUI-64 过程。从 Windows Vista 开始，Windows 使用随机生成的接口 ID，而不是 EUI-64 创建的接口 ID。Windows XP 和之前的

Windows 操作系统均使用 EUI-64。

接口 ID 创建后（无论是使用 EUI-64 过程还是随机生成），它都可以在 RA 消息中结合 IPv6 前缀来创建 GUA，如例 12-5 所示。

例 12-5   随机生成的 64 位接口 ID

```
C:\> ipconfig
Windows IP Configuration
Ethernet adapter Local Area Connection:
   Connection-specific DNS Suffix . :
   IPv6 Address. . . . . . . . . . . : 2001:db8:acad:1:50a5:8a35:a5bb:66e1
   Link-local IPv6 Address . . . . . : fe80::50a5:8a35:a5bb:66e1
   Default Gateway . . . . . . . . . : fe80::1
C:\>
```

> **注　意**　为确保任何 IPv6 单播地址的唯一性，客户端可以使用重复地址检测（DAD）过程进行检测。DAD 与客户端通过 ARP 请求其地址的过程程相似。如该请求没有响应，则地址是唯一的。

12.6   IPv6 LLA 的动态编址

本节讨论设备如何自动创建 IPv6 链路本地地址。无论如何创建 LLA（和 GUA），验证所有的 IPv6 地址配置都非常重要。本节介绍动态生成 LLA 和 IPv6 配置验证的方式。

12.6.1   动态 LLA

所有 IPv6 设备都必须有 IPv6 LLA。与 IPv6 GUA 一样，可以动态创建 LLA。无论您如何创建 LLA（和 GUA），重要的是要验证所有的 IPv6 地址配置。本节介绍动态生成的 LLA 和 IPv6 配置验证。

图 12-20 所示为使用 fe80::/10 前缀和接口 ID 动态创建的一个 LLA。其中，接口 ID 是使用 EUI-64 过程或随机生成的 64 位数字创建的。

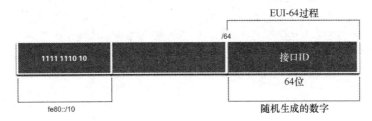

图 12-20　动态创建 LLA

12.6.2   Windows 上的动态 LLA

操作系统（如 Windows）通常会对 SLAAC 创建的 GUA 和动态分配的 LLA 使用相同的方法。例

12-6 和例 12-7 中突出显示的区域对本章前面显示的配置进行了重复，以进行说明。

例 12-6　EUI-64 生成的接口 ID

```
C:\> ipconfig
Windows IP Configuration
Ethernet adapter Local Area Connection:
Connection-specific DNS Suffix . :
IPv6 Address. . . . . . . . . . . : 2001:db8:acad:1:fc99:47ff:fe75:cee0
Link-local IPv6 Address . . . . . : fe80::fc99:47ff:fe75:cee0
Default Gateway . . . . . . . . . : fe80::1
C:\>
```

例 12-7　随机生成的 64 位接口 ID

```
C:\> ipconfig
Windows IP Configuration
Ethernet adapter Local Area Connection:
    Connection-specific DNS Suffix . :
    IPv6 Address. . . . . . . . . . . : 2001:db8:acad:1:50a5:8a35:a5bb:66e1
    Link-local IPv6 Address . . . . . : fe80::50a5:8a35:a5bb:66e1
    Default Gateway . . . . . . . . . : fe80::1
C:\>
```

12.6.3　思科路由器上的动态 LLA

当为接口分配 GUA 时，思科路由器会自动创建 IPv6 LLA。默认情况下，思科 IOS 路由器使用 EUI-64 为 IPv6 接口上的所有 LLA 生成接口 ID。对于串行接口，路由器会使用以太网接口的 MAC 地址。LLA 在链路或网络上必须具有唯一性。但是，使用动态分配的 LLA 的缺点在于其接口 ID 较长，因此很难识别并记住分配的地址。例 12-8 所示为路由器 R1 G0/0/0 接口的 MAC 地址。该地址用于在同一接口上动态创建 LLA，也用于 S0/1/0 接口。

为了更容易在路由器上识别和记忆这些地址，通常要在路由器上静态配置 IPv6 LLA。

例 12-8　在路由器 R1 上使用 EUI-64 创建的 IPv6 LLA

```
R1# show interface gigabitEthernet 0/0/0
GigabitEthernet0/0/0 is up, line protocol is up
  Hardware is ISR4221-2x1GE, address is 7079.b392.3640 (bia 7079.b392.3640)
(Output omitted)
R1# show ipv6 interface brief
GigabitEthernet0/0/0 [up/up]
    FE80::7279:B3FF:FE92:3640
    2001:DB8:ACAD:1::1
GigabitEthernet0/0/1 [up/up]
    FE80::7279:B3FF:FE92:3641
    2001:DB8:ACAD:2::1
Serial0/1/0          [up/up]
    FE80::7279:B3FF:FE92:3640
    2001:DB8:ACAD:3::1
```

```
Serial0/1/1              [down/down]
    unassigned
R1#
```

12.6.4　验证 IPv6 地址配置

图 12-21 所示为本节示例中用到的拓扑。

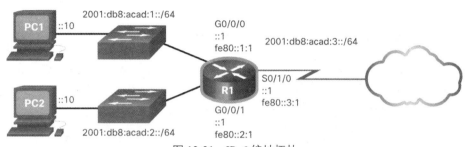

图 12-21　IPv6 编址拓扑

例 12-9 中的 **show ipv6 interface brief** 命令会显示以太网接口的 MAC 地址。EUI-64 使用该 MAC 地址生成 LLA 的接口 ID。此外，**show ipv6 interface brief** 命令用于显示各个接口的缩略输出。与接口位于同一行的[up/up]输出表示第 1 层/第 2 层接口的状态。这与等效的 IPv4 命令中的状态和协议列相同。

例 12-9　在路由器 R1 上执行 show ipv6 interface brief 命令

```
R1# show ipv6 interface brief
GigabitEthernet0/0/0    [up/up]
    FE80::1:1
    2001:DB8:ACAD:1::1
GigabitEthernet0/0/1    [up/up]
    FE80::1:2
    2001:DB8:ACAD:2::1
Serial0/1/0             [up/up]
    FE80::1:3
    2001:DB8:ACAD:3::1
Serial0/1/1             [down/down]
    unassigned
R1#
```

注意，每个接口有两个 IPv6 地址。每个接口的第二个地址是已配置的 GUA。第一个地址以 fe80 开头，是接口的链路本地单播地址。在分配 GUA 后，LLA 会自动添加到接口上。

另请注意，R1 的 S0/0/0 LLA 与其 G0/0 接口相同。串行接口没有以太网 MAC 地址，因此思科 IOS 使用第一个可用的以太网接口的 MAC 地址。这样是可行的，因为本地链路接口仅在该链路上具有唯一性。

在例 12-10 中可以看到，**show ipv6 route** 命令可用于检验 IPv6 网络和特定的 IPv6 接口地址是否已添加到 IPv6 路由表中。该 **show ipv6 route** 命令仅显示 IPv6 网络，不显示 IPv4 网络。

例 12-10　在路由器 R1 上执行 show ipv6 route 命令

```
R1# show ipv6 route
IPv6 Routing Table - default - 7 entries
Codes: C - Connected, L - Local, S - Static, U - Per-user Static route

C   2001:DB8:ACAD:1::/64 [0/0]
     via GigabitEthernet0/0/0, directly connected
L   2001:DB8:ACAD:1::1/128 [0/0]
     via GigabitEthernet0/0/0, receive
C   2001:DB8:ACAD:2::/64 [0/0]
     via GigabitEthernet0/0/1, directly connected
L   2001:DB8:ACAD:2::1/128 [0/0]
     via GigabitEthernet0/0/1, receive
C   2001:DB8:ACAD:3::/64 [0/0]
     via Serial0/1/0, directly connected
L   2001:DB8:ACAD:3::1/128 [0/0]
     via Serial0/1/0, receive
L   FF00::/8 [0/0]
     via Null0, receive
R1#
```

在路由表中，路由旁边的 C 表示这是一个直连网络。当路由器接口配置了 GUA 并处于 up/up 状态时，IPv6 前缀和前缀长度会作为直连路由添加至 IPv6 路由表。

注　意　　L 表示本地路由，即为接口分配的特定 IPv6 地址。这不是一个 LLA。由于 LLA 不是可路由的地址，因此它们不包含在路由表中。

接口上配置的 IPv6 GUA 也作为本地路由添加到路由表中。本地路由具有/128 前缀。路由器使用路由表中的本地路由来有效处理其目的地址为路由器接口地址的数据包。

IPv6 的 **ping** 命令和 IPv4 中的用法相同，只不过使用的是 IPv6 地址。如例 12-11 所示，命令的作用是验证 R1 和 PC1 之间的第 3 层连接。在路由器对 LLA 执行 **ping** 命令时，思科 IOS 会提示用户确认发送接口。由于目的 LLA 可以在一个或多个链路或网络上使用，路由器需要知道要将 ping 发送到哪个接口。

例 12-11　在路由器 R1 上执行 ping 命令

```
R1# ping 2001:db8:acad:1::10
Type escape sequence to abort.
Sending 5, 100-byte ICMP Echos to 2001:DB8:ACAD:1::10, timeout is 2 seconds:
!!!!!
Success rate is 100 percent (5/5), round-trip min/avg/max = 1/1/1 ms
R1#
```

12.7　IPv6 组播地址

本节介绍两种 IPv6 组播地址：周知的组播地址和请求节点的组播地址。

12.7.1　分配的 IPv6 组播地址

本章前面讲到，IPv6 地址有 3 大类：单播、任播和组播。本节将详细介绍组播地址。

IPv6 组播地址类似于 IPv4 组播地址。组播地址用于发送单个数据包到一个或多个目的（组播组）。IPv6 组播地址的前缀为 ff00::/8。

注　意　组播地址仅可用作目的地址，不能用作源地址。

IPv6 组播地址分为两种类型：
- 周知的组播地址；
- 请求节点的组播地址。

12.7.2　周知的 IPv6 组播地址

周知的 IPv6 组播地址已经被分配。分配的组播地址是为预先定义的设备组保留的组播地址。分配的组播地址是用于到达运行通用协议或服务的一组设备的单个地址。分配的组播地址用在特定的协议环境中，例如 DHCPv6。

下面是两种常见的已分配的 IPv6 组播组。

- **ff02::1 全节点组播组**：这是一个包含所有支持 IPv6 的设备的组播组。发送到该组的数据包由该链路或网络上的所有 IPv6 接口接收和处理。这与 IPv4 中的广播地址具有相同的效果。图 12-22 所示为使用全节点组播地址进行通信的示例。IPv6 路由器将 ICMPv6 RA 消息发送给全节点组播组。

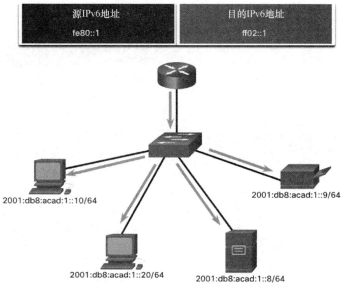

图 12-22　IPv6 全节点组播：RA 消息

- **ff02::2 全路由器组播组**：这是所有 IPv6 路由器加入的组播组。当在 IPv6 路由器全局模式下启用 **ipv6 unicast-routing** 命令后，该路由器即成为该组的成员。发送到该组的数据包由该链路或网络上的所有 IPv6 路由器接收和处理。

上述地址中的第 4 个数字表示作用域，其值为 2 表示这些地址具有本地链接的作用域，这意味着具有该目的地址的数据包不会从该链接或网络路由出去。

支持 IPv6 的设备将 ICMPv6 RS 消息发送到全路由器组播地址。RS 消息向 IPv6 路由器请求 RA 消息，以协助设备的地址配置。IPv6 路由器使用 RA 消息进行响应，如图 12-22 所示。

12.7.3 请求节点的 IPv6 组播地址

请求节点的组播地址类似于全节点组播地址。请求节点的组播地址的优势在于它被映射到特殊的以太网组播地址。这使得以太网网卡可以通过检查目的 MAC 地址来过滤数据帧，而不是将它发送给 IPv6 过程以判断该设备是否是 IPv6 数据包的既定目的，如图 12-23 所示。

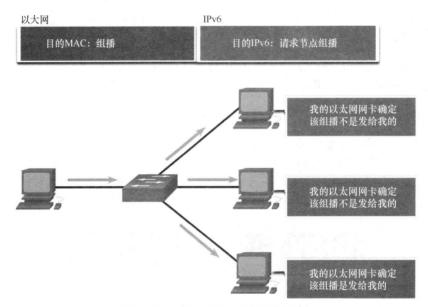

图 12-23　请求节点的 IPv6 组播示例

12.8 IPv6 网络的子网

本节讨论基本的 IPv6 子网划分。

12.8.1　使用子网 ID 划分子网

如本章开头所述，可以对 IPv6 网络进行子网划分，而且它比 IPv4 网络的子网划分更容易一些。本节将介绍该过程。

还记得在使用 IPv4 时，我们必须从主机部分借用位来创建子网。这是因为对 IPv4 来说，子网划分是事后才想到的。但是，IPv6 的设计考虑到了子网划分。IPv6 GUA 中的一个单独的子网 ID 字段用于创建子网。在图 12-24 中可以看到，子网 ID 字段是全局路由前缀和接口 ID 之间的区域。

图 12-24 带有 16 位子网 ID 的 GUA

128 位地址的好处是，它可以为每个网络提供足够多的子网并为每个子网提供足够多的主机，所以地址保留也不是问题。例如，如果全局路由前缀是/48，并且使用一个典型的 64 位接口 ID，这将创建一个 16 位的子网 ID。

- **16 位子网 ID**：最多可创建 65,536 个子网。
- **64 位子网 ID**：每个子网最多支持 1800 亿亿个主机 IPv6 地址（即 18,000,000,000,000,000,000）。

注　意　可以针对 64 位接口 ID（或主机部分）进行子网划分，但是很少这么要求。

IPv6 的子网划分也比 IPv4 容易实施，因为不需要转换为二进制。要确定下一个可用的子网，只需要将十六进制数相加即可。

12.8.2　IPv6 子网划分示例

要想查看 IPv6 子网划分的工作原理，假设一个组织分配了 2001:db8:acad::/48 全局路由前缀，并采用 16 位子网 ID。这将允许组织创建 65,536 个/64 子网，如图 12-25 所示。注意，所有子网的全局路由前缀是相同的。对于每个子网来说，只有子网 ID 以十六进制数进行递增。

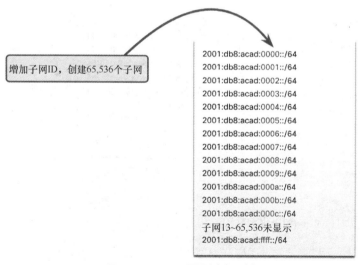

图 12-25　IPv6 子网划分示例

12.8.3　IPv6 子网分配

由于有 65,536 个子网可供选择，网络管理员的任务就变为设计一个逻辑方案来分配网络地址。在图 12-26 中，示例拓扑需要 5 个子网：每个 LAN 一个，以及 R1 和 R2 之间的串行链路一个。

与 IPv4 不同，IPv6 的串行链路子网将具有与 LAN 相同的前缀长度。虽然这可能会 "浪费" 地址，但是使用 IPv6 时地址保留并不是问题。

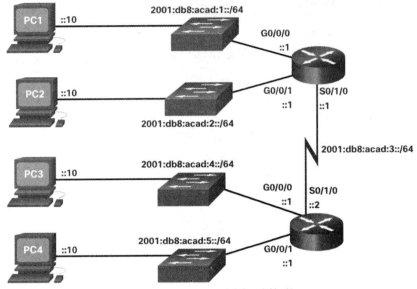

图 12-26 IPv6 子网划分示例拓扑

如图 12-27 所示，在本示例中，5 个 IPv6 子网将使用 0001～0005 的子网 ID 字段进行分配。每个/64 子网提供的地址都远多于所需要的地址。

图 12-27 5 个分配的子网

12.8.4 配置了 IPv6 子网的路由器

使用 IPv6 子网配置路由器的过程与 IPv4 类似。例 12-12 所示为每个路由器接口都已经配置到不同的 IPv6 子网中。

例 12-12 路由器 R1 上的 IPv6 地址配置

```
R1(config)# interface gigabitethernet 0/0/0
R1(config-if)# ipv6 address 2001:db8:acad:1::1/64
R1(config-if)# no shutdown
R1(config-if)# exit
R1(config)# interface gigabitethernet 0/0/1
```

```
R1(config-if)# ipv6 address 2001:db8:acad:2::1/64
R1(config-if)# no shutdown
R1(config-if)# exit
R1(config)# interface serial 0/1/0
R1(config-if)# ipv6 address 2001:db8:acad:3::1/64
R1(config-if)# no shutdown
```

12.9　总结

IPv4 的问题

理论上，IPv4 最多有 43 亿个地址。私有地址与网络地址转换（NAT）的结合对于放缓 IPv4 地址空间的耗尽起了不可或缺的作用。考虑到互联网用户的不断增加、有限的 IPv4 地址空间、NAT 问题和物联网等问题，是时候开始向 IPv6 过渡了。在不久的将来，IPv4 和 IPv6 都将共存，并且过渡将需要几年的时间。IETF 已经创建了各种协议和工具来协助网络管理员将网络迁移到 IPv6。迁移技术可分为 3 类：双栈、隧道、转换。

IPv6 地址表示

IPv6 地址长度为 128 位，写作十六进制值字符串。每 4 位以一个十六进制数字表示，共 32 个十六进制值。书写 IPv6 地址的首选格式为 x:x:x:x:x:x:x:x，每个 x 均包括 4 个十六进制值（比如 2001:0db8:0000:1111:0000:0000:0000:0200）。有两条规则有助于减少表示一个 IPv6 地址所需数字的数目。第一条是省略十六位组中的所有前导 0（零）（比如 2001:db8:0:1111:0:0:0:200）。第二条规则是使用双冒号（::）替换任意一个连续的字符串，前提是这个字符串是一个或多个全由 0 组成的十六位组（比如 2001:db8:0:1111::200）。

IPv6 地址类型

IPv6 地址有 3 种类型：单播、组播和任播。IPv6 不使用点分十进制形式的子网掩码记法。与 IPv4 一样，前缀长度以斜杠记法表示，用于表示 IPv6 地址的网络部分。IPv6 单播地址唯一地标识支持 IPv6 的设备上的接口。IPv6 地址通常有两个单播地址：GUA 和 LLA。IPv6 唯一本地地址有多种用法：可用于一个站点内或数量有限的站点之间的本地编址；可用于从来不需要访问其他网络的设备；不会被全局路由或被转换为全局 IPv6 地址。IPv6 全局单播地址（GUA）具有全局唯一性，可在 IPv6 互联网上路由。这些地址相当于公有 IPv4 地址。GUA 包括 3 个部分：全局路由前缀、子网 ID 和接口 ID。IPv6 链路本地地址（LLA）允许设备与同一链路上支持 IPv6 的其他设备通信，并且只能在该链路（子网）上通信。设备可以通过静态或动态方式获取 LLA。

GUA 和 LLA 静态配置

在接口上配置 IPv4 地址的思科 IOS 命令是 **ip address** *ip-address subnet-mask*。在接口上配置 IPv6 GUA 的命令是 **ipv6 address** *ipv6-address/prefix-length*。与使用 IPv4 一样，客户端上配置静态的地址并不能扩展至更大的环境。因此，大多数网络管理员会启用 IPv6 地址的动态分配。手动配置 LLA 可以让您创建的地址便于识别和记忆。一般来说，只需要在路由器上创建可识别的 LLA。LCA 可以使用 **ipv6 address** *ipv6-local-address* **link-local** 命令手动配置。

IPv6 GUA 的动态编址

设备通过 ICMPv6 消息来动态地获取 GUA。IPv6 路由器每 200s 定期将 ICMPv6 RA 消息发送到网络上所有支持 IPv6 的设备。在对发送 ICMPv6 路由器请求（RS）消息的主机进行响应时，也会发送 RA 消息，该消息是对 RA 消息的请求。ICMPv6 RA 消息包括网络前缀和前缀长度、默认网关地址、DNS 地址和域名。RA 发消息有 3 种方法：SLAAC、SLAAC 和无状态 DHCPv6 服务器、有状态的 DHCPv6（无 SLAAC）。对于 SLAAC，客户端设备使用 RA 消息中的信息来创建自己的 GUA，因为消息包含了前缀和子网 ID。对于 SLAAC 和无状态 DHCPv6，RA 消息建议设备使用 SLAAC 创建自己的 IPv6 GUA，使用路由器 LLA 作为默认网关地址，并使用无状态 DHCPv6 服务器获取其他必要的信息。对于有状态的 DHCPv6，RA 建议设备使用路由器 LLA 作为默认网关地址，使用有状态的 DHCPv6 服务器获得 GUA、DNS 服务器地址、域名和所有其他必要的信息。接口 ID 可使用 EUI-64 过程或随机生成的 64 位数字创建。EUI 过程使用客户端的 48 位以太网 MAC 地址，并在该 MAC 地址的中间插入另外 16 位来创建 64 位接口 ID。根据操作系统，设备可以使用随机生成的接口 ID。

IPv6 LLA 的动态编址

所有 IPv6 设备都必须有 IPv6 LLA。LLA 可以手动配置或动态创建。操作系统（如 Windows）通常会对 SLAAC 创建的 GUA 和动态分配的 LLA 使用相同的方法。当为接口分配 GUA 时，思科路由器会自动创建 IPv6 LLA。默认情况下，思科 IOS 路由器使用 EUI-64 为 IPv6 接口上的所有 LLA 生成接口 ID。对于串行接口，路由器会使用以太网接口的 MAC 地址。为了更容易在路由器上识别和记忆这些地址，通常要在路由器上静态配置 IPv6 LLA。要验证 IPv6 地址配置，请使用以下 3 个命令：**show ipv6 interface brief**、**show ipv6 route** 和 **ping**。

IPv6 组播地址

IPv6 有两种类型的组播地址：周知的组播地址和请求节点的组播地址。分配的组播地址是为预先定义的设备组保留的组播地址。周知的组播地址是已分配的。两种常见的已分配的 IPv6 组播组是 ff02::1 全节点组播组和 ff02::2 全路由器组播组。请求节点的组播地址类似于全节点组播地址。请求节点的组播地址的优势在于它被映射到特殊的以太网组播地址。

IPv6 网络的子网

IPv6 的设计考虑到了子网划分。IPv6 GUA 中的一个单独的子网 ID 字段用于创建子网。子网 ID 字段是全局路由前缀和接口 ID 之间的区域。128 位地址的好处是，它可以为每个网络提供足够多的子网和主机，所以地址保留也不是问题。例如，如果全局路由前缀是 /48，并且使用一个典型的 64 位接口 ID，这将创建一个 16 位的子网 ID。

- 16 位子网 ID：最多可创建 65,536 个子网。
- 64 位子网 ID：每个子网最多支持 1800 亿亿个主机 IPv6 地址（即 18,000,000,000,000,000,000）。

由于有 65,536 个子网可供选择，网络管理员的任务就变为设计一个逻辑方案来分配网络地址。使用 IPv6 时地址保留并不是问题。与配置 IPv4 类似，每个路由器接口都可以配置到不同的 IPv6 子网中。

复习题

完成这里列出的所有复习题，可以测试您对本章内容的理解。附录列出了答案。

1. 成功 ping 通::1 IPv6 地址表示什么?
   - A. 主机已正确连接
   - B. 默认网关地址已正确配置
   - C. 本地链路上的所有主机都可用
   - D. 链路本地地址已正确配置
   - E. 主机上正确配置了 IP

2. IPv6 地址 2001:0000:0000:abcd:0000:0000:0000:0001 的最压缩的表示形式是什么?
   - A. 2001:0db8:abcd::1
   - B. 2001:db8:0:abcd::1
   - C. 2001:0db8:abcd::1
   - D. 2001:0db8:0000:abcd::1
   - E. 2001:db8::abcd:0:1

3. 命令 **ping::1** 的目的是什么?
   - A. 测试 IPv6 主机的内部配置
   - B. 测试子网上所有主机的广播能力
   - C. 测试到子网上所有主机的组播连接
   - D. 测试网络的默认网关的可达性

4. 在支持 IPv6 的接口上,至少需要哪种地址?
   - A. 链路本地地址
   - B. 唯一本地地址
   - C. 站点本地地址
   - D. 全局单播地址

5. IPv6 地址 2001:db8::1000:a9cd:47ff:fe57:fe94/64 的接口 ID 是什么?
   - A. fe94
   - B. fe57:fe94
   - C. 47ff:fe57:fe94
   - D. a9cd:47ff:fe57:fe94
   - E. 1000:a9cd:47ff:fe57:fe94

6. IPv6 全局单播地址的 3 个部分是什么? (选择 3 项)
   - A. 用于标识本地网络上特定主机的接口 ID
   - B. 一种全局路由前缀,用于标识由 ISP 提供的地址的网络部分
   - C. 用于标识本地企业站点内部网络的子网 ID
   - D. 一种全局路由前缀,用于标识由本地管理员提供的网络地址部分
   - E. 用于标识网络上本地主机的接口 ID

7. 下面哪一项是 IPv6 地址 2001:0DB8:0000:AB00:0000:0000:0000:1234 最可能的压缩格式?
   - A. 2001:db8:0:ab00::1234
   - B. 2001:db8:0:ab::1234
   - C. 2001:db8:0000:ab::1234
   - D. 2001:db8:0:ab:0::1234

8. 与 IPv6 地址 2001:CA48:D15:EA:CC44::1/64 相关联的前缀是什么?
   - A. 2001::/64
   - B. 2001:db8::/64
   - C. 2001:db8:d15:ea:/64
   - D. 2001:db8:d15:ea:cc44::/64

9. 当在接口上启用 IPv6 时,自动分配给接口的地址类型是什么?
   - A. 全局单播地址
   - B. 链路本地地址
   - C. 环回地址
   - D. 唯一本地地址

10. 哪个 IPv6 网络前缀只用于本地链路而不能被路由?
    - A. 2001::/3
    - B. fc00::/7
    - C. fe80::/10
    - D. ff00::/12

11. 您的服务提供商向您的组织分配了 IPv6 前缀 2001:0000:130F::/48。使用这个前缀,如果没有借用接口 ID 的位,您的组织可以使用多少位来创建/64 子网?
    - A. 8
    - B. 16
    - C. 80
    - D. 128

12. IPv6 地址 2001:D12:AA04:B5::1/64 的子网地址是什么?

    A. 2001::/64   B. 2001:db8::/64

    C. 2001:db8:aa04::/64   D. 2001:db8:aa04:b5::/64

13. 哪种类型的 IPv6 地址是不可路由的,并且只用于单个子网上的通信?

    A. 全局单播地址   B. 链接本地地址

    C. 环回地址   D. 唯一本地地址

    E. 未指定地址

14. IPv6 不支持下列哪种地址类型?

    A. 私有地址   B. 组播地址

    C. 单播地址   D. 广播地址

15. 对于支持 IPv6 的路由器接口来说,其最低配置是什么?

    A. 拥有一个本地链路 IPv6 地址   B. 同时具有 IPv4 和 IPv6 地址

    C. 有一个自己生成的环回地址   D. 同时具有链路本地地址和全局单播地址

    E. 只有一个自动生成的组播地址

第 13 章

ICMP

学习目标

通过完成本章的学习，您将能够回答下列问题：

■ 如何使用 ICMP 测试网络连接；

■ 如何使用 **ping** 和 **traceroute** 实用程序来测试网络连接。

假设您有一套复杂的火车模型。您的轨道和火车全部连接好并通了电，正准备出发。您按下了开关。火车在轨道的中途停了下来。您马上就知道问题很可能出在火车停下的地方，所以您先去那里查看。将网络中的问题进行可视化并不容易。幸运的是，有一些工具可以帮助您在网络中定位发生问题的区域，而且这些工具可以与 IPv4 和 IPv6 网络一起工作！

13.1 ICMP 消息

本节将介绍互联网控制消息协议（Internet Control Message Protocol，ICMP）消息的不同类型以及用于发送它们的工具。

13.1.1 ICMPv4 和 ICMPv6 消息

虽然 IP 只是"尽力而为"的协议，但在与另一个 IP 设备通信时，TCP/IP 套件确实提供了错误消息和信息性消息。这些消息使用 ICMP 服务发送，其用途是就特定情况下处理 IP 数据包的相关问题提供反馈，而并非是使 IP 可靠。ICMP 消息并非必需的，而且通常出于安全原因而在网络中而被禁用。

ICMP 可同时用于 IPv4 和 IPv6。ICMPv4 是 IPv4 的消息协议。ICMPv6 为 IPv6 提供相同的服务，只不过还包括其他功能。在本书中，涉及 ICMPv4 和 ICMPv6 时均会使用术语 ICMP。

ICMP 消息的类型及其发送原因非常多。本章介绍的通用于 ICMPv4 和 ICMPv6 的 ICMP 消息包括：

■ 主机可达性（Echo 请求和 Echo 应答）消息；

■ 目的不可达（Destination Unreachable）或服务不可达（Service Unreachable）消息。

■ 超时（Time Exceeded）消息。

13.1.2 主机可达性

ICMP Echo 请求和 Echo 应答消息可用于测试 IP 网络上主机的可达性。本地主机向一台主机发送 ICMP Echo 请求，如果主机可用，目的主机会回应以 Echo 应答。如图 13-1 所示，ICMP Echo 消息是 **ping** 实用程序的基础。

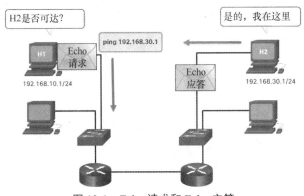

图 13-1 Echo 请求和 Echo 应答

13.1.3 目的不可达或服务不可达

当主机或网关收到无法传输的数据包时，它会使用 ICMP 目的不可达消息通知源主机"目的或服务无法到达"。该消息包括用于指示数据包为何无法传送的代码。

ICMPv4 的目的不可达代码如下所示。

- 0：网络不可达。
- 1：主机不可达。
- 2：协议不可达。
- 3：端口不可达。

ICMPv6 的目的不可达代码如下所示。

- 0：没有通往目的的路由。
- 1：因为管理原因而禁止与目的进行通信（例如防火墙）。
- 2：超出源地址的范围。
- 3：地址不可达。
- 4：端口不可达。

13.1.4 超时

路由器使用 ICMPv4 超时消息来指示数据包无法转发，因为数据包的生存时间（TTL）字段已递减到 0。如果路由器接收数据包并且将 IPv4 数据包 TTL 字段的值递减为 0，则它会丢弃数据包并向源主机发送超时消息。

如果路由器因数据包过期而无法转发 IPv6 数据包，ICMPv6 也会发送超时消息。ICMPv6 使用 IPv6 跳数限制字段（而不是 IPv4 TTL 字段）来确定数据包是否已过期。

注　意　**traceroute** 工具使用的是超时消息。

13.1.5 ICMPv6 消息

ICMPv6 中的信息性消息和错误消息非常类似于 ICMPv4 的控制消息和错误消息。但是，ICMPv6 拥有 ICMPv4 中所没有的新特性和改进的功能。ICMPv6 消息封装在 IPv6 中。

ICMPv6 包含 4 条新消息，这 4 条消息是邻居发现协议（ND 或 NDP）的一部分。

IPv6 路由器和 IPv6 设备之间的消息（包括动态地址分配）如下所示：

- 路由器请求（RS）消息；
- 路由器通告（RA）消息。

IPv6 设备之间的消息传递（包括重复地址检测和地址解析）如下所示：

- 邻居请求（NS）消息；
- 邻居通告（NA）消息。

注 意 ICMPv6 ND 还包括重定向消息，它与 ICMPv4 中使用的重定向消息具有相似的功能。

启用 IPv6 的路由器每 200s 发送一次 RA 消息，以向启用 IPv6 的主机提供编址信息。RA 消息中可以包含主机的编址信息，例如前缀、前缀长度、DNS 地址和域名。使用无状态地址自动分配（SLAAC）的主机会将其默认网关设置为发送 RA 的路由器的本地链路地址。

在图 13-2 中，R1 向所有节点组播地址 ff02::1 发送 RA 消息，该地址可通向 PC1。

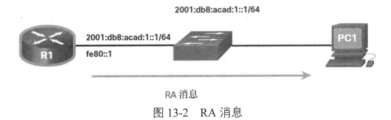

图 13-2　RA 消息

启用 IPv6 的路由器还会发送 RA 消息以响应 RS 消息。在图 13-3 中，PC1 发送 RS 消息以确定如何动态接收其 IPv6 地址信息。R1 用 RA 消息回复 RS。

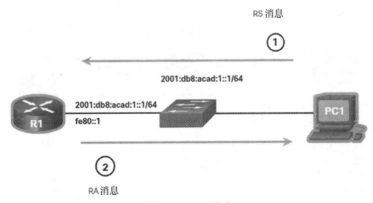

图 13-3　RS 消息

1. PC1 发送 RS 消息："我刚启动。网络上是否有 IPv6 路由器？我需要知道如何动态获取我的 IPv6 地址信息。"

2. R1 回复 RA 消息："所有支持 IPv6 的设备，我是 R1，您可以使用 SLAAC 创建一个 IPv6 全局单播地址。前缀为 2001:db8:acad:1::/64。顺便说一句，使用我的本地链接地址 fe80::1 作为您的默认网关。"

当设备分配有全局 IPv6 单播地址或本地链路单播地址时，它可能会对地址执行重复地址检测（Duplicate Address Detection，DAD）来确保 IPv6 地址的唯一性。要检查地址的唯一性，设备将发送 NS 信息，其中使用自身 IPv6 地址作为目的 IPv6 地址，如图 13-4 所示。

如果网络中的其他设备具有该地址，则会使用 NA 消息进行响应。该 NA 消息通知发送方设备"地址以被使用"。如果回应的 NA 消息未在固定的一段时间返回,则单播地址是唯一的,可以使用。

注 意 DAD 不是必需的,但是 RFC 4861 建议对单播地址执行 DAD。

在图 13-4 中,PC1 发送这样一个 NS 消息来检查地址的唯一性:"拥有 IPv6 地址 2001:db8:acad:1::10 的人可以将您的 MAC 地址发送给我么?"

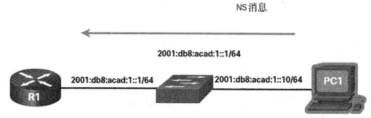

图 13-4　NS 消息

当 LAN 上的设备知道目的 IPv6 单播地址,但不知道其以太网 MAC 地址时,会使用地址解析。要确定目的 MAC 地址,设备会将 NS 消息发送到请求节点地址。该消息包括已知(目标)IPv6 地址。具有目标(target)IPv6 地址的设备会使用包含其以太网 MAC 地址的 NA 消息进行回应。

在图 13-5 中,R1 向 2001:db8:acad:1::10 发送一条 NS 消息,询问它的 MAC 地址。

1. R1 发送地址解析 NS 消息:"拥有 IPv6 地址 2001:db8:acad:1::10 的人可以将您的 MAC 地址发给我么?"

2. PC1 回复 NA 消息:"我的地址是 2001:db8:acad:1::10,我的 MAC 地址是 00:aa:bb:cc:dd:ee。"

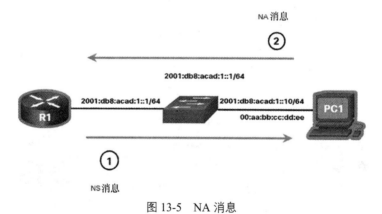

图 13-5　NA 消息

13.2　ping 和 traceroute 测试

本节讨论了用于验证第 3 层连接的两个重要工具:**ping** 和 **traceroute**。

13.2.1　ping:测试连接

本节将介绍在什么情况下会使用 **ping** 和 **traceroute**(**tracert**)这两个工具以及如何使用它们。**ping** 是一个 IPv4 和 IPv6 测试程序,它使用 ICMP Echo 请求和 Echo 应答消息来测试主机之间的连接。

为了测试与网络上另一台主机的连接，可使用 **ping** 命令将 Echo 请求发送给该主机地址。若指定地址的主机收到 Echo 请求，则会使用 Echo 应答进行响应。每收到一个 Echo 应答，**ping** 都会提供从发出 Echo 请求到收到 Echo 应答之间的时间反馈。这可以作为网络性能的度量。

ping 规定了应答的超时值。如果在超时前没有收到应答，**ping** 会提供一条消息，表示未收到响应。这可能表示存在问题，但是还可能表示在网络上启用了阻止 **ping** 消息的安全功能。如果在发送 ICMP Echo 请求之前需要执行地址解析（ARP 或 ND），那么第一次 **ping** 通常会超时。

所有请求发送完毕后，**ping** 实用程序会提供一个汇总信息，包括成功率和到达目的地的平均往返时间。

可以使用 **ping** 执行下述类型的连接测试：

- **ping** 本地环回地址；
- **ping** 默认网关；
- **ping** 远程主机。

13.2.2　ping 本地环回地址

ping 可用于测试本地主机上 IPv4 或 IPv6 的内部配置。要执行此测试，对于 IPv4，我们 **ping** 本地环回地址 127.0.0.1，对于 IPv6，则是::1，如图 13-6 所示。

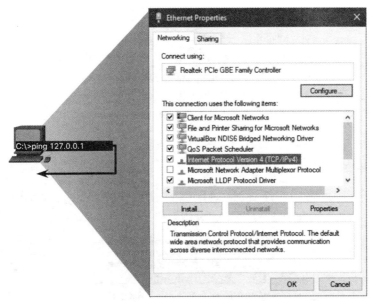

图 13-6　在 Windows 主机上 ping 环回地址

从 127.0.0.1 接收到 IPv4 响应或从::1 接收到 IPv6 响应，表示主机上的 IP 配置正确。该响应来自网络层。但是，该响应并不代表地址、掩码或网关配置正确。它也不能说明有关网络协议栈下层的任何状态。它只测试 IP 网络层的 IP 连接。如果收到错误消息，则表示该主机上的 TCP/IP 无法正常运行。

13.2.3　ping 默认网关

也可以使用 **ping** 来测试主机在本地网络中通信的能力。这通常是通过 **ping** 主机的默认网关 IP 地址完成的。在图 13-7 中可以看到，成功 **ping** 通默认网关则表示主机和充当默认网关的路由器接口在本地网络中均运行正常。

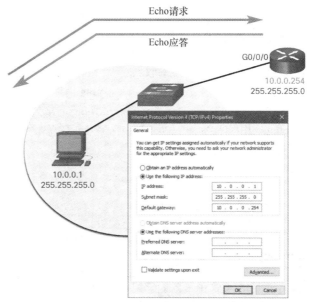

图 13-7　ping 默认网关

对于该测试，默认网关的地址是最常使用的，因为路由器通常都能正常运行。如果默认网关地址不响应，可以使用 **ping** 来测试本地网络上已知能够正常运行的另一台主机的 IP 地址。

如果网关或另一台主机做出响应，则说明本地主机可以通过本地网络成功通信。如果网关不响应但其另一台主机响应，则可能说明充当默认网关的路由器接口存在问题。

一种可能性是在主机上配置了错误的默认网关地址。另一种可能性是路由器接口完全正常，但是该接口上应用了一些安全限制，这些安全限制阻止该接口处理或响应 **ping** 请求。

13.2.4　ping 远程主机

ping 也可用于测试本地主机跨互连网络进行通信的能力。在图 13-8 中可以看到，本地主机可以 **ping** 远程网络中运行正常的 IPv4 主机。路由器使用其 IP 路由表转发数据包。

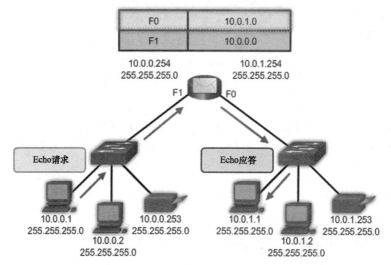

图 13-8　测试与远程 LAN 的连接

如果 **ping** 成功，则说明互连网络大部分运行正常。在互连网络上成功 **ping** 通即可确认本地网络上的通信正常，充当默认网关的路由器运行正常，且可能位于本地网络和远程主机网络之间路径上的所有其他路由器运行正常。

此外，还可以验证远程主机的功能。如果远程主机无法在其本地网络外通信，则它不会响应。

注　意　许多网络管理员限制或禁止 ICMP 消息进入企业网络；因此，出于安全限制，也可能不会收到 **ping** 响应。

13.2.5　traceroute：测试路径

ping 用于测试两台主机之间的连接，但是不提供主机之间的设备的详细信息。**traceroute**（**tracert**）实用程序可以生成沿通信路径成功到达的设备的列表。该列表可以提供重要的验证和故障排除信息。如果数据到达目的，则会列出主机之间的路径中每台路由器上的接口。如果数据在沿途的某一跳（设备）上失败，则进行回应的最后一个路由器的地址可以提供一个指示，以说明存在问题或有安全限制的地方。

往返时间

traceroute 可为路径上的每一跳提供往返时间，并指示是否有一跳未响应。往返时间是数据包到达远程主机以及从该主机返回响应所花费的时间。星号（*）用于表示丢失的数据包或无应答的数据包。该信息可用于在路径中定位有问题的路由器，或表示路由器配置为不应答。如果显示特定的某一跳响应时间太长或数据丢失，则表明该路由器的资源或其连接可能压力过大。

IPv4 TTL 和 IPv6 跳数限制

traceroute 使用了第 3 层报头中的 IPv4 TTL 字段功能和 IPv6 跳数限制字段功能，还使用了 ICMP 超时消息。

从 **traceroute** 发送的第一个消息序列的 TTL 字段值为 1。这会导致 TTL 使 IPv4 数据包在第一台路由器处超时。该路由器然后使用 ICMPv4 超时消息进行响应。现在，**traceroute** 知道了第一跳的地址。

随后，**traceroute** 逐渐增加每个消息系列的 TTL 字段值（2、3、4...）。这样一来，可跟踪数据包在该路径上再次超时时所经过的每一跳的地址。TTL 字段的值将不断增加，直至到达目的主机或增至预定义的最大值。

到达最终目的主机后，该主机将不再以 ICMP 超时消息做出响应，而会以 ICMP 端口不可达消息或 ICMP Echo 应答消息做出响应。

13.3　总结

ICMP 消息

TCP/IP 套件在与其他 IP 设备通信时提供了错误消息和信息性消息。这些消息使用 ICMP 发送，其用途是就特定情况下处理 IP 数据包的相关问题提供反馈。通用于 ICMPv4 和 ICMPv6 的 IMCP 消息包括主机可达性、目的不可达或服务不可达以及超时。ICMP Echo 消息测试 IP 网络上主机的可达性。本地主机向一台主机发送 ICMP Echo 请求。如果主机可用，目的主机会回应以 Echo 应答。这是 **ping** 实用程序的基础。当主机或网关接收到无法传输的数据包时，它会使用 ICMP 目的不可达消息来通知源主机。该消息包括用于指示数据包为何无法传输的代码。

路由器使用 ICMPv4 超时消息来指示数据包无法转发，因为数据包的生存时间（TTL）字段已递减到 0。如果路由器接收数据包并且将 TTL 字段的值递减为 0，则它会丢弃数据包并向源主机发送超时消息。ICMPv6 还会在这种情况下发送超时。ICMPv6 使用 IPv6 跳数限制字段来确定数据包是否已过期。**traceroute** 工具使用的是超时消息。IPv6 路由器和 IPv6 设备之间的消息（包括动态地址分配）有 RS 和 RA。IPv6 设备之间的消息（包括重定向，这类似于 IPv4）有 NS 和 NA。

ping 和 traceroute 测试

ping 使用 ICMP Echo 请求和 Echo 应答消息来测试主机之间的连接。为了测试与网络上另一台主机的连接，可使用 **ping** 命令将 Echo 请求发送给该主机地址。若指定地址的主机收到 Echo 请求，便会使用 Echo 应答进行响应。每收到一个 Echo 应答，**ping** 都会提供从发出 Echo 请求到收到 Echo 应答之间的时间反馈。所有请求发送完毕后，**ping** 实用程序会提供一个汇总信息，包括成功率和到达目的地的平均往返时间。**ping** 可用于测试本地主机上 IPv4 或 IPv6 的内部配置。可以 **ping** 本地环回地址，对于 IPv4 来说 127.0.0.1，对于 IPv6 则是::1。也可以使用 **ping** 来测试主机在本地网络中通信的能力。成功 **ping** 通默认网关则表示主机和充当默认网关的路由器接口在本地网络中均运行正常。**ping** 也可用于测试本地主机跨互连网络通信的能力。本地主机可以 **ping** 远程网络中运行正常的 IPv4 主机。**traceroute**（**tracert**）可以生成沿通信路径成功到达的设备的列表。该列表提供了验证和故障排除信息。如果数据到达目的，则会列出主机之间的路径中每台路由器上的接口。如果数据在沿途的某一跳（设备）上失败，则进行回应的最后一个路由器的地址可以提供一个指示，以说明存在问题或有安全限制的地方。往返时间是数据包到达远程主机以及从该主机返回响应所花费的时间。**traceroute** 使用了第 3 层报头中的 IPv4 TTL 字段功能和 IPv6 跳数限制字段功能，还使用了 ICMP 超时消息。

复习题

完成这里列出的所有复习题，可以测试您对本章内容的理解。附录列出了答案。

1. 有用户报告 "PC 无法访问外部网络"。网络技术人员要求用户在命令提示符窗口中执行命令 **ping 127.0.0.1**。用户报告结果是 4 个肯定的应答。根据这个连接测试可以得出什么结论？

    A. PC 可以访问网络，问题存在于当地网络之外

    B. 从 DHCP 服务器获取的 IP 地址是正确的

    C. PC 可以上网，但是 Web 浏览器可能无法工作

    D. TCP/IP 可以正常运行

2. 哪个命令使用 Echo 请求和 Echo 应答消息来测试两台设备之间的连接？

    A. **netstat**   B. **ipconfig**

    C. **icmp**   D. **ping**

3. 路由器使用哪个 IPv6 字段来确定数据包已过期？

    A. TTL 字段   B. CRC 字段

    C. 跳数限制字段   D. 超时字段

4. 哪种协议用于从目的主机向源主机提供有关数据包传输错误的反馈？

    A. ARP   B. BOOTP

    C. DNS   D. ICMP

5. 哪个实用程序使用互联网控制消息协议（ICMP）？

    A. RIP   B. DNS

    C. **ping**   D. NTP

6. 网络管理员可成功 ping 通思科官网的服务器，但是无法 ping 另一个城市中 ISP 上的公司 Web 服务器。可使用哪个工具或命令来找出造成数据包丢失或延迟的特定路由器？

    A. **ipconfig**   B. **netstat**

    C. **telnet**   D. **traceroute**

7. IPv6 使用哪种协议来提供地址解析和动态地址分配信息？

    A. ICMPv4   B. NDP

    C. ARP   D. DHCP

8. 在使用 IPv6 地址之前，主机可以发送什么消息来检查该地址的唯一性？

    A. 邻居请求   B. ARP 请求

    C. Echo 请求   D. 路由器请求

9. 技术人员正在对网络进行故障排除，他怀疑网络路径中有缺陷的节点导致数据包丢失。技术人员只有终端设备的 IP 地址，没有中间设备的任何详细信息。技术人员可以使用什么 Windows 命令来识别故障节点？

    A. **tracert**   B. **ping**

    C. **ipconfig /flushdns**   D. **ipconfig /displaydns**

10. 一位用户因无法连接到文件服务器而向帮助台请求帮助。技术人员要求用户 **ping** 工作站上配置的默认网关的 IP 地址。这个 **ping** 命令的目的是什么？

    A. 从服务器获取动态 IP 地址

    B. 请求网关将连接请求转发到文件服务器

    C. 测试主机是否能访问其他网络上的主机

    D. 将文件服务器的域名解析为其 IP 地址

11. 当在工作站上使用 Windows **tracert** 命令和 **ping** 命令时，**tracert** 命令做了哪些 **ping** 命令没做的事情？

    A. **tracert** 命令到达目的地的速度更快

    B. **tracert** 命令显示路径中路由器的信息

    C. **tracert** 命令向路径中的每一跳发送一条 ICMP 消息

    D. tracert 命令用于测试两个设备之间的连接

12. 在查找两台终端主机之间的路径时，**traceroute** 实用程序使用了哪个 ICMP 消息？

    A. 重定向   B. **ping**

    C. 超时   D. 目的不可达

13. 使用 **ping** 命令可以确定哪两件事情？（选择两项）

    A. 源设备和目的设备之间的路由器的数量

    B. 距离目的设备最近的路由器的 IP 地址

    C. 数据包到达目的以及响应消息返回源所需的平均时间

    D. 目的设备通过网络的可达性

    E. 在源和目的之间的路径中，每台路由器进行响应的平均时间

14. 哪个语句描述了 **traceroute** 实用程序的特性？

    A. 它发送 4 条 Echo 请求消息

    B. 它使用了 ICMP 源抑制（Source Quench）消息

    C. 它主要用于测试两台主机之间的连接

    D. 它可识别从源主机到目的主机的路径中的路由器

第 14 章

传输层

学习目标

通过完成本章的学习，您将能够回答下列问题：

- 传输层在端到端通信中管理数据传输的目的是什么；
- TCP 有什么特点；
- UDP 有什么特点；
- TCP 和 UDP 如何使用端口号；

- TCP 会话的建立和终止过程如何促进可靠通信；
- 如何传输和确认 TCP 协议数据单元以保证交付；
- 传输层协议在支持端到端通信方面有哪些操作。

顾名思义，传输层用于将数据从一台主机传输到另一台主机。传输层是您的网络真正开始运转的地方！传输层使用两个协议：TCP 和 UDP。可以把 TCP 看作收到一封挂号信。您必须先签收，然后邮递员才会给您。这会稍微减慢这个邮递过程，但是发送者可以确定地知道您收到了这封信，以及您收到这封信的时间。UDP 更像是一封盖了邮戳的普通信件。如果它到达了您的邮箱，它可能是写给您的，但实际上也可能是写给不住该地址的其他人的。而且，它还可能根本就没有到达您的邮箱，发件人也无法确定您是否收到了信。尽管 UDP 有不少缺点，有时还是需要用到它。本章深入探讨 TCP 和 UDP 在传输层的工作方式。

14.1 数据传输

如前几章所述，要在源和目的之间进行通信，必须遵循一组规则或协议。本节重点介绍传输层的协议。

14.1.1 传输层的作用

应用层程序生成必须在源主机和目的主机之间交换的数据。传输层负责在不同主机上运行的应用程序之间进行逻辑通信。这可能包括在两个主机之间建立临时会话以及为应用程序信息可靠地传输信息等过程。

如图 14-1 所示，传输层将应用层与负责网络传输的下层连接起来。

传输层并不了解目的主机的类型、数据必须经过的介质类型、数据使用的路径、链路拥塞情况或网络大小。

传输层包括两个协议：

- 传输控制协议（Transmission Control Protocol，TCP）；
- 用户数据报协议（User Datagram Protocol，UDP）。

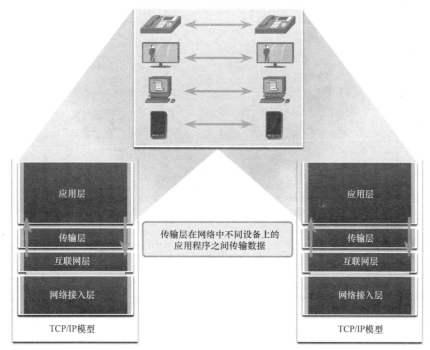

图 14-1　TCP /IP 模型中的传输层

14.1.2　传输层的职责

传输层有很多职责。在传输层中，源应用和目的应用之间传输的每个数据集称为会话并分别进行跟踪。传输层负责维护并跟踪这些会话。在图 14-2 中可以看到，每台主机上可能有多个应用程序同时在网络上通信。

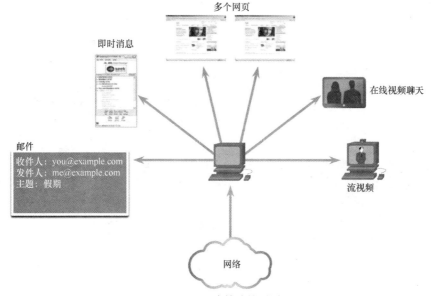

图 14-2　跟踪单独的对话

大多数网络对单个数据包能承载的数据量都有限制。因此，必须将数据分成可管理的部分。

传输层负责将应用程序的数据划分为适当大小的块。根据所使用的传输层协议，传输层块称为数据段（segment）或数据报（datagram）。图 14-3 所示为使用不同块进行每个会话的传输层。

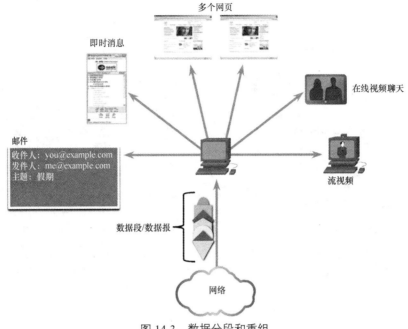

图 14-3　数据分段和重组

　　传输层将数据划分为更易于管理和传输的更小的块（即数据段或数据报）。

　　传输层协议将包含二进制数据的报头信息添加到多个字段中。不同的传输层协议通过这些字段的值在管理数据通信的过程中执行不同的功能。

　　例如，接收主机使用报头信息将数据块重新组装为完整的数据流，以供应用层的程序接收，如图 14-4 所示。

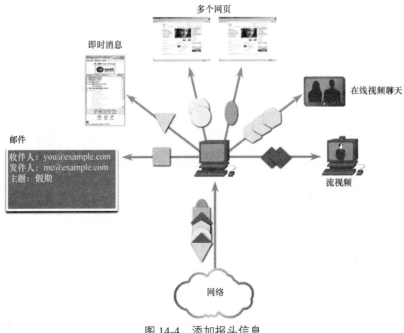

图 14-4　添加报头信息

传输层可以确保即使设备上运行了多个应用程序，它们都能接收正确的数据。

传输层必须能够划分和管理具有不同传输要求的多个通信。为了将数据流传递到适当的应用程序，传输层使用称为端口号的标识符来标识目标（target）应用程序。在图 14-5 中可以看到，在每台主机中，每个需要访问网络的软件进程都将被分配一个唯一的端口号。

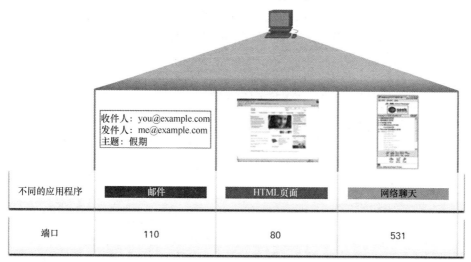

不同的应用程序	邮件	HTML 页面	网络聊天
端口	110	80	531

图 14-5　标识应用程序

将某些类型的数据（例如视频流）作为完整的通信流在网络中发送，会消耗掉所有可用的带宽。这将阻止其他通信会话同时发生，而且也难以对损坏的数据进行错误恢复和重新传输。

在图 14-6 中可以看到，传输层使用数据段和多路复用，从而使不同的通信会话在同一网络上交错。为了预防错误，可对数据段中的数据执行错误检查，以确定数据段在传输过程中是否发生了更改。

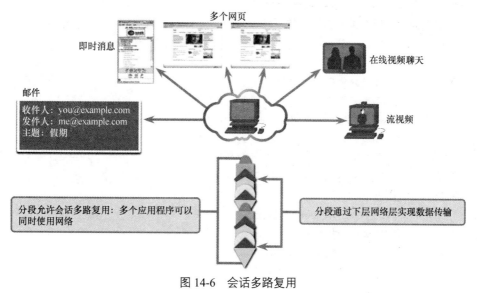

图 14-6　会话多路复用

14.1.3　传输层协议

IP 只涉及数据包的结构、编址和路由。IP 不指定数据包的传送或交付方式。

传输层协议指定如何在主机之间传输消息,并负责管理会话的可靠性要求。传输层包括TCP和UDP协议。不同的应用程序有不同的传输可靠性要求。因此,TCP/IP提供了两个传输层协议,如图14-7所示。

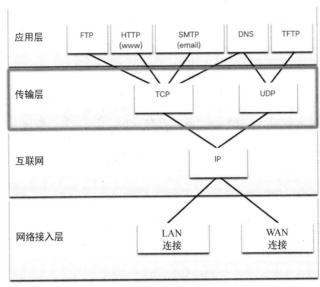

图14-7 传输层协议

14.1.4 传输控制协议(TCP)

IP只涉及从原始发送方到最终目的地的数据包的结构、编址和路由。IP不负责保证交付或确定发送方和接收方之间是否需要建立连接。

TCP被认为是可靠且功能齐全的传输层协议,用于确保所有数据到达目的设备。TCP包含可确保应用数据进行交付的字段。这些字段需要发送和接收的主机进行额外处理。

注 意 TCP将数据分为若干个数据段。

TCP传输类似于从源到目的地跟踪发送的数据包。如果一个快递订单被分成多个包裹,客户可以在线查看包裹的交付顺序。

TCP使用以下基本的操作来提供可靠性和流量控制:
- 对从特定应用程序发送到特定主机的数据段进行编号和跟踪;
- 对收到的数据进行确认;
- 在一定时间段后重新传输未确认的数据;
- 对乱序到达的数据进行排序;
- 以接收方可以接受的有效速率来发送数据。

为了维护会话的状态并跟踪信息,TCP必须首先在发送方和接收方之间建立连接。这就是为什么TCP被称为是一种面向连接的协议。

14.1.5 用户数据报协议(UDP)

UDP是一种比TCP更简单的传输层协议。它不提供可靠性和流量控制,这意味着它需要的报头字段更少。由于发送方和接收方 UDP 进程不需要管理可靠性和流量控制，因此 UDP 数据报的处理速度比 TCP 数据段快。UDP 提供了在应用程序之间传输数据报的基本功能，需要的开销和数据检查非常少。

注　意　　UDP 将数据划分为数据报，也称为数据段。

UDP 是一种无连接协议。由于 UDP 不提供可靠性或流量控制，因此不需要建立连接。由于 UDP 不跟踪客户端和服务器之间发送或接收的信息，因此 UDP 也称为无状态协议。

UDP 也称为尽力而为的交付协议，因为它不确认目的地是否接收到数据。使用 UDP 时，没有传输层进程会通知发送方是否成功传输。

UDP 类似于邮寄未挂号的常规信件。发件人不知道收件人是否可以接收信件，邮局也不负责跟踪信件或在信件未到达最终目的地时通知发件人。

14.1.6　正确的应用程序使用正确的传输层协议

一些应用程序可以容忍在网络传输过程中丢失部分数据，但是不接受传输中出现延迟。对于这些应用程序，UDP 要比 TCP 好，因为它需要的网络开销较少。UDP 是 IP 语音（VoIP）之类应用程序的首选。在使用 VoIP 时，语音数据的确认和重新发送会拖慢传输速度，并使语音会话不可接受。

UDP 也应用于"请求-应答"应用程序中，这类应用程序的数据最少，并且可以快速完成重新传输。例如，域名系统（Domain Name System，DNS）为此类事务使用 UDP。客户端从 DNS 服务器请求已知域名的 IPv4 和 IPv6 地址。如果客户端在预定的时间内没有收到响应，它将再次发送请求。

例如，如果视频数据流中的一段或者两段数据未到达目的地，会造成数据流的短暂中断。这可能表现为图像失真或声音失真，用户也许不会察觉。如果目的设备必须负责处理丢失的数据，则数据流可能在等待重新传输的过程中被推迟，从而导致图像或声音的质量大大降低。在这种情况下，最好利用接收到的分段呈现最佳的媒体，并放弃可靠性。

对于其他应用程序，重要的是所有数据都应到达并且可以按适当的顺序对其进行处理。这些类型的应用程序使用 TCP 作为传输协议。例如，数据库、Web 浏览器和邮件客户端等应用程序，要求发送的所有数据都必须以原始形式到达目的地。任何数据的丢失都可能导致通信失败，要么不能完成通信，要么通信的信息不可读。例如，通过 Web 页面访问银行信息时，确保所有信息都正确发送和接收是非常重要的。

应用开发人员必须根据应用程序的需求，选择适合的传输层协议类型。视频可以通过 TCP 或 UDP 发送。存储音频和视频流的应用程序通常使用 TCP。在这样的情况下，应用程序使用 TCP 执行缓冲、带宽探测和拥塞控制，以便提供更好的用户体验。

实时视频和语音通常使用 UDP，但也可能使用 TCP，或同时使用 UDP 和 TCP。视频会议应用程序在默认情况下可能使用 UDP，但由于许多防火墙会阻止 UDP，因此应用程序也可以通过 TCP 发送数据。

存储音频和视频流的应用程序使用 TCP。例如，如果您的网络突然无法支持观看点播电影所需的带宽，则应用程序将暂停播放。在暂停期间，您可能会看到一个"缓冲……"消息，与此同时，TCP 正在重建流。当所有的数据段都井然有序且恢复最低限度的带宽时，您的 TCP 会话将重新开始，电影恢复播放。

图 14-8 总结了 UDP 和 TCP 之间的差异。

图 14-8 UDP 和 TCP 的属性

14.2 TCP 概述

TCP 和 UDP 是传输层协议，由开发人员确定哪种协议最符合正在开发的应用程序的要求。TCP 建立一个提供可靠性和流量控制的连接。

14.2.1 TCP 功能

上一节提到，TCP 和 UDP 是两个传输层协议。本节提供了更多关于 TCP 的详细信息，以及何时使用 TCP（而不是 UDP）。

要了解 TCP 和 UDP 的差异，就必须了解每种协议如何实现特定的可靠性功能，以及每个协议如何跟踪会话。

除了支持数据分段和重组的基本功能之外，TCP 还提供以下服务。

- **建立会话**：TCP 是一种面向连接的协议，在转发任何流量之前，会在源设备和目的设备之间协商并建立永久连接（或会话）。通过建立会话，设备可以协商给定时间内能够转发的流量，而且两个设备之间的通信数据可得到严格管理。
- **确保可靠的交付**：由于多种原因，数据段在网络传输过程中可能会损坏或者完全丢失。TCP 确保从源设备发送的每个数据段都能够到达目的地。
- **提供相同顺序的交付**：由于网络可能提供了多条路由，每条路由又有不同的传输速率，所以这可能导致数据抵达的顺序错乱。通过对数据段进行编号和排序，TCP 可确保按正确的顺序重组这些数据段。
- **支持流量控制**：网络主机的资源（即内存或处理能力）有限。当 TCP 发现这些资源超负荷运转时，它可以请求源应用程序降低数据流的速率。为此，TCP 会调整源设备传输的数据量。这个过程称为流量控制，它可避免在接收主机的资源不堪重负时重新传输数据。

有关 TCP 的更多信息，请查阅 RFC 793。

14.2.2 TCP 报头

TCP 是有状态的协议，这意味着它可以跟踪通信会话的状态。为了跟踪会话的状态，TCP 会记录已发送的信息和已确认的信息。状态会话开始于会话建立时，结束于会话终止时。

在封装应用层数据时，TCP 数据段会增加 20 字节（即 160 位）的开销。图 14-9 所示为 TCP 报头的字段。

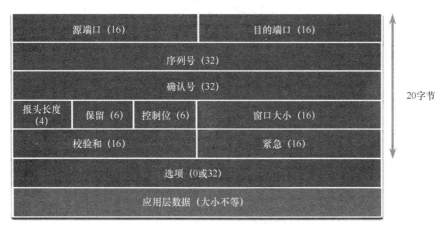

图 14-9 TCP 报头的字段

14.2.3 TCP 报头字段

表 14-1 描述了 TCP 报头中的字段。

表 14-1 TCP 头字段的详细信息

TCP 报头字段	描述
源端口	一个 16 位字段，用于通过端口号标识源应用程序
目的端口	一个 16 位字段，用于通过端口号标识目的应用程序
序列号	一个 32 位字段，用于数据重组
确认号	一个 32 位字段，用于指示已接收到数据，并且期望从源接收下一个字节
报头长度	一个 4 位字段，称为"数据偏移"，表示 TCP 数据段报头的长度
保留	一个 6 位字段，保留供将来使用
控制位	一个 6 位字段，包括位代码或标志，用于指示 TCP 段的目的和功能
窗口大小	一个 16 位字段，用于指示一次可以接受的字节数
校验和	一个 16 位字段，用于数据段报头和数据的错误检查
紧急	一个 16 位字段，用于指示包含的数据是否紧急

14.2.4 使用 TCP 的应用程序

TCP 很好地说明了 TCP/IP 协议簇的不同层如何拥有特定的角色。TCP 处理的任务有将数据流划分为数据段、提供可靠性、控制数据流量、对数据段重新排序等。TCP 使应用程序不用再管理这些任务。图 14-10 中的应用程序只需要将数据流发送到传输层，然后使用 TCP 提供的服务即可。

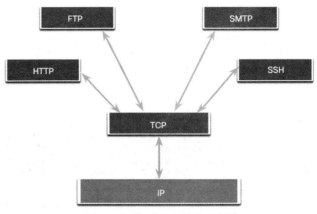

图 14-10　使用 TCP 的应用程序

14.3　UDP 概述

TCP 提供的可靠性和流量控制功能会带来额外的开销，这些开销与连接建立和跟踪是否收到段有关。当此类开销产生不必要的延迟时，就该使用 UDP 了。UDP 是一种比 TCP 更简单的传输层协议。UDP 被许多应用程序和协议使用，包括对延迟敏感的 VoIP 应用程序以及简单的请求与应答协议（即 DNS 和 DHCP）。

14.3.1　UDP 功能

本节将介绍 UDP，其中包括它的作用以及何时使用 UDP（而不是 TCP）。UDP 是一种尽力而为的传输协议，它是一种轻型传输协议，提供了与 TCP 相同的数据分段和重组功能，但是没有 TCP 所提供的可靠性和流量控制。UDP 协议非常简单，在描述 UDP 时，经常从它不具备的功能（相较于 TCP 来说）进行描述。

UDP 的特点如下所示：

- 数据按照接收顺序重构；
- 丢失的任何数据段都不会重新发送；
- 不会建立会话；
- 不会向发送者告知资源的可用性。

有关 UDP 的更多信息，请查阅相关的 RFC 文档。

14.3.2　UDP 报头

UDP 是无状态协议，这意味着客户端和服务器都不会跟踪通信会话的状态。如果在使用 UDP 作为传输协议时要求可靠性，则可靠性必须由应用程序来提供。

通过网络传输实时视频和语音的一个最重要的要求是数据必须持续且高速地传输。实时视频和语音应用能够容忍具有极小影响或没有明显影响的一些数据丢失，因此非常适合使用 UDP。

UDP 中的通信块称为数据报或数据段。传输层协议以尽力而为的方式来传输这些数据报。

UDP 报头比 TCP 报头简单得多，因为它只有 4 个字段，只需要 8 字节（即 64 位）。图 14-11 所示为 UDP 报头的字段。

图 14-11 UDP 报头的字段

14.3.3 UDP 报头字段

表 14-2 描述了 UDP 报头中的字段。

表 14-2 UDP 头字段的详细信息

UDP 报头字段	描述
源端口	一个 16 位字段，用于通过端口号标识源应用程序
目的端口	一个 16 位字段，用于通过端口号标识目的应用程序
长度	一个 16 位字段，用于指示 UDP 数据报报头的长度
校验和	一个 16 位字段，用于数据报报头和数据的错误检查

14.3.4 使用 UDP 的应用程序

最适合采用 UDP 协议的 3 种应用程序如下所示。

- **实时视频和多媒体应用程序**：这些应用程序可以容忍部分数据丢失，但要求延迟极小或没有延迟。示例包括 VoIP 和实时流传输视频。
- **简单的请求和应答应用程序**：具有简单事务的应用程序，其中主机发送请求，但不一定收到应答。示例包括 DNS 和 DHCP。
- **自己处理可靠性的应用程序**：不要求进行流量控制、错误检测、确认和错误恢复，或这些功能由应用程序来执行的单向通信。示例包括 SNMP 和 TFTP。

图 14-12 所示为使用 UDP 的应用程序。

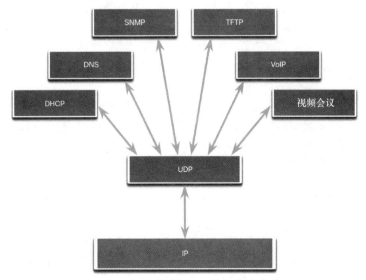

图 14-12 使用 UDP 的应用程序

虽然 DNS 和 SNMP 默认使用 UDP,但它们都可以使用 TCP。如果 DNS 请求或 DNS 响应大于 512 字节(例如 DNS 响应中包含许多域名解析),DNS 会使用 TCP。同样,在某些情况下,网络管理员可以配置 SNMP,使其使用 TCP。

14.4　端口号

本节介绍 TCP 和 UDP 如何使用端口号来标识正确的应用层进程。

14.4.1　多个单独的通信

如您所知,在某些情况下 TCP 是合适的协议,而在其他情况下则应使用 UDP。无论传输何种类型的数据,TCP 和 UDP 都使用端口号来管理多个同时进行的对话。在图 14-13 中可以看到,TCP 和 UDP 报头字段标识源与目的应用程序的端口号。

| 源端口 (16) | 目的端口 (16) |

图 14-13　源端口和目的端口字段

源端口号与本地主机上的源应用程序相关联,而目的端口号与远程主机上的目的应用程序相关联。

例如,假设一台主机正在向 Web 服务器发起网页请求。当主机发起网页请求时,主机会动态生成源端口号,以唯一地标识会话。由主机生成的每个请求将使用动态创建的不同源端口号。这就可以让多个会话同时发生。

在请求中,目的端口号是标识目的 Web 服务器正在被请求的服务类型的端口号。例如,当客户端在目的端口中指定端口 80 时,接收该消息的服务器就知道请求的是 Web 服务。

服务器可同时提供多个服务,例如在端口 80 上提供 Web 服务,并同时在端口 21 上提供建立文件传输协议(File Transfer Protocol,FTP)连接的服务。

14.4.2　套接字对

源端口和目的端口都被置入数据段内,然后被封装到 IP 数据包内。IP 数据包中含有源 IP 地址和目的 IP 地址。源 IP 地址和源端口号的组合或者目的 IP 地址和目的端口号的组合,称为套接字。

在图 14-14 所示的示例中,PC 同时从目的服务器请求 FTP 和 Web 服务。

在该示例中,PC 生成的 FTP 请求包括第 2 层 MAC 地址和第 3 层 IP 地址。该请求中还标识了源端口号 1305(由主机动态生成),标识了 FTP 服务的目的端口 21。主机还使用相同的第 2 层和第 3 层地址从服务器请求了一个网页。但是,它是使用源端口号 1099(由主机动态生成)和目标端口 80 来提供 Web 服务。

套接字用于标识客户端所请求的服务器和服务。客户端套接字可能如下所示:192.168.1.5:1099。其中 1099 代表源端口号。Web 服务器上的套接字则可能是 192.168.1.7:80。这两个套接字组合在一起形成一个套接字对(192.168.1.5:1099,192.168.1.7:80)。

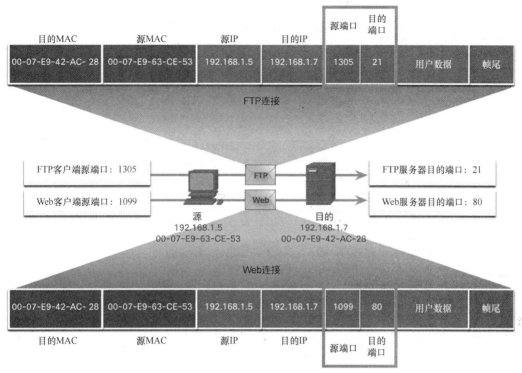

图 14-14 主机同时发送多个通信

有了套接字，一台客户端上运行的多个进程便可彼此区分，它们与同一服务器进程建立的多个连接也可以彼此区分。

对于请求数据的应用程序而言，源端口号就像是一个返回地址。传输层将跟踪该端口以及发出该请求的应用程序，以便在返回响应时，传输层可以将其转发到正确的应用程序。

14.4.3 端口号组

IANA 是负责分配各种编址标准（包括 16 位的端口号）的标准组织。用于标识源端口号和目的端口号的 16 位二进制提供了 0～65535 的端口范围。

IANA 已将编号范围划分到 3 个端口组中，如表 14-3 所示。

表 14-3　　　　　　　　　　　　　　　端口号组的详细信息

端口组	编号范围	描述
周知端口	0～1023	■ 这些端口号保留用于常见或流行的服务和应用程序，例如 Web 浏览器、电子邮件客户端和远程访问客户端 ■ 为常用的服务器应用程序定义的周知端口可使客户端轻松识别所需的相关服务
注册端口	1024～49,151	■ IANA 将这些端口号分配给请求实体，以用于特定的进程或应用程序 ■ 这些端口主要用于用户安装的单个应用程序，而不是使用周知端口号的常见应用程序。例如，思科已为其 RADIUS 服务器身份验证进程注册了端口 1812

端口组	编号范围	描述
私有和（或）动态端口	49,152～65,535	■ 这些端口也称为临时端口 ■ 客户端的操作系统通常在发起与服务的连接时动态分配端口号 ■ 这些动态端口之后即可在通信过程中用于识别客户端应用程序

注 意 一些客户端操作系统在分配源端口时可能使用注册端口号而不是动态端口号。

表 14-4 显示了一些常用的周知端口号及其相关联的应用程序。

表 14-4 周知端口号

端口号	协议	应用层
20	TCP	文件传输协议（FTP）：数据
21	TCP	文件传输协议（FTP）：控制
22	TCP	安全 Shell（SSH）
23	TCP	Telnet
25	TCP	简单邮件传输协议（Simple Mail Transfer Protocol，SMTP）
53	UDP、TCP	域名服务（DNS）
67	UDP	动态主机配置协议（DHCP）：服务器
68	UDP	动态主机配置协议：客户端
69	UDP	简单文件传输协议（Trivial File Transfer Protocol，TFTP）
80	TCP	超文本传输协议（Hypertext Transfer Protocol，HTTP）
110	TCP	邮局协议第 3 版（Post Office Protocol version 3，POP3）
143	TCP	互联网消息访问协议（Internet Message Access Protocol，IMAP）
161	UDP	简单网络管理协议（Simple Network Management Protocol，SNMP）
443	TCP	安全超文本传输协议（Hypertext Transfer Protocol Secure，HTTPS）

一些应用程序可以同时使用 TCP 和 UDP。例如，当客户端向 DNS 服务器发送请求时，DNS 使用 UDP。但是，两台 DNS 服务器之间的通信则始终使用 TCP。

在 IANA 网站上搜索 port registry，可查看端口号以及相关应用程序的完整列表。

14.4.4 netstat 命令

来历不明的 TCP 连接可能造成重大的安全威胁。该类连接可以表示某程序或某人正连接到本地主机。有时候，需要了解连网主机中启用并运行了哪些活动的 TCP 连接。**netstat** 是一个重要的网络实用程序，可用来检验这种连接。在例 14-1 中可以看到，**netstat** 命令的输出列出了正在使用的协议、本地地址和端口号、外部地址和端口号以及连接的状态。

例 14-1 Windows 主机上的 **netstat** 命令

```
C:\> netstat
Active Connections
```

```
  Proto   Local Address          Foreign Address          State
  TCP     192.168.1.124:3126     192.168.0.2:netbios-ssn  ESTABLISHED
  TCP     192.168.1.124:3158     207.138.126.152:http     ESTABLISHED
  TCP     192.168.1.124:3159     207.138.126.169:http     ESTABLISHED
  TCP     192.168.1.124:3160     207.138.126.169:http     ESTABLISHED
  TCP     192.168.1.124:3161     sc.msn.com:http          ESTABLISHED
  TCP     192.168.1.124:3166     www.cisco.com:http       ESTABLISHED
```

默认情况下，**netstat** 命令会试图将 IP 地址解析为域名，将端口号解析为周知的应用程序。使用**-n**选项能够以数字形式显示 IP 地址和端口号。

14.5　TCP 通信过程

TCP 被认为是有状态协议，因为它在源和目的地之间建立会话，并能跟踪该会话中的数据。本节介绍 TCP 如何建立这种连接以确保可靠性和流量控制。

14.5.1　TCP 服务器过程

您已经了解了 TCP 的基础知识。了解端口号的作用可帮助您掌握 TCP 通信过程的细节。在本节中，您还将了解 TCP 三次握手和会话终止的过程。

在服务器上运行的每个应用程序进程都配置为使用一个端口号。端口号由系统管理员自动分配或手动配置。

在同一传输层服务中，单个服务器上不能同时存在具有相同端口号的两个服务。例如，主机在同时运行 Web 服务器应用程序和文件传输应用程序时，不能为这两个应用程序配置相同的端口（如 TCP 端口 80）。

分配有特定端口的活动服务器应用程序被认为是开放的，也就是说，传输层将接受并处理去往到该端口的数据段。任何发送到正确套接字的客户端请求都将被接受，数据将被传送到服务器应用程序。在一台服务器上可以同时开启很多端口，每个端口对应一个活动的服务器应用程序。

我们来看一下 TCP 服务器的进程。在图 14-15 中，客户端 1 正在请求 Web 服务，客户端 2 正在向同一台服务器请求电子邮件服务。

图 14-15　客户端发送 TCP 请求

在图 14-16 中，客户端 1 使用周知的目的端口 80（HTTP）请求 Web 服务，而客户端 2 使用周知的端口 25（SMTP）来请求电子邮件服务。

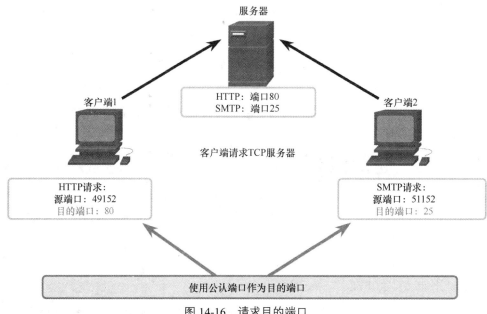

图 14-16　请求目的端口

客户端请求会动态生成一个源端口号。在图 14-17 中，客户端 1 使用源端口 49152，客户端 2 使用源端口 51152。

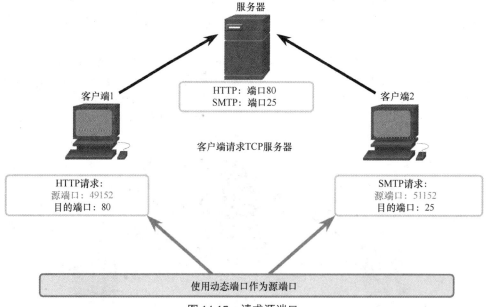

图 14-17　请求源端口

当服务器响应客户端请求时，它会反转初始请求的目的端口和源端口，如图 14-18 和图 14-19 所示。请注意，在图 14-18 中，服务器对 Web 请求的响应现在具有目的端口 49152，而电子邮件的响应现在具有目的端口 51152。

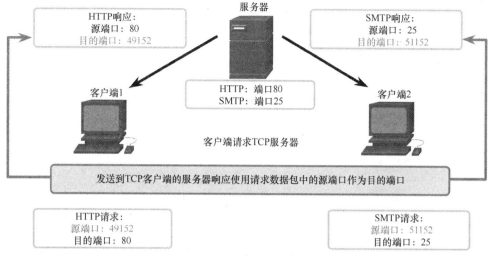

图 14-18　响应目的端口

服务器响应中的源端口是初始请求中最初的目的端口，如图 14-19 所示。

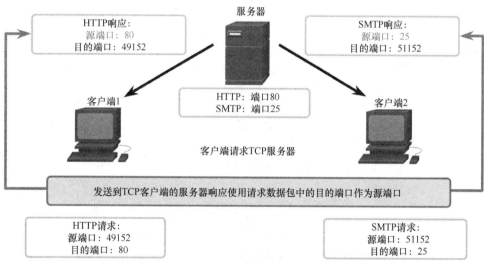

图 14-19　响应源端口

14.5.2　TCP 连接的建立

在某些文化中，当两个人相遇时会握手问候对方。双方都把握手的行为理解为友好问候的信号。网络中的连接也是类似。在 TCP 连接中，主机客户端使用三次握手过程与服务器建立连接。

图 14-20 所示为 TCP 连接建立过程中的步骤。

步骤 1．SYN。客户端请求与服务器进行客户端/服务器的通信会话。

步骤 2．ACK 和 SYN。服务器确认客户端/服务器通信会话，并请求服务器到客户端的通信会话。

步骤 3．ACK。客户端确认服务器到客户端的通信会话。

三次握手可验证目的主机是否可用来通信。在图 14-20 所示的示例中，主机 A 验证了主机 B 可用来通信。

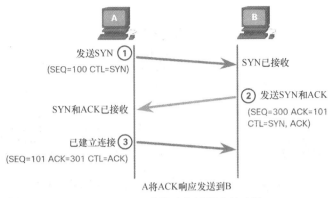

图 14-20　TCP 连接建立过程中的步骤

14.5.3　会话终止

若要关闭连接，分段报头中必须设置完成（FIN）控制标志。为了终止每个单向的 TCP 会话，需采用包含 FIN 分段和确认（ACK）分段的二次握手。因此，若要终止 TCP 支持的一个会话过程，需要实施 4 次交换，以终止两个双向会话。客户端或服务器都可以发起终止。

在接下来的示例中，为了更容易理解，采用了客户端和服务器这两个术语进行说明。实际上，发起终止的过程可以由任意两台具有开放会话的主机发起。

图 14-21 所示为 TCP 会话终止过程中的步骤。

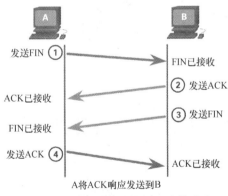

图 14-21　TCP 会话终止过程中的步骤

步骤 1. FIN。当客户端的数据流中没有其他要发送的数据时，它将发送一个设置了 FIN 标志的分段。

步骤 2. ACK。服务器发送 ACK 信息，确认收到 FIN 消息，从而终止从客户端到服务器的会话。

步骤 3. FIN。服务器向客户端发送 FIN 信息，终止从服务器到客户端的会话。

步骤 4. ACK。客户端发送 ACK 响应信息，确认收到从服务器发出的 FIN 信息。

当所有分段得到确认后，会话关闭。

14.5.4　TCP 三次握手的分析

主机维护状态，并跟踪会话过程中的每个分段，而且使用 TCP 报头中的信息来交换已接收数据的相关信息。TCP 是全双工协议，其中每个连接都代表两个单向通信会话。若要建立连接，主机应执行三次握手。如图 14-22 所示，TCP 报头中的控制位指出了连接的进度和状态。

图 14-22 控制位字段

三次握手的功能如下所示：

■ 确认目的设备存在于网络上；

■ 确认目的设备有活动的服务，并且正在源客户端将要使用的目的端口号上接受请求；

■ 通知目的设备"源客户端想要在该端口号上建立通信会话"。

通信完成后，将关闭会话并终止连接。连接和会话机制保障了 TCP 的可靠性功能。

TCP 分段报头的控制位字段中的 6 位被称为标志。标志是一个设置为开启（on）或关闭（off）的位。

6 个控制位标志如下。

■ URG：允许应用程序立即处理该数据。

■ ACK：在建立连接和终止会话时使用的确认标志。

■ PSH：推送功能。

■ RST：在出现错误或超时时用来重置连接。

■ SYN：用来对连接建立中使用的序列号进行同步。

■ FIN：用来表示发送方没有更多的数据要发送；用于会话终止。

有关 PSH 和 URG 标志的详细信息，可搜索互联网。

14.6 可靠性和流量控制

可靠性和流量控制是 TCP 的两个主要功能（这两个功能在 UPD 中不存在）。

14.6.1 TCP 可靠性：确保按序交付

对某些应用程序来说 TCP 会更好，因为它与 UDP 不同，它会重新发送丢弃的数据包以及对数据包进行编号，以便在交付之前指示其正确的顺序。TCP 还可以帮助维护数据包的流量，以避免设备过载。本节将详细介绍 TCP 的这些功能。

有时，TCP 数据段可能没有到达目的地。有时，TCP 段可能会乱序到达。为了让接收方理解原始消息，必须接收所有数据，并重组这些数据段，使其恢复原有的顺序。每个数据包的报头中都含有序列号，用于进行数据重组。序列号代表 TCP 分段的第一个数据字节在完整数据中的位置。

在会话建立期间，将设置一个初始序列号（Initial Sequence Number，ISN）。这个 ISN 表示传输到接收应用程序的字节的起始值。在会话期间传输数据时，每传送一定字节的数据，序列号就会增加一定的字节数。通过这样的数据字节跟踪，可以唯一标识并确认每个分段，还可以标识丢失的分段。

ISN 并不是从 1 开始，而是一个随机的数字。这样做的目的是防止某些类型的恶意攻击。简单起见，在本章的示例中，我们将使用 1 作为 ISN。

在图 14-23 中可以看到，数据段的序列号用于指示如何重组和重新排序收到的数据段。

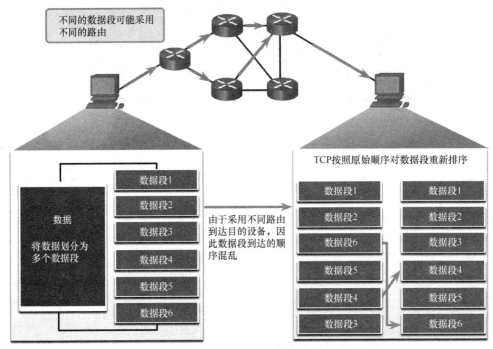

图 14-23　在目的设备上对 TCP 数据段进行重新排序

接收方的 TCP 进程将数据段中的数据存入接收缓存区，然后数据段按照正确的序列顺序进行排列，并在重组后发送到应用层。对于序列号混乱的分段，将被保留以备后期处理。等缺失的分段到达后，再来按顺序处理这些分段。

14.6.2　TCP 可靠性：数据丢失和重传

无论网络设计得有多好，数据丢失还是时有发生。TCP 提供了管理数据段丢失的方法。其中一个方法就是重新传输未确认的数据。

序列（SEQ）号和确认（ACK）号一起使用，以确认从传输的分段中接收到多少个数据字节。SEQ 号标识正在传输的数据段中的第一个字节。TCP 使用发送给源端的 ACK 号来指示接收方希望接收的下一个字节。这称为期望确认。

在进行增强之前，TCP 只能确认预期的下一个字节。例如，在图 14-24 中，为简单起见，主机 A 使用数据段号向主机 B 发送数据段 1～10。如果除数据段 3 和数据段段 4 之外的所有数据段都已到达，主机 B 将使用一个确认进行应答，并指明下一个预期的数据段是数据段 3。主机 A 不知道其他数据段是否到达。因此，主机 A 将重新发送数据段 3～10。如果所有重新发送的数据段都成功到达，则数据段 5～10 将是重复的。这会导致延迟、拥塞和效率低下。

注　意　简单起见，这里使用数据段号来代替字节号。

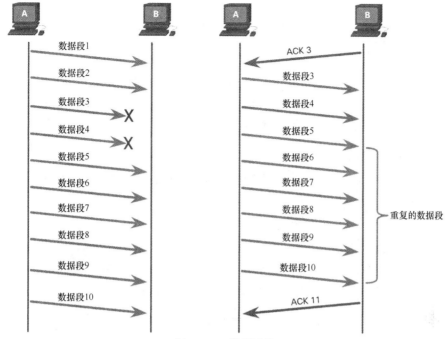

图 14-24　数据重传

今天的主机操作系统通常采用一种称为选择性确认（Selective Acknowledgement，SAK）的可选 TCP 功能，在三次握手期间进行协商。如果两台主机都支持 SACK，则接收方可以明确地确认接收了哪些数据段（字节），其中包括任何不连续的段。因此，发送主机只需要重新传输丢失的数据。例如，在图 14-25 中，还是为简单起见，主机 A 使用数据段号向主机 B 发送数据段 1～10。如果除数据段 3 和数据段 4 之外的所有数据段都已到达，主机 B 可以确认它已经接收了数据段 1 和数据段 2（ACK 3），并有选择地确认数据段 5～10（SACK 5-10）。主机 A 只需要重新发送数据段 3 和数据段 4 即可。

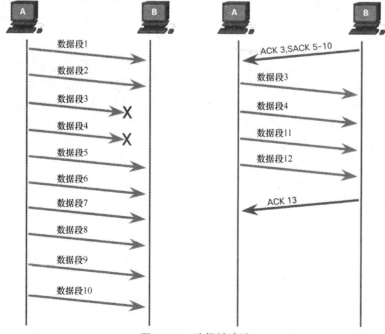

图 14-25　选择性确认

> **注　意**　TCP 通常会为每个其他数据包发送 ACK，但是他因素可能会改变这种行为，这超出了本节的范围。

TCP 使用计时器来知道在重新发送一个数据段之前需要等待多长时间。

14.6.3　TCP 流量控制：窗口大小和确认

TCP 还提供了流量控制机制。流量控制与目的主机能够可靠地接收并处理的数据量有关。流量控制通过调整给定会话中源和目的之间的数据流速率，来保持 TCP 传输的可靠性。为此，TCP 报头包括一个称为"窗口大小"的 16 位字段。

图 14-26 所示为一个窗口大小和确认的示例。

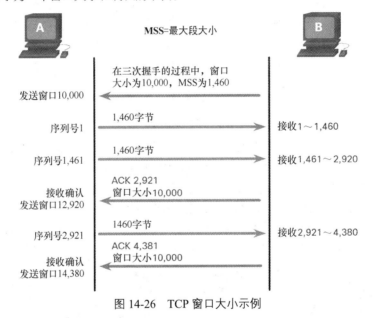

图 14-26　TCP 窗口大小示例

窗口大小决定了在获得确认之前可以发送的字节数。确认号是指下一个预期字节的编号。

窗口大小是 TCP 会话的目的设备　次可以接受和处理的字节数。在本例中，PC B 用于 TCP 会话的初始窗口大小为 10,000 字节。从第 1 个字节开始，字节数为 1，PC A 在不收到确认的前提下可以发送的最后一个字节为 10,000。这被称为 PC A 的发送窗口。每个 TCP 数据段均包含窗口大小，因此目的设备可以根据缓冲区的可用性随时修改窗口大小。

初始窗口大小在三次握手期间建立 TCP 会话时确定。源设备必须根据目的设备的窗口大小限制发送到目的设备的字节数。只有源设备收到字节数已接收的确认之后，才能继续发送更多会话数据。通常情况下，目的设备不会等待其窗口大小的所有字节都接收后才以确认进行应答。在接收和处理字节时，目的设备就会发送确认，以告知源设备它可以继续发送更多的字节。

例如，通常情况下，PC B 不会等待所有 10,000 字节都接收后才发送确认。这就意味着 PC A 可以在收到 PC B 的确认时调整其发送窗口。如图 14-26 所示，当 PC A 收到确认号为 2,921（即下一个预期的字节的编号）的确认消息时，PC A 的发送窗口将增加 2,920 字节。这会将发送窗口从 10,000 字节更改为 12,920 字节。现在只要 PC A 发送的字节数不超出其新的发送窗口 12,920，它就能够向 PC B 另外发送 10,000 字节。

目的设备在处理接收的字节时发送确认，并且源设备发送窗口的持续调整称为滑动窗口。在前面的示例中，PC A 的发送窗口会增加或滑动 2,921 字节，从 10,000 增到 12,920。

如果目的设备的可用缓冲区空间减小，它就可以缩减窗口大小，以通知源设备减少其应发送的字节数，而不需要接收确认。

注　意　　设备如今使用滑动窗口协议。接收方通常在每收到两个数据段之后发送确认。在确认之前收到的数据段的数量可能有所不同。滑动窗口的优势在于，只要接收方确认之前的数据段，就可以让发送方持续传输数据段。滑动窗口的详细信息不在本书的讨论范围之内。

14.6.4　TCP 流量控制：最大段大小（MSS）

如图 14-27 所示，在每个 TCP 数据段内，源设备正在传输 1460 字节的数据。这通常是目的设备可接收的最大段大小（MSS）。MSS 是 TCP 报头中选项（Options）字段的一部分，用于指定设备可以在单个 TCP 数据段中接收的最大数据量（以字节为单位）。MSS 大小不包括 TCP 报头。MSS 通常包括在三次握手过程中。

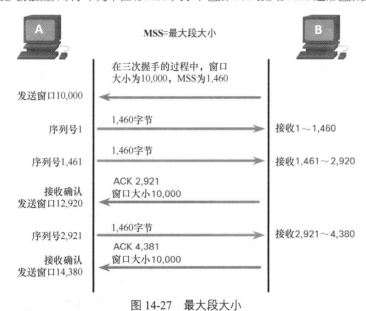

图 14-27　最大段大小

使用 IPv4 时，常见的 MSS 为 1,460 字节。主机会从以太网 MTU 中减去 IP 报头和 TCP 报头，从而确定其 MSS 字段的值。在以太网接口上，默认的 MTU 为 1,500 字节。减去 20 字节的 IPv4 报头和 20 个字节的 TCP 报头，默认的 MSS 大小为 1,460 字节，如图 14-28 所示。

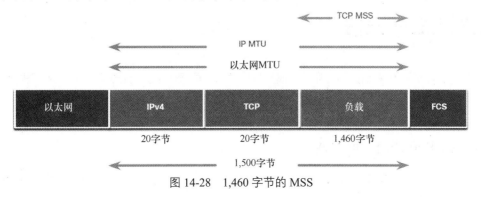

图 14-28　1,460 字节的 MSS

14.6.5 TCP 流量控制：避免拥塞

网络中出现拥塞会使过载的路由器丢弃数据包。当包含 TCP 数据段的数据包未到达其目的地时，它们就成为未确认的数据包。通过确定 TCP 数据段发送但未确认的速率，源设备可以认为网络发生了一定程度的拥塞。

出现网络拥塞时，源设备就会重传丢失的 TCP 数据段。如果不适当地控制重传，TCP 数据段的额外重传会使拥塞的情况更糟。网络中不仅引入了带有 TCP 数据段的新数据包，而且丢失的 TCP 数据段的重传也都增加了拥塞。为避免和控制拥塞，TCP 使用了多种拥塞处理机制、计时器和算法。

如果源设备确定 TCP 数据段没有被确认或没有被及时确认，它会在收到确认之前减少发送的字节数。例如，在图 14-29 中，PC A 感知到拥塞，因此，在收到 PC B 的确认之前减少了它发送的字节数。

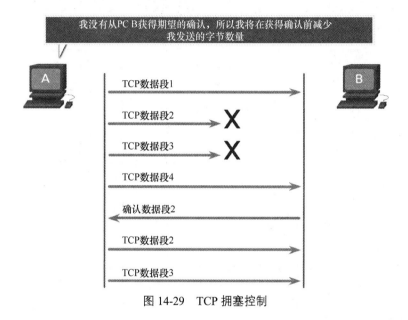

图 14-29　TCP 拥塞控制

注意，是源设备在减少其发送的未确认的字节数，而不是由目的设备来确定窗口大小。

注　意　拥塞处理机制、计时器和算法的解释不属于本书的范围。

14.7　UDP 通信

有时，不需要与 TCP 相关的可靠性，或者与提供这种可靠性相关的开销不适合该应用程序。此时就应该使用 UDP 了。

14.7.1 UDP 低开销与可靠性

本章前面讲到，UDP 非常适合需要快速通信的场合，比如 VoIP。本节详细解释为什么 UDP 非常适合某些类型的传输。如图 14-30 所示，UDP 不建立连接。因为 UDP 的数据报头较小而且没有网络管理流量，因此可以提供低开销的数据传输。

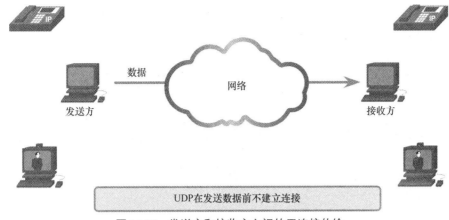

图 14-30　发送方和接收方之间的无连接传输

14.7.2　UDP 数据报重组

与 TCP 数据段类似，当将多个 UDP 数据报发送到同一目的主机时，它们通常采用不同的路径，到达顺序也可能跟发送时的顺序不同。与 TCP 不同，UDP 不跟踪序列号。如图 14-31 所示，UDP 不会按传输顺序重新排列数据报。

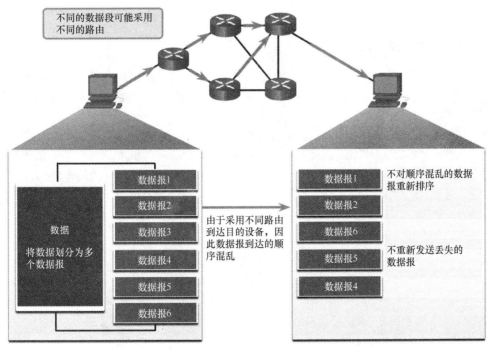

图 14-31　UDP：无连接和不可靠

因此，UDP 仅仅是将接收到的数据按照先来后到的顺序转发到应用程序。如果数据顺序对应用程序很重要，应用程序必须确定正确的顺序并决定如何处理数据。

14.7.3 UDP 服务器进程与请求

在图14-32中可以看到，与基于TCP的应用程序相同的是，基于UDP的服务器应用程序也被分配了周知端口号或注册端口号。当这些应用程序或进程在服务器上运行时，它们就会接受与所分配端口号相匹配的数据。当UDP收到去往某个端口的数据报时，它就会基于端口号将数据发送到相应的应用程序。

注　意　　图14-32中所示的远程认证拨号用户服务（RADIUS）服务器通过提供认证、授权和审计服务，来管理用户访问。RADIUS的操作不属于本书的范围。

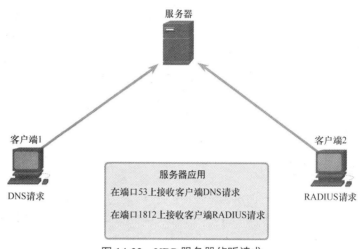

图 14-32　UDP 服务器侦听请求

14.7.4 UDP 客户端进程

与TCP一样，在使用UDP时，客户端应用向服务器进程请求数据，便会发起客户端/服务器通信。UDP客户端进程则从可用端口号中动态挑选一个端口号，用来作为会话的源端口。而目的端口通常都是分配到服务器进程的周知端口号或注册端口号。

客户端选定了源端口和目的端口后，通信事务中的所有数据报的报头都采用相同的端口对。对于从服务器到达客户端的数据来说，数据报的报头中所含的源端口号和目的端口号作了互换。

图14-33是两台主机从DNS和RADIUS身份验证服务器请求服务的图示。其中，客户端1正在发送DNS请求，客户端2正在请求同一服务器上的RADIUS身份验证服务。

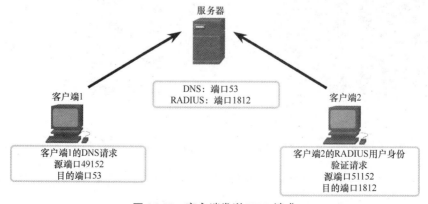

图 14-33　客户端发送 UDP 请求

在图 14-34 中，客户端 1 正在使用周知的目的端口 53 发送 DNS 请求，客户端 2 正在使用已注册的目的端口 1812 请求 RADIUS 身份验证服务。

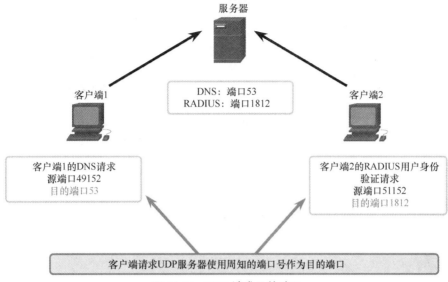

图 14-34　UDP 请求目的端口

客户端的请求会动态生成源端口号。在这种情况下，客户端 1 使用源端口 49152，客户端 2 使用源端口 51152，如图 14-35 所示。

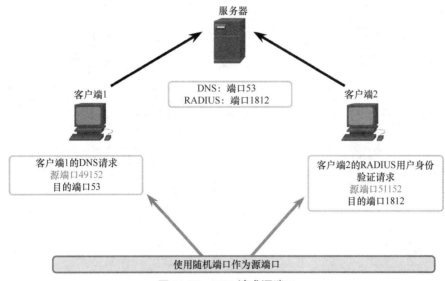

图 14-35　UDP 请求源端口

当服务器响应客户端的请求时，它会反转初始请求的目的端口和源端口，如图 14-36 和图 14-37 所示。服务器对 DNS 请求的响应现在包括目的端口 49152，而 RADIUS 身份验证的响应现在包括目的端口 51152，如图 14-36 所示。

服务器响应中的源端口是初始请求中的原始目的端口，如图 14-37 所示。

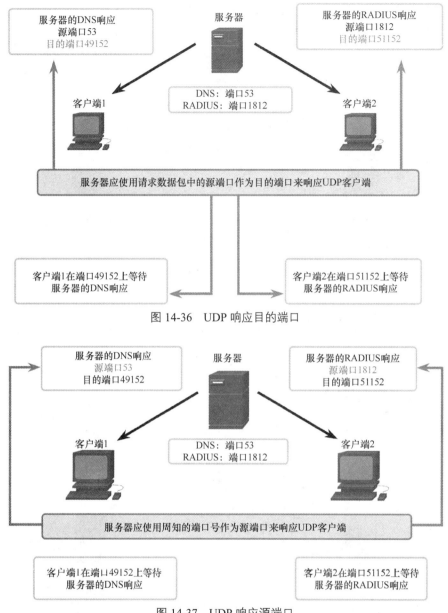

图 14-36 UDP 响应目的端口

图 14-37 UDP 响应源端口

14.8 总结

数据传输

传输层将应用层与负责网络传输的下层连接起来。传输层负责在不同主机上运行的应用程序之间进行逻辑通信。传输层包括 TCP 和 UDP。传输层协议指定如何在主机之间传输消息,并负责管理会话的可靠性要求。传输层负责跟踪对话(会话)、对数据进行分段和重组、添加报头信息、识别应用程序和会话多路复用。TCP 是有状态的、可靠的协议,可以确认数据、重传丢失的数据,并按顺序传递数据。TCP 用于电子邮件和 Web。UDP 是无状态的快速协议，具有开销低、不需要确认、不重传丢失的数据，并按照到达的顺序传递数据等功能。UDP 用于 VoIP 和 DNS。

TCP 概述

TCP 可以建立会话、确保可靠的交付、提供相同顺序的交付，以及支持流量控制。在封装应用层数据时，TCP 数据段会增加 20 字节的开销。TCP 报头字段包括源端口、目的端口、序列号、确认号、报头长度、保留、控制位、窗口大小、校验和、紧急等字段。使用 TCP 的应用程序有 HTTP、FTP、SMTP 和 Telnet。

UDP 概述

UDP 按照接收数据的顺序重构数据，它不重新发送丢失的数据段，不建立会话，也不会向发送者告知资源的可用性。UDP 报头字段有源端口、和目的端口、长度和校验和等字段。使用 UDP 的应用程序有 DHCP、DNS、SNMP、TFTP、VoIP 和视频会议。

端口号

TCP 和 UDP 传输层协议使用端口号来管理多个同时进行的对话。这就是 TCP 和 UDP 报头字段标识源与目的应用程序端口号的原因。源端口和目的端口都被置入数据段内，然后数据段封装于 IP 数据包内。IP 数据包中含有源 IP 地址和目的 IP 地址。源 IP 地址和源端口号的组合或者目的 IP 地址和目的端口号的组合，称为套接字。套接字用于标识客户端所请求的服务器和服务。端口号的范围是 0～65535。该范围分为几组：周知端口、注册端口、私有端口和/或动态端口。有一些周知的端口号保留给常见的应用程序，如 FTP、SSH、DNS 和 HTTP。有时候，需要了解连网主机中启用并运行了哪些活动的 TCP 连接。**netstat** 是一个重要的网络实用程序，可用来检验此类连接。

TCP 通信过程

在服务器上运行的每个应用程序进程都配置为使用一个端口号。端口号由系统管理员自动分配或手动配置。TCP 服务器的进程包括客户端发送 TCP 请求，请求目的端口，请求源端口，响应目的端口和源端口请求。若要终止 TCP 支持的一个会话过程，需要实施 4 次交换，以终止两个双向会话。客户端或服务器都可以发起终止。三次握手可确认目的设备是否存在于网络上，确认目的设备是否有活动的服务，并且正在源客户端将要使用的目的端口号上接受请求，还可以通知目的设备"源客户端想要在该端口号上建立通信会话"。6 个控制位标志分别是 URG、ACK、PSH、RST、SYN 和 FIN。

可靠性与流量控制

为了让接收方理解原始的消息，必须接收所有数据，并重组这些数据段，使其恢复原有顺序。每个数据包中的数据包报头中都含有序列号。无论网络设计得有多好，数据丢失还是时有发生。TCP 提供了管理数据段丢失的方法。对于未确认的数据，有一种重传数据段的机制。今天的主机操作系统通常采用一种称为选择性确认（SAK）的可选 TCP 功能，在三次握手期间进行协商。如果两台主机都支持 SACK，则接收方可以明确地确认接收了哪些数据段（字节），其中包括任何不连续的数据段。因此，发送主机只需要重新传输丢失的数据。流量控制通过调整源和目的地之间的数据流速，来保持 TCP 传输的可靠性。为此，TCP 报头中包括一个称为"窗口大小"的 16 位字段。目的设备在处理接收的字节时发送确认，并且源设备发送窗口的持续调整称为滑动窗口。在每个 TCP 数据段内，源设备可以传输 1460 字节的数据。这通常是目的设备可接收的 MSS。为避免和控制拥塞，TCP 使用了多种拥塞处理机制。是源设备在减少其发送的未确认的字节数，而不是由目的设备来确定窗口大小。

UDP 通信

UDP 是一种简单的协议，提供基本的传输层功能。当将多个 UDP 数据报发送到目的主机时，它们通常采用不同的路径，到达顺序也可能跟发送时的顺序不同。与 TCP 不同，UDP 不跟踪序列号。UDP 不会对数据报重组，因此也不会将数据恢复到传输时的顺序。UDP 仅仅是将接收到的数据按照先来后到的顺序转发到应用程序。如果数据顺序对应用程序很重要，应用程序必须确定正确的顺序并决定如何处理数据。基于 UDP 的服务器应用程序分配的是周知端口号或注册端口号。当 UDP 收到去往某个端口的数据报时，它就会基于端口号将数据发送到相应的应用程序。UDP 客户端进程从可用端口号中动态挑选一个端口号，用来作为会话的源端口。而目的端口通常都是分配到服务器进程的周知端口号或注册端口号。客户端选定了源端口和目的端口后，通信事务中的所有数据报的报头都采用相同的端口对。对于从服务器到达客户端的数据来说，数据报的报头中所含的源端口号和目的端口号作了互换。

复习题

完成这里列出的所有复习题，可以测试您对本章内容的理解。附录列出了答案。

1. 在传输层使用 UDP 与服务器建立通信时，客户端执行哪个操作？
   A. 客户端设置会话的窗口大小
   B. 客户端向服务器发送一个 ISN 来启动三次握手
   C. 客户端选择其源端口号
   D. 客户端发送一个同步段来开始会话

2. 哪个传输层功能用于建立面向连接的会话？
   A. UDP 确认标志   B. TCP 三次握手
   C. UDP 序列号   D. TCP 端口号

3. TCP 和 UDP 周知端口的完整范围是什么？
   A. 0～255   B. 0～1023
   C. 256～1023   D. 1024～49151

4. 什么是套接字？
   A. 源和目的 IP 地址以及源和目的以太网地址的组合
   B. 源 IP 地址和端口号或目的 IP 地址和端口号的组合
   C. 源和目的序列号以及确认号的组合
   D. 源和目的序列号以及端口号的组合

5. 连网的服务器如何管理来自多个客户端的不同服务请求？
   A. 服务器通过默认网关发送所有请求
   B. 每个请求都有源端口号和目标端口号的组合，它们来自一个唯一的 IP 地址
   C. 服务器使用 IP 地址来标识不同的服务
   D. 通过客户端的物理地址跟踪每个请求

6. 哪两种服务或协议更喜欢使用 UDP，以实现快速传输和低开销？（选择两项）
   A. FTP   B. DNS
   C. HTTP   D. POP3
   E. VoIP

7. 在 TCP 通信中使用源端口号的目的是什么？
   A. 通知远程设备对话已结束   B. 对乱序到达的数据段进行重组
   C. 跟踪设备之间的多个对话   D. 查询未接收的段

8. 哪个数字或哪一组数字代表一个套接字？

    A. 01-23-45-67-89-AB

    B. 21

    C. 192.168.1.1:80

    D. 10.1.1.15

9. TCP 报头中的哪两个标志在 TCP 三次握手用来建立两个网络设备之间的连接？（选择两项）

    A. ACK

    B. FIN

    C. PSH

    D. RST

    E. SYN

    F. URG

10. 如果 FTP 消息的一部分没有传递到目的主机，会发生什么情况？

    A. 由于 FTP 没有使用可靠的交付方法，因此消息将丢失

    B. FTP 源主机向目的主机发送查询

    C. FTP 消息丢失的部分将被重新发送

    D. 整个 FTP 消息将被重新发送

11. 什么类型的应用程序最适合使用 UDP？

    A. 对延迟敏感并能容忍某些数据丢失的应用程序

    B. 需要可靠交付的应用程序

    C. 需要对丢失的数据段进行重传的应用程序

    D. 对数据包丢失敏感的应用程序

12. 网络拥塞导致从源发送到目的设备的 TCP 数据段丢失，TCP 解决这个问题的一种方法是什么？

    A. 源在接收到来自目的设备的确认之前减少传输的数据量

    B. 源减小窗口大小以降低目的设备的传输速率

    C. 目的设备减小窗口大小

    D. 目的设备发送较少的确认消息以节省带宽

13. 哪两个操作是由 TCP（而不是 UDP）提供的？（选择两项）

    A. 识别应用程序

    B. 确认收到的数据

    C. 跟踪单独的对话（conversation）

    D. 重新传输未确认的任何数据

    E. 按接收顺序重组数据

14. 只要设备还在接收必要的确认信息，就可以使用哪种 TCP 机制来让设备持续发送稳定的数据流，从而提升性能？

    A. 三次握手

    B. 套接字对

    C. 双向握手

    D. 滑动窗口

15. 传输层协议的职责是什么？

    A. 提供网络接入

    B. 识别单独的对话

    C. 确定转发数据包的最佳路径

    D. 将私有 IP 地址转换为公有 IP 地址

第 15 章

应用层

学习目标

通过完成本章的学习，您将能够回答下列问题：

■ 应用层、表示层和会话层的功能如何协同工作，以为终端用户应用程序提供网络服务；

■ 终端用户应用程序如何在对等网络中运行；

■ Web 协议和电子邮件协议如何运行；

■ DNS 和 DHCP 如何运行；

■ 文件传输协议如何运行。

众所周知，传输层实际上是数据从一台主机移动到另一台主机的地方。但在此之前，必须确定很多细节，以便正确地进行数据传输。这就是在 OSI 和 TCP/IP 模型中都有一个应用层的原因。举个例子，在网络上出现流媒体视频之前，我们不得不以各种各样的方式观看家庭电影。如果您为孩子拍摄了一些足球比赛的视频，而您的父母住在另一个城市，而且只有一台录像带播放机。此时您不得不把视频从相机复制到正确类型的录像带中，然后发送给他们。如果您还想与拥有 DVD 播放机的兄弟共享视频，则必须将视频转成 DVD 发送给他。这就是应用层的全部内容：确保您的数据是接收设备可以使用的格式。下面让我们一探究竟吧！

15.1 应用层、表示层和会话层

本节介绍 TCP/IP 应用层的一些协议，它们也与 OSI 模型的上面 3 层有关。

15.1.1 应用层

在 OSI 和 TCP/IP 模型中，应用层最接近终端用户。如图 15-1 所示，该层为用于通信的应用程序和用于消息传输的底层网络提供接口。应用层协议用于在源主机和目的主机上运行的程序之间进行数据交换。

基于 TCP/IP 模型，OSI 模型的上面 3 层（应用层、表示层和会话层）定义了 TCP/IP 应用层的功能。

目前已有很多种应用层协议，而且人们还在不断开发新的协议。某些最广为人知的应用层协议包括超文本传输协议（HTTP）、文件传输协议（FTP）、简单文件传输协议（TFTP）、互联网消息访问协议（IMAP）和域名系统（DNS）协议。

15.1.2 表示层和会话层

表示层具有 3 个主要功能：

■ 将来自源设备的数据格式化或表示成兼容形式，以便目的设备接收；

■ 采用可被目的设备解压缩的方式对数据进行压缩；

■ 加密要传输的数据并在收到数据时解密数据。

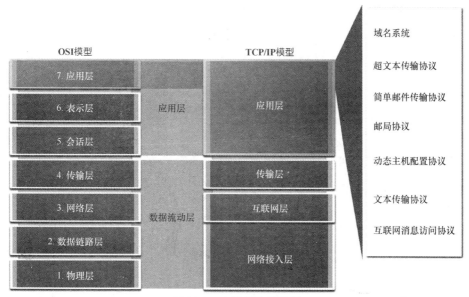

图 15-1　应用层协议示例

　　在图 15-2 中可以看到，表示层为应用层格式化数据并制定文件格式标准。一些常见的视频标准包括 Matroska 视频（MKV）、活动图像专家组（MPEG）和 QuickTime 视频（MOV）。一些常见的图形图像格式为图形交换格式（GIF）、联合图像专家组（JPG）和便携式网络图像（PNG）格式。

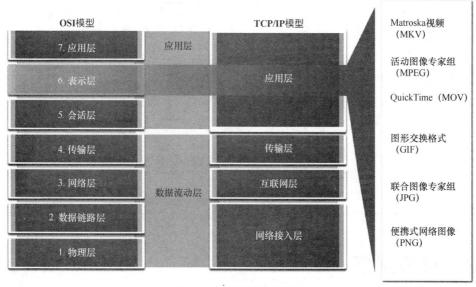

图 15-2　表示层协议示例

　　顾名思义，会话层的功能就是创建并维护源应用程序和目的应用程序之间的对话。会话层用于处理信息交换，以发起对话并使其处于活动状态，并在对话中断或长时间处于空闲状态时重启会话。

15.1.3　TCP/IP 应用层协议

　　TCP/IP 应用层协议指定了许多常见的网络通信功能必需的格式和控制信息。在通信会话过程中，源设备和目的设备均使用应用层协议。为确保通信畅通，源主机和目的主机上所实现的应用层协议必须兼容。

表 15-1 列出了最常见的一些应用层协议。

表 15-1　　　　　　　　　　　最流行的应用程序层协议

应用	协议	端口号	特点
名称系统	域名系统（DNS）	TCP、UDP 客户端 53	将域名（比如 www.epubit.com）转换为 IP 地址
主机配置	自举协议（BOOTP）	UDP 客户端 68、服务器 67	使无盘工作站能够发现其自己的 IP 地址、网络上 BOOTP 服务器的 IP 地址，以及要加载到内存中以引导计算机的文件 BOOTP 已被 DHCP 服务器取代
	动态主机配置协议（DHCP）	UDP 客户端 68、服务器 67	动态分配 IP 地址以在不再需要时能重用这些地址
电子邮件	简单邮件传输协议（SMTP）	TCP 25	使客户端能够将电子邮件发送到邮件服务器 使服务器能够将电子邮件发送到其他服务器
	邮局协议（**POP3**）	TCP 110	使客户端能够从邮件服务器检索电子邮件 将电子邮件下载到客户端的本地邮件应用程序
	Internet 消息访问协议（**IMAP**）	TCP 143	使客户端可以访问存储在邮件服务器上的电子邮件 在服务器上维护电子邮件
文件传输	文件传输协议（FTP）	TCP 20、21	设置规则，使一台主机上的用户可以通过网络与另一台主机之间进行文件访问和传输 FTP 是可靠的、面向连接且带有确认机制的文件交付协议
	简单文件传输协议（TFTP）	UDP 客户端 69	一种简单、无连接、没有确认机制且尽力而为的文件交付协议 使用的开销比 FTP 少
Web	超文本传输协议（HTTP）	TCP 80、8080	一组用于在万维网上交换文本、图形图像、声音、视频和其他多媒体文件的规则
	HTTP 安全（HTTPS）	TCP、UDP 443	浏览器使用加密来确保 HTTP 通信的安全性 需要对浏览器访问的网站进行验证

15.2　对等网络

在上一节中，您了解到在源主机和目的主机上实现的 TCP/IP 应用层协议必须兼容。在本节中，您将了解应用层中的客户端/服务器模型和对等网络以及使用流程。

15.2.1　客户端/服务器模型

在客户端/服务器模型中，请求信息的设备称为客户端，而响应请求的设备称为服务器。客户端是一个硬件/软件的组合，人们使用它来直接访问存储在服务器上的资源。客户端进程和服务器进程都处于应用层。客户端首先向服务器发送数据请求，服务器通过发送一个或多个数据流来响应客户端。应用层协议规定了客户端和服务器之间请求与响应的格式。除了实际数据传输外，数据交换过程可能还需要用户身份验证以及要传输的数据文件的标识。

客户端/服务器网络的一个示例是使用 ISP 的电子邮件服务发送、接收和存储电子邮件。家用计算机的电子邮件客户端向 ISP 的电子邮件服务器请求所有未读的邮件。随后服务器向客户端发送被请求的邮件以示响应。从客户端到服务器的数据传输称为上传，而从服务器到客户端的数据传输则称为下载。

如图 15-3 所示，文件从服务器下载到客户端。

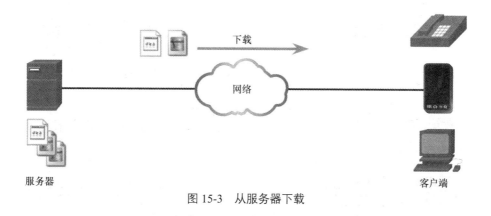

图 15-3　从服务器下载

15.2.2　对等网络

在对等（Peer-to-Peer，P2P）网络模型中，可以从对等设备访问数据，而无须使用专用服务器。

P2P 网络模型包含两个部分：P2P 网络和 P2P 应用程序。这两个部分具有相似的特征，但实际工作过程却大不相同。

在 P2P 网络中，两台或多台计算机通过网络互连，它们共享资源（如打印机和文件）时可以不借助专用服务器。每台接入的终端设备（称为"对等体"）既可以作为服务器，也可以作为客户端。一台计算机可以作为某个事务的服务器，同时充当另外一个事务的客户端。于是，计算机的角色根据请求的不同在客户端和服务器之间切换。

除共享文件外，这样的网络还允许用户启用网络游戏，或者共享网络连接。

在对等交换中，两台设备在通信过程中处于平等地位。对等体 1 拥有与对等体 2 共享的文件，并且可以访问直连到对等体 2 的共享打印机来打印文件。对等体 2 正在与对等体 1 共享直连的打印机，同时访问对等体 1 上的共享文件，如图 15-4 所示。

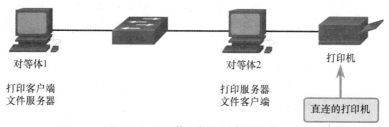

图 15-4　PC 作为打印服务器运行

15.2.3 对等应用程序

对等（P2P）应用程序允许设备在同一通信中同时充当客户端和服务器，如图 15-5 所示。在该模型中，每台客户端都是服务器，而每台服务器也同时是客户端。P2P 应用程序要求每台终端设备提供用户界面并运行后台服务。

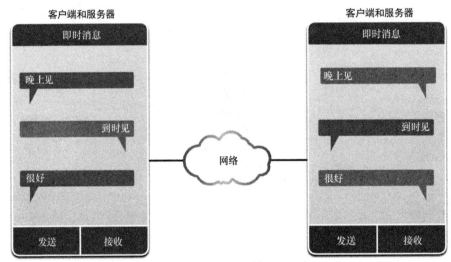

图 15-5　以短信发送作为对等应用程序的示例

某些 P2P 应用程序中采用混合系统，即共享的资源是分散的，但指向资源位置的索引存储在集中目录中。在混合系统中，每台对等设备通过访问索引服务器获取存储在另一台对等设备中的资源位置。

15.2.4 常见的对等应用程序

在使用 P2P 应用程序时，网络中运行该应用程序的每台计算机都可以充当在网络中运行该应用程序的其他计算机的客户端或服务器。常见的 P2P 网络包括：

- BitTorrent；
- Direct Connect；
- eDonkey；
- Freenet。

某些 P2P 应用程序基于 Gnutella 协议，允许每个用户与他人共享整个文件。如图 15-6 所示，通过与 Gnutella 协议兼容的客户端软件，用户可以在网络上连接 Gnutella 服务，然后定位并访问由其他 Gnutella 对等设备共享的资源。有许多可用的 Gnutella 客户端应用程序，包括 uTorrent、BitComet、DC++、Deluge 和 eMule。

许多 P2P 应用程序允许用户同时相互分享许多文件片段。客户端使用一个 torrent 文件查找拥有其所需片段的其他用户，以便可以稍后直接连接到他们。该文件还包含有关跟踪计算机（tracker computer）的信息，跟踪计算机用于跟踪哪些用户拥有某些文件的特定片段。客户端同时向多个用户请求文件片段，这被称为集群（swarm），且该技术称为 BitTorrent。BitTorrent 有其自己的客户端，也有许多其他的 BitTorrent 客户端，包括 uTorrent、Deluge 和 qBittorrent。

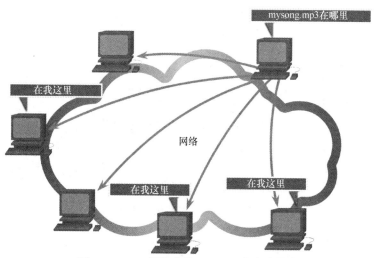

图 15-6   P2P 网络中的 Gnutella 客户端软件

注　意　　用户之间可以分享任何类型的文件。许多共享文件都是有版权的，这意味着只有创建者有使用和分发它们的权利。未得到版权持有者的许可而下载或分发有版权的文件是违法的。侵害版权会导致刑事指控或民事诉讼。

15.3 Web 和电子邮件协议

有一些特定于应用层的协议，这些协议是为常见用途而设计的，例如 Web 浏览和电子邮件。本节将详细介绍本章前面介绍的协议。

15.3.1 超文本传输协议和超文本标记语言

当在 Web 浏览器中输入一个 Web 地址或统一资源定位符（Uniform Resource Locator，URL）时，Web 浏览器将与 Web 服务建立连接。Web 服务在使用 HTTP 协议的服务器上运行。一提到 Web 地址，大多数人往往想到的是 URL 以及统一资源标识符（Uniform Resource Identifier，URI）。

为了更好地理解 Web 浏览器和 Web 客户端的交互原理，我们看一下浏览器是如何打开网页的。在本例中，使用的 URL 为 http://www.epubit.com/index.html。

步骤 1. 浏览器解释 URL 的 3 个部分，如图 15-7 所示。

- http（协议或方案）。
- www.epubit.com（服务器名称）。
- index.html（请求的特定文件名）。

图 15-7   步骤 1：浏览器解释 URL

步骤 2. 浏览器使用名称服务器进行检查，以将 www.epubit.com 转换为数字 IP 地址，并使用该 IP 地址连接到服务器，如图 15-8 所示。客户端通过向服务器发送 GET 请求来向服务器发起 HTTP 请求，并请求 index.html 文件。

图 15-8　步骤 2：请求网页

步骤 3： 为响应该请求，服务器将该网页的 HTML 代码发送到浏览器，如图 15-9 所示。

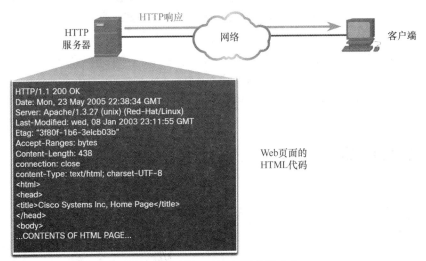

图 15-9　步骤 3：Web 服务器响应

步骤 4： 浏览器解密 HTML 代码并为浏览器窗口设置页面格式，如图 15-10 所示。

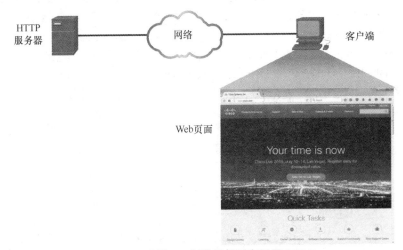

图 15-10　步骤 4：浏览器解释和显示 HTML

15.3.2　HTTP 和 HTTPS

HTTP 是一种请求/响应协议。当客户端（通常是 Web 浏览器）发送请求到 Web 服务器时，HTTP 将指定用于该通信的消息类型。常用的 3 种消息类型包括 GET、POST 和 PUT。

- **GET**：用于客户端请求数据。客户端(Web 浏览器)向 Web 服务器发送 GET 消息以请求 HTML 页面（见图 15-11）。
- **POST**：用于上传数据文件（比如表单数据）到 Web 服务器。
- **PUT**：用于向 Web 服务器上传资源或内容（例如图像）。

尽管 HTTP 灵活性相当高，但它不是一个安全的协议。由于请求消息以明文形式向服务器发送信息，因此非常容易被拦截和解读。服务器的响应（通常是 HTML 页面）也是未加密的。

为了在网络中进行安全通信，人们使用 HTTP 安全（HTTPS）协议。HTTPS 借助身份验证和加密来保护数据，使数据得以安全地在客户端与服务器之间传输。HTTPS 使用的客户端请求/服务器响应过程与 HTTP 相同，但在数据流通过网络传输之前会使用传输层安全（Transport Layer Security，TLS）或其前身安全套接字层（Secure Socket Layer，SSL）进行加密。

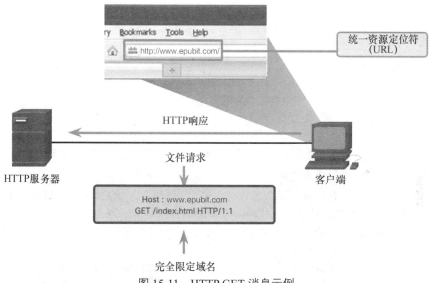

图 15-11　HTTP GET 消息示例

15.3.3　电子邮件协议

电子邮件托管是 ISP 提供的主要服务之一。如果要在计算机或其他终端设备上运行电子邮件，仍然需要多种应用程序和服务，如图 15-12 所示。电子邮件是通过网络发送、存储和检索电子消息的存储转发方法。电子邮件消息存储在邮件服务器的数据库中。

邮件客户端通过与邮件服务器通信来收发邮件。邮件服务器之间也会互相通信，以便将邮件从一个域发到另一个域中。也就是说，发送邮件时，邮件客户端并不会直接与另外一个邮件客户端通信，而是双方客户端均依靠邮件服务器来传输邮件。

电子邮件支持 3 种单独的协议以实现操作：简单邮件传输协议（SMTP）、邮局协议（POP）和互联网消息访问协议（IMAP）。发送邮件的应用层进程会使用 SMTP。客户端会使用 POP 或 IMAP 这两种应用层协议中的一种来检索邮件。

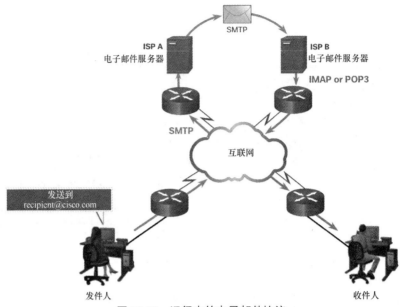

图 15-12　运行中的电子邮件协议

15.3.4　SMTP、POP 和 IMAP

本节将详细介绍电子邮件协议 SMTP、POP 和 IMAP。

SMTP

SMTP 邮件格式要求邮件具有报头和正文。虽然邮件正文没有长度限制，但邮件报头必须具有格式正确的收件人邮件地址和发件人地址。

当客户端发送邮件时，客户端 SMTP 进程会连接周知端口 25 上的服务器 SMTP 进程。连接建立后，客户端将尝试通过该连接发送邮件到服务器，如图 15-13 所示。服务器收到邮件后，如果收件人在本地，它会将邮件保存在本地账户中；反之则将邮件转发给另一台邮件服务器以进行交付。

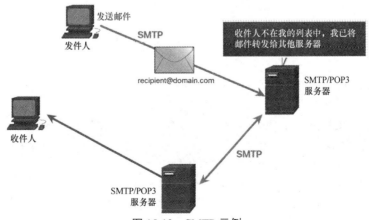

图 15-13　SMTP 示例

发出邮件时，目的邮件服务器可能并不在线，或者正忙。因此，SMTP 将邮件转到后台处理，稍后再发送。服务器会定期检查邮件队列，然后尝试再次发送。经过预定义的过期时间后，如果仍然无法发送邮件，则会将其作为无法投递的邮件退回给发件人。

POP

应用程序使用 POP 从邮件服务器中检索邮件。在使用 POP 时，邮件将从服务器下载到客户端，然后从服务器上删除。这是 POP 的默认操作。

服务器通过在 TCP 端口 110 上被动侦听客户端连接请求来启动 POP 服务。当客户端要使用该服务时，它会发送一个请求来建立与服务器的 TCP 连接，如图 15-14 所示。一旦建立连接，POP 服务器即会发送问候语。然后客户端和 POP 服务器会交换命令和响应，直到连接关闭或中止。

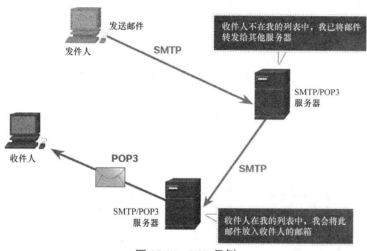

图 15-14　POP 示例

在使用 POP 时，由于电子邮件会下载到客户端并从服务器删除，因此电子邮件不会集中保存在某一特定的位置。因为 POP 不存储邮件，因此对于需要集中式备份解决方案的小型企业，不建议使用该 POP。

POP3 是最常用的版本。

IMAP

IMAP 是另外一种用于检索电子邮件消息的协议。与 POP 不同的是，当用户连接使用 IMAP 的服务器时，邮件的副本会下载到客户端应用程序，如图 15-15 所示。同时原始邮件会一直保留在服务器上，直到用户将它们手动删除。用户将在自己的邮件客户端软件中查看邮件副本。

用户可以在服务器上创建一个文件层次结构来组织和保存邮件。该文件结构会照搬到邮件客户端。当用户决定删除邮件时，服务器会同步该操作，从服务器上删除对应的邮件。

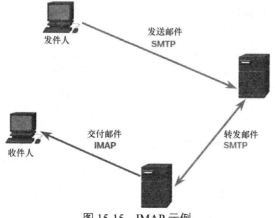

图 15-15　IMAP 示例

15.4 IP 编址服务

使用一些特定于应用层的协议可以更容易地获取网络设备的地址。这些服务是必不可少的，因为相对于 URL 来说，人们更难记住 IP 地址，而且手动配置中大型网络中的所有设备将非常耗时。本节将详细介绍用于 IP 编地服务的 DNS 和 DHCP。

15.4.1 域名服务

在数据网络中，设备标有数字 IP 地址，以便通过网络发送和接收数据。人们创建了可以将数字地址转换为简单易记名称的域名。

在网络上，更便于人们记忆的是 www.epubit.com 这样的完全限定域名（Fully Qualified Domain Name，FQDN），而不是该服务器的实际数字 IP 地址 39.96.127.170。如果异步社区决定更改 www.epubit.com 的数字地址，那么更改对用户是透明的，因为域名将保持不变。异步社区只需要将新地址与现有的域名链接起来即可保证连通性。

DNS 协议定义了一套自动化服务，该服务将资源名称与所需的数字网络地址进行匹配。DNS 协议涵盖了查询格式、响应格式及数据格式。DNS 使用一种名为消息的单一格式进行通信。该消息格式用于所有类型的客户端查询和服务器响应、错误消息，以及服务器间资源记录信息的传输。

以下是 DNS 进程中的步骤。

步骤 1. 用户在浏览器应用程序的地址栏中输入 FQDN，如图 15-16 所示。

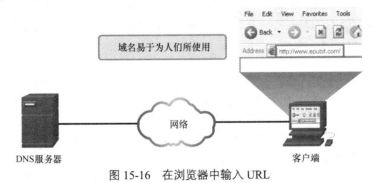

图 15-16 在浏览器中输入 URL

步骤 2. DNS 查询被发送到客户端计算机的指定 DNS 服务器，如图 15-17 所示。

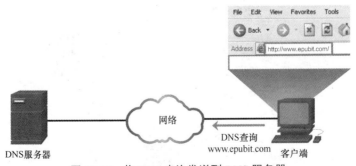

图 15-17 将 DNS 查询发送到 DNS 服务器

步骤 3. DNS 服务器将 FQDN 与其 IP 地址进行匹配，如图 15-18 所示。

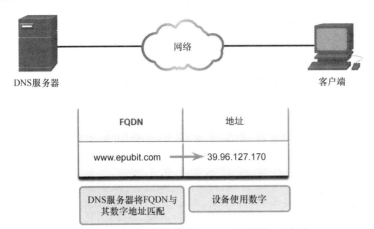

图 15-18 DNS 服务器将 FQDN 匹配到 IP 地址

步骤 4. DNS 查询响应连同 FQDN 的 IP 地址一起被发送回客户端，如图 15-19 所示。

图 15-19 DNS 服务器响应 DNS 查询

步骤 5. 客户端计算机使用 IP 地址向服务器发出请求，如图 15-20 所示。

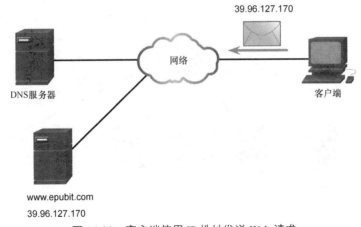

图 15-20 客户端使用 IP 地址发送 Web 请求

15.4.2 DNS 消息格式

DNS 服务器中存储了不同类型的资源记录，用来解析域名。这些记录中包含域名、地址以及记录的类型。这些记录有以下类型。

- **A**：终端设备 IPv4 地址。
- **NS**：权威域名服务器。
- **AAAA**：终端设备 IPv6 地址。
- **MX**：邮件交换记录。

在客户端进行查询时，服务器上的 DNS 进程首先会查看自己的记录以解析名称。如果服务器不能通过自身存储的记录解析域名，它将联系其他服务器对该域名进行解析。在检索到匹配信息并将其返回到原始请求服务器后，服务器临时存储该数字地址，以供再次请求同一域名时使用。

Windows PC 上的 DNS 客户端服务还可以将以前解析的域名存储在内存中。**ipconfig /displaydns** 命令显示所有缓存的 DNS 条目。

在表 15-2 中可以看到，DNS 在服务器间使用相同的消息格式，该消息格式包含问题、答案、权威和附加信息，这些格式可用于所有类型的客户端查询、服务器响应、错误消息和资源记录信息的传输。

表 15-2　　　　　　　　　　　　　　　　　　DNS 消息节

DNS 消息部分	描述
问题	向域名服务器提出的问题
回答	回答该问题的资源记录
权威（authority）	指向权威（authority）的资源记录
更多	包含其他信息的资源记录

15.4.3　DNS 分层

DNS 协议采用分层系统创建数据库以提供域名解析，如图 15-21 所示。DNS 使用域名来形成层次结构。

域名结构被划分为多个更小的可管理的区域。每台 DNS 服务器维护着特定的数据库文件，而且只负责管理整个 DNS 结构中那一小部分的域名到 IP 的映射。当 DNS 服务器收到的域名转换请求不属于其所负责的 DNS 区域时，该 DNS 服务器可将请求转发到与该请求对应的区域中的 DNS 服务器进行转换。DNS 具有可扩展性，这是因为主机名的解析分布在多台服务器上。

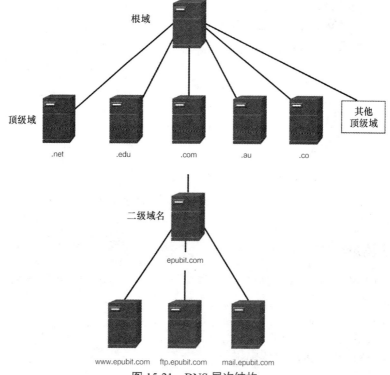

图 15-21　DNS 层次结构

不同的顶级域有不同的含义，分别代表着组织类型或国家/地区。请参见以下顶级域示例。

- ■ **.com**：商业或行业。
- ■ **.org**：非营利组织。
- ■ **.au**：澳大利亚。
- ■ **.co**：哥伦比亚。

15.4.4 nslookup 命令

我们通常在配置网络设备时提供一个或者多个 DNS 服务器地址，DNS 客户端可以使用该地址进行域名解析。ISP 往往会为 DNS 服务器提供地址。当用户应用程序请求通过域名连接远程设备时，DNS 客户端将查询域名服务器，以将域名解析为数字地址。

用户还可以使用计算机操作系统中名为 **nslookup** 的实用程序手动查询域名服务器，以解析给定的主机名。该实用程序也可以用于对域名解析故障进行排错，以及验证域名服务器的当前状态。

在执行 **nslookup** 命令后，即显示为主机配置的默认 DNS 服务器，如例 15-1 所示。可以在 **nslookup** 提示符下输入主机名或域名。**nslookup** 实用程序还有很多选项，可用于对 DNS 进程进行广泛的测试以及验证。

例 15-1　在 Windows 主机上使用 nslookup 命令

```
C:\Users> nslookup
Default Server: dns-sj.cisco.com
Address: 171.70.168.183
> www.cisco.com
Server:    dns-sj.cisco.com
Address:   171.70.168.183
Name:      origin-www.cisco.com
Addresses: 2001:420:1101:1::a
           173.37.145.84
Aliases:   www.cisco.com
> cisco.netacad.net
Server:    dns-sj.cisco.com
Address:   171.70.168.183
Name:      cisco.netacad.net
Address:   72.163.6.223
>
```

15.4.5 动态主机配置协议

IPv4 服务的动态主机配置协议（DHCP）会自动分配 IPv4 地址、子网掩码、网关以及其他 IPv4 网络参数。这称为动态编址。动态编址的替代选项是静态编址。在使用静态编址时，网络管理员在主机上手动输入 IP 地址信息。

当主机连入网络时，将联系 DHCP 服务器并请求地址。DHCP 服务器从已配置的地址范围（也称为地址池）中选择一个地址，并将其分配（租赁）给主机。

在较大型的网络中，或者在用户频繁变化的网络中，优先选用 DHCP 进行地址分配。新用户可能在到达时需要连接；其他用户可能有新计算机必须要连接。与为每个连接使用静态编址的做法相比，采用 DHCP 自动分配 IPv4 地址的方法更为高效。

DHCP 可以在一段可配置的时间内分配 IP 地址，这段时间称为租期。租期是一个重要的 DHCP 设置，当租期过期或 DHCP 服务器收到 DHCPRELEASE 消息时，地址将返回到 DHCP 池以便重复使用。因此，用户可以自由地从一个位置移动到另外一个位置，并通过 DHCP 随时重新连接网络。

如图 15-22 所示，很多类型的设备都可以成为 DHCP 服务器。在大多数大中型网络中，DHCP 服务器通常都是基于 PC 的本地专用服务器。在家庭网络中，DHCP 服务器通常位于将家庭网络连接到 ISP 的本地路由器上。

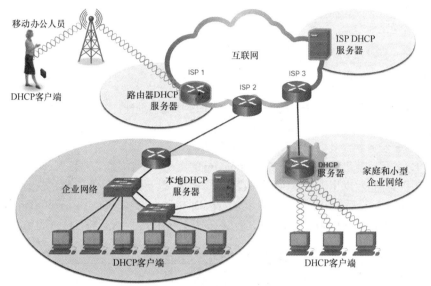

图 15-22 不同 DHCP 服务器和客户端的示例

很多网络都同时采用 DHCP 和静态编址。DHCP 用于通用用途的主机，例如用户终端设备。静态编址用于网络设备，例如网关路由器、交换机、服务器和打印机。

IPv6 的 DHCP（DHCPv6）为 IPv6 客户端提供类似服务。它与 IPv4 使用的 DCHP 有一个重要的不同，即 DHCPv6 不会提供默认网关地址。该地址只能从路由器的路由器通告（Router Advertisement）消息中动态获得。

15.4.6 DHCP 工作原理

如图 15-23 所示，配置了 DHCP 的 IPv4 设备在启动或连接到网络时，客户端将广播一条 DHCP 发现（DHCPDISCOVER）消息以确定网络上是否有可用的 DHCP 服务器。DHCP 服务器回复 DHCP offer（DHCPOFFER）消息，为客户端提供租赁服务。该 offer 消息中包含为客户端分配的 IPv4 地址和子网掩码、DNS 服务器的 IPv4 地址和默认网关的 IPv4 地址。租赁服务还包括租用的期限。

如果本地网络中有多台 DHCP 服务器，客户端可能会收到多条 DHCPOFFER 消息。此时，客户端必须在这些 offer 消息中进行选择，并且将包含服务器标识信息及客户端所接受的租赁服务的 DHCP 请求（DHCPREQUEST）消息发送出去。客户端还可选择向服务器请求分配以前分配过的地址。

如果客户端请求的 IPv4 地址或者服务器提供的 IPv4 地址仍然可用，服务器将返回 DHCP 确认（DHCPACK）消息，向客户端确认地址租赁。如果请求的地址不再有效，则所选服务器将回复一条 DHCP 否定确认（DHCPNAK）消息。一旦返回 DHCP NAK 消息，则应重新启动选择进程，并重新发送新的 DHCPDISCOVER 消息。客户端租赁到地址后，应在租期结束前发送另外一条 DHCPREQUEST 消息进行续期。

DHCP 服务器确保每个 IP 地址都是唯一的，也就是说，同一个 IP 地址不能同时分配到不同的网络设备上。因此，大多数 ISP 往往使用 DHCP 为其客户分配地址。

DHCPv6 有一组与 DHCPv4 类似的消息。DHCPv6 消息包括 SOLICIT、ADVERTISE、INFORMATION REQUEST 和 REPLY。

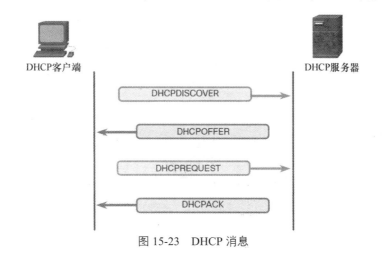

图 15-23　DHCP 消息

15.5　文件共享服务

将文件从一台计算机传输到另一台计算机是一个常见的过程。本节介绍支持文件共享的协议。

15.5.1　文件传输协议

前文讲到，在客户端/服务器模型中，如果两个设备都使用文件传输协议（FTP），客户端可以将数据上传到服务器，并从服务器下载数据。与 HTTP、电子邮件和编址协议一样，FTP 是常用的应用层协议。本节将更详细地讨论 FTP。

FTP 用于客户端和服务器之间的数据传输。FTP 客户端是一种在计算机上运行的应用程序，用于从 FTP 服务器中收发数据。

如图 15-24 所示，客户端使用 TCP 端口 21 与服务器建立第一个连接用于控制流量。控制流量由客户端命令和服务器应答组成。

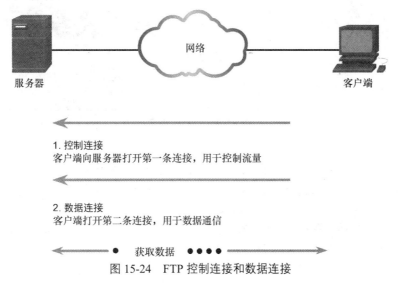

图 15-24　FTP 控制连接和数据连接

客户端使用 TCP 端口 20 与服务器建立第二个连接用于实际数据传输。每当有数据需要传输时都会建立该连接。

数据传输可以在任何一个方向进行。客户端可以从服务器下载（拉）数据，也可以向服务器上传（推）数据。

15.5.2　服务器消息块

服务器消息块（Server Message Block，SMB）是一种客户端/服务器文件共享协议，用于规范共享网络资源（如目录、文件、打印机以及串行端口）的结构。这是一种请求/响应协议。所有的 SMB 消息都有一个共同的格式。该格式采用固定大小的文件头，后跟可变大小的参数以及数据组件。

SMB 执行以下功能：

- 启动、验证以及终止会话；
- 控制文件和打印机的访问；
- 允许应用程序向任何设备收发消息。

微软的网络配置中主要采用 SMB 实现文件共享和打印服务。随着 Windows 2000 软件系列的推出，微软更改了基础结构以使用 SMB。而在微软以前的产品中，SMB 服务需要使用非 TCP/IP 协议来执行域名解析。Windows 2000 以及随后的所有产品都使用 DNS 域名，这使得 TCP/IP 协议能够直接支持 SMB 资源共享，如图 15-25 所示。

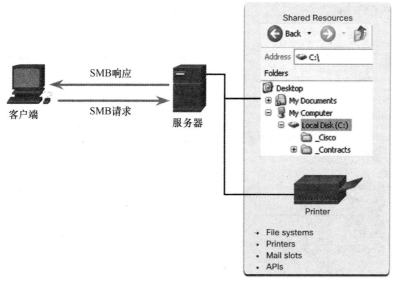

图 15-25　SMB 消息

图 15-26 所示为 Windows PC 之间的 SMB 文件交换过程。

与 FTP 协议支持的文件共享不同，SMB 协议中的客户端要与服务器建立长期连接。一旦建立连接，客户端用户就可以访问服务器上的资源，就如同资源位于客户端主机上一样。

在 Linux 和 UNIX 操作系统中，通过 SAMBA（SMB 的一个版本）可以实现与微软网络的资源共享。在 macOS 中，通过 SMB 协议也可以实现资源共享。

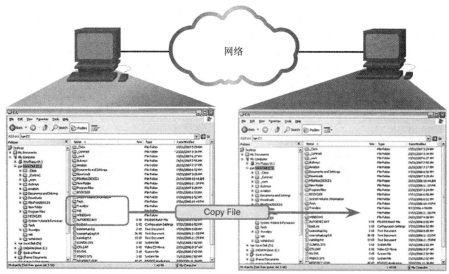

图 15-26　Windows PC 之间的 SMB 文件交换

15.6　总结

应用层、表示层和会话层

在 OSI 和 TCP/IP 模型中，应用层最接近终端用户。应用层协议用于在源主机和目的主机上运行的程序之间进行数据交换。表示层具有 3 个主要功能：将来自源设备的数据格式化或表示成兼容形式，以便目的设备接收；采用可被目的设备解压缩的方式对数据进行压缩；加密要传输的数据并在收到数据时解密数据。会话层创建并维护源应用程序和目的应用程序之间的对话。会话层用于处理信息交换，以发起对话并使其处于活动状态，并在对话中断或长时间处于空闲状态时重启会话。TCP/IP 应用层协议指定了许多常见的网络通信功能必需的格式和控制信息。在通信会话过程中，源设备和目的设备均使用应用层协议。源主机和目的主机上所实现的应用层协议必须兼容。

对等网络

在客户端/服务器模型中，请求信息的设备称为客户端，而响应请求的设备称为服务器。客户端首先向服务器发送数据请求，服务器通过发送一个或多个数据流来响应客户端。在 P2P 网络中，两台或多台计算机通过网络互连，它们共享资源时可以不借助专用服务器。每个对等体既可以作为服务器，也可以作为客户端。一台计算机可以作为某个事务的服务器，同时充当另外一个事务的客户端。P2P应用程序要求每台终端设备提供用户界面并运行后台服务。某些 P2P 应用程序中采用混合系统，即共享的资源是分散的，但指向资源位置的索引存储在集中目录中。许多 P2P 应用程序允许用户同时相互分享许多文件片段。客户端使用一个名为 torrent 文件的小文件查找拥有其所需片段的其他用户，以便可以直接连接到他们。该文件还包含有关跟踪计算机的信息，跟踪计算机用于跟踪哪些用户拥有某些文件的特定片段。

Web 和电子邮件协议

当在 Web 浏览器中输入一个 Web 地址或 URL 时，Web 浏览器将与 Web 服务建立连接。Web 服务在使用 HTTP 协议的服务器上运行。HTTP 是一种请求/响应协议。当客户端（通常是 Web 浏览器）发送请求到 Web 服务器时，HTTP 将指定用于该通信的消息类型。常用的 3 种消息类型包括 GET、POST 和 PUT。为了在网络中进行安全通信，HTTPS 使用的客户端请求/服务器响应过程与 HTTP 相同，但在数据流通过网络传输之前会使用 SSL 进行加密。电子邮件支持 3 种单独的协议以实现操作：SMTP、POP 和 IMAP。发送邮件的应用层进程会使用 SMTP。客户端会使用 POP 或 IMAP 这两种应用层协议中的一种来检索邮件。SMTP 邮件格式要求邮件具有报头和正文。虽然邮件正文没有长度限制，但邮件报头必须具有格式正确的收件人邮件地址和发件人地址。应用程序使用 POP 从邮件服务器中检索邮件。在使用 POP 时，邮件将从服务器下载到客户端，然后从服务器上删除。与 POP 不同的是，当用户连接使用 IMAP 的服务器时，邮件的副本会下载到客户端应用程序。原始邮件会一直保留在服务器上，直到用户将它们手动删除。

IP 编址服务

DNS 协议将资源名称与所需的数字网络地址进行匹配。NS 使用一种名为消息的单一格式进行通信。该消息格式用于所有类型的客户端查询和服务器响应、错误消息，以及服务器间资源记录信息的传输。DNS 使用域名来形成层次结构。每台 DNS 服务器维护着特定的数据库文件，而且只负责管理整个 DNS 结构中那一小部分的域名到 IP 的映射。用户还可以使用计算机操作系统中名为 **nslookup** 的实用程序手动查询域名服务器，以解析给定的主机名。IPv4 服务的动态主机配置协议（DHCP）会自动分配 IPv4 地址、子网掩码、网关以及其他 IPv4 网络参数。DHCPv6 为 IPv6 客户端提供类似的服务，但是它不会提供默认网关地址。配置了 DHCP 的 IPv4 设备在启动或连接到网络时，客户端将广播一条 DHCPDISCOVER 消息以确定网络上是否有可用的 DHCP 服务器。DHCP 服务器回复 DHCPOFFER 消息，为客户端提供租赁服务。DHCPv6 有一组与 DHCPv4 类似的消息。DHCPv6 消息包括 SOLICIT、ADVERTISE、INFORMATION REQUEST 和 REPLY。

文件共享服务

FTP 客户端是一种在计算机上运行的应用程序，用于从 FTP 服务器中收发数据。客户端使用 TCP 端口 21 与服务器建立第一个连接用于控制流量。客户端使用 TCP 端口 20 与服务器建立第二个连接用于实际数据传输。客户端可以从服务器下载（拉）数据，也可以向服务器上传（推）数据。SMB 消息的功能示例包括：启动、验证以及终止会话；控制文件和打印机的访问；允许应用程序向任何设备收发消息。与 FTP 协议支持的文件共享不同，SMB 协议中的客户端要与服务器建立长期连接。一旦建立连接，客户端用户就可以访问服务器上的资源，就如同资源位于客户端主机上一样。

复习题

完成这里列出的所有复习题，可以测试您对本章内容的理解。附录列出了答案。

1. 哪种协议可用于将邮件从电子邮件服务器传输到电子邮件客户端？

    A．SMTP   B．POP3

    C．SNMP   D．SMB

2. 对于中小型企业来说，在检索电子邮件时，哪种协议可允许轻松、集中地存储和备份电子邮件？

    A．IMAP   B．POP

    C．SMTP   D．HTTPS

3. 哪个应用层协议用于向微软应用程序提供文件共享和打印服务？

    A．HTTP   B．SMTP

　　　C．DHCP　　　　　　　　　　　　D．SMB

　4．一位作者正在把一个章节的文档从 PC 上传到图书出版商的文件服务器上。PC 在这种网络模型中扮演什么角色？

　　　A．客户端　　　　　　　　　　　B．主设备

　　　C．服务器　　　　　　　　　　　D．从设备

　　　E．瞬时设备

　5．下面关于 FTP 的说法哪个是正确的？

　　　A．客户端可以选择 FTP 是建立一个还是两个连接

　　　B．客户端可以从服务器下载数据或将数据上传到服务器

　　　C．FTP 是一种对等应用程序

　　　D．FTP 在数据传输期间不提供可靠性

　6．无线主机需要请求一个 IPv4 地址，它将使用什么协议来处理请求？

　　　A．FTP　　　　　　　　　　　　B．HTTP

　　　C．DHCP　　　　　　　　　　　D．ICMP

　　　E．SNMP

　7．TCP/IP 模型的哪一层最接近终端用户？

　　　A．应用层　　　　　　　　　　　B．互联网层

　　　C．网络接入层　　　　　　　　　D．传输层

　8．TCP/IP 模型的应用层使用哪 3 种协议或标准？（选择 3 项）

　　　A．TCP　　　　　　　　　　　　B．HTTP

　　　C．MPEG　　　　　　　　　　　D．GIF

　　　E．IP　　　　　　　　　　　　　F．UDP

　9．哪个协议使用加密？

　　　A．DHCP　　　　　　　　　　　B．DNS

　　　C．FTP　　　　　　　　　　　　D．HTTPS

　10．为什么在大型网络上首选使用 IPv4 的 DHCP？

　　　A．相较于小型网络，大型网络发送的域名到 IP 地址的解析请求更多

　　　B．DHCP 使用可靠的传输协议

　　　C．它阻止共享受版权保护的文件

　　　D．相较于静态地址分配，它可以更高效地管理 IPv4 地址

　　　E．相较于小型网络上的主机，大型网络上的主机需要的 IPv4 编址配置更多

　11．本地 DNS 服务器可以执行哪两个任务？（选择两项）

　　　A．向本地主机提供 IP 地址

　　　B．允许在两个网络设备之间进行数据传输

　　　C．将内部主机的域名映射到 IP 地址

　　　D．在服务器之间转发域名解析请求

　　　E．检索电子邮件

　12．哪个设备最有可能为家庭网络上的客户端提供动态 IPv4 编址？

　　　A．专用文件服务器　　　　　　　B．家庭路由器

　　　C．ISP DHCP 服务器　　　　　　D．DNS 服务器

　13．网址 http://www.epubit.com /index.html 的哪个部分表示顶级 DNS 域？

　　　A．.com　　　　　　　　　　　　B．www

　　　C．http　　　　　　　　　　　　D．index

14. 在 TCP/IP 模型中，应用层的两个特征是什么？（选择两项）

    A. 负责逻辑编址

    B. 负责物理编址

    C. 负责创建和维护源/目的应用程序之间的对话

    D. 最接近终端用户

    E. 负责确定窗口大小

15. HTTP 客户端使用什么消息类型从 Web 服务器请求数据？

    A. GET   B. POST

    C. PUT   D. ACK

第 16 章

网络安全基础

学习目标

通过完成本章的学习，您将能够回答下列问题：

- 为什么网络设备需要基本的安全措施；
- 如何识别安全漏洞；
- 如何确定通用的缓解技术；

- 如何配置具有设备强化功能的网络设备，以减轻安全威胁。

您可能已经建立了一个网络，或者正准备这样做。这里有一些事情值得思考。建立一个没有安全保护的网络就像打开了你家里的所有门窗，然后去度假。任何人都可以路过、进入、窃取或破坏物品，或者只是制造一片混乱。正如在新闻中一直指出的那样，任何网络都有可能被入侵！作为网络管理员，让威胁发起者难以访问您的网络是您工作的一部分。本章节将概述网络攻击的类型，以及如何降低威胁发起者的成功几率。如果您有一个网络，但它并没有做到尽可能的安全，那么您现在就需要阅读这章内容！

16.1　安全威胁和漏洞

本节将介绍各种类型的网络安全威胁和漏洞。

16.1.1　威胁类型

有线和无线计算机网络是人们日常活动中不可或缺的一部分。个人和组织都同样依赖其计算机和网络。不速之客的入侵可能导致代价高昂的网络中断和工作成果的丢失。针对网络的攻击有时具有相当的破坏性，而且可能造成重要信息或资产的损坏或失窃，导致时间上和金钱上的损失。

入侵者会通过软件漏洞、硬件攻击或通过猜测某人的用户名和密码来获取网络访问。通过修改或利用软件漏洞来获取访问权的入侵者通常被称为威胁发起者。

一旦威胁发起者取得网络的访问权，就可能给网络带来 4 种威胁。

- **信息盗窃**：这种类型的威胁涉及闯入计算机以获得机密信息。信息可以用于各种目的或出售。一个例子是窃取组织的专有信息，例如研发数据。
- **数据丢失和操纵**：这种威胁涉及闯入计算机以破坏或更改数据记录。数据丢失的一个例子是威胁发起者发送重新格式化计算机硬盘驱动器的病毒。数据操纵的一个例子是闯入记录系统以更改信息，例如更改物品的价格。
- **身份盗窃**：这种类型的威胁是信息盗窃的一种形式，它指的是为了接管某人的身份而窃取个人信息。威胁发起者可以使用此信息获取法律文件、申请信贷以及进行未经授权的在线购买行为。身份盗窃是一个日益严重的问题，每年带来数十亿美元的损失。

■ **服务中断**：这种威胁涉及阻止合法用户访问他们有权使用的服务。例子包括对服务器、网络设备或网络通信链路的拒绝服务（DoS）攻击。

16.1.2　漏洞分类

漏洞是指网络或设备的薄弱程度。路由器、交换机、台式机、服务器，甚至安全设备都存在一定程度的漏洞。一般而言，受到攻击的网络设备都是端点设备，例如服务器和台式机。

漏洞或弱点有 3 个主要的来源：技术、配置和安全策略。所有这 3 种漏洞的来源都会让网络或设备对各种攻击（包括恶意代码攻击和网络攻击）持开放态度。表 16-1～表 16-3 描述了每个类别中的漏洞的示例。

表 16-1 技术漏洞

漏洞	描述
TCP/IP 协议缺陷	超文本传输协议（HTTP）、文件传输协议（FTP）和互联网控制消息协议（ICMP）本质上是不安全的 简单网络管理协议（SNMP）和简单邮件传输协议（SMTP）与 TCP 设计时所基于的固有的不安全结构有关
操作系统缺陷	每个操作系统都有必须解决的安全问题 UNIX、Linux、macOS、Mac OS X、Windows Server 2012、Windows 7、Windows 8 都在计算机应急响应小组（CERT）档案中记录在案
网络设备缺陷	各种类型的网络设备，例如路由器、防火墙和交换机都具有必须识别并加以保护的安全缺陷。这些缺陷包括密码保护、缺乏身份验证、路由协议和防火墙漏洞

表 16-2 配置漏洞

漏洞	描述
不安全的用户账户	用户账户信息可能通过网络不安全地传输，从而将用户名和密码暴露给威胁发起者
系统账户的密码容易被猜到	用户密码创建不当会造成这种常见的问题
互联网服务配置错误	当在 Web 浏览器中打开 JavaScript 时，威胁发起者就可以访问不受信任的站点。其他潜在的缺陷包括终端服务、FTP 或 Web 服务器（例如 IIS 和 Apache HTTP 服务器）配置错误
产品的默认设置不安全	许多产品的默认设置可以创建或带来安全漏洞
网络设备配置错误	设备本身的错误配置会带来严重的安全问题。例如，错误配置的访问列表、路由协议或 SNMP 社区字符串可以造成或带来安全漏洞

表 16-3 策略漏洞

漏洞	描述
缺乏书面的安全策略	未以书面形式记录的安全策略无法得到始终如一地应用和执行
政治	政治斗争和争权夺利可能导致难以长期执行相同的安全策略
缺乏身份验证的持续性	如果密码选择不当、易于破解或甚至是默认密码，会导致对网络的未经授权的访问
没有实行逻辑访问控制	监控和审计力度不够，导致攻击和未授权的使用不断发生，从而浪费公司资源。这可能会给允许这些不安全的条件持续存在的 IT 技术人员、IT 管理人员甚至公司领导层带来法律诉讼甚至停职

续表

漏洞	描述
软件和硬件的安装与更改没有遵循策略	在未经授权的情况下更改网络拓扑或安装未经批准的应用程序会造成或带来安全漏洞
缺乏灾难恢复计划	如果没有灾难恢复计划，当自然灾害发生或企业在遭到威胁发起者攻击时，可能会出现恐慌和混乱

16.1.3　物理安全

网络中需要考虑的一个重要的漏洞区域是设备的物理安全性。如果网络资源可以被物理性破坏，攻击发起者便可借此拒绝合法用户对网络资源的使用。

物理威胁分为 4 类。

■ **硬件威胁**：包括对服务器、路由器、交换机、布线间和工作站的物理破坏。

■ **环境威胁**：包括极端温度（过热或过冷）或极端湿度（过湿或过干）。

■ **电气威胁**：包括电压过高、电压不足（限电）、电源不合格（噪声），以及断电。

■ **维护威胁**：包括关键电气组件处理不佳（静电放电）、缺少关键备用组件、布线混乱和标识不明。

必须创建和实施一个良好的物理安全规划来解决这些问题。图 16-1 所示为物理安全规划的一个示例。在该示例中，需要采取下述行动。

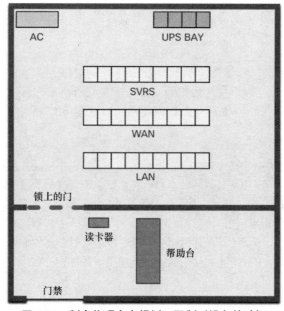

图 16-1　制定物理安全规划，限制对设备的破坏

■ 保护计算机室的安全。

■ 实施物理安全措施以限制对设备的损坏。

■ 给设备加锁，并防止未经授权的人员从正门、天花板、活动地板、窗户、管道和通风口进入。

■ 通过电子日志监视和控制壁橱入口。

■ 使用安全的摄像机。

16.2 网络攻击

可以使用多种不同的方法来发起不同类型的网络攻击。上一节介绍了网络威胁的类型以及使威胁成为可能的漏洞。本节将详细介绍威胁发起者如何获得网络的访问权限或如何限制授权用户的访问权限。本节讨论了许多不同类型的网络攻击，比如恶意软件、侦查攻击、访问攻击、拒绝服务攻击，并提供了相应的案例。

16.2.1 恶意软件的类型

恶意软件是"有恶意的软件"的简称，是专门为损坏、破坏、窃取数据，或对主机或网络进行非法行为而设计的代码或软件。恶意软件的类型包括病毒、蠕虫和特洛伊木马。

病毒

计算机病毒是一种通过将自身副本插入另一个程序并成为其一部分来传播的恶意软件。它在计算机之间传播，所到之处无一幸免。病毒的严重程度从造成轻微的恼人影响到损坏数据或软件，再到拒绝服务等，不一而足。几乎所有的病毒都是附加到一个可执行文件中，这意味着病毒可能在系统上存在，但在用户运行或打开恶意主机文件或程序前不会处于活跃状态也不会传播。当执行主机程序后，也就执行了病毒代码。通常情况下，主机程序在感染了病毒后仍继续运行。但是，一些病毒用其自身副本覆盖其他程序，这就彻底破坏了主机程序。当附加病毒的软件或文档通过网络、磁盘、文件共享或被感染的电子邮件附件从一台计算机传输到另一台计算机时，也传播了病毒。

蠕虫

计算机蠕虫与病毒相似，它们均可复制自身的功能副本，并造成相同类型的损坏。病毒需要通过感染的主机文件来传播，而蠕虫属于独立软件，无须借助主机程序或人工帮助即可传播。蠕虫不需要附加在程序中来感染主机并通过系统漏洞进入计算机。蠕虫无须帮助便可利用系统功能在网络中传输。

特洛伊木马

特洛伊木马是另一种类型的恶意软件。它是看起来合法的有害软件。用户通常被欺骗在其系统上加载和执行特洛伊木马。特洛伊木马激活后，可以在主机上进行任意类型的攻击，从激怒用户（过多的弹窗或更改桌面）到破坏主机（删除文件、窃取数据或激活和传播病毒等其他恶意软件）。众所周知，特洛伊木马为恶意用户访问系统创建了后门。

不同于病毒和蠕虫，特洛伊木马不通过感染其他文件进行复制。它们也不自我复制。特洛伊木马必须通过用户交互传播，如打开电子邮件附件或从网络上下载并运行文件。

16.2.2 侦察攻击

除了恶意代码攻击外，网络还可能遭受各种网络攻击。网络攻击可分为3大类别。

- **侦察攻击**：搜索和映射系统、服务或漏洞。
- **访问攻击**：对数据、系统访问或用户权限进行未经授权的操纵。
- **拒绝服务**：网络、系统或服务的禁用或损坏。

对于侦察攻击，外部威胁发起者可以使用网络工具（如 **nslookup** 和 **whois** 实用程序）轻松地确定分配给公司或实体的 IP 地址空间。在确定 IP 地址空间后，威胁发起者可以 **ping** 这些公有 IP 地址以确定哪些地址是活动的。为帮助实现这一步骤的自动化，威胁发起者可能会使用 **ping** 扫描工具（例如 **fping** 或 **gping**），系统地向指定范围或子网中的所有网络地址执行 **ping** 操作。这类似于浏览电话簿的某一部分，然后拨打其中列出的每个号码，看哪些号码有人接听。

- **网络查询**：威胁发起者查找与目标相关的初始信息。可以使用各种工具，包括 Google 搜索、组织的网站、whois 等。
- **ping 扫描**：威胁发起者发起 ping 扫描以确定哪些 IP 地址处于活动状态。
- **端口扫描**：威胁发起者对发现的活动 IP 地址执行端口扫描。

16.2.3 访问攻击

访问攻击利用身份验证服务、FTP 服务和 Web 服务的已知漏洞，获取对 Web 账户、机密数据库和其他敏感信息的访问。访问攻击使个人能够对他们无权查阅的信息进行未经授权的访问。访问攻击可分为 4 种类型：密码攻击、信任利用、端口重定向和中间人攻击。

密码攻击

威胁发起者可以使用多种不同的方法实施密码攻击：

- 暴力攻击；
- 特洛伊木马攻击；
- 数据包嗅探。

信任利用

在信任利用攻击中，威胁发起者使用未经授权的特权来访问系统，并可能危害目标。在图 16-2 中，系统 A 信任系统 B。系统 B 信任所有人。威胁发起者希望获得对系统 A 的访问权限。因此，威胁发起者首先破坏了系统 B，然后使用系统 B 攻击系统 A。

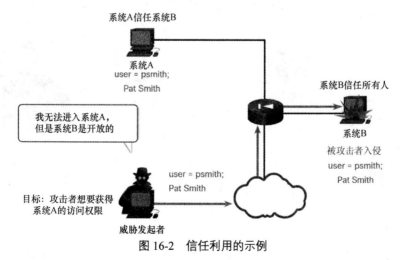

图 16-2　信任利用的示例

端口重定向

在端口重定向攻击中，威胁发起者使用攻陷后的系统作为攻击其他目标的基础。图 16-3 中的示例显示了威胁发起者使用 SSH（端口 22）连接到被攻陷的主机 A。主机 A 受主机 B 信任，因此，威胁发起者可以使用 Telnet（端口 23）对其进行访问。

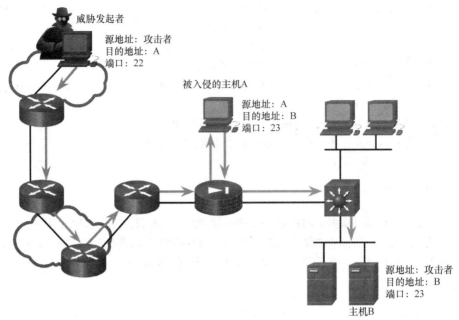

图 16-3 端口重定向示例

中间人攻击

在中间人攻击中，威胁发起者位于两个合法实体之间，以便读取或修改在两方之间传递的数据。图 16-4 所示为中间人攻击的示例，其中的数字与以下步骤有关。

步骤 1. 当受害者请求 Web 页面时，该请求将定向到威胁发起者的计算机。

步骤 2. 威胁发起者的计算机接收到请求并从合法网站检索真实页面。

步骤 3. 威胁发起者可以更改合法页面并更改数据。

步骤 4. 威胁发起者将请求的页面转发给受害者。

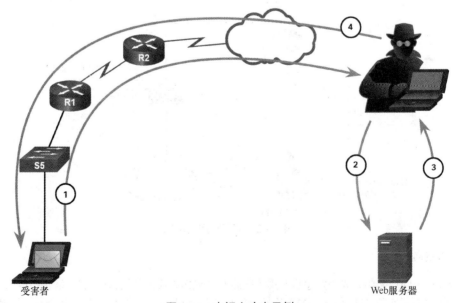

图 16-4 中间人攻击示例

16.2.4　拒绝服务攻击

拒绝服务（DoS）攻击是知名度最高的攻击，并且是最难防范的攻击。因为其实施简单、破坏力强大，所以安全管理员需要特别关注 DoS 攻击。

DoS 攻击的方式多种多样，不过其目的都是通过消耗系统资源使授权用户无法正常使用服务。为了防止 DoS 攻击，必须使操作系统和应用程序与最新的安全更新保持同步。

DoS 攻击

DoS 攻击属于重大风险，因为它们可以中断通信，并在时间和财力上造成重大损失。这些攻击执行起来相对简单，即使是不熟练的威胁发起者也可以执行。图 16-5 所示为 DoS 攻击的示例。

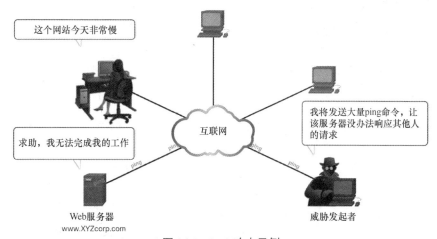

图 16-5　DoS 攻击示例

DDoS 攻击

分布式 DoS 攻击（Distributed Denial-of-Service，DDoS）与 DoS 攻击类似，但是它从多个协同的攻击源发起攻击。例如，在图 16-6 中，威胁发起者建立了一个受感染主机的网络，受感染的主机称为僵尸主机。受感染主机（僵尸）的网络称为僵尸网络。威胁发起者使用命令和控制（CnC）程序来指示僵尸网络进行 DDoS 攻击。

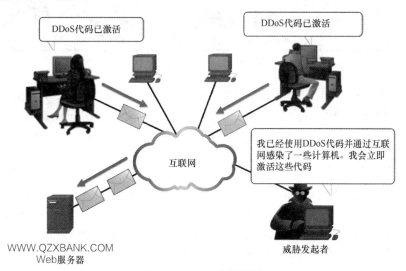

图 16-6　DDoS 攻击示例

16.3 缓解网络攻击

作为网络专业人员，要在网络攻击发生之前采取必要的预防措施。在了解了有关威胁发起者如何进入网络的信息后，接下来就需要了解如何防止这种未经授权的访问。本节详细介绍了可以采取的使网络更安全的几种操作。

16.3.1 纵深防御方法

要缓解网络攻击，必须首先保护设备，包括路由器、交换机、服务器和主机。大多数组织使用纵深防御法（也称为分层方法）来确保安全性。这需要网络设备和服务协同工作。

思考图 16-7 中的网络，该网络已经实施了多个安全设备和服务，以保护用户和资产免受 TCP/IP 威胁的侵害。

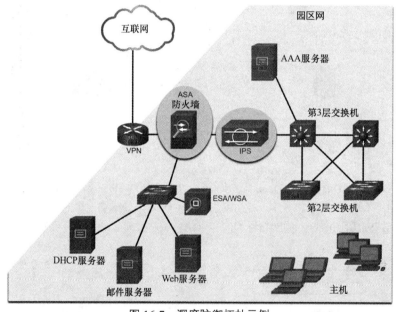

图 16-7 深度防御拓扑示例

通过所有网络设备（包括路由器和交换机）各自图标上显示的挂锁可知，这些网络设备也经过了强化。这表示这些设备已受到保护，以防止威胁发起者对其获取访问权和进行篡改。

16.3.2 保留备份

备份设备配置和数据是防止数据丢失的最有效方式之一。数据备份可将计算机上的信息副本存储到可移动的备份介质中，然后将该介质保存在安全的位置。基础设施设备应该在 FTP 或类似的文件服务器上备份配置文件和 IOS 镜像。如果计算机或路由器硬件发生故障，可以使用备份副本恢复数据或配置。

应根据安全策略中的规定定期执行备份。数据备份通常存储在异地，以便在主设备发生任何问题时能保护备份介质。Windows 主机提供了备份和还原实用程序。对用户来说，将数据备份到其他驱动器或基于云的存储提供商非常重要。

表 16-4 所示为一些重要的备份注意事项。

表 16-4　备份注意事项

注意事项	描述
频率	根据安全策略中的规定定期执行备份 完全备份可能非常耗时，因此需要每月或每周执行一次备份，并经常对更改的文件进行部分备份
存储容量	务必对备份进行验证，以确保数据的完整性并验证文件恢复程序
安全性	应按照安全策略的要求，每天、每周或每月轮流将备份转移到批准的异地存储位置
验证	应使用强密码保护备份，且在恢复数据时需要提供密码

16.3.3　升级、更新和补丁

及时了解最新的发展可以更加有效地防御网络攻击。随着新的恶意软件不断涌现，企业必须及时更新最新版本的防病毒软件。

缓解蠕虫攻击的最有效的方法是从操作系统厂商处下载安全更新，并为所有存在漏洞的系统打上补丁。管理大量系统时，需要创建一个标准的软件镜像（在客户端系统上授权使用的操作系统和经过认证的应用程序），并将其部署在新系统或升级系统上。但是，安全要求不断变化，而且已部署的系统也可能需要安装更新后的安全补丁。

管理关键安全补丁的一个解决方案是确保所有终端系统自动下载更新，如图 16-8 中的 Windows 10 所示。这样做可以确保安全补丁在无须用户干预的情况下自动下载并安装。

图 16-8　Windows 10 更新

16.3.4　认证、授权和审计

所有网络设备都应该进行安全配置，使其只允许经过授权的个人访问。认证、授权和审计（Authentication, Authorization, and Accounting，AAA）网络安全服务提供了在网络设备上设置访问控制的主要框架。

AAA 方法用于控制可以访问网络的用户（认证）、用户访问网络时可以执行的操作（授权），以及把他们在执行操作时所做的事记录下来（审计）。

AAA 的概念类似于信用卡的使用。信用卡会确定谁可以使用它、消费限额是多少，并记录用户的消费项目，如图 16-9 所示。

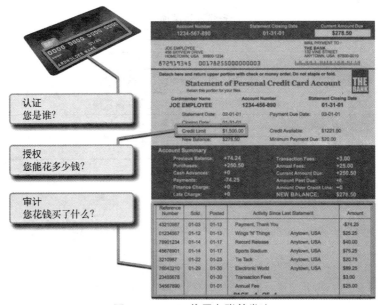

图 16-9　AAA 信用卡账单类比

16.3.5　防火墙

防火墙是保护用户远离外部威胁的最为有效的安全工具之一。防火墙可通过防止不必要的流量进入内部网络来保护计算机和网络。

防火墙驻留在两个或多个网络之间，控制其间的流量并阻止未授权的访问。例如，图 16-10 中上面的拓扑说明防火墙如何使来自内部网络主机的流量离开网络并返回到内部网络，底部拓扑说明外部网络（即互联网）发起的流量如何被拒绝访问内部网络。

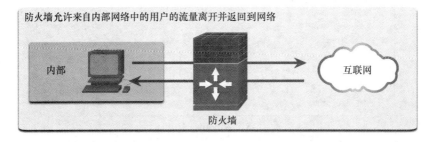

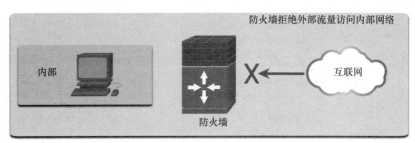

图 16-10　防火墙操作

防火墙可以允许外部用户在受控的前提下访问特定服务。例如，外部用户可访问的服务器通常位于称为 DMZ 的特殊网络中，如图 16-11 所示。DMZ 使网络管理员能够为连接到该网络的主机应用特定策略。

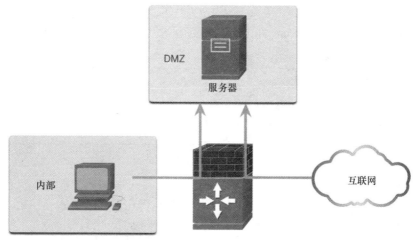

图 16-11　带有 DMZ 的防火墙拓扑

16.3.6　防火墙的类型

防火墙产品具有多种形式。这些产品使用不同的技术来区分应禁止和应允许的网络访问，具体包括以下内容。

- **数据包过滤**：根据 IP 或 MAC 地址阻止或允许访问。
- **应用程序过滤**：根据端口号阻止或允许访问特定类型的应用程序。
- **URL 过滤**：根据特定的 URL 或关键字阻止或允许访问网站。
- **有状态数据包检测（Stateful Packet Inspection，SPI）**：传入的数据包必须是对内部主机所发出请求的合法响应。除非得到特别允许，否则未经请求的数据包会被拦截。SPI 还可具有识别和过滤特定类型的攻击（例如 DoS）的能力。

16.3.7　终端安全

端点（或主机）是充当网络客户端的单个计算机系统或设备。常见的终端包括笔记本电脑、台式机、服务器、智能手机和平板电脑。保护端点设备是网络管理员最具挑战性的工作之一，因为它牵涉到人类本性。公司必须具有完善的策略文件，员工必须了解这些规则，而且必须接受相关的培训，以正确地使用网络。策略通常包括防病毒软件和主机入侵防御的使用。更全面的终端安全解决方案依赖于网络访问控制。

16.4　设备安全

网络上的设备需要特殊的安全性。您的计算机、智能手机或平板电脑上可能都设置了密码。但是，它是否足够坚固？您是否正在使用其他工具来增强设备的安全性？本节讨论如何通过适当的安全措施保护网络设备，包括终端设备和中间设备。

16.4.1 思科 AutoSecure

当在设备上安装新的操作系统时，安全设置保留为默认值。在大多数情况下，这种安全级别并不够。对于思科路由器，思科 AutoSecure 功能可用于协助保护系统，如例 16-1 所示。

例 16-1 配置思科 AutoSecure

```
Router# auto secure
                --- AutoSecure Configuration ---
*** AutoSecure configuration enhances the security of
the router but it will not make router absolutely secure
from all security attacks ***
```

此外，下面这些简单的安全指南适用于大多数操作系统。

- 立即更改默认用户名和密码。
- 限制对系统资源的访问，使得只有授权用户才可以使用这些资源。
- 尽可能关闭和卸载任何不必要的服务和应用程序。

通常，制造商提供的设备已经在仓库中存放了一段时间，并没有安装最新的补丁。必须在实施之前更新所有软件并安装所有安全补丁。

16.4.2 密码

为了保护网络设备，使用强密码非常重要。以下是需要遵循的标准指南。

- 使用的密码长度至少为 8 个字符，最好是 10 个或更多字符。密码越长越安全。
- 使用复杂的密码。如果条件允许，密码中混合使用大写和小写字母、数字、符号和空格。
- 密码中避免使用重复的常用字词、字母或数字序列、用户名、亲属或宠物的名字、个人信息（例如出生日期、身份证号码、祖先的名字）或其他易于识别的信息。
- 故意将密码中的单词拼错。例如，Smith = Smyth =5mYth 或 Security=5ecur1ty。
- 定期更改密码。这样一来，即使密码在不知不觉中被泄露，那么威胁发起者使用该密码的机会就会受到限制。
- 请勿将密码写出来并放在显眼的位置，比如放在桌面或显示屏上。

表 16-5 和表 16-6 所示为弱密码和强密码的示例。

表 16-5　　　　　　　　　　　弱密码

弱密码	密码薄弱的原因
secret	简单的词典密码
smith	母亲姓氏
toyota	汽车品牌
bob1967	用户的姓名和生日
Blueleaf23	简单的单词和数字

表 16-6　　　　　　　　　　　强密码

强密码	密码强大的原因
b67n42d39c	组合使用字母和数字
12^h u4@1p7	组合使用字母、数字、特殊符号，还包括空格

思科路由器会忽略密码中的前置空格，但第一个字符之后的空格不会忽略。因此，创建强密码的一种方法就是在由许多单词组成的短语中使用空格。这就是所谓的密码短语。密码短语通常比简单密码更易记忆，但是猜到它所用的时间更长，因此也就更难猜测。

16.4.3　其他的密码安全性

强密码只有在保持其机密性时才是有用的。在思科路由器和交换机上可以采取以下几个步骤来帮助确保密码的机密性：

- 加密所有的明文密码；
- 设置可接受的最小密码长度；
- 阻止暴力密码猜测攻击；
- 在指定时间后禁用非活动的特权 EXEC 模式访问。

在例 16-2 的配置示例中可以看到，**service password-encryption** 全局配置命令防止未经授权的个人在配置文件中查看明文形式的密码。该命令可加密所有的明文密码。请注意在示例中，密码 "cisco" 已加密为 "03095A0F034F"。

为了确保配置的所有密码至少为指定的最小长度，请在全局配置模式下使用 **security passwords min-length** *length* 命令。在例 16-2 中，任何新配置的密码都必须至少有 8 个字符。

威胁发起者可以使用密码破解软件对网络设备进行暴力攻击。这种攻击不断尝试猜测有效的密码，直到其中一个有效为止。使用 **login block-for** *number-of* **attempts** *attempt* **within** *second* 全局配置命令可阻止此类攻击。在例 16-2 中，**login block-for 120 attempts 3 within 60** 命令是，如果在 60 秒内有 3 次登录尝试失败，则在 120 秒的时间以内阻止 VTY 登录尝试。

网络管理员可能会走神，从而不小心让终端上的特权 EXEC 模式会话处于打开状态。这可能使内部威胁发起者更改或删除设备配置。

默认情况下，如果一个 EXEC 会话在 10 分钟后不活动，则思科路由器会将其注销。但是，可以使用 **exec-timeout** *minutes seconds* 线路控制台配置命令减少此设置。该命令可应用于在线控制台、辅助线路和 VTY 线路。在例 16-2 中，**exec-timeout 5 30** 命令告诉思科设备在用户闲置 5 分 30 秒后自动断开 VTY 线路上的非活动用户。

例 16-2　在思科路由器上配置其他的密码安全性

```
Router(config)# service password-encryption
Router(config)# security password min-length 8
Router(config)# login block-for 120 attempts 3 within 60
Router(config)# line vty 0 4
Router(config-line)# password cisco
Router(config-line)# exec-timeout 5 30
Router(config-line)# transport input ssh
Router(config-line)# end
Router#
Router# show running-config | section line vty
line vty 0 4
 password 7 03095A0F034F
 exec-timeout 5 30
 login
Router#
```

16.4.4 启用 SSH

Telnet 简化了远程设备的访问，但并不安全。Telnet 数据包中包含的数据以未加密的形式传输。因此，强烈建议在设备上启用安全 Shell（SSH）以进行安全远程访问。

可以通过下列 6 个步骤来配置思科设备以支持 SSH。

步骤 1. 配置唯一的主机名（而不是默认的主机名）。

步骤 2. 使用全局配置命令 **ip-domain name** *name* 配置网络的 IP 域名。

步骤 3. 使用全局配置命令 **crypto key generate rsa general-keys modulus** *bits* 生成一个密钥，用来加密 SSH 流量。模数 *bits* 用来确定密钥的大小并且可配置为 360～2048 位。值越大，密钥越安全。然而，较大的值也需要较长的时间来加密和解密信息。模数的最小建议长度为 1024 位。

步骤 4. 使用 **username** 全局配置命令验证或创建一个本地数据库条目。在该示例中，使用了参数 **secret**，因此密码将使用 MD5 加密。

步骤 5. 使用 **login local** 线路配置命令对本地数据库的 VTY 线路进行身份验证。

步骤 6. 启用 VTY 入向 SSH 会话。默认情况下，在 VTY 线路上不允许输入会话。可以使用 **transport input** {[**ssh** |**telnet**]}命令指定多个输入协议，包括 Telnet 和 SSH。

在例 16-3 中，路由器 R1 配置在 span.com 域中。该信息与 **crypto key generate rsa general-keys modulus** 命令中指定的位值一起使用，用于创建加密密钥。接下来，为名为 Bob 的用户创建一个本地数据库条目。最后，将 VTY 线路配置为根据本地数据库进行身份验证，并且只接受入向 SSH 会话。

例 16-3　在思科路由器上配置 SSH 访问

```
Router# configure terminal
Router(config)# hostname R1
R1(config)# ip domain name span.com
R1(config)# crypto key generate rsa general-keys modulus 1024
The name for the keys will be: R1.span.com % The key modulus size is 1024 bits
% Generating 1024 bit RSA keys, keys will be non-exportable...[OK]
Dec 13 16:19:12.079: %SSH-5-ENABLED: SSH 1.99 has been enabled
R1(config)#
R1(config)# username Bob secret cisco
R1(config)# line vty 0 4
R1(config-line)# login local
R1(config-line)# transport input ssh
R1(config-line)# exit
R1(config)#
```

16.4.5 禁用未使用的服务

思科路由器和交换机在启动时会有一列活动的服务，这些活动在您的网络中可能需要也可能不需要。最佳做法是禁用任何未使用的服务以保留系统资源，如 CPU 周期和 RAM，并防止威胁发起者利用这些服务。默认打开的服务类型将根据 IOS 版本而有所不同。例如，IOS XE 通常只打开 HTTPS 和 DHCP 端口。可以使用 **show ip ports all** 命令来验证这一点，如例 16-4 所示。

例 16-4 在 IOS XE 上显示打开的端口

```
Router# show ip ports all
Proto Local Address      Foreign Address      State         PID/Program Name
TCB   Local Address      Foreign Address      (state)
tcp   :::443             :::*                 LISTEN        309/[IOS]HTTP CORE
tcp   *:443              *:*                  LISTEN        309/[IOS]HTTP CORE
udp   *:67               0.0.0.0:                           387/[IOS]DHCPD Receive
Router#
```

IOS XE 之前的 IOS 版本使用 **show control-plane host open-ports** 命令。在旧设备上看到可能会看到该命令。该命令的输出与例 16-4 类似。但是，请注意，这个较旧的路由器有不安全的 HTTP 服务器和 Telnet 正在运行。这两个服务都应该禁用。在例 16-5 中可以看到，使用 **no ip http server** 全局配置命令可以禁用 HTTP。通过在线路配置命令 **transport input ssh** 中指定仅 SSH 可禁用 Telnet。

例 16-5 在 IOS XE 之前的 IOS 版本上显示打开的端口

```
Router# show control-plane host open-ports
Active internet connections (servers and established)
Prot        Local Address        Foreign Address          Service      State
 tcp            *:23                  *:0                  Telnet       LISTEN
 tcp            *:80                  *:0                  HTTP CORE    LISTEN
 udp            *:67                  *:0                  DHCPD Receive LISTEN
Router# configure terminal
Router(config)# no ip http server
Router(config)# line vty 0 15
Router(config-line)# transport input ssh
```

16.5 总结

安全威胁和漏洞

针对网络的攻击有时具有相当的破坏性，而且可能造成重要信息或资产的损坏或失窃，导致时间上和金钱上的损失。通过修改或利用软件漏洞来获取访问权的入侵者通常被称为威胁发起者。一旦威胁发起者取得网络的访问权，就可能给网络带来 4 种威胁：信息盗窃、数据丢失和操纵、身份盗窃、服务中断。漏洞或弱点有 3 个主要的来源：技术、配置和安全策略。物理威胁的 4 种分类是硬件威胁、环境威胁、电气威胁、维护威胁。

网络攻击

恶意软件是"有恶意的软件"的简称，是专门为损坏、破坏、窃取数据，或对主机或网络进行非法行为而设计的代码或软件。恶意软件的类型包括病毒、蠕虫和特洛伊木马。网络攻击可分为 3 大类别：侦查攻击、访问攻击和拒绝服务。侦查攻击的 3 种类型是网络查询、ping 扫描和端口扫描。访问攻击的 4 种类型是密码攻击（暴力攻击、特洛伊木马攻击、数据包嗅探）、信任利用、端口重定向和中间人攻击。服务中断的两种分类是 DoS 和 DDoS。

缓解网络攻击

要缓解网络攻击，必须首先保护设备，包括路由器、交换机、服务器和主机。大多数组织使用纵深防御法来确保安全性。这需要网络设备和服务协同工作。可以实施多个安全设备和服务，以保护组织的用户和资产免受 TCP/IP 威胁的侵害，比如 VPN、ASA 防火墙、IPS、ESA/WSA 和 AAA 服务器。基础设施设备应该在 FTP 或类似的文件服务器上备份配置文件和 IOS 镜像。如果计算机或路由器硬件发生故障，可以使用备份副本恢复数据或配置。缓解蠕虫攻击的最有效的方法是从操作系统厂商处下载安全更新，并为所有存在漏洞的系统打上补丁。为了管理关键的安全补丁，要确保所有终端系统能自动下载更新。AAA 方法用于控制可以访问网络的用户（认证）、用户访问网络时可以执行的操作（授权），以及把他们在执行操作时所做的事记录下来（审计）。防火墙驻留在两个或多个网络之间，控制其间的流量并阻止未授权的访问。外部用户可访问的服务器通常位于称为 DMZ 的特殊网络中。防火墙使用不同的技术来区分应禁止和应允许的网络访问，其中包括数据包过滤、应用程序过滤、URL 过滤、SPI。保护终端的安全对网络安全来说很关键。公司必须具有完善的策略文件，该策略应该包括防病毒软件和主机入侵防御的使用。更全面的终端安全解决方案依赖于网络访问控制。

设备安全

当在设备上安装新的操作系统时，安全设置保留为默认值。这种安全级别并不够。对于思科路由器，思科 AutoSecure 功能可用于协助保护系统。对于大多数操作系统来说，应该立即更改默认用户名和密码，限制对系统资源的访问，使得只有授权用户才可以使用这些资源，并尽可能关闭和卸载任何不必要的服务和应用程序。为了保护网络设备，使用强密码非常重要。密码短语通常比简单密码更易记忆，但是猜到它所用的时间更长，因此也就更难猜测。对于路由器和交换机来说，需要加密所有的明文密码，设置可接受的最小密码长度，阻止暴力密码猜测攻击，以及在指定时间后禁用非活动的特权 EXEC 模式访问。配置适当的设备来支持 SSH，并禁用未使用的服务。

复习题

完成这里列出的所有复习题，可以测试您对本章内容的理解。附录列出了答案。

1. 哪个组件是用来防止计算机之间未经授权的通信？

    A. 安全中心   B. 端口扫描器

    C. 防恶意软件   D. 防病毒

    E. 防火墙

2. 如果在 10s 内有两次登录尝试失败，那么哪个命令会在 30s 内阻止 RouterA 上的登录尝试？

    A. RouterA(config)# **login block-for 10 attempts 2 within 30**

    B. RouterA(config)# **login block-for 30 attempts 2 within 10**

    C. RouterA(config)# **login block-for 2 attempts 30 within 10**

    D. RouterA(config)# **login block-for 30 attempts 10 within 2**

3. 网络安全审计功能的目的是什么？

    A. 要求用户证明自己是谁   B. 确定用户可以访问哪些资源

    C. 跟踪用户的行为   D. 提出"挑战和应答"问题

4. 哪种类型的攻击可能涉及 **nslookup** 和 **fping** 等工具的使用？

    A. 访问攻击   B. 侦察攻击

    C. 拒绝服务攻击   D. 蠕虫攻击

5. 对于远程管理路由器来说，SSH 相较于 Telnet 的好处是什么？

    A. 加密   B. TCP 使用

    C. 授权   D. 通过多条 VTY 线路连接

6. 保护用户免受外部威胁的最有效的一款安全工具是什么？
   A. 防火墙 B. 运行 AAA 服务的路由器
   C. 路径服务器 D. 密码加密

7. 哪种类型的网络威胁旨在阻止获得授权的用户访问资源？
   A. 拒绝服务攻击 B. 访问攻击
   C. 侦察攻击 D. 信任利用

8. AAA 框架提供哪 3 种服务？（选择 3 项）
   A. 审计 B. 自动化
   C. 授权 D. 认证
   E. 可用性 F. 自动配置

9. 哪种恶意代码攻击是独立的，并试图利用特定系统中的漏洞进行攻击？
   A. 病毒 B. 蠕虫
   C. 特洛伊木马 D. 维护

10. 在空调出现故障后，布线柜中的一些路由器和交换机也发生故障。这种情况描述了什么类型的威胁？
    A. 配置 B. 环境
    C. 电气 D. 维护

11. 漏洞指的是什么？
    A. 使目标易受攻击的弱点 B. 包含敏感信息的计算机
    C. 利用目标进行攻击的一种方法 D. 已知的目标或受害机器
    E. 黑客制造的潜在威胁

12. 要实现对路由器的 SSH 访问，必须执行以下哪 3 个配置步骤？（选择 3 项）
    A. 控制台线路上的密码 B. IP 域名
    C. 用户账户 D. 启用模式密码
    E. 唯一的主机名 F. 加密的密码

13. 网络侦察攻击的目标是什么？
    A. 发现和映射系统 B. 在未经授权的情况下操纵数据
    C. 禁用网络系统或服务 D. 拒绝合法用户访问资源

14. 出于安全原因，网络管理员需要确保本地计算机不能相互 ping。哪项设置可以完成该任务？
    A. 智能卡设置 B. 防火墙设置
    C. MAC 地址设置 D. 文件系统设置

15. 网络管理员通过 SSH 建立到交换机的连接。下面哪一项特征唯一地描述了 SSH 连接？
    A. 通过使用带有密码认证的虚拟终端对交换机进行带外访问
    B. 通过电话拨号连接远程访问交换机
    C. 通过使用直接 PC 和控制台电缆在现场访问交换机
    D. 远程访问在会话期间加密数据的交换机
    E. 通过使用终端仿真程序直接访问交换机

第 17 章

构建小型网络

学习目标

通过完成本章的学习，您将能够回答下列问题：

- 小型网络中使用了哪些设备；
- 在小型网络中使用什么协议和应用程序；
- 小型网络如何作为大型网络的基础；
- 如何使用 **ping** 和 **tracert** 命令的输出来验证连接并建立相对的网络性能；

- 如何使用主机和 IOS 命令获取网络中设备的信息；
- 常见的网络故障排除方法是什么；
- 如何解决网络中设备的问题。

您已经来到了本书的最后一章。您已经掌握了建立自己的网络所需的大部分基础知识。接下来您将做什么？当然是要构建一个网络。在构建网络后，您还要验证它是否正常工作，甚至还要解决一些常见的网络问题。让我们开始吧！

17.1　小型网络中的设备

小型网络中网络设备的数量和类型通常与大型网络中的设备不同，但是各种规模的网络必须能够提供许多相同的服务。

17.1.1　小型网络拓扑

大多数企业的规模都很小，因此，大多数的商业网络也很小就不足为奇了。

小型网络的设计通常很简单。与较大型的网络相比，小型网络中设备的数量和类型都要少很多。例如，请参考图 17-1 中所示的小型企业网络示例。

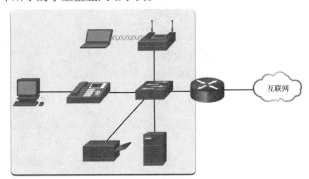

图 17-1　小型企业网络的拓扑

这个小型网络需要一台路由器、一台交换机和一个无线接入点来连接有线和无线用户、IP 电话、打印机和服务器。通常小型网络有一个由 DSL、电缆或以太网连接提供的 WAN 连接。

大型网络需要一个 IT 部门来维护设备运行、保护设备安全、排除网络设备的故障以及保护组织的数据。管理小型网络所要求的许多技能与管理大型网络所需技能相同。小型网络由当地的 IT 技术人员或签约的专业人员进行管理。

17.1.2　小型网络的设备选择

与大型网络一样，为了满足用户需求，小型网络也需要进行规划和设计。规划可以确保所有要求、成本因素和部署选项得到适当考虑。

设计的首要考虑因素之一是用于支持网络的中间设备的类型。下文描述了选择网络设备时必须考虑的因素。

成本

交换机或路由器的成本取决于其容量和功能，例如可用端口的数量和类型以及背板速率。影响成本的其他因素包括网络管理功能、嵌入式安全技术和可选的高级交换技术。还必须考虑连接网络上每个设备所需的电缆布线费用。影响成本考虑的另一个关键因素是要纳入网络的冗余量。

端口/接口的速率和类型

选择路由器或交换机上端口的数量和类型是一个关键的决定。较新的计算机具有内置的 1Gbit/s 的网卡。某些服务器甚至可能具有 10Gbit/s 的端口。尽管价格更高，但是选择能够适应更高速率的第 2 层设备可以让网络在不需要更换中央设备的情况之下得以发展。

可扩展性

网络设备有固定的和模块化的物理配置。固定配置的设备具有特定数量和类型的端口或接口，无法扩展。模块化的设备具有扩展插槽，可根据需求发展添加新模块。交换机提供了用于高速上行链路的附加端口。路由器可用于连接不同类型的网络。在为特定介质选择适当的模块和接口时必须多加注意。

操作系统功能和服务

网络设备必须具有可以满足组织要求的操作系统，例如：
- 第 3 层交换；
- 网络地址转换（NAT）；
- 动态主机配置协议（DHCP）；
- 安全性；
- 服务质量（QoS）；
- IP 语音（VoIP）。

17.1.3　小型网络的 IP 编址

在实施网络时，需要创建一个 IP 编址方案并使用它。网络中的所有主机和设备都必须有一个唯一的地址。

将纳入 IP 编址方案的设备包括下面这些：
- 终端用户设备，包括连接的数量和连接类型（即有线、无线、远程访问）；

■　服务器和外部设备（如打印机和安全摄像头）；

■　中间设备，包括交换机和接入点。

建议根据设备类型来规划、记录和维护 IP 编址方案。使用规划好的 IP 编址方案可以更容易地识别设备类型并排除故障，比如在使用协议分析器排除网络流量的问题时。

我们来考虑图 17-2 所示的中小型组织的拓扑结构。

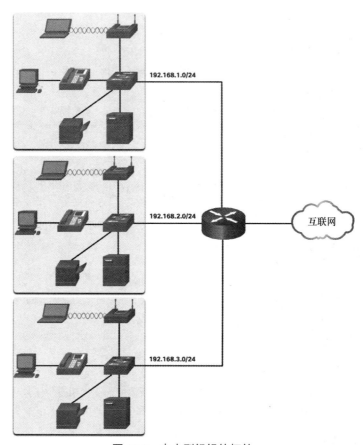

图 17-2　中小型组织的拓扑

该组织需要 3 个用户 LAN（即 192.168.1.0/24、192.168.2.0/24 和 192.168.3.0/24）。该组织已决定为每个 192.168.x.0/24 LAN 实施一个一致的 IP 编址方案，所使用的规划如表 17-1 所示。

表 17-1　　　　　　　　　　　　　一致的 IPv4 编址方案示例

设备类型	可分配的 IP 地址范围	汇总为
默认网关（路由器）	192.168.x.**1**～192.168.x.**2**	192.168.x.**0/30**
交换机（最多 2 个）	192.168.x.**5**～192.168.x.**6**	192.168.x.**4/30**
接入点（最多 6 个）	192.168.x.**9**～192.168.x.**14**	192.168.x.**8/29**
服务器（最多 6 台）	192.168.x.**17**～192.168.x.**22**	192.168.x.**16/29**
打印机（最多 6 台）	192.168.x.**25**～192.168.x.**30**	192.168.x.**24/29**
IP 电话（最多 6 台）	192.168.x.**33**～192.168.x.**38**	192.168.x.**32/29**
有线设备（最多 62 个）	192.168.x.**65**～192.168.x.**126**	192.168.x.**64/26**
无线设备（最多 62 个）	192.168.x.**193**～192.168.x.**254**	192.168.x.**192/26**

图 17-3 所示为使用预定义的 IP 编址方案分配 IP 地址的 192.168.2.0/24 网络设备的示例。

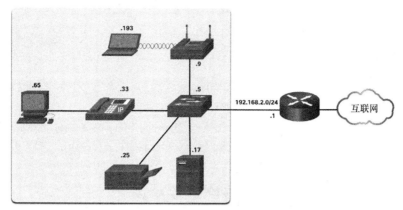

图 17-3　分配了地址的小型企业拓扑

例如，默认的网关 IP 地址是 192.168.2.1/24，交换机地址是 192.168.2.5/24，服务器地址是 192.168.2.17/24，依此类推。

注意，可分配的 IP 地址范围是故意在子网网络边界上分配的，以简化组类型（group type）的汇总。例如，假设另一个 IP 地址为 192.168.2.6 的交换机被添加到网络中。要识别网络策略中的所有交换机，管理员可以指定汇总的网络地址 192.168.x.4/30。

17.1.4　小型网络中的冗余

网络设计的另一个重要部分是可靠性。即使是小型企业，也常常严重依赖于其网络以进行企业运营。网络故障的代价是非常大的。

为了保持高度的可靠性，网络设计中需要冗余。冗余有助于避免单点故障。在网络中实现冗余的方法有许多。可以通过安装重复的设备实现冗余，但也可以通过为关键区域提供重复的网络链路来实现冗余，如图 17-4 所示。

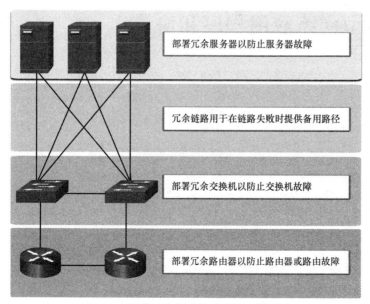

部署冗余服务器以防止服务器故障

冗余链路用于在链路失败时提供备用路径

部署冗余交换机以防止交换机故障

部署冗余路由器以防止路由器或路由故障

图 17-4　带有冗余设备和链路的小型网络

小型网络通常通过一个或多个默认网关提供去往外部网络的单个出口点。如果路由器发生故障，则整个网络都会失去与外部网络的连接。因此，建议小型企业通过另一个服务提供商购买备份服务。

17.1.5　流量管理

良好的网络设计的目标（即使在小型网络中）是提高员工的工作效率，并将网络宕机的时间降至最低。网络管理员应当考虑网络设计中的各种流量类型及其处理。

应当对小型网络中的路由器和交换机进行配置，以一种适当的方式（相对于其他数据流量来说）支持实时流量，比如语音和视频。事实上，一个好的网络设计将实施服务质量（QoS），从而在拥塞期间根据优先级对流量进行仔细的分类，如图 17-5 所示。

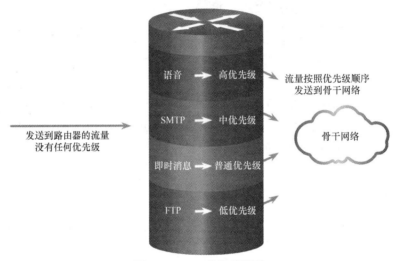

图 17-5　QoS 优先级队列

17.2　小型网络应用程序和协议

在考虑小型网络中的网络设备的同时，检查其必须支持的应用程序和服务也很重要。

17.2.1　常见的应用程序

上一节讨论了小型网络的组件以及一些设计考虑因素。在刚构建一个网络时，有必要考虑这些因素。在构建完成后，您的网络仍然需要某些类型的应用程序和协议才能工作。

网络只有在其上存在应用程序时才有用。有两种形式的软件程序或进程可以提供网络访问：网络应用程序和应用层服务。

网络应用程序

应用程序是指用于网络通信的软件程序。有些终端用户应用程序是网络感知程序，即这些程序实现了应用层协议，并可直接与协议栈的较低层通信。电子邮件客户端和 Web 浏览器就属于这种类型的应用程序。

应用层服务

其他程序可能需要通过应用层的服务（例如文件传输或网络假脱机打印）来使用网络资源。虽然这些服务对员工而言是透明的，但它们正是负责与网络交互和准备传输数据的程序。无论数据类型是文本、图形还是视频，只要类型不同，就需要与之对应的不同的网络服务，从而确保 OSI 模型的下层能够正确处理数据。

每个应用程序或网络服务使用的协议定义了要使用的标准和数据格式。如果没有协议，数据网络将不能使用通用的方式来格式化及引导数据。为了便于理解不同网络服务的功能，我们有必要先熟悉管理这些服务的底层协议。

在 Windows PC 上，可以使用任务管理器来查看当前运行的应用程序、进程和服务，如图 17-6 所示。

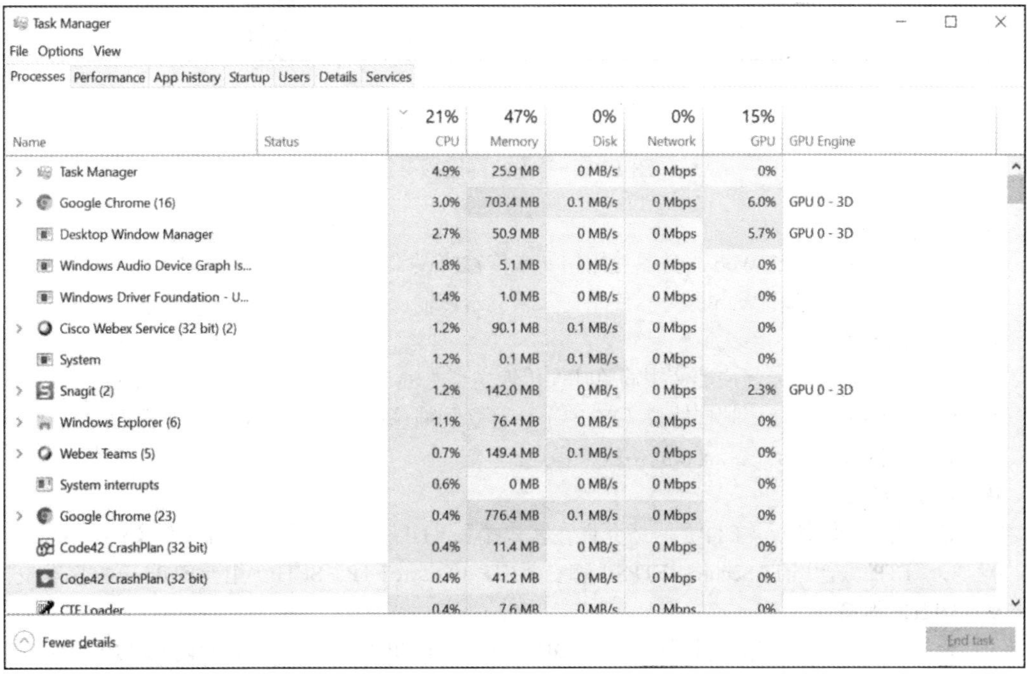

图 17-6　Windows 任务管理器

17.2.2　常见的协议

无论在小型网络还是大型网络中，技术人员的大部分工作都与网络协议有关。在小型网络中，网络协议对员工所使用的应用程序和服务提供支持。

网络管理员通常需要访问网络设备和服务器。两种最常见的远程访问解决方案是 Telnet 和 SSH。SSH 服务是 Telnet 的安全替代方案。连接后，管理员可以像在本地登录一样访问 SSH 服务器设备。

SSH 用于在 SSH 客户端和其他支持 SSH 的设备之间建立安全的远程访问连接。

- **网络设备**：网络设备（如路由器、交换机、接入点等）必须支持 SSH，才能为客户端提供远程访问 SSH 服务器的服务。
- **服务器**：服务器（例如 Web 服务器、电子邮件服务器等）必须支持 SSH 服务器对客户端的远程访问。

网络管理员还必须支持常见的网络服务器及其所需的相关网络协议，如图 17-7 所示。

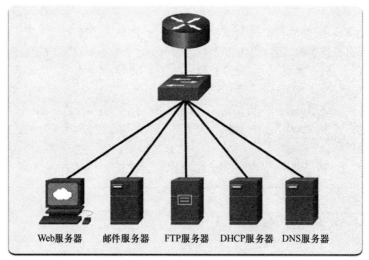

图 17-7 常见的网络服务器

- **Web 服务器**
  - ○ Web 客户端和 Web 服务器使用超文本传输协议（HTTP）交换 Web 流量。
  - ○ Web 客户端和 Web 服务器使用安全超文本传输协议（HTTPS）进行安全的 Web 通信。
- **邮件服务器**
  - ○ 邮件服务器和客户端使用简单邮件传输协议（SMTP）发送邮件。
  - ○ 邮件客户端使用邮局协议（POP3）和互联网消息访问协议（IMAP）检索邮件。
  - ○ 收件人以 user@xyz.xxx 的格式来指定。
- **FTP 服务器**
  - ○ 文件传输协议（FTP）服务允许在客户端和 FTP 服务器之间下载和上传文件。
  - ○ FTP 安全（FTP Secure，FTPS）和安全 FTP（Secure FTP，SFTP）用于 FTP 文件的安全交换。
- **DHCP 服务器**
  - ○ 客户端使用动态主机配置协议（DHCP）从 DHCP 服务器获取 IP 配置（即 IP 地址、子网掩码、默认网关等）。
- **DNS 服务器**
  - ○ 域名服务系统（DNS）将域名解析为 IP 地址（例如，www.epubit.com =39.96.127.170）。
  - ○ DNS 向请求主机提供网站的 IP 地址（即域名）。

注 意　服务器可以提供多个网络服务。例如，服务器可以是邮件服务器、FTP 服务器和 SSH 服务器。

这些网络协议将构成网络从业人员的基本工具集。每种网络协议都会定义：

- 通信会话任意一端的流程；
- 消息类型；
- 消息语法；
- 信息性字段的意义；
- 消息发送方式和预期响应；
- 与下一层的交互。

许多公司都已制定政策，要求尽可能使用这些协议的安全版本（例如 SSH、SFTP 和 HTTPS）。

17.2.3 语音和视频应用程序

如今，企业越来越多地使用 IP 电话和流媒体与客户以及业务合作伙伴沟通。许多组织正在让其员工远程工作。它们的许多用户仍然需要访问公司软件和文件，以及对语音和视频应用程序提供支持。

网络管理员必须确保在网络中安装合适的设备并且对网络设备进行配置以确保优先交付。

以下是小型网络管理员在支持实时应用程序时必须考虑的因素。

- 基础设施：
  - 网络基础设施必须支持实时应用程序；
  - 现有设备和电缆必须经过测试和验证；
  - 可能需要更新的网络产品。
- VoIP：
  - VoIP 设备将模拟电话信号转换成数字形式的 IP 数据包；
  - 通常，VoIP 比 IP 电话解决方案便宜，但是通信质量不满足相同的标准；
  - 使用 Skype 和 Cisco WebEx 的非企业版本可以解决基于 IP 的小型网络语音和视频传输。
- IP 电话：
  - IP 电话使用专用的服务器执行语音到 IP 的转换，以进行呼叫控制和信令发送；
  - 许多供应商提供了小型企业 IP 电话解决方案，例如思科 Business Edition 4000 系列产品。
- 实时应用程序：
  - 网络必须支持服务质量（QoS）机制，以最大程度地降低实时流应用程序的延迟；
  - 实时传输协议（RTP）和实时传输控制协议（RTCP）是支持该要求的两个协议。

17.3 扩展为大型网络

网络对业务提供支持，并且必须能够随着业务的增长而发展。

17.3.1 小型网络的增长

如果您的网络是为小型企业服务的，那么您可能希望该企业能够成长，并希望您的网络也会随之增长。这称为扩展网络，有一些最佳做法可以做到这一点。

不断扩展是许多小型企业必经的过程，而其网络也必须相应地扩展。理想情况是网络管理员有足够的时间根据公司发展做出关于网络发展的明智决策。

要扩展网络，需要考虑以下几个要素。

- **网络文档**：物理和逻辑拓扑。
- **设备清单**：使用网络或组成网络的设备列表。
- **预算**：逐项列出 IT 预算，包括财年设备采购预算。
- **流量分析**：应当记录协议、应用程序和服务以及它们各自的流量要求。

这些要素用于为有关小型网络扩展的决策提供信息。

17.3.2　协议分析

随着网络的增长，确定如何管理网络流量变得非常重要。了解网络上传输的流量类型以及当前的流量很重要。有几个网络管理工具可用于该目的。也可以使用 Wireshark 等简单的协议分析器。

例如，在多个关键主机上运行 Wireshark 可以揭示流经网络的网络流量的类型。图 17-8 所示为小型网络上 Windows 主机的 Wireshark 协议分层统计信息。该图显示该主机正在使用 IPv6 和 IPv4 协议。特定于 IPv4 的输出还显示主机已使用 DNS、SSL、HTTP、ICMP 和其他协议。

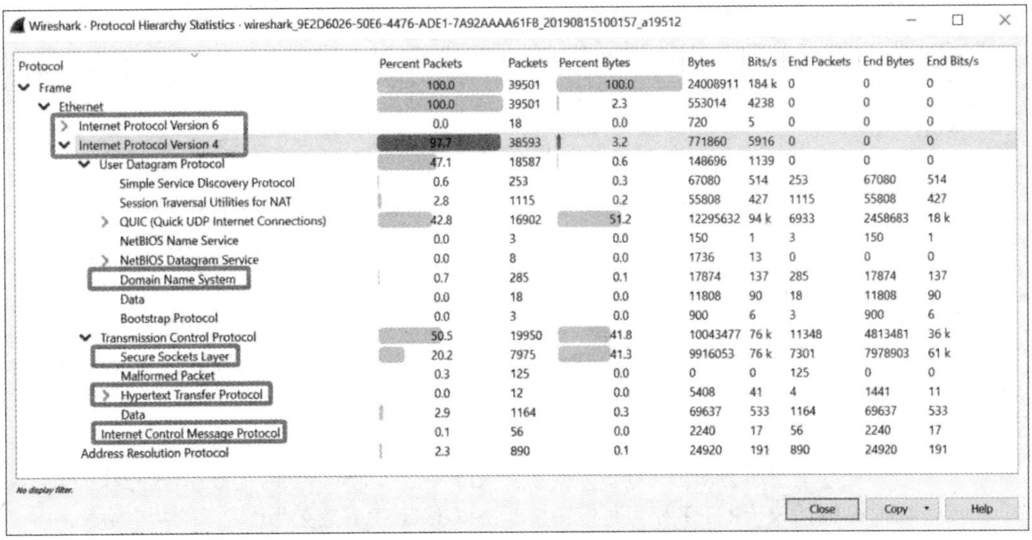

Protocol	Percent Packets	Packets	Percent Bytes	Bytes	Bits/s	End Packets	End Bytes	End Bits/s
Frame	100.0	39501	100.0	24008911	184 k	0	0	0
Ethernet	100.0	39501	2.3	553014	4238	0	0	0
Internet Protocol Version 6	0.0	18	0.0	720	5	0	0	0
Internet Protocol Version 4	97.7	38593	3.2	771860	5916	0	0	0
User Datagram Protocol	47.1	18587	0.6	148696	1139	0	0	0
Simple Service Discovery Protocol	0.6	253	0.3	67080	514	253	67080	514
Session Traversal Utilities for NAT	2.8	1115	0.2	55808	427	1115	55808	427
QUIC (Quick UDP Internet Connections)	42.8	16902	51.2	12295632	94 k	6933	2458683	18 k
NetBIOS Name Service	0.0	3	0.0	150	1	3	150	1
NetBIOS Datagram Service	0.0	8	0.0	1736	13	0	0	0
Domain Name System	0.7	285	0.1	17874	137	285	17874	137
Data	0.0	18	0.0	11808	90	18	11808	90
Bootstrap Protocol	0.0	3	0.0	900	6	3	900	6
Transmission Control Protocol	50.5	19950	41.8	10043477	76 k	11348	4813481	36 k
Secure Sockets Layer	20.2	7975	41.3	9916053	76 k	7301	7978903	61 k
Malformed Packet	0.3	125	0.0	0	0	125	0	0
Hypertext Transfer Protocol	0.0	12	0.0	5408	41	4	1441	11
Data	2.9	1164	0.3	69637	533	1164	69637	533
Internet Control Message Protocol	0.1	56	0.0	2240	17	56	2240	17
Address Resolution Protocol	2.3	890	0.1	24920	191	890	24920	191

图 17-8　显示数据包统计信息的 Wireshark 抓包

要确定流量模式，应做好以下几点：

- 通过抓取网络使用高峰期的流量可准确了解各种不同的流量类型；
- 针对不同的网段和设备抓取流量，因为某些流量仅在特定的网段内传输。

协议分析器收集的信息根据流量的源和目的以及发送的流量类型进行分析。这种分析有助于确定高效管理流量的方法。例如，可以通过移动服务器的位置来减少不必要的流量，或完全改变流量模式。

有时，简单地将服务器或服务移到另一个网段就能提高网络性能并满足不断增长的流量需求。有时则需要对网络进行重大的重新设计和干预才能优化网络的性能。

17.3.3　员工网络利用率

除了要了解流量的变化趋势，网络管理员必须知道网络的使用是如何变化的。许多操作系统都提供了内置工具来显示这类信息。例如，Windows 主机提供任务管理器、事件查看器和数据使用（Data Usage）等工具。这些工具可用于捕获以下信息的“快照”：

- 操作系统和操作系统的版本；
- CPU 利用率；
- 内存利用率；

- 驱动盘利用率；
- 非网络应用程序；
- 网络应用程序。

在一段时间内记录小型网络中的员工快照对于识别不断发展的协议需求和相关的流量非常有用。这种资源利用率的转变就可能要求网络管理员相应地调整网络资源的分配。

Windows 10 的数据使用工具对于确定哪些应用程序正在使用主机上的网络服务特别有用。数据使用工具可以通过 Settings > Network &Internet > Data usage > network interface 访问。

图 17-9 中的示例显示了使用本地 WiFi 网络连接在远程用户 Windows 10 主机上运行的应用程序。

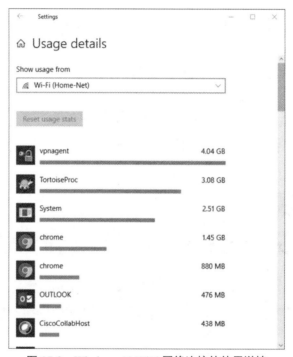

图 17-9　Windows 10 WiFi 网络连接的使用详情

17.4　验证连接

实施网络后，网络管理员必须能够测试网络连接以确保其正常运行。另外，对于网络管理员来说，对网络进行记录是一个好主意。

17.4.1　通过 ping 验证连接

无论是小型网络还是新网络，还是您正在扩展现有的网络，您总是希望能够验证您的组件彼此之间以及与互联网的连接是否正确。本节讨论了一些可用于确保网络连接的实用程序。

ping 命令是快速测试源和目的 IP 地址之间第 3 层连接的最有效方法。该命令还显示各种往返时间统计信息。

具体而言，**ping** 命令使用互联网控制消息协议（ICMP）的 Echo 请求（ICMP 类型 8）和 Echo 应答（ICMP 类型 0）消息。**ping** 命令可用于大多数操作系统，包括 Windows、Linux、macOS 和思科 IOS。

在 Windows 10 主机上，**ping** 命令发送 4 个连续的 ICMP Echo 请求消息，并期望从目的收到 4 个连续的 ICMP Echo 应答消息。

例如，假设使用 PC A 来 **ping** PC B。在图 17-10 中可以看到，PC A Windows 主机将 4 个连续的 ICMP Echo 请求消息发送到 PC B（即 10.1.1.10）。

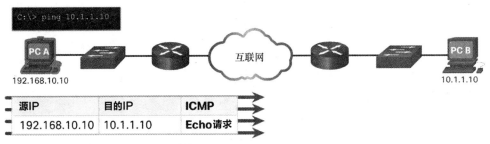

图 17-10　PC A ping PC B

目的主机接收并处理 ICMP Echo 请求消息。在图 17-11 中可以看到，PC B 通过向 PC A 发送 4 条 ICMP Echo 应答消息进行响应。

图 17-11　PC B 响应 PC A

如例 17-1 中的命令输出所示，PC A 已从 PC B 接收到 Echo 应答消息，从而验证了第 3 层网络连接。该输出验证了 PC A 和 PC B 之间的第 3 层连接。

例 17-1　PC A 上的 ping 输出

```
C:\Users\PC-A> ping 10.1.1.10
Pinging 10.1.1.10 with 32 bytes of data:
Reply from 10.1.1.10: bytes=32 time=47ms TTL=51
Reply from 10.1.1.10: bytes=32 time=60ms TTL=51
Reply from 10.1.1.10: bytes=32 time=53ms TTL=51
Reply from 10.1.1.10: bytes=32 time=50ms TTL=51
Ping statistics for 10.1.1.10:
    Packets: Sent = 4, Received = 4, Lost = 0 (0% loss),
Approximate round trip times in milli-seconds:
    Minimum = 47ms, Maximum = 60ms, Average = 52ms
C:\Users\PC-A>
```

ping 命令在思科 IOS 中的输出与在 Windows 主机上的输出不同。例如，IOS **ping** 发送 5 个 ICMP Echo 请求消息，如例 17-2 所示。

例 17-2　R1 上的 **ping** 输出

```
R1# ping 10.1.1.10
Type escape sequence to abort.
Sending 5, 100-byte ICMP Echos to 10.1.1.10, timeout is 2 seconds:
!!!!!
Success rate is 100 percent (5/5), round-trip min/avg/max = 1/1/2 ms
R1#
```

请注意输出字符"!!!!!"。IOS 的 **ping** 命令为收到的每一个 ICMP Echo 应答消息显示一个"!"输出字符。表 17-2 列出了 **ping** 命令中最常见的输出字符。

表 17-2　　　　　　　　　　　　　IOS 的 ping 输出字符

输出字符	描述
!	■ 感叹号表示已成功收到 Echo 应答消息 ■ 它可验证源和目的之间的第 3 层连接
.	■ 句点表示在等待 Echo 应答消息时时间超时 ■ 这表明在路径的某处发生了连接问题
U	■ 大写字母 U 表示路径上的路由器响应了 ICMP Type 3"目的不可达"错误消息 ■ 可能的原因包括路由器不知道去往目的网络的方向或无法在目的网络上找到主机

注　意　　其他可能的 **ping** 输出字符包括 Q、M、?和&。但是，这些含义超出了本章的范围。

17.4.2　扩展 ping

标准 **ping** 使用最接近目的网络的接口的 IP 地址作为 **ping** 的源地址。R1 上 **ping 10.1.1.10** 命令的源 IP 地址将是 G0/0/0 接口的地址（即 209.165.200.225），如图 17-12 所示。

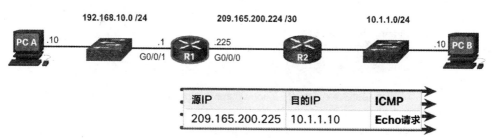

图 17-12　R1 使用出口接口作为源 IPv4 地址 ping PC B

思科 IOS 提供了 **ping** 命令的"扩展"模式。该模式允许用户通过调整与命令操作相关的参数来创建特殊类型的 ping。

在特权 EXEC 模式中输入 **ping**，无须目的 IP 地址即可进入扩展 **ping** 模式。然后，您将得到多个提示符来自定义扩展 **ping**。

注　意　　按下 Enter 键可接受所指定的默认值。

例如，假设您想要测试从 R1 LAN（即 192.168.10.0/24）到 10.1.1.0 LAN 的连接，可以从 PC A 进

行验证。但是，可以在 R1 上配置扩展 **ping**，以指定不同的源地址。

如图 17-13 所示，R1 上扩展 **ping** 命令的源 IP 地址可以配置为使用 G0/0/1 接口的 IP 地址（即 192.168.10.1）。

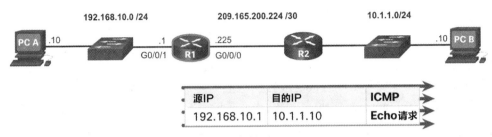

图 17-13 R1 使用扩展 ping 对 PC B 进行 ping 操作

例 17-3 所示为 R1 上扩展 **ping** 的配置，其源 IP 地址为 G0/0/1 接口的地址（即 192.168.10.1）。

例 17-3 R1 上的扩展 ping

```
R1# ping
Protocol [ip]:
Target IP address: 10.1.1.10
Repeat count [5]:
Datagram size [100]:
Timeout in seconds [2]:
Extended commands [n]: y
Ingress ping [n]:
Source address or interface: 192.168.10.1
DSCP Value [0]:
Type of service [0]:
Set DF bit in IP header? [no]:
Validate reply data? [no]:
Data pattern [0x0000ABCD]:
Loose, Strict, Record, Timestamp, Verbose[none]:
Sweep range of sizes [n]:
Type escape sequence to abort.
Sending 5, 100-byte ICMP Echos to 10.1.1.1, timeout is 2 seconds:
Packet sent with a source address of 192.168.10.1
!!!!!
Success rate is 100 percent (5/5), round-trip min/avg/max = 1/1/1 ms
R1#
```

注 意　**ping ipv6** 命令用于 IPv6 扩展 **ping**。

17.4.3 通过 traceroute 验证连接

ping 命令尽管可用于快速确定是否存在第 3 层连接问题，但是它不能确定问题位于路径的什么位置。

traceroute 可以帮助定位网络中第 3 层问题的区域。它可返回数据包在网络中传输时沿途经过的跳数列表。它可以用来识别路径中出现问题的点。

traceroute 命令的语法因操作系统而异，如图 17-14 所示。

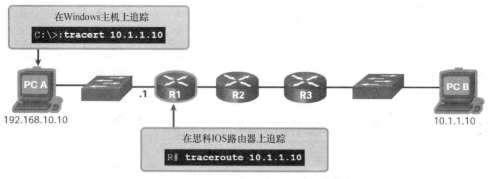

图 17-14 Windows 和思科 IOS 的追踪命令

例 17-4 所示为 Windows 10 主机上的 **tracert** 命令的输出示例。

例 17-4 PC A 上的 tracert 命令

```
C:\Users\PC-A> tracert 10.1.1.10
Tracing route to 10.1.10 over a maximum of 30 hops:
  1     2 ms      2 ms      2 ms 192.168.10.1
  2      *         *         *    Request timed out.
  3      *         *         *    Request timed out.
  4      *         *         *    Request timed out.
^C
C:\Users\PC-A>
```

注 意　在 Windows 中可按下 Ctrl+C 组合键中断 **tracert**。

在例 17-4 中，唯一成功的响应来自 R1 上的网关。对下一跳的追踪请求超时，由星号（*）表示，这意味着下一跳路由器没有响应。请求超时说明 LAN 之外的网络中有错误，或者这些路由器已经配置为不响应追踪中使用的 Echo 请求消息。在该示例中，R1 和 R2 之间似乎存在问题。

思科 IOS 的 **traceroute** 命令的输出与 Windows 的 **tracert** 命令输出不同。图 17-15 所示的拓扑提供了一个示例。

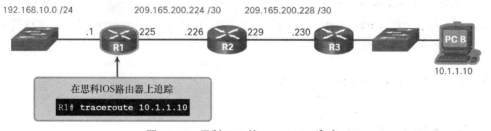

图 17-15 思科 IOS 的 **traceroute** 命令

例 17-5 所示为 R1 上 **traceroute** 命令的输出示例。在该示例中，输出表明 **traceroute** 命令可以成功到达 PC B。

例 17-5 R1 上的 traceroute 命令

```
R1# traceroute 10.1.1.10
Type escape sequence to abort.
Tracing the route to 10.1.1.10
VRF info: (vrf in name/id, vrf out name/id)
  1 209.165.200.226 1 msec 0 msec 1 msec
```

```
  2 209.165.200.230 1 msec 0 msec 1 msec
  3 10.1.1.10 1 msec 0 msec
R1#
```

超时表示存在潜在的问题。例如,如果 10.1.1.10 主机不可用,则该 **traceroute** 命令将显示如例 17-6 所示的输出。

例 17-6 R1 上 traceroute 命令的主机不可达输出

```
R1# traceroute 10.1.1.10
Type escape sequence to abort.
Tracing the route to 10.1.1.10
VRF info: (vrf in name/id, vrf out name/id)
  1 209.165.200.226 1 msec 0 msec 1 msec
  2 209.165.200.230 1 msec 0 msec 1 msec
  3 * * *
  4 * * *
  5 *
```

使用 Ctrl+Shift+6 组合键可中断思科 IOS 上的 **traceroute** 命令。

注 意　　**traceroute**(**tracert**)的 Windows 版本会发送 ICMP Echo 请求消息。思科 IOS 和 Linux 使用具有无效端口号的 UDP。最终目的将返回一个 ICMP 端口不可达的消息。

17.4.4 扩展 traceroute

就像扩展 **ping** 命令一样,同样也有一个扩展 **traceroute** 命令。它允许管理员调整与命令操作相关的参数。这在排除路由环路故障、确定下一跳路由器,或确定路由器或防火墙丢弃/拒绝数据包的位置时,很有帮助。

Windows 的 **tracert** 命令允许通过命令行中的选项输入多个参数。但是,它不像扩展的 **traceroute** IOS 命令那样提供引导。例 17-7 所示为 Windows **tracert** 命令的可用选项。

思科 IOS 的扩展 **traceroute** 选项允许用户通过调整与命令操作相关的参数来创建特殊类型的跟踪。在特权 EXEC 模式下输入 **traceroute**,无须目的 IP 地址即可进入扩展 **traceroute** 模式。IOS 将会显示一些与各个不同参数的设置相关的提示,引导用户使用命令选项。

注 意　　按下 Enter 键可接受所指定的默认值。

例 17-7 PC A 上的 tracert 命令的选项

```
C:\Users\PC-A> tracert /?
Usage: tracert [-d] [-h maximum_hops] [-j host-list] [-w timeout]
               [-R] [-S srcaddr] [-4] [-6] target_name
Options:
    -d                 Do not resolve addresses to hostnames.
    -h maximum_hops    Maximum number of hops to search for target.
    -j host-list       Loose source route along host-list (IPv4-only).
    -w timeout         Wait timeout milliseconds for each reply.
    -R                 Trace round-trip path (IPv6-only).
    -S srcaddr         Source address to use (IPv6-only).
```

```
     -4                      Force using IPv4.
     -6                      Force using IPv6.
C:\Users\PC-A>
```

例如，假设您要测试从 R1 LAN 到 PC B 的连接。虽然这可以在 PC A 上进行验证，但是也可以在
R1 上配置扩展的 **traceroute** 以指定不同的源地址，如图 17-16 所示。

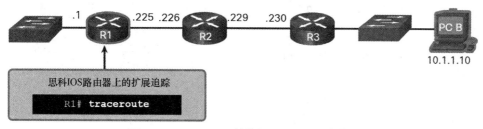

图 17-16　Cisco IOS 的扩展 **traceroute** 命令

在例 17-8 中可以看到，R1 上扩展 **traceroute** 命令的源 IP 地址可以配置为使用 R1 LAN 接口的 IP
地址（即 192.168.10.1）。

例 17-8　R1 上的扩展 traceroute 命令

```
R1# traceroute
Protocol [ip]:
Target IP address: 10.1.1.10
Ingress traceroute [n]:
Source address: 192.168.10.1
DSCP Value [0]:
Numeric display [n]:
Timeout in seconds [3]:
Probe count [3]:
Minimum Time to Live [1]:
Maximum Time to Live [30]:
Port Number [33434]:
Loose, Strict, Record, Timestamp, Verbose[none]:
Type escape sequence to abort.
Tracing the route to 192.168.10.10
VRF info: (vrf in name/id, vrf out name/id)
  1 209.165.200.226 1 msec 1 msec 1 msec
  2 209.165.200.230 0 msec 1 msec 0 msec
  3 *
    10.1.1.10 2 msec 2 msec
R1#
```

17.4.5　网络基线

监控网络和排除网络故障的最有效的一种方式就是建立网络基线。创建一个有效的网络性能基线
需要一段较长的时间才能完成。在不同时间以及各种负载下测量网络性能有助于更好地了解整体网络
性能。

网络命令的输出可为网络基线提供数据。启动基线的一种方法就是将 **ping**、**traceroute** 或其他相

关命令的执行结果复制并粘贴到文本文件中，然后为这些文本文件加上时间戳并保存到档案中以备后续检索并与其他类似的文件进行比较。

需考虑的事项包括错误消息以及主机之间的响应时间。如果响应时间显著增加，则表示可能有延迟问题需要解决。

例如，例 17-9 中的 **ping** 输出已被捕获并粘贴到文本文件中。

例 17-9 在 2019 年 8 月 19 日的 08:14:43 执行 ping 操作

```
C:\Users\PC-A> ping 10.1.1.10
Pinging 10.1.1.10 with 32 bytes of data:
Reply from 10.1.1.10: bytes=32 time<1ms TTL=64
Reply from 10.1.1.10: bytes=32 time<1ms TTL=64
Reply from 10.1.1.10: bytes=32 time<1ms TTL=64
Reply from 10.1.1.10: bytes=32 time<1ms TTL=64
Ping statistics for 10.1.1.10:
    Packets: Sent = 4, Received = 4, Lost = 0 (0% loss),
Approximate round trip times in milli-seconds:
    Minimum = 0ms, Maximum = 0ms, Average = 0ms
C:\Users\PC-A>
```

注意 **ping** 的往返时间小于 1ms。

一个月后，再次执行 **ping** 测试并捕获记录，如例 17-10 所示。

例 17-10 在 2019 年 9 月 19 日的 10:18:21 执行 ping 操作

```
C:\Users\PC-A> ping 10.1.1.10
Pinging 10.1.1.10 with 32 bytes of data:
Reply from 10.1.1.10: bytes=32 time=50ms TTL=64
Reply from 10.1.1.10: bytes=32 time=49ms TTL=64
Reply from 10.1.1.10: bytes=32 time=46ms TTL=64
Reply from 10.1.1.10: bytes=32 time=47ms TTL=64
Ping statistics for 10.1.1.10:
    Packets: Sent = 4, Received = 4, Lost = 0 (0% loss),
Approximate round trip times in milli-seconds:
    Minimum = 46ms, Maximum = 50ms, Average = 48ms
C:\Users\PC-A>
```

注意，这次 **ping** 的往返时间要长得多，这表明存在潜在的问题。

企业网络应该具有广泛的基线，且其覆盖内容要比本课中所述的更全面。可选用专业的软件工具来存储和维护基线信息。本章介绍几个基本技巧并讨论基线的用途。

通过在互联网上搜索 Baseline Process Best Practices，可以找到思科的基线流程最佳做法。

17.5 主机和 IOS 命令

除 **show** 命令外，主机和网络设备上还有许多其他命令可供使用。

17.5.1 Windows 主机的 IP 配置

如果您使用上一节中的任何工具来验证连接性，并发现网络的某些部分不能正常工作，那么现在

是使用一些命令来对设备进行故障排除的时候了。主机和 IOS 命令可以帮助您确定问题是否与设备的
IP 编址有关（这是一个常见的网络问题）。

　　检查主机设备上的 IP 地址是网络中用于验证端到端连接并排除故障的常见做法。在 Windows 10
中，可以从 Network and Sharing Center（见图 17-17）访问 IP 地址详细信息，以快速查看 4 个重要的
设置：地址、掩码、路由器和 DNS。

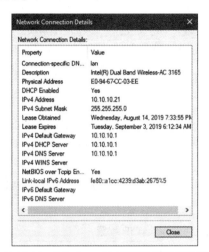

图 17-17　Windows 10 网络连接详细信息

　　但是，网络管理员通常通过会在 Windows 计算机的命令行执行 **ipconfig** 命令来查看 Windows 主机
上的 IP 编址信息，如例 17-11 所示。

例 17-11　在 Windows 主机上验证 IP 配置

```
C:\Users\PC-A> ipconfig
Windows IP Configuration
(Output omitted)
Wireless LAN adapter Wi-Fi:
    Connection-specific DNS Suffix . :
    Link-local IPv6 Address . . . . . : fe80::a4aa:2dd1:ae2d:a75e%16
    IPv4 Address. . . . . . . . . . . : 192.168.10.10
    Subnet Mask . . . . . . . . . . . : 255.255.255.0
    Default Gateway . . . . . . . . . : 192.168.10.1
(Output omitted)
```

使用 **ipconfig /all** 命令可查看 MAC 地址以及与设备第 3 层编址相关的许多细节，如例 17-12 所示。

例 17-12　在 Windows 主机上验证完整的编址信息

```
C:\Users\PC-A> ipconfig /all
Windows IP Configuration
    Host Name . . . . . . . . . . . . : PC-A-00H20
    Primary Dns Suffix . . . . . . . : cisco.com
    Node Type . . . . . . . . . . . . : Hybrid
    IP Routing Enabled. . . . . . . . : No
    WINS Proxy Enabled. . . . . . . . : No
    DNS Suffix Search List. . . . . . : cisco.com
(Output omitted)
Wireless LAN adapter Wi-Fi:
```

```
   Connection-specific DNS Suffix . :
   Description . . . . . . . . . . . : Intel(R) Dual Band Wireless-AC 8265
   Physical Address. . . . . . . . . : F8-94-C2-E4-C5-0A
   DHCP Enabled. . . . . . . . . . . : Yes
   Autoconfiguration Enabled . . . . : Yes
   Link-local IPv6 Address . . . . . : fe80::a4aa:2dd1:ae2d:a75e%16(Preferred)
   IPv4 Address. . . . . . . . . . . : 192.168.10.10(Preferred)
   Subnet Mask . . . . . . . . . . . : 255.255.255.0
   Lease Obtained. . . . . . . . . . : August 17, 2019 1:20:17 PM
   Lease Expires . . . . . . . . . . : August 18, 2019 1:20:18 PM
   Default Gateway . . . . . . . . . : 192.168.10.1
   DHCP Server . . . . . . . . . . . : 192.168.10.1
   DHCPv6 IAID . . . . . . . . . . . : 100177090
   DHCPv6 Client DUID. . . . . . . . : 00-01-00-01-21-F3-76-75-54-E1-AD-DE-DA-9A
   DNS Servers . . . . . . . . . . . : 192.168.10.1
   NetBIOS over Tcpip. . . . . . . . : Enabled
```

如果将主机配置为 DHCP 客户端，则可以使用 **ipconfig /release** 和 **ipconfig /renew** 命令续订 IP 地址配置，如例 17-13 所示。

例 17-13　在 Windows 主机上释放和续订 IP 配置

```
C:\Users\PC-A> ipconfig /release
(Output omitted)
Wireless LAN adapter Wi-Fi:
   Connection-specific DNS Suffix  . :
   Link-local IPv6 Address . . . . . : fe80::a4aa:2dd1:ae2d:a75e%16
   Default Gateway . . . . . . . . . :
(Output omitted)
C:\Users\PC-A> ipconfig /renew
(Output omitted)
Wireless LAN adapter Wi-Fi:
   Connection-specific DNS Suffix  . :
   Link-local IPv6 Address . . . . . : fe80::a4aa:2dd1:ae2d:a75e%16
   IPv4 Address. . . . . . . . . . . : 192.168.1.124
   Subnet Mask . . . . . . . . . . . : 255.255.255.0
   Default Gateway . . . . . . . . . : 192.168.1.1
(Output omitted)
C:\Users\PC-A>
```

在 Windows PC 上，DNS 客户端服务通过将之前解析的域名存储在内存中，来优化 DNS 域名解析性能。在 Windows 计算机系统中，输入 **ipconfig /displaydns** 命令可以显示所有缓存的 DNS 条目，如例 17-14 所示。

例 17-14　验证 Windows 主机上存储的 DNS 信息

```
C:\Users\PC-A> ipconfig /displaydns
Windows IP Configuration
(Output omitted)
   netacad.com
   ----------------------------------------
   Record Name . . . . . : netacad.com
   Record Type . . . . . : 1
```

```
        Time To Live . . . . : 602
        Data Length . . . . . : 4
        Section . . . . . . . : Answer
        A (Host) Record . . . : 54.165.95.219
 (Output omitted)
```

17.5.2　Linux 主机的 IP 配置

取决于 Linux 发行版本和桌面界面，在 Linux 计算机上使用 GUI（图形用户界面）来验证 IP 设置的方式会有所不同。图 17-18 所示为运行 Gnome 桌面的 Ubuntu 发行版上的 Connection Information 对话框。

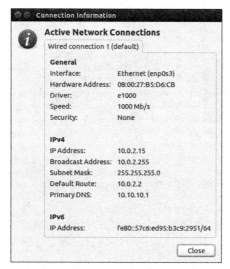

图 17-18　Linux Ubuntu 的连接信息

在命令行中，网络管理员使用 **ifconfig** 命令显示当前活动接口的状态及其 IP 配置，如例 17-15 所示。

例 17-15　在 Linux 主机上验证 IP 配置

```
[analyst@secOps ~]$ ifconfig
enp0s3    Link encap:Ethernet HWaddr 08:00:27:b5:d6:cb
          inet addr: 10.0.2.15 Bcast:10.0.2.255 Mask: 255.255.255.0
          inet6 addr: fe80::57c6:ed95:b3c9:2951/64 Scope:Link
          UP BROADCAST RUNNING MULTICAST MTU:1500 Metric:1
          RX packets:1332239 errors:0 dropped:0 overruns:0 frame:0
          TX packets:105910 errors:0 dropped:0 overruns:0 carrier:0
          collisions:0 txqueuelen:1000
          RX bytes:1855455014 (1.8 GB) TX bytes:13140139 (13.1 MB)
lo: flags=73 mtu 65536
          inet 127.0.0.1 netmask 255.0.0.0
          inet6 ::1 prefixlen 128 scopeid 0x10
          loop txqueuelen 1000 (Local Loopback)
          RX packets 0 bytes 0 (0.0 B)
          RX errors 0 dropped 0 overruns 0 frame 0
          TX packets 0 bytes 0 (0.0 B)
          TX errors 0 dropped 0 overruns 0 carrier 0 collisions 0
```

Linux 的 **ip address** 命令用于显示地址及其属性，也可以用于添加或删除 IP 地址。

注　意　显示的输出可能会因 Linux 发行版的不同而有所区别。

17.5.3　macOS 主机的 IP 配置

在 macOS 主机的 GUI 中，打开 Network Preferences > Advanced 以获取 IP 编址信息，如图 17-19 所示。

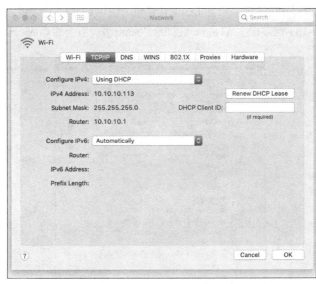

图 17-19　macOS 主机上的配置信息

也可以使用 **ifconfig** 命令验证接口 IP 配置，如例 17-16 所示。

例 17-16　在 macOS 主机上验证 IP 配置

```
MacBook-Air:~ Admin$ ifconfig en0
en0: flags=8863 mtu 1500
        ether c4:b3:01:a0:64:98
        inet6 fe80::c0f:1bf4:60b1:3adb%en0 prefixlen 64 secured scopeid 0x5
        inet 10.10.10.113 netmask 0xffffff00 broadcast 10.10.10.255
        nd6 options=201
        media: autoselect
        status: active
MacBook-Air:~ Admin$
```

用于验证主机 IP 设置的其他有用的 macOS 命令包括 **networksetup -listallnetworkservices** 和 **networksetup -getinfo** *<network service>*。**networksetup -listallnetworkservices** 命令的输出如例 17-17 所示。

例 17-17　在 macOS 主机上验证其他网络配置信息

```
MacBook-Air:~ Admin$ networksetup -listallnetworkservices
An asterisk (*) denotes that a network service is disabled.
iPhone USB
Wi-Fi
Bluetooth PAN
```

```
Thunderbolt Bridge
MacBook-Air:~ Admin$
MacBook-Air:~ Admin$ networksetup -getinfo Wi-Fi
DHCP Configuration
IP address: 10.10.10.113
Subnet mask: 255.255.255.0
Router: 10.10.10.1
Client ID:
IPv6: Automatic
IPv6 IP address: none
IPv6 Router: none
Wi-Fi ID: c4:b3:01:a0:64:98
MacBook-Air:~ Admin$
```

17.5.4 arp 命令

arp 命令可在 Windows、Linux 或 Mac 的命令提示符下执行。该命令会列出当前主机 ARP 缓存中的所有设备，以及每台设备的 IPv4 地址、物理地址和编址类型（静态/动态）。例如，请见图 17-20 中的拓扑。

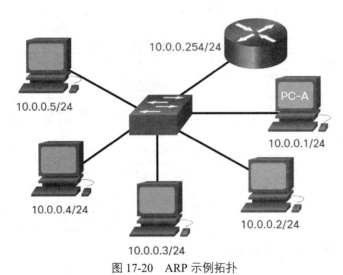

图 17-20　ARP 示例拓扑

例 17-18 所示为在 Windows PC-A 主机上执行 **arp -a** 命令的输出。

例 17-18　Windows 主机上的 ARP 表

```
C:\Users\PC-A> arp -a
Interface: 192.168.93.175 --- 0xc
  Internet Address      Physical Address      Type
  10.0.0.2              d0-67-e5-b6-56-4b      dynamic
  10.0.0.3              78-48-59-e3-b4-01      dynamic
  10.0.0.4              00-21-b6-00-16-97      dynamic
```

```
   10.0.0.254              00-15-99-cd-38-d9       dynamic
```

arp -a 命令显示了已知 IP 地址及 MAC 地址的绑定。注意，IP 地址 10.0.0.5 不包含在例 17-18 中。这是因为 ARP 缓存仅显示最近访问过的设备的信息。

为了确保填充 ARP 缓存已经填充，可以 ping 一台设备，使其在 ARP 表中有一个条目。例如，如果 PC-A ping 了 10.0.0.5，则 ARP 缓存将包含该 IP 地址的条目。

当网络管理员想要使用更新后的信息重新填充缓存时，可使用 **netsh interface ip delete arpcache** 命令来清空缓存。

注　意　　　　您可能需要主机的管理员访问权限才能使用 **netsh interface ip delete arpcache** 命令。

17.5.5　常用 show 命令回顾

与命令和实用程序用于验证主机配置的方式相同，命令也可用于验证中间设备的接口。思科 IOS 提供了用于验证路由器接口和交换机接口工作情况的命令。

思科 IOS CLI **show** 命令显示有关设备配置和运行的相关信息。网络技术人员广泛使用 **show** 命令来查看配置文件、检查设备接口和进程的状态，以及验证设备运行状态。几乎路由器的每一个进程或功能的状态都可使用 **show** 命令显示出来。

表 17-3 列出了常用的 **show** 命令以及使用它们的时机。

表 17-3　　　　　　　　　　　常用的 **show** 命令

命令	用法
show running-config	验证当前配置和设置
show interfaces	显示接口状态并查看是否有任何错误消息
show ip interface	显示接口的第 3 层信息
show arp	验证本地以太网 LAN 上已知主机的列表
show ip route	验证第 3 层路由信息
show protocols	验证哪些协议是可运行的
show version	验证设备的内存、接口和许可证

例 17-19～例 17-25 显示了这些 **show** 命令的输出。

注　意　　　一些命令的输出已被编辑，以便我们专注于相关的设置。

---

show running-config 命令验证当前配置和设置，如例 17-19 所示。

例 17-19　show running-config 命令

```
R1# show running-config
(Output omitted)
!
version 15.5
service timestamps debug datetime msec
service timestamps log datetime msec
service password-encryption
```

```
!
hostname R1
!
interface GigabitEthernet0/0/0
 description Link to R2
 ip address 209.165.200.225 255.255.255.252
 negotiation auto
!
interface GigabitEthernet0/0/1
 description Link to LAN
 ip address 192.168.10.1 255.255.255.0
 negotiation auto
!
router ospf 10
 network 192.168.10.0 0.0.0.255 area 0
 network 209.165.200.224 0.0.0.3 area 0
!
banner motd ^C Authorized access only! ^C
!
line con 0
 password 7 14141B180F0B
 login
line vty 0 4
 password 7 00071A150754
 login
 transport input telnet ssh
!
end
R1#
```

show interfaces 命令验证接口状态并显示任何错误消息，如例 17-20 所示。

例 17-20　show interfaces 命令

```
R1# show interfaces
GigabitEthernet0/0/0 is up, line protocol is up
  Hardware is ISR4321-2x1GE, address is a0e0.af0d.e140 (bia a0e0.af0d.e140)
  Description: Link to R2
  Internet address is 209.165.200.225/30
  MTU 1500 bytes, BW 100000 Kbit/sec, DLY 100 usec,
      reliability 255/255, txload 1/255, rxload 1/255
  Encapsulation ARPA, loopback not set
  Keepalive not supported
  Full Duplex, 100Mbps, link type is auto, media type is RJ45
  output flow-control is off, input flow-control is off
  ARP type: ARPA, ARP Timeout 04:00:00
  Last input 00:00:01, output 00:00:21, output hang never
  Last clearing of "show interface" counters never
  Input queue: 0/375/0/0 (size/max/drops/flushes); Total output drops: 0
  Queueing strategy: fifo
  Output queue: 0/40 (size/max)
  5 minute input rate 0 bits/sec, 0 packets/sec
  5 minute output rate 0 bits/sec, 0 packets/sec
```

```
     5127 packets input, 590285 bytes, 0 no buffer
     Received 29 broadcasts (0 IP multicasts)
     0 runts, 0 giants, 0 throttles
     0 input errors, 0 CRC, 0 frame, 0 overrun, 0 ignored
     0 watchdog, 5043 multicast, 0 pause input
     1150 packets output, 153999 bytes, 0 underruns
     0 output errors, 0 collisions, 2 interface resets
     0 unknown protocol drops
     0 babbles, 0 late collision, 0 deferred
     1 lost carrier, 0 no carrier, 0 pause output
     0 output buffer failures, 0 output buffers swapped out
GigabitEthernet0/0/1 is up, line protocol is up

(Output omitted)
```

show ip interface 命令验证接口的第 3 层信息，如例 17-21 所示。

例 17-21　show ip interface 命令

```
R1# show ip interface
GigabitEthernet0/0/0 is up, line protocol is up
  Internet address is 209.165.200.225/30
  Broadcast address is 255.255.255.255
  Address determined by setup command
  MTU is 1500 bytes
  Helper address is not set
  Directed broadcast forwarding is disabled
  Multicast reserved groups joined: 224.0.0.5 224.0.0.6
  Outgoing Common access list is not set
  Outgoing access list is not set
  Inbound Common access list is not set
  Inbound access list is not set
  Proxy ARP is enabled
  Local Proxy ARP is disabled
  Security level is default
  Split horizon is enabled
  ICMP redirects are always sent
  ICMP unreachables are always sent
  ICMP mask replies are never sent
  IP fast switching is enabled
  IP Flow switching is disabled
  IP CEF switching is enabled
  IP CEF switching turbo vector
  IP Null turbo vector
  Associated unicast routing topologies:
        Topology "base", operation state is UP
  IP multicast fast switching is enabled
  IP multicast distributed fast switching is disabled
  IP route-cache flags are Fast, CEF
  Router Discovery is disabled
  IP output packet accounting is disabled
```

```
 IP access violation accounting is disabled
 TCP/IP header compression is disabled
 RTP/IP header compression is disabled
 Probe proxy name replies are disabled
 Policy routing is disabled
 Network address translation is disabled
 BGP Policy Mapping is disabled
 Input features: MCI Check
 IPv4 WCCP Redirect outbound is disabled
 IPv4 WCCP Redirect inbound is disabled
 IPv4 WCCP Redirect exclude is disabled
GigabitEthernet0/0/1 is up, line protocol is up

(Output omitted)
```

show arp 命令验证本地以太网 LAN 上已知主机的列表，如例 17-22 所示。

例 17-22 show arp 命令

```
R1# show arp
Protocol Address          Age (min)  Hardware Addr   Type   Interface
Internet 192.168.10.1         -      a0e0.af0d.e141  ARPA   GigabitEthernet0/0/1
Internet 192.168.10.10        95     c07b.bcc4.a9c0  ARPA   GigabitEthernet0/0/1
Internet 209.165.200.225      -      a0e0.af0d.e140  ARPA   GigabitEthernet0/0/0
Internet 209.165.200.226      138    a03d.6fe1.9d90  ARPA   GigabitEthernet0/0/0
R1#
```

show ip route 命令验证第 3 层路由信息，如例 17-23 所示。

例 17-23 show ip route 命令

```
R1# show ip route
Codes: L - local, C - connected, S - static, R - RIP, M - mobile, B - BGP
       D - EIGRP, EX - EIGRP external, O - OSPF, IA - OSPF inter area
       N1 - OSPF NSSA external type 1, N2 - OSPF NSSA external type 2
       E1 - OSPF external type 1, E2 - OSPF external type 2
       i - IS-IS, su - IS-IS summary, L1 - IS-IS level-1, L2 - IS-IS level-2
       ia - IS-IS inter area, * - candidate default, U - per-user static route
       o - ODR, P - periodic downloaded static route, H - NHRP, l - LISP
       a - application route
       + - replicated route, % - next hop override, p - overrides from PfR
Gateway of last resort is 209.165.200.226 to network 0.0.0.0
O*E2  0.0.0.0/0 [110/1] via 209.165.200.226, 02:19:50, GigabitEthernet0/0/0
       10.0.0.0/24 is subnetted, 1 subnets
O        10.1.1.0 [110/3] via 209.165.200.226, 02:05:42, GigabitEthernet0/0/0
       192.168.10.0/24 is variably subnetted, 2 subnets, 2 masks
C        192.168.10.0/24 is directly connected, GigabitEthernet0/0/1
L        192.168.10.1/32 is directly connected, GigabitEthernet0/0/1
       209.165.200.0/24 is variably subnetted, 3 subnets, 2 masks
C        209.165.200.224/30 is directly connected, GigabitEthernet0/0/0
L        209.165.200.225/32 is directly connected, GigabitEthernet0/0/0
O        209.165.200.228/30
          [110/2] via 209.165.200.226, 02:07:19, GigabitEthernet0/0/0
R1#
```

show protocols 命令验证哪些协议是可运行的，如例 17-24 所示。

例 17-24 show protocols 命令

```
R1# show protocols
Global values:
  Internet Protocol routing is enabled
GigabitEthernet0/0/0 is up, line protocol is up
  Internet address is 209.165.200.225/30
GigabitEthernet0/0/1 is up, line protocol is up
  Internet address is 192.168.10.1/24
Serial0/1/0 is down, line protocol is down
Serial0/1/1 is down, line protocol is down
GigabitEthernet0 is administratively down, line protocol is down
R1#
```

show version 命令验证设备的内存、接口和许可证，如例 17-25 所示。

例 17-25 show version 命令

```
R1# show version
Cisco IOS XE Software, Version 03.16.08.S - Extended Support Release
Cisco IOS Software, ISR Software (X86_64_LINUX_IOSD-UNIVERSALK9-M), Version
  15.5(3)S8, RELEASE SOFTWARE (fc2)
Technical Support: http://www.cisco.com/techsupport
Copyright (c) 1986-2018 by Cisco Systems, Inc.
Compiled Wed 08-Aug-18 10:48 by mcpre

(Output omitted)

ROM: IOS-XE ROMMON
R1 uptime is 2 hours, 25 minutes
Uptime for this control processor is 2 hours, 27 minutes
System returned to ROM by reload
System image file is "bootflash:/isr4300-universalk9.03.16.08.S.155-3.S8-ext.SPA.
  bin"
Last reload reason: LocalSoft

(Output omitted)

Technology Package License Information:
-----------------------------------------------------------------
Technology      Technology-package          Technology-package
                Current       Type          Next reboot
-----------------------------------------------------------------
appxk9          appxk9        RightToUse    appxk9
uck9            None          None          None
securityk9      securityk9    Permanent     securityk9
ipbase          ipbasek9      Permanent     ipbasek9
cisco ISR4321/K9 (1RU) processor with 1647778K/6147K bytes of memory.
Processor board ID FLM2044W0LT
2 Gigabit Ethernet interfaces
2 Serial interfaces
32768K bytes of non-volatile configuration memory.
4194304K bytes of physical memory.
```

```
3207167K bytes of flash memory at bootflash:.
978928K bytes of USB flash at usb0:.
Configuration register is 0x2102
R1#
```

17.5.6 show cdp neighbors 命令

除了本章前面介绍的命令之外，还有几个很有用的 IOS 命令。思科发现协议（Cisco Discovery Protocol，CDP）是思科专有协议，在数据链路层运行。由于 CDP 在数据链路层运行，因此即使第 3 层连接还未建立，两台或多台思科网络设备（例如支持不同网络层协议的路由器）也可以互相获取信息。

思科设备在启动时会默认启动 CDP。CDP 会自动发现运行 CDP 的相邻的思科设备，无论这些设备运行哪种第 3 层协议或协议簇。CDP 还会与直连的 CDP 邻居交换硬件和软件设备信息。

CDP 提供与每台 CDP 邻居设备相关的以下信息。

- ■ **设备标识符**：交换机、路由器或其他设备的已配置主机名。
- ■ **地址列表**：支持的每种协议最多对应一个网络层地址。
- ■ **端口标识符**：本地和远程端口的名称，其形式为 ASCII 字符串，例如 FastEthernet0/0。
- ■ **功能列表**：例如，特定设备是第 2 层交换机还是第 3 层交换机。
- ■ **平台**：设备的硬件平台（例如思科 1841 系列路由器）。

请参考图 17-21 所示的拓扑和例 17-26 中 **show cdp neighbor** 命令的输出。

图 17-21 CDP 邻居示例拓扑

例 17-26 **show cdp neighbor** 命令

```
R3# show cdp neighbors
Capability Codes: R - Router, T - Trans Bridge, B - Source Route Bridge
                  S - Switch, H - Host, I - IGMP, r - Repeater, P - Phone,
                  D - Remote, C - CVTA, M - Two-port Mac Relay
Device ID        Local Intrfce     Holdtme    Capability  Platform   Port ID
S3               Gig 0/0/1         122                S I  WS-C2960+ Fas 0/5
Total cdp entries displayed : 1
R3#
```

例 17-26 中的输出所示为 R3 的 G0/0/1 接口连接到 S3 的 F0/5 接口，这是思科 2960+ 交换机。请注意，R3 尚未收集有关 S4 的信息。这是因为 CDP 只能发现直连的思科设备。S4 没有直连到 R3，所以没有在输出中列出。

show cdp neighbors detail 命令可以揭示相邻设备的 IP 地址。无论是否能 ping 通邻居，该命令都会揭示邻居的 IP 地址。当两台思科路由器无法通过共享的数据链路进行路由时，该命令非常有用。**show cdp neighbors detail** 命令有助于确定某个 CDP 邻居是否存在 IP 配置错误。

虽然 CDP 很有用，但它也会带来安全风险，因为它可以为威胁发起者提供有用的网络基础设施信息。例如，许多 IOS 版本默认情况下会向所有已启用的端口发送 CDP 通告。但是，最佳做法建议仅在连接到其他基础设施思科设备的接口上启用 CDP。应在面向用户的端口上禁用 CDP 通告。

由于某些 IOS 版本默认情况下会向外发送 CDP 通告，因此必须知道如何禁用 CDP。要全局禁用 CDP，可以使用全局配置命令 **no cdp run**。要在某一接口上禁用 CDP，请可用接口命令 **no cdp enable**。

17.5.7 show ip interface brief 命令

show ip interface brief 是最常用的命令之一。它提供的输出比 **show ip interface** 命令的输出更简略。它为路由器上的所有网络接口提供重要信息的汇总。

在例 17-27 中，**show ip interface brief** 命令的输出显示了路由器的所有接口、分配给每个接口的 IP 地址（如果有）和接口的运行状态。

例 17-27 路由器上的 show ip interface brief 命令

```
R1# show ip interface brief
Interface              IP-Address        OK? Method Status                Protocol
GigabitEthernet0/0/0   209.165.200.225   YES manual up                    up
GigabitEthernet0/0/1   192.168.10.1      YES manual up                    up
Serial0/1/0            unassigned        NO  unset  down                  down
Serial0/1/1            unassigned        NO  unset  down                  down
GigabitEthernet0       unassigned        YES unset  administratively down down
R1#
```

验证交换机接口

show ip interface brief 命令可用于验证交换机接口的状态，如例 17-28 所示。

例 17-28 交换机上的 show ip interface brief 命令

```
S1# show ip interface brief
Interface          IP-Address        OK? Method Status   Protocol
Vlan1              192.168.254.250   YES manual up       up
FastEthernet0/1    unassigned        YES unset  down     down
FastEthernet0/2    unassigned        YES unset  up       up
FastEthernet0/3    unassigned        YES unset  up       up
```

例 17-28 中的输出显示，VLAN 1 接口被分配了 IP 地址 192.168.254.250，且该接口已经启用并可正常运行。该输出还显示 FastEthernet0/1 接口已关闭。这表示没有设备连接到该接口或与该接口连接的设备中有一个网络接口不能正常运行。该输出还显示 FastEthernet0/2 接口和 FastEthernet0/3 接口都运行正常。这是通过 Status（状态）列和 Protocol（协议）列中的 up 工作状态来表明的。

17.6 故障排除方法

在本章中，您学习了一些实用程序和命令，可以用来帮助识别网络中的问题区域。这是故障排除的重要部分。有许多方法可以解决网络问题。本节详细介绍一个结构化的故障排除过程，可以帮助您成为更好的网络管理员。本节还提供了一些其他命令来帮助您解决问题。网络故障排除是任何网络从业人员的关键技能。

17.6.1 基本的故障排除方法

网络问题可能非常简单，也可能很复杂，而且可能会因硬件、软件和连接问题的组合造成。技术人员必须能够分析问题并确定错误的原因才能解决网络问题。这个过程称为故障排除。

通用且有效的故障排除方法以科学方法为基础。表 17-4 显示了故障排除过程的 6 个主要步骤。

表 17-4   故障排除过程的 6 个步骤

步骤	描述
步骤 1. 确定问题	这是故障排除过程的第一步 虽然这一步可以使用工具，但是与用户沟通往往非常有用
步骤 2. 推测潜在原因	问题确定后，尝试推测一个潜在的原因 这一步通常会得出问题的多种潜在原因
步骤 3. 验证推测以确定原因	根据可能的原因，验证自己的理论，推断出哪个才是导致问题的真正原因 技术人员通常会应用一个快速的程序来测试潜在原因，看其是否能解决问题 如果这个程序没有解决这个问题，可能需要进一步研究这个问题并且判断出准确的原因
步骤 4. 制定解决方案并实施方案	在已经明确了导致问题的原因之后，设计一个方案来解决问题并实施解决方案
步骤 5. 检验解决方案并实施预防措施	在修复问题之后，要验证完整的功能 如果需要的话，还要实施一些防御措施
步骤 6. 对调查结果、采取的措施和结果进行记录	在故障排除过程的最后一步，对调查结果、采取的措施和结果进行记录 这对于未来参考非常重要

为了对问题进行评估，请先确定网络中有多少台设备存在问题。如果网络中的一台设备存在问题，则在该设备上开始进行故障排除。如果网络中的所有设备都有问题，请在连接所有其他设备的设备上开始实施故障排除过程。您应该开发出一种合理且一致的方法，通过一次排除一个问题来诊断网络问题。

17.6.2 解决还是上报

在某些情况下，没有办法立即解决问题。如果问题需要经理进行决策，并需要用到一些特定的专业知识，或者实施故障排除的技术人员不具备所需网络访问级别，则应上报该问题。

例如，在完成故障排查后，技术人员推断应该更换路由器模块。该问题应上报经理以获得批准。经理可能需要再次上报该问题，因为需要财务部门批准后才能购买新的模块。

公司政策应清楚地说明技术人员应何时以及如何上报问题。

17.6.3 debug 命令

OS 进程、协议、机制和事件会生成消息以告知它们的状态。在排除故障或验证系统的操作时，这些消息可以提供有价值的信息。IOS **debug** 命令允许管理员实时显示这些消息，以便进行分析。它是思科 IOS 设备中用于监控事件的一个非常重要的工具。

所有的 **debug** 命令都在特权 EXEC 模式下输入。思科 IOS 允许缩小 **debug** 的输出，以便仅包含相关功能或子功能。这一点很重要，因为调试输出在 CPU 进程中享有高优先级，可能会导致系统不可用。因此，只在排查特定问题时才使用 **debug** 命令。

例如，要监控思科路由器中 ICMP 消息的状态，请使用 **debug ip icmp** 命令，如例 17-29 所示。

例 17-29 使用 debug 命令监控 ICMP

```
R1# debug ip icmp
ICMP packet debugging is on
R1#
R1# ping 10.1.1.1
Type escape sequence to abort.
Sending 5, 100-byte ICMP Echos to 10.1.1.1, timeout is 2 seconds:
!!!!!
Success rate is 100 percent (5/5), round-trip min/avg/max = 1/1/2 ms
R1#
*Aug 20 14:18:59.605: ICMP: echo reply rcvd, src 10.1.1.1, dst
  209.165.200.225,topology BASE, dscp 0 topoid 0
*Aug 20 14:18:59.606: ICMP: echo reply rcvd, src 10.1.1.1, dst
  209.165.200.225,topology BASE, dscp 0 topoid 0
*Aug 20 14:18:59.608: ICMP: echo reply rcvd, src 10.1.1.1, dst
  209.165.200.225,topology BASE, dscp 0 topoid 0
*Aug 20 14:18:59.609: ICMP: echo reply rcvd, src 10.1.1.1, dst
  209.165.200.225,topology BASE, dscp 0 topoid 0
*Aug 20 14:18:59.611: ICMP: echo reply rcvd, src 10.1.1.1, dst
  209.165.200.225,topology BASE, dscp 0 topoid 0
R1#
```

要列出所有调试命令选项的简短说明，请在特权 EXEC 模式下的命令行中使用 **debug ?** 命令。要关闭一个特定的调试功能，请在 **debug** 命令前添加关键字 **no**：

```
Router# no debug ip icmp
```

或者，可以在特权 EXEC 模式中输入命令的 **undebug** 形式：

```
Router# undebug ip icmp
```

要同时关闭所有活动的 **debug** 命令，请使用 **undebug all** 命令：

```
Router# undebug all
```

使用某些 **debug** 命令时要小心。某些命令（例如 **debug all** 和 **debug ip packet**）会生成大量输出，并会使用大量的系统资源。路由器可能会忙于显示 **debug** 消息，以至于没有足够的处理能力来执行其网络功能，甚至听不到关闭调试的命令。因此，不建议使用这些命令选项，应尽量避免。

17.6.4 terminal monitor 命令

授权访问 IOS 命令行界面的连接可以通过以下两种方式建立。

■ **本地**：本地连接（即控制台连接）需要使用翻转电缆对路由器或交换机的控制台端口进行物理访问。

■ **远程**：远程连接需要使用 Telnet 或 SSH 来与配置了 IP 的设备建立连接。

某些 IOS 消息会自动显示在控制台连接上，但不会显示在远程连接上。例如，默认情况下，**debug** 输出会显示在控制台连接上。但是，**debug** 输出不会自动显示在远程连接上。这是因为 **debug** 消息是日志消息，它被禁止显示在 VTY 线路上。

例如，在例 17-30 中，用户使用 Telnet 建立了从 R2 到 R2 的远程连接。然后用户执行 **debug ip icmp** 命令。但是，该命令无法显示 **debug** 输出。

例 17-30   debug 命令没有终端输出

```
R2# telnet 209.165.200.225
Trying 209.165.200.225 ... Open
 Authorized access only!
User Access Verification
Password:
R1> enable
Password:
R1# debug ip icmp
ICMP packet debugging is on
R1# ping 10.1.1.1
Type escape sequence to abort.
Sending 5, 100-byte ICMP Echos to 10.1.1.1, timeout is 2 seconds:
!!!!!
Success rate is 100 percent (5/5), round-trip min/avg/max = 1/1/2 ms
R1#
```

要在终端（虚拟控制台）上显示日志消息，请使用 **terminal monitor** 特权 EXEC 命令。要停止在终端上记录日志消息，请使用 **terminal no monitor** 特权 EXEC 命令。

例如，在例 17-31 中，已经输入了 **terminal monitor** 命令，而且 **ping** 命令显示了 **debug** 输出。

例 17-31   启用和验证终端监控

```
R1# terminal monitor
R1# ping 10.1.1.1
Type escape sequence to abort.
Sending 5, 100-byte ICMP Echos to 10.1.1.1, timeout is 2 seconds:
!!!!!
Success rate is 100 percent (5/5), round-trip min/avg/max = 1/1/2 ms
R1#
*Aug 20 16:03:49.735: ICMP: echo reply rcvd, src 10.1.1.1, dst
  209.165.200.225,topology BASE, dscp 0 topoid 0
**Aug 20 16:03:49.737: ICMP: echo reply rcvd, src 10.1.1.1, dst
  209.165.200.225,topology BASE, dscp 0 topoid 0
**Aug 20 16:03:49.738: ICMP: echo reply rcvd, src 10.1.1.1, dst
  209.165.200.225,topology BASE, dscp 0 topoid 0
**Aug 20 16:03:49.740: ICMP: echo reply rcvd, src 10.1.1.1, dst
  209.165.200.225,topology BASE, dscp 0 topoid 0
**Aug 20 16:03:49.741: ICMP: echo reply rcvd, src 10.1.1.1, dst
  209.165.200.225,topology BASE, dscp 0 topoid 0
R1# no debug ip icmp
ICMP packet debugging is off
R1#
```

注　意　　　　**debug** 命令的目的是在短时间内捕获实时输出（即几秒钟到一分钟左右）。不需要时需要保持 **debug** 为禁用状态。

17.7   故障排除场景

本节重点介绍各种故障排除场景。

17.7.1 双工操作和不匹配问题

许多常见的网络问题可以很容易地识别和解决。现在您已经掌握了用于网络故障排除的工具和过程，本节将介绍网络管理员可能遇到的一些常见的网络问题。

在数据通信中，双工是指两台设备之间数据传输的方向。双工通信模式有下面两种。

- **半双工**：通信限制为每次在一个方向进行数据交换。
- **全双工**：允许同时发送和接收通信。

图 17-22 所示为每种双工方法的工作方式。

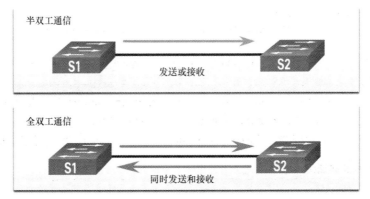

图 17-22　双工操作

为了达到最佳通信性能，两个互相连接的以太网接口必须在同一双工模式下运行，以避免低效和链路延迟。

以太网自动协商功能简化了配置，最大限度地减少了问题，并且最大限度地提高了两个相互连接的以太网链路之间的链路性能。连接的设备首先通告其支持的功能，然后选择通信两端所支持的最高性能模式。例如，图 17-23 中的交换机和路由器已成功自动协商全双工模式。

图 17-23　双工自动协商

在两台连接的设备中，如果一台在全双工模式下运行，另一台在半双工模式下运行，就会出现双工不匹配。当数据通过双工不匹配的链路通信时，链路性能就会很差。

双工不匹配通常是由于接口配置错误导致的，或者在极少数情况下是由自动协商失败引起的。当设备之间仍在通信时，可能很难对双工不匹配的问题进行排查。

17.7.2 IOS 设备的 IP 编址问题

与 IP 地址相关的问题可能会阻止远程网络设备进行通信。由于 IP 地址是分层的，分配给网络设备的任何 IP 地址都必须符合该网络的地址范围。错误分配的 IP 地址会导致很多问题，包括 IP 地址冲突和路由问题。

IPv4 分配不正确的两个常见原因是手动分配错误或与 DHCP 相关。

网络管理员通常必须手动将 IP 地址分配到设备，比如服务器和路由器。如果在分配期间出现错误，则很可能引发设备的通信问题。

在 IOS 设备上，请使用 **show ip interface** 或 **show ip interface brief** 命令验证哪些 IPv4 地址分配给了网络接口。例如，执行 **show ip interface brief** 命令来验证 R1 上的接口状态，如例 17-32 所示。

例 17-32　使用 show ip interface brief 来验证思科设备上的 IPv4 编址

```
R1# show ip interface brief
Interface                IP-Address       OK? Method Status               Protocol
GigabitEthernet0/0/0     209.165.200.225  YES manual up                   up
GigabitEthernet0/0/1     192.168.10.1     YES manual up                   up
Serial0/1/0              unassigned       NO  unset  down                 down
Serial0/1/1              unassigned       NO  unset  down                 down
GigabitEthernet0         unassigned       YES unset  administratively down down
R1#
```

17.7.3　终端设备的 IP 编址问题

在基于 Windows 的计算机中，当设备无法与 DHCP 服务器通信时，Windows 将自动分配一个 169.254.0.0/16 范围内的地址。这个自动编址的过程称为自动私有 IP 编址（Automatic Private IP Addressing，APIPA），旨在促进本地网络内的通信。可以将其想象成 Windows 在说"我将使用 169.254.0.0/16 范围内的这个地址，因为我无法获得任何其他地址"。

通常，拥有 APIPA 地址的计算机无法与网络中的其他设备通信，因为这些设备很可能不属于 169.254.0.0/16 网络。这种情况表示应对 IPv4 地址自动分配问题进行修复。

> **注　意**　如果与 DHCP 服务器的通信失败，其他操作系统（例如 Linux 和 macOS）不会将 IPv4 地址分配给网络接口。

大多数终端设备配置为依赖于 DHCP 服务器来实现 IPv4 地址的自动分配。如果设备无法与 DHCP 服务器通信，则服务器不会为该特定网络分配 IPv4 地址，而且设备将无法通信。

要验证 IP 地址是否分配到 Windows 主机，可使用 **ipconfig** 命令，如例 17-33 输出所示。

例 17-33　使用 ipconfig 验证 Windows 主机上的 IPv4 编址

```
C:\Users\PC-A> ipconfig
Windows IP Configuration
(Output omitted)
Wireless LAN adapter Wi-Fi:
   Connection-specific DNS Suffix . :
   Link-local IPv6 Address . . . . . : fe80::a4aa:2dd1:ae2d:a75e%16
   IPv4 Address. . . . . . . . . . . : 192.168.10.10
   Subnet Mask . . . . . . . . . . . : 255.255.255.0
   Default Gateway . . . . . . . . . : 192.168.10.1
(Output omitted)
```

17.7.4 默认网关问题

终端设备的默认网关是可以将流量转发到其他网络的最近的网络设备。如果设备的默认网关地址不正确或不存在，它将无法与远程网络中的设备通信。由于默认网关是通向远程网络的路径，其地址必须与终端设备属于同一网络。

默认网关的地址可以手动设置，也可以从 DHCP 服务器获取。与 IPv4 编址问题类似，默认网关问题可能与配置错误（在手动分配的情况下）或 DHCP 问题（如果使用自动分配）有关。

要解决默认网关的配置错误问题，请确保为设备配置了正确的默认网关。如果手动设置的默认地址不正确，只需将其替换为合适的地址即可。如果默认网关地址是自动设置的，请确保设备可以与 DHCP 服务器通信。还必须验证路由器接口上的 IPv4 地址和子网掩码是否配置适当，以及该接口是否处于活动状态。

要验证 Windows 主机上的默认网关，可使用 **ipconfig** 命令，如例 17-34 所示。

例 17-34　使用 ipconfig 验证 Windows 主机上的默认网关

```
C:\Users\PC-A> ipconfig
Windows IP Configuration
(Output omitted)
Wireless LAN adapter Wi-Fi:
   Connection-specific DNS Suffix . :
   Link-local IPv6 Address . . . . . : fe80::a4aa:2dd1:ae2d:a75e%16
   IPv4 Address. . . . . . . . . . . : 192.168.10.10
   Subnet Mask . . . . . . . . . . . : 255.255.255.0
   Default Gateway . . . . . . . . . : 192.168.10.1
(Output omitted)
```

在路由器上，使用 **show ip route** 命令列出路由表，并验证默认网关（称为默认路由）是否已设置。当数据包的目的地址与路由表中任何其他路由都不匹配时，将使用这个默认路由。

例 17-35 中的输出表示，R1 具有指向 IP 地址 209.168.200.226 的默认网关（即最后求助网关）。

例 17-35　使用 show ip route 验证路由器上的默认网关

```
R1# show ip route | begin Gateway
Gateway of last resort is 209.165.200.226 to network 0.0.0.0
O*E2  0.0.0.0/0 [110/1] via 209.165.200.226, 02:19:50, GigabitEthernet0/0/0
      10.0.0.0/24 is subnetted, 1 subnets
O        10.1.1.0 [110/3] via 209.165.200.226, 02:05:42, GigabitEthernet0/0/0
      192.168.10.0/24 is variably subnetted, 2 subnets, 2 masks
C        192.168.10.0/24 is directly connected, GigabitEthernet0/0/1
L        192.168.10.1/32 is directly connected, GigabitEthernet0/0/1
      209.165.200.0/24 is variably subnetted, 3 subnets, 2 masks
C        209.165.200.224/30 is directly connected, GigabitEthernet0/0/0
L        209.165.200.225/32 is directly connected, GigabitEthernet0/0/0
O        209.165.200.228/30
            [110/2] via 209.165.200.226, 02:07:19, GigabitEthernet0/0/0
R1#
```

在例 17-35 中，突出显示的第一行基本上说明通往任何地址（即 0.0.0.0）的网关的 IP 地址是 209.165.200.226。突出显示的第二行表明了 R1 如何获悉默认网关。在这种情况下，R1 从另一个支持 OSPF 的路由器接收信息。

17.7.5 排除 DNS 故障

域名系统（DNS）是一种自动化服务，它将网站名称（例如www.epubit.com）与 IP 地址进行匹配。DNS 解析对于设备无关紧要，但对终端用户而言非常重要。

用户通常会错误地将网络链路的运行与 DNS 的可用性相关联。"网络中断"等用户投诉通常就是由于 DNS 服务器无法访问所导致的。当数据包路由以及其他网络服务仍正常运行时，DNS 故障经常会导致用户得出错误的结论。如果用户在 Web 浏览器中输入一个域名（例如 www.epubit.com），而 DNS 服务器无法访问，则该域名将无法被转换为 IP 地址，也就不会显示网站。

DNS 服务器地址可以手动或自动分配。网络管理员通常负责在服务器和其他设备上手动分配 DNS 服务器地址，而 DHCP 用于将 DNS 服务器地址自动分配到客户端。

虽然公司和组织通常会管理它们自己的 DNS 服务器，但任何可访问的 DNS 服务器都可以用于解析域名。小型办公室和家庭办公室（SOHO）用户通常依赖其 ISP 所维护的 DNS 服务器来进行域名解析。ISP 维护的 DNS 服务器通过 DHCP 分配给 SOHO 用户。另外，Google 维护了一个可供所有人使用的公共 DNS 服务器，它对于测试非常有用。Google 的公共 DNS 服务器的 IPv4 地址为 8.8.8.8，其 IPv6 DNS 地址为 2001:4860:4860::8888。

思科提供了 OpenDNS，它通过过滤网络钓鱼和一些恶意网站来提供安全的 DNS 服务。您可以在首选 DNS 服务器和备用 DNS 服务器字段中将 DNS 地址更改为 208.67.222.222 和 208.67.220.220。家庭和企业可以使用 Web 内容过滤和安全等高级功能。

使用 **ipconfig /all** 命令可验证 Windows 主机正在使用哪个 DNS 服务器，如例 17-36 所示。

例 17-36 使用 ipconfig /all 验证 Windows 主机上正在使用的 DNS 服务器

```
C:\Users\PC-A> ipconfig /all
(Output omitted)
Wireless LAN adapter Wi-Fi:
   Connection-specific DNS Suffix . :
   Description . . . . . . . . . . . : Intel(R) Dual Band Wireless-AC 8265
   Physical Address. . . . . . . . . : F8-94-C2-E4-C5-0A
   DHCP Enabled. . . . . . . . . . . : Yes
   Autoconfiguration Enabled . . . . : Yes
   Link-local IPv6 Address . . . . . : fe80::a4aa:2dd1:ae2d:a75e%16(Preferred)
   IPv4 Address. . . . . . . . . . . : 192.168.10.10(Preferred)
   Subnet Mask . . . . . . . . . . . : 255.255.255.0
   Lease Obtained. . . . . . . . . . : August 17, 2019 1:20:17 PM
   Lease Expires . . . . . . . . . . : August 18, 2019 1:20:18 PM
   Default Gateway . . . . . . . . . : 192.168.10.1
   DHCP Server . . . . . . . . . . . : 192.168.10.1
   DHCPv6 IAID . . . . . . . . . . . : 100177090
   DHCPv6 Client DUID. . . . . . . . : 00-01-00-01-21-F3-76-75-54-E1-AD-DE-DA-9A
   DNS Servers . . . . . . . . . . . : 208.67.222.222
   NetBIOS over Tcpip. . . . . . . . : Enabled
(Output omitted)
```

nslookup 命令是另一个可用于 PC 的有用的 DNS 故障排除工具。利用 **nslookup**，用户可以手动进行 DNS 查询并分析 DNS 响应。例 17-37 中的 **nslookup** 命令显示了对 www.epubit.com 查询的输出。

注意，您也可以简单地输入一个 IP 地址，然后通过 **nslookup** 解析其域名。

注　意　由于各种原因，在 **nslookup** 中输入 IP 地址并接收域名并不总是可行的。最常见的一个原因是大多数网站都在支持多个站点的服务器上运行。

例 17-37　在 Windows 主机上使用 nslookup 验证 DNS 信息

```
C:\Users\PC-A> nslookup
Default Server: Home-Net
Address:  192.168.1.1
> cisco.com
Server:  Home-Net
Address:  192.168.1.1
Non-authoritative answer:
Name:  epubit.com
Addresses:  2001:420:1101:1::185
            39.96.127.170
> 8.8.8.8
Server:  Home-Net
Address:  192.168.1.1
Name:  dns.google
Address:  8.8.8.8
>
> 208.67.222.222
Server:  Home-Net
Address:  192.168.1.1
Name:  resolver1.opendns.com
Address:  208.67.222.222
>
```

17.8　总结

小型网络中的设备

小型网络有一个由 DSL、电缆或以太网连接提供的 WAN 连接。小型网络由当地的 IT 技术人员或签约的专业人员进行管理。在为小型网络选择网络设备时，需要考虑的因素有成本、 端口/接口的速率和类型、可扩展性、操作系统功能和服务。在实施网络时，需要创建一个 IP 编址方案，并在终端设备、服务器和外部设备、中间设备上使用它。可以通过安装重复的设备实现冗余，但也可以通过为关键区域提供重复的网络链路来实现冗余。应当对小型网络中的路由器和交换机进行配置，以一种适当的方式（相对于其他数据流量来说）支持实时流量，比如语音和视频。事实上，一个好的网络设计将实施服务质量（QoS），从而根据优先级对流量进行仔细的分类。

小型网络应用程序和协议

有两种形式的软件程序或进程可以提供网络访问：网络应用程序和应用层服务。有些终端应用程序实现了应用层协议，并可直接与协议栈的较低层通信。电子邮件客户端和 Web 浏览器就属于这种类型的应用程序。其他程序可能需要通过应用层的服务（例如文件传输或网络假脱机打印）来使用网络资源。这些应用程序就是负责与网络交互和准备传输数据的程序。两种最常见的远程访问解决方案是 Telnet 和 SSH。SSH 服务是 Telnet 的安全替代方案。网络管理员还必须支持常见的网络服务器及其所需的相关网络协议，比如 Web 服务器、邮件服务器、FTP 服务器、DHCP 服务器和 DNS 服务器。如今，企业越来越多地使用 IP 电话和流媒体与客户以及业务合作伙伴沟通。它们是实时的应用程序。网络基础设施必须支持 VoIP、IP 电话以及其他实时应用程序。

扩展为大型网络

要扩展网络，需要考虑以下几个要素：网络文档、设备清单、预算和流量分析。了解网络上传输的流量类型以及当前的流量很重要。通过抓取网络使用高峰期的流量可准确了解各种不同的流量类型，而且要在不同的网段和设备上抓取流量，因为某些流量仅在特定的网段内传输。网络管理员必须知道网络的使用是如何变化的。员工网络的利用率可以使用 Windows 的任务管理器、事件查看器以及数据使用等工具，以快照的形式进行捕获。

验证连接

ping 命令是快速测试源和目的 IP 地址之间第 3 层连接的最有效方法。该命令还显示各种往返时间统计信息。思科 IOS 提供了 **ping** 命令的"扩展"模式。该模式允许用户通过调整与命令操作相关的参数来创建特殊类型的 ping。在特权 EXEC 模式中输入 **ping**，无须目的 IP 地址即可进入扩展 **ping** 模式。**traceroute** 可以帮助定位网络中第 3 层问题的区域。它可返回数据包在网络中传输时沿途经过的跳数列表。它可以用来识别路径中出现问题的点。在 Windows 中，命令是 **tracert**，思科 IOS 中的等效命令是 **traceroute**。**traceroute** 命令也有一个扩展模式。它允许管理员调整与命令操作相关的参数。网络命令的输出可为网络基线提供数据。启动基线的一种方法就是将 **ping**、**traceroute** 或其他相关命令的执行结果复制并粘贴到文本文件中。可以为这些文本文件加上时间戳并保存到档案中以备后续检索和比较。

主机和 IOS 命令

网络管理员通过在 Windows 主机上执行 **ipconfig** 命令来查看 IP 编址信息（地址、掩码、路由器和 DNS）。其他必要的命令有 **ipconfig /all**、**ipconfig /release** 和 **ipconfig /renew**，以及 **ipconfig /displaydns**。取决于 Linux 发行版本和桌面界面，在 Linux 计算机上使用 GUI（图形用户界面）来验证 IP 设置的方式会有所不同。必要的命令是 **ifconfig** 和 **ip address**。在 macOS 主机的 GUI 中，打开 Network Preferences > Advanced 可以获取 IP 编址信息。Mac 主机中使用的其他 IP 编址命令是 **ifconfig**、**networksetup -listallnetworkservices** 和 **networksetup -getinfo** <*network service*>。**arp** 命令可在 Windows、Linux 或 Mac 的命令提示符下执行，可列出当前主机 ARP 缓存中的所有设备，以及每台设备的 IPv4 地址、物理地址和编址类型（静态/动态）。**arp -a** 命令显示了已知 IP 地址及 MAC 地址的绑定。常见的 **show** 命令有 **show running-config**、**show interfaces**、**show ip interface**、**show arp**、**show ip route**、**show protocols** 和 **show version**。**show cdp neighbor** 命令提供了与每台 CDP 邻居设备相关的下述信息：设备标识符、地址列表、端口标识符、功能列表和平台。**show cdp neighbors detail** 命令有助于确定某个 CDP 邻居是否存在 IP 配置错误。**show ip interface brief** 命令的输出显示了路由器的所有接口、分配给每个接口的 IP 地址（如果有）和接口的运行状态。

故障排除方法

步骤 1. 确定问题。
步骤 2. 推测潜在原因。
步骤 3. 验证推测以确定原因。
步骤 4. 制定解决方案并实施方案。

步骤 5. 检验解决方案并实施预防措施。

步骤 6. 对调查结果、采取的措施和结果进行记录。

如果问题需要经理进行决策，并需要用到一些特定的专业知识，或者实施故障排除的技术人员不具备所需网络访问级别，则应上报该问题。OS 进程、协议、机制和事件会生成消息以告知它们的状态。IOS **debug** 命令允许管理员实时显示这些消息，以便进行分析。要在终端（虚拟控制台）上显示日志消息，可使用 **terminal monitor** 特权 EXEC 命令。

故障排除场景

双工通信模式有两种：半双工和全双工。在两台连接的设备中，如果一台在全双工模式下运行，另一台在半双工模式下运行，就会出现双工不匹配。当数据通过双工不匹配的链路通信时，链路性能就会很差。

错误分配的 IP 地址会导致很多问题，包括 IP 地址冲突和路由问题。IPv4 分配不正确的两个常见原因是手动分配错误或与 DHCP 相关。通常情况下，终端设备配置为依赖于 DHCP 服务器来实现 IPv4 地址的自动分配。如果设备无法与 DHCP 服务器通信，则服务器不会为该特定网络分配 IPv4 地址，而且设备将无法通信。

终端设备的默认网关是可以将流量转发到其他网络的最近的网络设备。如果设备的默认网关地址不正确或不存在，它将无法与远程网络中的设备通信。由于默认网关是通向远程网络的路径，其地址必须与终端设备属于同一网络。

DNS 故障通常会让用户得出"网络中断"的结论。如果用户在 Web 浏览器中输入一个域名（例如 www.epubit.com），而 DNS 服务器无法访问，则该域名将无法被转换为 IP 地址，也就不会显示网站。

复习题

完成这里列出的所有复习题，可以测试您对本章内容的理解。附录列出了答案。

1. 相较于小型企业，哪种网络设计的考虑因素对大型企业要更重要？
   - A. 互联网路由器
   - B. 防火墙
   - C. 低端口密度交换机
   - D. 冗余

2. 新聘用的网络技术人员接到一项任务，要求为一个预计会有大规模扩张的小型企业订购新硬件。在选择新设备时，该技术人员应该考虑哪个主要因素？
   - A. 具有固定数量和类型接口的设备
   - B. 支持网络监控的设备
   - C. 冗余设备
   - D. 支持模块化的设备

3. 哪种类型的流量通过网络时最可能拥有最高优先级
   - A. FTP
   - B. 即时消息
   - C. 语音
   - D. SNMP

4. 网络技术人员正在检查从 PC 到地址为 10.1.1.5 的远程主机的网络连接。下面哪个命令在 Windows PC 上执行时，将会显示通往远程主机的路径？
   - A. **trace 10.1.1.5**
   - B. **traceroute 10.1.1.5**
   - C. **tracert 10.1.1.5**
   - D. **ping 10.1.1.5**

5. 用户在 Web 服务器中输入 **www.epubit.com** 时无法访问网站。不过，可以通过输入 **http://39.96.127.170** 访问该网站。造成这种情况的原因是什么？
   - A. 默认网关
   - B. DHCP

    C. DNS   D. TCP/IP 协议栈

6. 默认情况下思科 IOS **dubug** 的输出消息发送到哪里?

    A. 内存缓冲区   B. VTY 线路

    C. 系统日志服务器   D. 控制台线路

7. 网络扩展的哪一个要素涉及确定物理和逻辑拓扑?

    A. 流量分析   B. 网络文档

    C. 设备清单   D. 成本分析

8. 在小型网络中,可以实施什么机制以将实时流应用程序的延迟降至最低?

    A. QoS   B. PoE

    C. AAA   D. ICMP

9. 如果计算机无法访问网络并且收到了 IPv4 地址 169.254.142.5,则是哪个过程失败了?

    A. IP   B. DNS

    C. DHCP   D. HTTP

10. 一家小公司只有一个路由器作为其 ISP 的出口。如果路由器本身或其与 ISP 的连接失败,可以采用哪种解决方案来保持连接?

    A. 激活另一个连接到 ISP 的路由器接口,以便流量通过它进行传输

    B. 使用另一个路由器连接到另一个 ISP

    C. 从另一个 ISP 购买第二条链路以连接到该路由器

    D. 向连接到内部网络的路由器添加更多接口

11. 管理员应在何时建立网络基线?

    A. 当网络流量达到高峰时   B. 当网络流量突然下降时

    C. 在网络流量的最低点   D. 在一段时间内定期建立

12. 哪两种流量类型需要延迟敏感的交付? (选择两项)

    A. 电子邮件   B. Web

    C. FTP   D. 语音

    E. 视频

13. 网络技术人员怀疑两台思科交换机之间的特定网络连接遇到双工不匹配的问题。技术人员将使用哪个命令查看交换机端口的第 1 层和第 2 层的详细信息?

    A. **show interfaces**   B. **show running-config**

    C. **show ip interface brief**   D. **show mac address-table**

14. 关于思科设备上的 CDP,下面哪个说法是正确的?

    A. **show cdp neighbor detail** 命令仅当存在第 3 层连接时才显示邻居的 IP 地址

    B. 要全局禁用 CDP,必须在接口配置模式下使用 **no cdp enable** 命令

    C. CDP 可以全局禁用,也可以在特定接口上禁用

    D. 因为 CDP 运行在数据链路层,所以只能在交换机中实施

15. 在为小型网络设计而选择设备时,应该考虑什么因素?

    A. 设备成本   B. 冗余

    C. 流量分析   D. ISP

附录

复习题答案

第 1 章

1. C。

解析：间谍软件是一种安装在用户设备上用来收集用户信息的软件。

2. C。

解析：一个组织可以使用外联网，为在另一个组织工作但需要访问该组织数据的个人提供安全的访问。

3. C。

解析：BYOD 让终端用户可以自由地使用个人设备来访问信息，并通过企业或园区网络进行通信。

4. C。

解析：家庭用户、远程工作人员和小型办公室通常需要连接到 ISP 才能访问互联网。

5. B。

解析：无线互联网服务提供商（WISP）是一个 ISP，它使用类似于家庭 WLAN 中的无线技术将用户连接到指定的接入点或热点。WISP 最常见于没有 DSL 或电缆服务的农村环境。

6. B。

解析：一个可扩展的网络快速扩展以支持新的用户和应用程序。

7. D。

解析：容错网络在发生故障时可以对受影响设备的数量进行限制。构建容错网络的目的是为了在发生此类故障时能快速恢复。

8. B 和 D。

解析：一个可扩展的网络快速扩展以支持新的用户和应用程序。这样做不会降低现有用户访问的服务的性能。具有无线和移动设备的网络通常需要可扩展性，因为该网络中的设备数量随时都可能增加。

9. A。

解析：路由器是连接多个网络的设备，负责在这些网络之间转发消息。

10. B 和 C。

解析：蜂窝通信和卫星通信是不需要物理电缆的无线技术。

11. B。

解析：互联网是访问电子商务网站的通信网络。

12. D。

解析：BYOD 允许终端用户自由使用个人设备访问信息，并通过企业或园区网络进行通信。允许员工通过个人设备访问内部网络服务和信息也是当前的趋势。

13. C。

解析：虚拟专用网络（VPN）可让远程工作人员安全访问组织的网络。

14．C。

解析：互联网是世界范围内相互连接的网络的集合。

15．A 和 D。

解析：用户使用终端设备与网络连接。终端设备是通过网络传输的消息的源或目的。

第 2 章

1．A。

解析：运行配置文件反映了当前的配置。修改正在运行的配置会立即影响思科设备的运行。

2．C 和 E。

解析：尽管用户 EXEC 模式的功能有限，但对于基本操作来说很有用。它只允许有限数量的基本监控命令，但不允许执行任何可能改变设备配置的命令。用户 EXEC 模式由以>符号结束的 CLI 提示符进行标识。

3．B。

解析：更高的配置模式（例如全局配置模式）只能从特权 EXEC 模式到达。当配置该模式时，需要 **enable secret** 密码才能进入特权 EXEC 模式。

4．A。

解析：VLAN 1 不是物理接口，而是虚拟接口。VLAN 1 是思科交换机的默认 VLAN。

5．A、C 和 E。

解析：主机名的配置原则是：

- 以字母开头；
- 不包含空格；
- 以字母或数字结尾；
- 仅使用字母、数字和连字符；
- 长度小于 64 个字符

6．B。

解析：操作系统中直接与计算机硬件交互的部分被称为内核。

7．D。

解析：交换机将在用户 EXEC 模式下启动。如果之前没有在交换机上设置控制台密码，用户将处于用户 EXEC 模式。

8．D。

解析：在 IOS 系统中输入的大多数命令立即生效，包括在接口上配置的 IP 地址。

9．D。

解析：RAM 是易失性内存，当设备重新启动时将丢失所有信息。

10．C。

解析：**copy startup-config run-config** 命令将 NVRAM 中的启动配置文件复制到 RAM 中的运行配置文件中。

11．A。

解析：使用 DHCP 的服务器可以自动为主机分配 IP 地址信息。

12．B 和 D。

解析：上下文敏感的帮助提供：
- 在每个命令模式中可用的命令；
- 以特定字符或一组字符开始的命令；
- 特定命令可用的参数和关键字。

13．C。

解析：路由器上的启动配置文件存储在 NVRAM 中，在断电时仍然保存信息。

第 3 章

1．A、C 和 D。

解析：IANA、IEEE 和 IETF 都是标准组织。TCP/IP 和 OSI 是协议簇和模型，而 MAC 是 LAN 和 WLAN 的子层。

2．A。

解析：广播通信用于向 LAN 内的所有设备发送消息，这是"一对所有"的通信。单播是"一对一"的通信，组播是"一对一组"的通信。全播不是一种通信类型。

3．A。

解析：编码是将信息转换成另一种可接受的传输形式的过程。

4．D。

解析：广播通信用于向 LAN 内的所有设备发送消息，它是"一对所有"的通信。单播是"一对一"的通信，组播是"一对一组"的通信。

5．A 和 D。

解析：分层模型的一个好处是有助于协议设计，因为在特定层上运行的协议已经定义了它们所依据的信息，并定义了上面和下面各层的接口。另一个好处是可防止某一层的技术或功能更改会影响到上下两层。

6．C。

解析：协议是管理通信的规则。

7．B。

解析：IP 编址用来将数据传送到同一网络上的设备或其他网络上的设备。目的 IP 地址是消息的最终目的地址。

8．C。

解析：协议数据单元（PDU）用来描述一个网络模型中不同层的数据。例如，帧是在 OSI 模型的第 2 层使用的 PDU。

9．C 和 D。

解析：ICMP 和 IP 是 TCP/IP 模型的互联网层协议。POP 和 BOOTP 是应用层协议，以太网是访问层协议。

10．D。

解析：传输层负责在传输数据时对数据分段，在接收数据时对数据重组。

11．B。

解析：组播是"一对一组"的通信。广播是"一对所有"的通信，单播是"一对一"的通信。

12．B。

解析：编码是将信息转换成另一种可接受的传输形式的过程。解码将这一过程反过来以解释信息。

13. D。

解析：IP 数据包被封装在第 2 层帧中，以在物理介质上传输。第 2 层用于同一网络上的网卡之间的通信。

14. C。

解析：封装是在下一个较低的层预先添加适当的协议报头的过程。

15. B。

解析：从服务器请求 Web 页面时，Web 客户端准备 HTTP 请求，然后将其封装在 TCP 报头中，然后封装在 IP 报头中，最后封装在以太网报头和尾部。

第 4 章

1. B。

解析：两台设备之间的所有数据都必须通过网络介质进行传输，这是物理层的目的。它提供了一种在物理介质上以一系列信号（如不同的电压水平或电磁频率）表示和传输比特的方法。

2. D。

解析：一股用于发送，另一股用于接收。

3. B。

解析：串扰是由一根线中信号的电场或磁场影响到相邻线上的信号而引起的一种干扰。

4. B。

解析：电缆设计人员发现，他们可以通过改变每对电线的绞合次数来限制串扰的负面影响。抵消（cancellation）可以减少串扰：把电路中磁场完全相反的两根电线靠得很近，这两个磁场相互抵消，也抵消了任何外部 EMI 和 RFI 信号。

5. D。

解析：直通电缆是用来连接"不同的"设备，如 PC（计算机）和交换机。

6. C。

解析：带宽是指在一定时间内可以传输的数据量，通常以 bit/s 来衡量。

7. D。

解析：编码是一种将数据位（bit）流转换成预定义"代码"的方法。这个过程有助于区分数据位和控制位。

8. A。

解析：在电路中配对电线时会发生抵消现象。当电路中磁场完全相反的两根电线靠近放置时，它们的磁场也完全相反。因此，这两个磁场相互抵消，也抵消了任何外部 EMI 和 RFI 信号。

9. A。

解析：微波炉使用的频率与许多 WLAN 相同，可能会造成干扰。

10. D。

解析：吞吐量是在一段给定的时间内在通信介质上传输比特的度量。由于许多因素，吞吐量通常小于指定的带宽。

11. D。

解析：光纤电缆在传输信号时的衰减比铜缆要小，这使得信号可以传播得更远。

12. B。

解析：IEEE 是监管 WLAN 标准（IEEE 802.11）的组织。

13. C。

解析：WLAN 允许设备在不失去连接的情况下移动。

14. C。

解析：网卡的信号失真发生在物理层。

15. B。

解析：翻转线用于连接设备到思科控制台接口。

第 5 章

1. C。

解析：10101101。

2. D。

解析：二进制 **11101100** 是十进制 **236**，**00010001** 是十进制 **17**，**00001100** 是十进制 **12**，**00001010** 是十进制 **10**。

3. D。

解析：IPv6 地址是 128 位，最多用 32 个十六进制数表示。

4. A。

解析：11101000。

5. A 和 D。

解析：111010005。IPv6 地址是 128 位，最多用 32 个十六进制数表示。IPv4 地址为 32 位，以点分十进制表示。

6. B。

解析：IPv4 地址为 32 位，以点分十进制表示。

7. C。

解析：203.0.113.211。

8. A。

解析：149。

9. A。

解析：**0x3** 转换为 **0011**，**0xF** 转换为 **1111**。因此，**0x3F** 的二进制数是 **00111111**，它的十进制数是 **63**。

10. A.。

解析：**00001010** 是十进制 **10**，**01100100** 是十进制 **100**，**00010101** 是十进制 **21**，**00000001** 是十进制 **1**。

11. C。

解析：**0xC** 转换为 **1100**，**0x9** 转换为 **1001**。因此，**0xC9** 的二进制数是 **11001001**，十进制数是 **201**。

12. A。

解析：16 个十六进制数：0、1、2、3、4、5、6、7、8、9、A、B、C、D、E、F。

13. C。

解析：**0xC** 转换为 **1100**，**0xA** 转换为 **1010**。因此，**0xCA** 的二进制数是 **11001010**。

14. A。

解析： IPv4 地址为 32 位，以点分十进制表示。

第 6 章

1. B。

解析： 以太网 MAC 地址用于唯一地标识和编址以太网 LAN 中的设备。以太网 LAN 中的每个设备都有一个具有唯一 MAC 地址的以太网卡。

2. A 和 C。

解析： IEEE 和 ITU 都定义了适用于数据链路层的标准。IANA 负责分配 IP 地址空间、域名和端口号。ISOC 负责监管互联网架构委员会（IAB），而 EIA 则帮助定义数据传输的电气特性。

3. C。

解析： 数据链路层对数据（通常是第 3 层的数据包）进行封装，在以太网、WiFi 等不同介质上传输。

4. D。

解析： 逻辑拓扑通常包括用于在设备之间传输数据的设备和网络类型，例如以太网 LAN。

5. C。

解析： 在星型拓扑中，一个中心设备用来连接所有的终端设备。

6. C。

解析： 在互连网络或全互连网络中，所有的终端设备（或节点）都与其他所有的终端设备相连。

7. B。

解析： 半双工是一种可以在任意方向发生的传输类型，但数据一次只能在一个方向上流动。

8. C。

解析： LLC 是一个子层，用来识别哪一个第 3 层网络协议（如 IPv6）被封装在第 3 层的帧中。

9. A。

解析： 传统的以太网集线器使用 CSMA/CD。由于今天的以太网 LAN 使用全双工以太网交换机，因此 CSMA/CD 不是必需的，也不再使用。

10. C 和 E。

解析： 数据链路层的两个子层分别是 LLC 和 MAC。LLC 子层接收网络协议数据（通常是 IPv4 或 IPv6 数据包），并添加第 2 层控制信息，以帮助将数据包发送到目的节点。MAC 子层控制网卡和其他硬件，这些硬件负责在有线或无线 LAN/MAN 介质上发送和接收数据。

11. C。

解析： 无线网络（在 IEEE 802.11 中指定）使用 CSMA/CA 来管理对共享无线介质的访问。

12. B 和 C。

解析： 数据链路层将第 3 层数据包（即 IPv4 或 IPv6 数据包）封装成第 2 层数据链路帧（如以太网帧）。数据链路层还负责访问介质，如以太网或无线 LAN，并执行错误检测。

13. C。

解析： 以太网是一种数据链路层协议，它使用 MAC 地址将以太网帧从一个以太网网卡传输到同一个网络中的另一个以太网网卡。

14. C。

解析： CSMA/CD 用于争夺对共享半双工介质的访问。全双工交换机的使用意味着以太网网卡可以以全双工方式工作，而不再需要争夺访问权。

第 7 章

1. C。

解析: 以太网交换机检查目的 MAC 地址,并在它的 MAC 地址表中寻找匹配的条目,以做出转发决策。

2. C。

解析: 以太网交换机检查目的 MAC 地址,并在它的 MAC 地址表中寻找匹配的条目,以做出转发决策。

3. B。

解析: LLC 与上层协议(比如 IPv4 或 IPv6)通信。

4. C。

解析: MAC 地址的前 3 个字节被称为 OUI(组织唯一标识符),被分配给供应商。

5. A。

解析: 思科交换机丢弃残帧。

6. B 和 E。

解析: 以太网帧的最小大小为 64 字节。以太网帧的期望最大大小是 1518 字节。最大值可能更大,例如需要添加 VLAN 标记时。

7. D。

解析: 以太网交换机通过检查和记录源 MAC 地址和输入端口号来建立它的 MAC 地址表。

8. A 和 D。

解析: IEEE 802.3 是以太网的 IEEE 标准。它使用唯一的 MAC 地址来确定可以处理以太网帧的正确终端设备。

9. A。

解析: 虽然在某些情况下会故意重复,但是绝大多数的以太网 MAC 地址是全局唯一的。

10. D。

解析: 01-00-5E 表示这是一个组播以太网帧,它适用于这个特定组播组的设备(由后面的 24 位表示)。

11. A。

解析: 主机将丢弃帧。目的 MAC 地址位于帧的开头,因此设备可以立即确定它是否是帧的目的地址。

12. D。

解析: auto-MDIX 允许在一个端口上使用直通或交叉电缆。

13. A 和 C。

解析: MAC 子层负责访问介质,例如带有传统集线器的 CSMA/CD。它还向封装后的数据中增加了帧(包括帧头和帧尾)。

14. D。

解析: 01-00-5E 表示这是一个组播以太网帧,它适用于这个特定组播组的设备(由后面的 24 位表示)。

第 8 章

1. B。

解析: 路由器检查数据包的目的 IP 地址,以在路由器的路由表中找到最佳匹配。

2．B。

解析：如果目的 IP 地址与发送主机在同一网络上，那么数据包就直接被转发到目的主机。只有当目的 IP 地址与发送主机不在同一网段时，才使用默认网关。

3．B。

解析：当路由器接收到数据包时，将删除第 2 层帧。在数据包从适当的接口转发出去时，路由器将数据包封装在一个新的数据链路帧中。

4．D。

解析：127.0.0.1 为 IPv4 环回地址。

5．B。

解析：上层传输协议 TCP 负责可靠性，并对任何未收到的数据进行重传。

6．B。

解析：IPv6 是为了解决 IPv4 地址空间的耗尽而开发的。

7．B。

解析：IPv4 地址为 32 位。

8．C。

解析：路由器检查数据包的目的 IP 地址，以在路由器的路由表中找到最佳匹配。路由表中的信息决定了数据包的转发方式。

9．B。

解析：当路由器收到一个 IPv6 数据包时，它将跳数限制字段减 1。如果跳数限制字段为 0，路由器就会丢弃数据包。

10．C。

解析：使用 **netstat -r** 命令显示 Windows 主机上的路由表。

11．D。

解析：OSI 的第 3 协议 IPv4 和 IPv6 包括源和目的 IP 地址。

12．C。

解析：网络层的 MTU 是根据数据链路帧的 MTU 大小来确定的。IP 被设计成可在许多不同的底层技术上进行传输。

13．B。

解析：IPv6 报头是固定长度的，比 IPv4 报头有更少的字段。IPv6 报头不包含分片字段和有效载荷长度，这使得 IPv6 数据包的处理更加高效。

第 9 章

1．C。

解析：ARP 请求中包含已知的默认网关 IPv4 地址，并请求与该 IPv4 地址相关联的 MAC 地址。

2．B。

解析：ARP 进程将已知的 IPv4 地址映射到同一网络中的 MAC 地址。

3．A。

解析：ARP 表将第 3 层 IPv4 地址映射到第 2 层 MAC 地址。

4．C。

解析：ARP 进程将已知的 IPv4 地址映射到同一网络中的 MAC 地址。

5. A。

解析：路由表、ARP 缓存、运行配置文件都保存在 RAM 内存中。

6. D。

解析：ARP 表包含 IPv4 地址到 MAC 地址的映射关系。

7. D。

解析：**arp -a** 显示到达指定 IPv4 地址的 MAC 地址。分析人员可以检查该信息，看看它是否是默认网关的正确 MAC 地址。

8. D。

解析：ARP 进程将已知的 IPv4 地址映射到同一个网络上未知的 MAC 地址，并将该信息存储在本地 ARP 表中。

9. B。

解析：ARP 进程将已知的 IPv4 地址映射到同一网络上的 MAC 地址，并将该信息存储在本地 ARP 表中。然后，这个信息用来转发以太网帧。

10. B。

解析：在第 2 层以太网交换机上，广播帧被发送到除传入端口外的所有端口。路由器不转发广播帧。

11. C。

解析：ARP 请求以以太网广播的方式发送。

12. A。

解析：ICMPv6 通过特殊的以太网和 IPv6 组播地址发送邻居请求消息。这使得接收设备的以太网卡可以确定邻居请求消息是否是发给自己的，而不必将其发送给操作系统进行处理。

13. D。

解析：在第 2 层以太网交换机上，如果目的 MAC 地址不在 MAC 地址表中，则该帧会从除入端口外的所有端口转发出去。这些帧称为未知单播。

14. C 和 D。

解析：IPv6 中的邻居请求消息相当于 IPv4 中的 ARP 请求消息，IPv6 中的邻居通告消息相当于 IPv4 中的 ARP 应答消息。

第 10 章

1. C。

解析：如果 NVRAM 中没有存储启动配置文件，则路由器将在没有任何预配置命令的情况下启动。

2. B。

解析：**service password-encryption** 命令加密运行配置文件和启动配置文件中的所有密码。默认情况下，这不是强加密，但是足以阻止别人仅通过查看配置文件就能获取密码。

3. D。

解析：**enable secret** <*password*> 命令用于安全地保护从用户 EXEC 模式转到特权 EXEC 模式时使用的密码。

4. B。

解析：该命令会将路由器的提示符从 router 更改为 portsmouth。

5. C。

解析：控制台端口用于通过带外管理访问路由器。**password** 和 **login** 命令都是必需的。

6．A。

解析：show ip interface brief 命令会提供一个摘要，这个摘要中列出了所有路由器接口、这些接口上配置的任何 IPv4 地址，以及每个接口的当前状态。

7．B。

解析：所有配置命令以及许多管理和故障排除命令都需要特权 EXEC 模式。特权 EXEC 模式允许访问所有的 IOS 命令。

8．B。

解析：启动配置文件包含以前保存的所有配置命令，并由 IOS 在启动时使用。

9．A。

解析：默认网关的 IP 地址是与主机位于同一网络上的本地路由器的 IP 地址。

10．D。

解析：banner motd 命令用于在有人登录路由器之前发布公告，例如某种有关"仅授权访问"的声明。

11．C。

解析：技术人员可以使用任何线路配置模式（例如控制台或 VTY）来配置适当的访问命令。

12．D。

解析：启动配置文件存储在 NVRAM（非易失性 RAM）中，并在启动期间使用。

13．C。

解析：service password-encryption 命令加密运行配置文件中之前以明文形式存储的所有密码。

第 11 章

1．C。

解析：255.255.255.224 包含 27 个连续的 1 位。

2．D。

解析：/26 掩码指的是 26 个 1 位，表示地址的网络部分，这为主机部分留了 6 位。2^6-2 位（用于网络和广播地址）等于 62 个有效的主机地址。

3．C。

解析：255.255.255.224（或/27）包含 27 个连续的 1 位。这为主机地址留了 5 位。

4．C。

解析：使用/26 前缀进行子网划分的 192.168.10.0/24 网络将子网掩码扩展了 2 位（从/24 扩展到/26）。$2^2=4$ 个子网。

5．C。

解析：/20 是 20 个连续的 1 位，计算如下：

255=8 个 1 位

255=8 个 1 位

240=4 个 1 位

0=0 个 1 位

总数=20 个 1 位

6．B。

解析：VLSM 允许对任何子网进行进一步的划分，只要有足够的主机位即可。这样可以实现各种大小的子网或网络。

7. D。

解析: 对 IPv4 地址和子网掩码进行"逻辑与"运算可确定地址的网络部分。

8. D。

解析: 前缀长度为/27 的网络地址包含 27 个连续的 1 位。这为主机地址留了 5 位。这 5 位主机地址等于 30 个有效的主机地址(2^5–2)。之所以减 2,是因为要去掉网络地址和广播地址。

9. C。

解析: 255.255.255.240 是 28 个连续的 1 位。这为主机留了 4 位。

10. B 和 D。

解析: IPv4 地址的两个部分是网络部分和主机部分,由子网掩码确定。

11. C。

解析: /30 前缀长度指的是 30 个 1 位,表示地址的网络部分,这为主机部分留了 2 位。2^2–2 位(用于网络地址和广播地址)等于 2 个有效的主机地址。

12. C。

解析: 在 IPv4 地址 172.17.4.250 和子网掩码 255.255.255.0(/24)之间进行 AND 操作,得出的网络地址为 172.17.4.0(主机部分中的所有 0 位)。该网络的广播地址是 172.17.4.255(主机部分中的所有 1 位)。这意味着 172.17.4.250 既不是网络地址也不是广播地址,因此不是主机地址。

13. F。

解析: /28 前缀长度表示 28 个连续的 1 位,表示地址的网络部分。这为主机部分留了 4 位。2^4-2 位(用于网络地址和广播地址)等于 14 个有效的主机地址。

14. C。

解析: 在 IPv4 地址及其子网掩码之间使用"逻辑与"运算来确定该设备的网络地址。

15. D。

解析: 255.255.255.224 子网掩码或/27 前缀长度产生 28 个连续的 1 位,表示地址的网络部分。这为主机部分留了 5 位。2^5–2 位(用于网络地址和广播地址)等于 30 个有效的主机地址。

第 12 章

1. E。

解析: 对环回地址执行 **ping** 操作,可验证 IP 是否在本地主机上正常运行。大多数主机操作系统(包括 Windows、macOS、Linux、iOS 和 Android)默认都安装了 IPv4 和 IPv6。

2. B。

解析: 省略前导 0,并且可以用双冒号(::)替换一个连续的全 0 的十六位组字符串。

3. A。

解析: ::1 是 IPv6 的环回地址。对环回地址执行 **ping** 操作有助于验证主机上 IP 的内部配置。

4. A。

解析: 对于要启用 IPv6 的任何设备,该接口必须具有本地链路地址。

5. D。

解析: /64 前缀长度表示前 64 位的 2001:db8::1000,用来表示网络地址。这为接口 ID(或 4 个十六进制)留了 64 位(或 4 个十六位组):**a9cd:47ff:fe57:fe94**。

6. B、C 和 E。

解析：IPv6 GUA 包含 3 个部分：由 ISP 或 IPv6 地址的提供商分配的全局路由前缀；全局路由前缀和接口 ID 之间的子网 ID；接口 ID，通常为 64 位，强烈建议与 SLAAC 兼容。

7. A。

解析：省略前导 0，并且可以用双冒号（::）替换一个连续的全 0 的十六位组字符串。

8. C。

解析：在/64 前缀长度时，第一个 64 位（或前 4 个十六位组）（在这里为 2001:db8:d15:ea）表示网络地址。

9. B。

解析：在设备在接口上启用 IPv6 时，该接口会自动为自己分配一个链路本地地址。大多数主机操作系统（包括 Windows、macOS、Linux、iOS 和 Android）默认都安装了 IPv4 和 IPv6。这意味着它们至少具有一个 IPv6 链路本地地址。

10. C。

解析：链路本地地址仅用于本地链路或网络上的通信，但是不能从该链路中路由出去。

11. B。

解析：使用/48 全局路由前缀和/64 前缀长度时，将在全局路由前缀和子网 ID 的接口 ID 之间留有 16 位。从 64（前缀长度）中减去 48（全局路由前缀）会得到子网 ID。

12. D。

解析：前缀长度为/64 时，第一个 64 位（或前 4 个十六位组）（在这里为 2001:db8:aa04:b5）表示网络地址。

13. B。

解析：链路本地地址仅用于本地链路或网络上的通信，不能从该链路中路由出去。

14. D。

解析：IPv6 没有广播。IPv6 中确实包括一个全 IPv6 设备的组播地址。

15. A。

解析：与其他任何 IPv6 设备一样，思科路由器的接口必须具有链路本地地址才能启用 IPv6。它不必具有全局单播地址，但是必须具有链路本地地址。

第 13 章

1. D。

解析：成功地 **ping** 通环回地址表示 TCP/IP 协议栈正常运行。

2. D。

解析：**ping** 命令使用 ICMP Echo 请求和 Echo 应答消息来测试连接。

3. C。

解析：路由器将 IPv6 跳数限制字段减 1，并在该字段为 0 时丢弃数据包。

4. D。

解析：ICMP 提供信息性消息和错误消息。

5. C。

解析：**ping** 实用程序使用 ICMP Echo 请求和 Echo 应答消息。

6. D。

解析：**traceroute**（或 Windows 中的 **tracert**）命令用于确定数据包可能被路由器丢弃或延迟的位

置。该命令显示成功接收到数据包的路径中路由器的 IP 地址。

7．B。

解析：ICMPv6 NDP（邻居发现协议）使用邻居请求和邻居通告消息为已知的 IPv6 地址和未知的 MAC 地址提供地址解析。路由器请求和路由器通告消息用于 IPv6 中的动态地址分配信息。

8．A。

解析：IPv6 主机可以发送邻居请求消息，以在使用该 IPv6 地址之前先查看该地址是否唯一。NS 消息包括设备要使用的 IPv6 地址。如果设备未收到响应的邻居通告消息，则可以假定其 IPv6 地址是唯一的。这是一个可选过程，但是大多数操作系统都实现了它。

9．A。

解析：技术人员可以使用 Windows 中的 **tracert** 命令来确定路径中成功接收到数据包的最后一个路由器。

10．C。

解析：成功 **ping** 通默认网关表示设备可以到达用于将数据包转发到其他网络的路由器。

11．B。

解析：**ping** 命令仅验证连接。**traceroute** 命令（或 Windows 中的 **tracert**）可验证路径中路由器的连接并显示相关信息。

12．C。

解析：当路由器将 IPv4 TTL 或 IPv6 的跳数限制字段递减为 0 时，将使用 ICMP 超时消息。**traceroute** 使用路由器发送的 ICMP 超时消息的源 IP 地址来确定路由器的 IP 地址。

13．C 和 D。

解析：**ping** 命令验证目的 IP 地址是否可达，并显示源和目的之间的平均往返时间。

14．D。

解析：**traceroute** 实用程序可识别去往目的设备的路径中的路由器。当路由器从 **traceroute** 接收到 IP 数据包时，会将 IPv4 TTL 或 IPv6 的跳数限制字段减 1。当该字段的值为 0 时，路由器将 ICMP 超时消息返回给源。**traceroute** 使用路由器发送的 ICMP 超时消息的源 IP 地址来确定路由器的 IP 地址。

第 14 章

1．C。

解析：客户端选择源端口号以唯一标识该设备的这个进程。

2．B。

解析：TCP 三次握手用于在客户端和服务器之间建立面向连接的会话。

3．B。

解析：TCP 和 UDP 端口号 0～1023 保留，用于周知的网络应用程序。

4．B。

解析：套接字是源 IP 地址和源端口号或目的 IP 地址和目的端口号的组合。这两个组合在一起称为套接字对。

5．B。

解析：服务器从客户端接收分段，每个分段都有一个源端口号和一个目的端口号。服务器可以与客户端的源 IP 地址一起唯一地标识每个服务请求。

6．B 和 E。

解析： DNS 和 VoIP 通常使用 UDP 作为传输协议。DNS 使用 UDP 是因为它是基于事务的应用程序。VoIP 使用 UDP 以避免不必要的延迟，因为它可以忍受某些数据丢失。

7. C。

解析： TCP 跟踪多个对话，以确保可靠性和流量控制。

8. C。

解析： 192.168.1.1:80 是使用目的 IPv4 地址和周知目的端口 80（HTTP）的套接字的示例。

9. A 和 E。

解析： ACK 和 SYN 标志按以下顺序在 TCP 三次握手中使用：（1）SYN，（2）SYN、ACK，（3）ACK。

10. C。

解析： FTP 使用 TCP，因此未收到的任何分段都将重新发送。

11. A。

解析： UDP 最适合用于对延迟敏感并且可以忍容忍部分数据丢失的应用程序。

12. A。

解析： 如果源确定 TCP 分段未得到确认或未及时得到确认，则它可以在接收到确认之前减少发送的字节数。

13. B 和 D。

解析： TCP 确认接收到的数据并重传任何未确认的数据。

14. D。

解析： 滑动窗口允许设备持续发送数据段，只要目的设备在处理接收到的字节时持续发送确认即可。

15. B。

解析： TCP 和 UDP 都使用端口号（更具体地说是套接字对）来标识各个对话。

第 15 章

1. B。

解析： POP3 将邮件从电子邮件服务器传输到电子邮件客户端。

2. A。

解析： IMAP 用于将电子邮件存储在电子邮件服务器上，客户端可以从任何位置读取、删除和发送邮件。

3. D。

解析： SMB 是微软文件共享和打印服务应用程序协议。

4. A。

解析： 作者可以使用文件传输软件的客户端版本，并使用 FTP 等协议。文件服务器将使用同一应用程序的服务器版本。

5. B。

解析： FTP 使用 TCP 实现可靠传输和流量控制。FTP 允许客户端设备将数据从 FTP 文件服务器上下载下来，或将数据上传到 FTP 文件服务器。

6. C。

解析： IPv4 设备从 IPv4 服务器上的 DHCP 中获得其 IPv4 编址信息。

7. A。

解析：用户通过使用客户端网络应用程序（例如 Web 浏览器）与网络进行交互。这些应用程序使用诸如 HTTP 或 HTTPS 之类的应用层协议。

8. B、C 和 D。

解析：TCP/IP 模型的应用层等效于 OSI 模型的应用层、表示层和会话层。HTTP、MPEG 和 GIF 都用于该层。TCP 和 UDP 是传输层协议，而 IP 是互联网层协议。

9. D。

解析：HTTPS 使用 TLS 或其前身 SSL 进行加密。

10. D。

解析：与在客户端设备上静态分配 IPv4 地址信息相比，用于 IPv4 的 DHCP 更高效且更不易出错。如果设备（比如服务器是和中间设备）仍然需要一致的地址，则需要为其使用静态 IPv4 地址分配。

11. C 和 D。

解析：DNS 用于将域名映射到 IP 地址。DNS 可用于 IPv4 和 IPv6。

12. B。

解析：通常，家用路由器使用 DHCP 向客户端提供私有 IPv4 编址。它还在私有 IPv4 地址和公有 IPv4 地址之间执行 NAT。

13. A。

解析：顶级域（TLD）为 .com。

14. C 和 D。

解析：应用层在源和目的应用程序（通常是客户端和服务器，比如 HTTP GET 请求和 HTTP 响应）之间创建对话。用户通过使用客户端网络应用程序（例如 Web 浏览器）与网络进行交互。这些应用程序使用诸如 HTTP 或 HTTPS 之类的应用程层协议。

15. A。

解析：客户端的浏览器使用 HTTP 或 HTTPS GET 消息从 Web 服务器请求数据。

第 16 章

1. E。

解析：防火墙通过防止不良流量进入内部网络并防止设备发送或接收不良消息来保护计算机和网络。

2. B。

解析：**login block-for** 命令的语法是 **login block-for** *seconds* **attempts** *tries* **within** *seconds*。

3. C。

解析：网络安全审计功能会跟踪用户的操作并将该信息存储在日志文件中。

4. B。

解析：**nslookup** 和 **fping** 是侦察攻击中常用的命令，它们有助于发现和映射系统、服务或漏洞。

5. A。

解析：Telnet 以明文形式发送密码，而 SSH 会对用户名和密码进行加密。

6. A。

解析：防火墙通过防止不良流量进入内部网络并防止设备发送或接收不良消息来保护计算机和网络。

7. A。

答：DoS（拒绝服务）攻击使用虚假消息来禁用服务器，以防止设备为授权的用户提供服务。

8. A、C 和 D。

解析：AAA 方法用于控制可以访问网络的用户（认证）、用户访问网络时可以执行的操作（授权），以及把他们在执行操作时所做的事记录下来（审计）。

9. B。

解析：计算机蠕虫与病毒相似，因为它们复制自身的功能副本并可能导致相同类型的破坏。与需要传播受感染的主机文件的病毒相反，蠕虫是独立的软件，不需要主机程序或人工帮助即可传播。

10. B。

解析：空调故障会导致网络设备过热，这属于环境威胁。

11. A。

解析：诸如未修补的安全问题或弱密码之类的漏洞使设备容易受到攻击。

12. B、C 和 E。

解析：如果需要 IP 域名，请使用 **ip domain name** 全局配置命令。除非使用了身份认证服务器，否则必须有一个本地数据库用户名条目；可以通过使用 **username** 全局配置命令来添加该条目。设备必须具有唯一的主机名（而不是默认的主机名）。

13. A。

解析：侦查攻击有助于发现和映射系统、服务或漏洞。

14. B。

解析：网络设备或终端设备上的防火墙设置可以阻止转发或接收 ICMP Echo 请求消息和 Echo 应答消息。

15. D。

解析：与以明文方式发送密码的 Telnet 不同，SSH 会对用户名和密码进行加密。

第 17 章

1. D。

解析：冗余对于规模较小的企业而言可能并不重要，但是对于大型企业而言，冗余非常重要。

2. D。

解析：支持模块化的设备允许设备进行扩展。为了适应额外的增长，相较于购买额外的设备，确保模块化的成本要更低。

3. C。

解析：相较于 FTP、即时消息和 SNMP，语音流量对延迟要更敏感，并且语音流量在拥塞期间可以从 QoS 中受益。

4. C。

解析：Windows 使用 **tracert** 命令代替 **traceroute**。

5. C。

解析：如果可以使用 IP 地址而不是域名直接访问远程设备，则问题可能是无法访问 DNS 服务器或无法解析名称。然而，通过 IP 地址访问网站并不总是可行的，因为大多数网站都运行在支持许多不同网站的服务器上。

6. D。

解析：默认情况下，IOS 消息会发送到控制台。

7. B。

解析：网络文档的一个重要方面包括物理拓扑和逻辑拓扑。

8. A。

解析： 在拥塞期间，可使用 QoS 优先考虑某些类型的流量来最小化延迟。

9. C。

解析： 如果计算机的 IPv4 地址以 169.254.x.x 开头，则很可能意味着无法使用 DHCP 接收 IPv4 地址。

10. B。

解析： 冗余路由器和去往不同 ISP 的冗余连接有助于在其中一台路由器出现故障、到 ISP 的连接出现故障，或 ISP 出现问题时，提供可靠性。

11. D。

解析： 网络基线是在一段时间内定期建立的。最佳做法是在一天和一周的不同时间进行这些度量，以便获取更真实的网络流量度量。

12. D 和 E。

解析： 实时语音和视频流量对延迟的敏感性要比电子邮件、Web 和 FTP 流量强。

13. A。

解析： **show interfaces** 命令提供第 1 层和第 2 层信息，包括编址、双工和带宽信息。

14. C。

解析： CDP 可以全局禁用，也可以在特定接口上禁用。许多网络管理员出于安全原因在其部分网络或所有网络上禁用 CDP，然后在进行故障排除时才启用 CDP。

15. A。

解析： 在选择设备时，许多小型网络都会考虑成本。ISP 与设备的选择无关。冗余和流量分析可能不太需要考虑，但是仍然可以在网络的某些部分实施，而且冗余和流量分析与当前安装的设备无关。